# 学习资源展示

课堂案例 • 课堂练习 • 课后习题 • 综合案例

课堂案例：将海报贴入广告牌
所在页码：48页
学习目标：掌握图像变换的方法

课堂案例：制作多次变换效果
所在页码：51页
学习目标：掌握多次变换的方法

课堂案例：为玻璃杯贴图
所在页码：52页
学习目标：掌握图像变形的方法

课堂案例：制作渐变文字
所在页码：121页
学习目标：掌握"描边路径"命令的使用方法

课后习题：绘制渐变图标
所在页码：126页
学习目标：掌握使用矢量工具绘制图标的方法

课堂案例：打造秋日景色
所在页码：149页
学习目标：掌握使用"可选颜色"命令和"曲线"命令调整图像的方法

课堂练习：打造淡雅唯美感
所在页码：149页
学习目标：掌握使用"可选颜色"命令和"曲线"命令调整图像的方法

课后习题：打造冷调复古感
所在页码：160页
学习目标：掌握使用"可选颜色"命令和"曲线"命令调整图像的方法

课堂案例：在夜空中加入烟花
所在页码：169页
学习目标：掌握使用"颜色混合带"融合图像的方法

课堂案例：在钱包上压印图案
所在页码：171页
学习目标：掌握"斜面和浮雕"样式的使用方法

课堂案例：制作霓虹灯
所在页码：174页
学习目标：掌握"内发光""外发光""投影"样式的使用方法

课堂案例：制作轻拟物图标
所在页码：176页
学习目标：掌握图层样式的使用方法

课后习题：制作涂鸦墙面
所在页码：178页
学习目标：掌握使用混合模式调整图像的方法

课堂案例：制作多重曝光效果
所在页码：183页
学习目标：掌握使用图层蒙版修改图像的方法

课堂案例：制作瓶中景色
所在页码：185页
学习目标：掌握使用图层蒙版和剪贴蒙版修改图像的方法

课堂案例：打造故障炫彩风
所在页码：193页
学习目标：掌握使用通道打造特殊效果的方法

课堂案例：抠出图中的人物
所在页码：195页
学习目标：掌握使用通道抠图的方法

课堂案例：制作画册内页
所在页码：207页
学习目标：掌握文字类工具和样机的使用方法

课堂练习：制作画册封面
所在页码：209页
学习目标：掌握文字类工具和样机的使用方法

课堂案例：制作镂空文字
所在页码：210页
学习目标：掌握文字类工具的使用方法

课后习题：制作名片
所在页码：216页
学习目标：掌握文字类工具的使用方法

课后习题：制作立体字
所在页码：216页
学习目标：掌握文字类工具的使用方法

课堂案例：制作插画效果
所在页码：219页
学习目标：掌握使用“滤镜库”添加滤镜的方法

课堂练习：制作粒子分散效果
所在页码：224页
学习目标：掌握“液化”滤镜的使用方法

课堂案例：制作素描效果
所在页码：226页
学习目标：掌握“查找边缘”滤镜的使用方法

课堂案例：制作虚化背景
所在页码：231页
学习目标：掌握“场景模糊”滤镜的使用方法

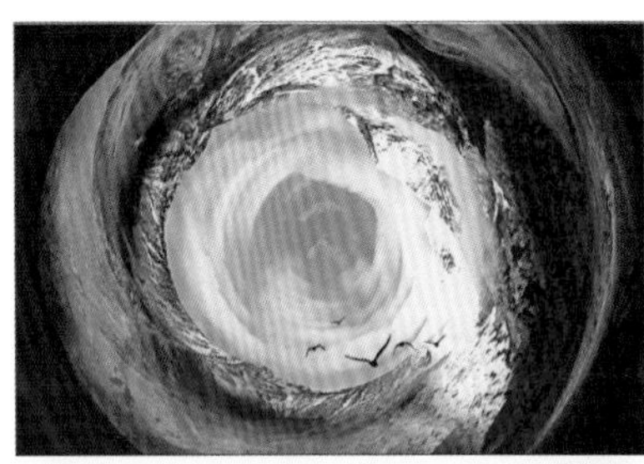

课堂案例：制作旋转天空
所在页码：235页
学习目标：掌握“极坐标”滤镜和“切变”滤镜的使用方法

课堂案例：制作下雨效果
所在页码：242页
学习目标：掌握“高斯模糊”“径向模糊”“添加杂色”滤镜的使用方法

课后习题：提取线稿
所在页码：246页
学习目标：掌握“高反差保留”滤镜的使用方法

12.1 文字特效：制作金属质感文字
所在页码：248页
学习目标：掌握文字特效的制作方法

12.3 包装设计：制作粽子礼盒包装
所在页码：253页
学习目标：掌握包装的制作方法

Fashion

时尚毛呢外套

NEW PRODUCT

Product Information
/ 产品信息 /

品名：新款呢子大衣
款号：SJ123
尺码：S M L XL
面料：70%羊毛，30%聚酯纤维
里料：100%聚酯纤维
版型：修身型
适合季节：秋季

| 厚度指数 | 略薄 | 适中 | 厚 |
|---|---|---|---|
| 厚度指数 | 略薄 | 适中 | 厚 |
| 厚度指数 | 略薄 | 适中 | 厚 |
| 厚度指数 | 略薄 | 适中 | 厚 |

Model Show
/ 模特展示 /

12.5 电商设计：制作服装详情页
所在页码：258页
学习目标：掌握详情页的制作方法

12.4 电商设计：制作春季上新Banner
所在页码：256页
学习目标：掌握Banner的制作方法

12.6 UI设计：制作功能型引导页
所在页码：261页
学习目标：掌握引导页的制作方法

12.7 创意合成：制作空中小镇
所在页码：265页
学习目标：掌握合成的方法

# Photoshop 2022
# 实用教程

王依洪 编著

人民邮电出版社
北京

图书在版编目（CIP）数据

Photoshop 2022实用教程 / 王依洪编著. -- 北京 : 人民邮电出版社, 2023.11
ISBN 978-7-115-61963-1

Ⅰ. ①P… Ⅱ. ①王… Ⅲ. ①图像处理软件－教材
Ⅳ. ①TP391.413

中国国家版本馆CIP数据核字(2023)第116295号

## 内 容 提 要

本书较为全面地介绍了 Photoshop 2022 的基本功能和实际应用，主要讲解了 Photoshop 操作基础、图像编辑基础、选区的运用、绘画与填充、路径与矢量工具、图像的修饰、调整色调与颜色、混合模式与图层样式、蒙版与通道的运用、文字与批处理、滤镜的运用等内容。除此之外，还介绍了文字特效、平面设计、电商设计、UI 设计和创意合成的基础知识。

随书配套资源包括所有课堂案例、课堂练习、课后习题和综合案例的素材文件、实例文件和在线教学视频，还包括 PPT 教学课件。

本书适合作为院校和培训机构艺术专业课程的教材，也可以作为 Photoshop 零基础读者的参考书。

◆ 编　　著　王依洪
责任编辑　杨　璐
责任印制　马振武
◆ 人民邮电出版社出版发行　　北京市丰台区成寿寺路 11 号
邮编　100164　　电子邮件　315@ptpress.com.cn
网址　https://www.ptpress.com.cn
涿州市京南印刷厂印刷
◆ 开本：775×1092　1/16　　彩插：2
印张：17　　2023 年 11 月第 1 版
字数：502 千字　　2023 年 11 月河北第 1 次印刷

定价：59.90 元

读者服务热线：(010)81055410　印装质量热线：(010)81055316
反盗版热线：(010)81055315
广告经营许可证：京东市监广登字 20170147 号

# PREFACE 前言

Photoshop是Adobe公司开发和发行的图像处理软件，主要用来处理由像素构成的数字图像。使用其中的工具和命令，可以有效地对图像进行编辑。Photoshop是目前使用人群较广的平面图像处理软件，其功能十分强大，可以应用于平面设计、电商设计、UI设计、创意合成和绘画等多个领域。

为了使读者更快地掌握Photoshop的操作与应用，我们精心编写了本书，并对本书的体系进行了优化，按照“功能介绍→重要参数讲解→课堂案例→课堂练习→课后习题→综合案例”这一思路进行编排。力求通过功能介绍和重要参数讲解使读者快速掌握软件功能；通过课堂案例和课堂练习使读者快速上手并具备一定的动手能力；通过课后习题提升读者的实际操作能力，并巩固所学知识；最后通过综合案例提高读者的实战水平。此外，还特别录制了教学视频，直观展现重要功能的使用方法。本书不仅通俗易懂、细致全面、重点突出，还强调案例的针对性和实用性。

本书配套学习资源包含书中所有案例的素材文件和实例文件，以及超清有声教学视频。这些视频是我们请专业人士录制的，详细记录了每一个操作步骤，便于读者学习。此外，为了便于教师教学，本书还配备了PPT课件等丰富的教学资源，任课教师可直接使用。

本书的参考学时为64学时，其中教师讲授环节为44学时，实训环节为20学时，各章的参考学时参见下面的学时分配表。

| 章 | 课程内容 | 学时分配 | |
|---|---|---|---|
| | | 讲授 | 实训 |
| 第1章 | Photoshop操作基础 | 2 | 0 |
| 第2章 | 图像编辑基础 | 6 | 2 |
| 第3章 | 选区的运用 | 2 | 2 |
| 第4章 | 绘画与填充 | 4 | 2 |
| 第5章 | 路径与矢量工具 | 2 | 2 |
| 第6章 | 图像的修饰 | 2 | 1 |
| 第7章 | 调整色调与颜色 | 6 | 2 |
| 第8章 | 混合模式与图层样式 | 6 | 2 |
| 第9章 | 蒙版与通道的运用 | 6 | 2 |
| 第10章 | 文字与批处理 | 2 | 1 |
| 第11章 | 滤镜的运用 | 4 | 2 |
| 第12章 | 综合案例 | 2 | 2 |
| 学时总计 | | 44 | 20 |

由于编写水平有限，书中难免存在疏漏和不足，请广大读者包涵并指正。

编者

2023年2月

# 资源与支持 RESOURCES AND SUPPORTS

本书由“数艺设”出品，“数艺设”社区平台（www.shuyishe.com）为您提供后续服务。

**配套资源**

所有课堂案例、课堂练习、课后习题和综合案例的素材文件和实例文件

所有案例的在线教学视频

重要基础知识的在线演示视频

PPT教学课件

资源获取请扫码

（提示：微信扫描二维码关注公众号后，输入51页左下角的5位数字，获得资源获取帮助。）

**“数艺设”社区平台，为艺术设计从业者提供专业的教育产品。**

**与我们联系**

我们的联系邮箱是 szys@ptpress.com.cn。如果您对本书有任何疑问或建议，请您发邮件给我们，并请在邮件标题中注明本书书名及ISBN，以便我们更高效地做出反馈。

如果您有兴趣出版图书、录制教学课程，或者参与技术审校等工作，可以发邮件给我们。如果学校、培训机构或企业想批量购买本书或“数艺设”出版的其他图书，也可以发邮件联系我们。

**关于“数艺设”**

人民邮电出版社有限公司旗下品牌“数艺设”，专注于专业艺术设计类图书出版，为艺术设计从业者提供专业的图书、视频电子书、课程等教育产品。出版领域涉及平面、三维、影视、摄影与后期等数字艺术门类，字体设计、品牌设计、色彩设计等设计理论与应用门类，UI设计、电商设计、新媒体设计、游戏设计、交互设计、原型设计等互联网设计门类，环艺设计手绘、插画设计手绘、工业设计手绘等设计手绘门类。更多服务请访问“数艺设”社区平台www.shuyishe.com。我们将提供及时、准确、专业的学习服务。

CONTENTS 目录

第 1 章

# Photoshop 操作基础

本章主要介绍 Photoshop 的基础功能和应用领域。在学习与运用 Photoshop 之前，需要认识 Photoshop 的工作界面，掌握图像与文件的基本操作及相关的辅助设置。

## 课堂学习目标

- ◇ 了解 Photoshop 的基础功能
- ◇ 了解 Photoshop 的应用领域
- ◇ 了解 Photoshop 的工作界面
- ◇ 掌握文件的基本操作
- ◇ 掌握查看图像的方法
- ◇ 掌握撤销与恢复的操作方法
- ◇ 了解 Photoshop 的辅助设置

# 1.1 探索 Photoshop的世界

Photoshop简称PS，是Adobe公司旗下的一款知名的图像处理软件。Photoshop中虽然有很多功能，但是操作起来是非常容易的。下面介绍其基础功能和应用领域。

## 1.1.1 Photoshop的基础功能

从功能上看，Photoshop有图像处理和绘图两大功能。图像处理功能主要包括图像的编辑、合成、校色、调色及特效制作等。绘图是指使用Photoshop绘制全新的图像，这要求用户有一定的绘画基础。

## 1.1.2 Photoshop的应用领域

Photoshop是目前用户群体庞大的平面图像处理软件，其功能非常强大，应用领域十分广泛。下面分别予以介绍。

### 1.处理图像

Photoshop拥有十分强大的图像处理功能，利用该功能不仅可以快速去除图像中的瑕疵，还可以调整图像的色调和光影，并为图像添加各种元素等，如图1-1所示。

图1-1

### 2.平面设计

Photoshop在平面设计中的应用范围十分广泛，无论是图书封面、海报和传单等印刷制品，还是品牌Logo等图形元素，基本可以使用Photoshop进行制作，如图1-2所示。

图1-2

### 3.网页设计

如今，网络已经成为人们获取信息的主要途径之一，信息的呈现离不开网页，网页设计也随着人们审美水平的提高而变得越来越重要。使用Photoshop可以美化网页中的元素，如图1-3所示。

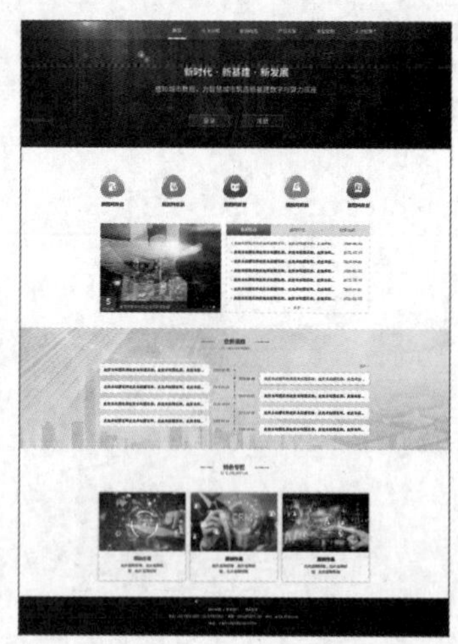

图1-3

### 4.UI设计

UI设计（也称界面设计）是指对软件的人机交互、操作逻辑和界面视觉效果的整体设计。在进行UI设计时，很多设计师会使用Photoshop，如图1-4所示。

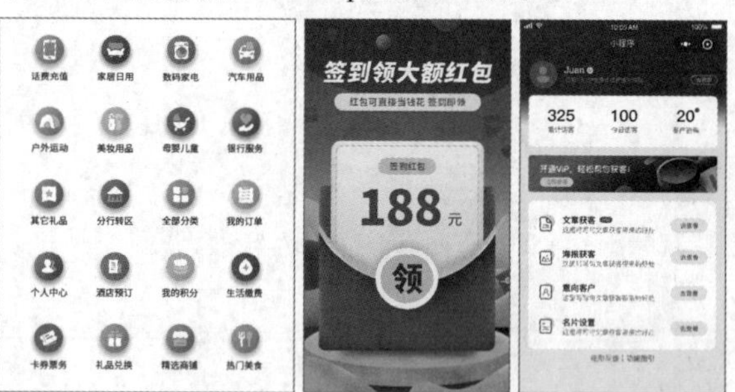


图1-4

### 5.文字特效

使用Photoshop可以制作出多种形态、质感的特效文字，如图1-5所示。

图1-5

### 6.插画设计

Photoshop中绘画工具的功能十分全面，可以通过这些工具绘制出多种题材和风格的插画，如图1-6所示。

图1-6

## 7.视觉创意

视觉创意指的是运用不同的视觉语言来传递企业或产品的信息，从而进行广告宣传，如图1-7所示。

图1-7

## 8.三维设计

相较于其他三维设计软件，Photoshop在建模方面的工具较为简单，但是它可以在二维与三维场景之间无缝切换，为模型贴图与后期合成等带来了便利，如图1-8所示。

图1-8

# 1.2 Photoshop 2022的工作界面

Photoshop的工作界面设计得十分人性化，主要包括菜单栏、工具箱、工具选项栏、文档窗口、状态栏及多个面板，如图1-9所示。

图1-9

## 1.2.1 菜单栏

Photoshop 2022的菜单栏中包含12个菜单，分别是文件、编辑、图像、图层、文字、选择、滤镜、3D、视图、增效工具、窗口和帮助，如图1-10所示。

文件(F) 编辑(E) 图像(I) 图层(L) 文字(Y) 选择(S) 滤镜(T) 3D(D) 视图(V) 增效工具 窗口(W) 帮助(H)

图1-10

单击相应的菜单名称，即可将其打开。如果菜单命令后面带有▶图标，则表示该命令含有子菜单。部分菜单命令右侧显示了该命令的快捷键，如图1-11所示。

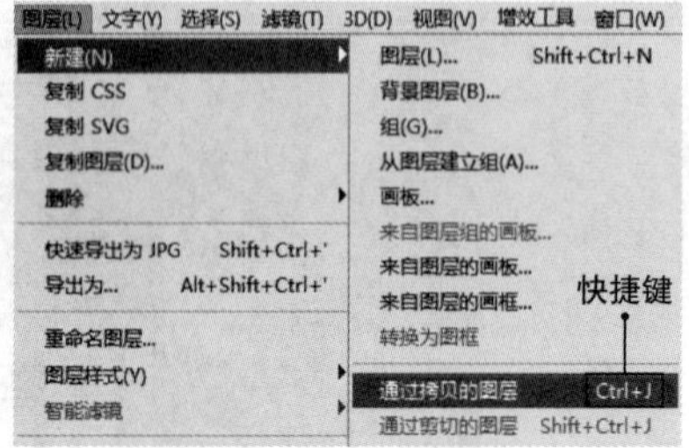


图1-11

### 知识点：快捷键的使用与自定义

Photoshop中的快捷键有很多，工具的快捷键基本上是单键，例如“缩放工具”🔍的快捷键为Z。在英文输入法状态下，只需要按一下Z键，便可以切换到该工具。大多数工具以工具组的形式存在，如画笔工具组，如图1-12所示，当按B键时，选择的是该组当前显示的工具，即“画笔工具”🖌。如果想要切换成组内的其他工具，需配合Shift键进行操作。具体的操作方法是，按住Shift键，再按B键，即可在该工具组的4个工具间循环切换。

命令的快捷键一般由两个或两个以上的键组成。例如，新建文件的快捷键为Ctrl+N，使用时先按住Ctrl键，然后按一下N键（N表示New），便可执行这一命令，如图1-13所示。需要注意的是，在按快捷键选取工具或者执行命令时，需要将输入法切换为英文模式。

图1-12

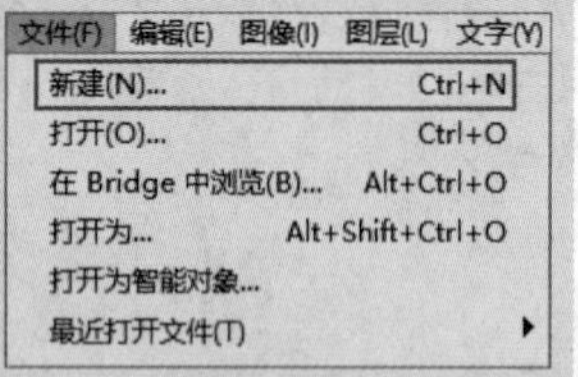

| 文件(F) 编辑(E) 图像(I) 图层(L) 文字(Y) | |
|---|---|
| 新建(N)... | Ctrl+N |
| 打开(O)... | Ctrl+O |
| 在 Bridge 中浏览(B)... | Alt+Ctrl+O |
| 打开为... | Alt+Shift+Ctrl+O |
| 打开为智能对象... | |
| 最近打开文件(T) | ▶ |

图1-13

实际操作时可根据需求更改默认的快捷键或者为没有设置快捷键的命令和工具设置快捷键，这样可以提高工作效率。执行“编辑>键盘快捷键”菜单命令或者“窗口>工作区>键盘快捷键和菜单”菜单命令，打开“键盘快捷键和菜单”对话框。在“键盘快捷键”选项卡中设置“快捷键用于”为“应用程序菜单”，然后在“选择”菜单组下选择“主体”选项，此时其右侧会出现一个用于输入快捷键的文本框，如图1-14所示。

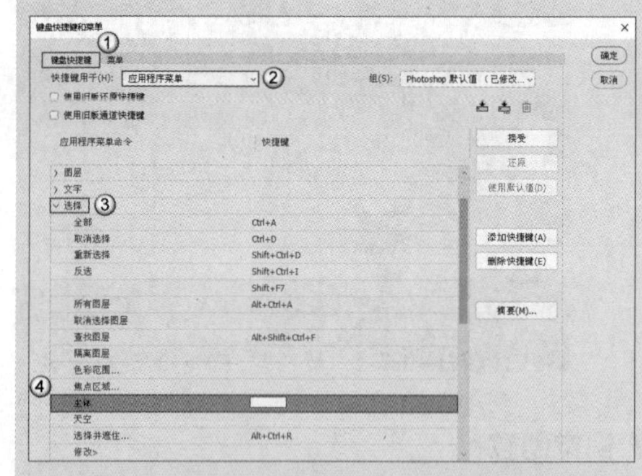

图1-14

将光标定位到文本框中，同时按Ctrl键、Alt键和D键，为“选择>主体”菜单命令添加快捷键，单击“接受”按钮 接受 和“确定”按钮 确定 完成操作，如图1-15所示。设置完成后，按快捷键Ctrl+Alt+D即可执行“选择>主体”命令。

图1-15

## 1.2.2 工具箱

Photoshop中的工具种类非常多，工具箱集合了大部分工具。单击工具箱顶部的«按钮，即可将其折叠为单排显示，同时«按钮会变成»按钮；单击»按钮可以将其还原为双排显示。在默认状态下，工具箱位于工作界面的左侧，拖曳它的顶部，即可将其移至工作界面的任意位置。

单击工具按钮，即可选择对应工具。如果工具按钮的右下角带有三角形图标◢，则表示这是一个工具组。在工具组按钮上单击鼠标右键或者长按鼠标左键，即可显示工具组中的其他工具，如图1-16所示。

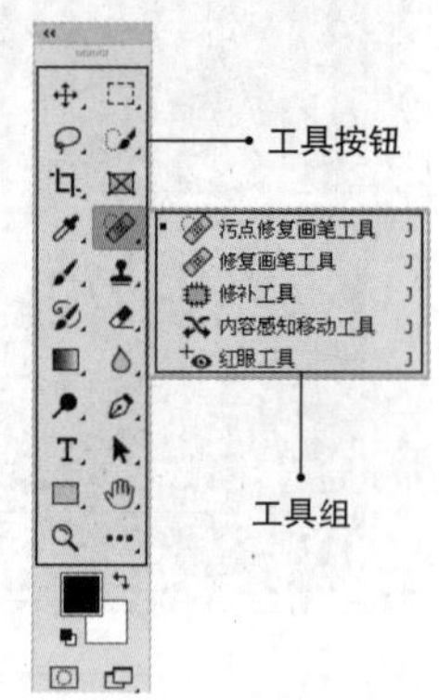


图1-16

### 技巧与提示

将鼠标指针移动到工具箱的工具按钮上，即可显示工具的名称、快捷键、功能及使用过程的演示动画，如图1-17所示。

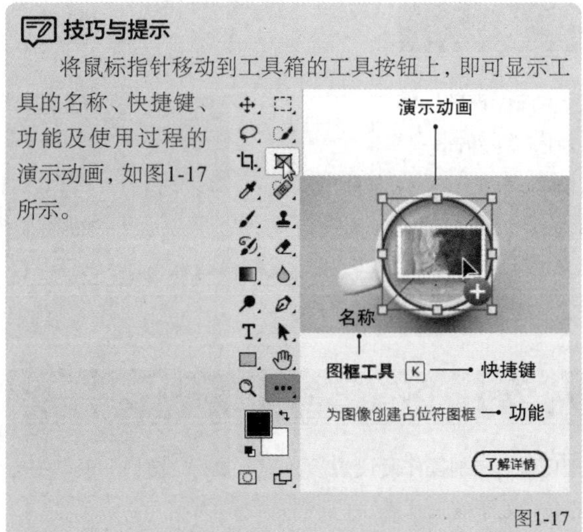


图1-17

## 1.2.3 工具选项栏

工具选项栏位于菜单栏的下方，当选择工具箱中的某个工具时，工具选项栏中会显示相应的参数设置。例如，当选择“移动工具”（快捷键为V）时，工具选项栏如图1-18所示。

图1-18

## 1.2.4 文档窗口

文档窗口是显示和处理图像的区域。打开图像以后，Photoshop会自动创建一个文档窗口。文档窗口的标题栏（或选项卡）上会显示这个图像的名称、格式、视图缩放比例和颜色模式，如图1-19所示。

图1-19

文档窗口默认以选项卡的形式显示，如图1-20所示。如果同时打开了多个文件，单击文档选项卡，可以将其切换为当前工作窗口。

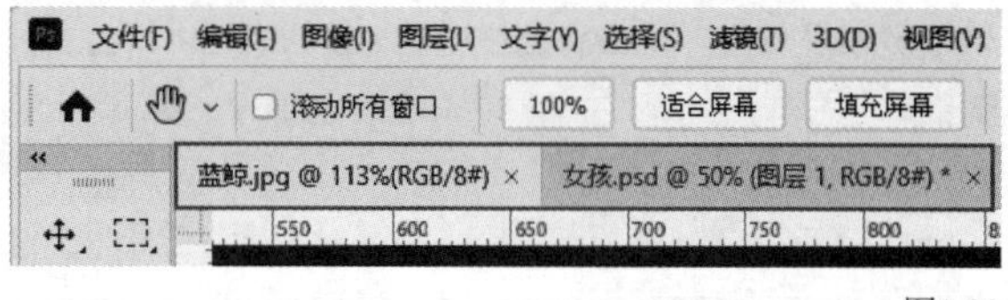


图1-20

### 技巧与提示

在默认情况下，打开的文件都会以选项卡的形式紧挨在一起。按住鼠标左键并拖曳文档选项卡，即可将其设置为浮动状态。此外，还可以通过拖曳文档窗口的边框调整其大小，如图1-21所示。

图1-21

按住鼠标左键并拖曳浮动文档窗口的标题栏，将其拖曳至选项栏下方，文档窗口会变为半透明状态，如图1-22所示，松开鼠标左键即可将其恢复为选项卡的形式。

图1-22

## 1.2.5 状态栏

状态栏位于工作界面的左下角，可以显示当前文档的大小、尺寸、视图比例和分辨率等信息。单击状态栏中的 › 按钮，可以设置显示的具体内容，如图1-23所示。

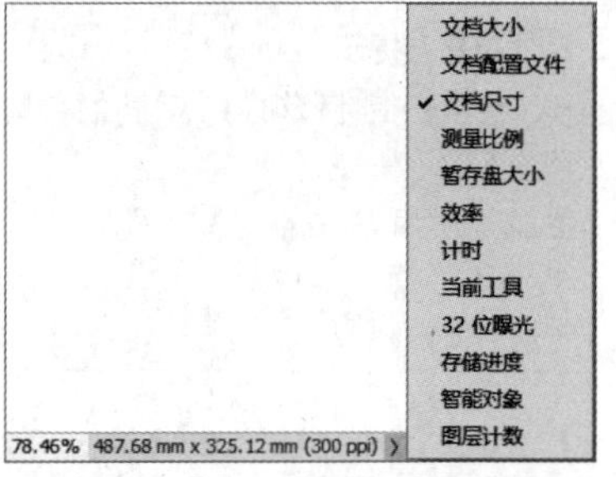


图1-23

## 1.2.6 面板

Photoshop 2022中有非常多的面板，这些面板用于配合处理图像、控制操作及设置参数等。执行"窗口"菜单中的命令可以打开不同的面板，当前在工作界面中显示的面板对应的命令处于勾选状态。

执行"窗口>工作区>复位基本功能"菜单命令，界面中显示的面板被分成了几组，并停靠在工作界面右侧，如图1-24所示。

图1-24

**技巧与提示**

面板组的上方有两个按钮。单击 » 按钮，可将面板组折叠为图标；单击 « 按钮，可将面板组展开，如图1-25所示。

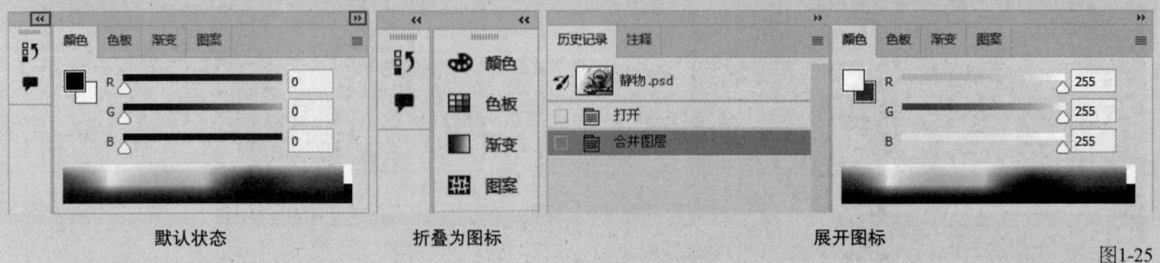


图1-25

单击面板右上角的 ≡ 按钮，可以打开该面板的菜单。在面板的选项卡上单击鼠标右键，可以打开对应的菜单，如图1-26所示。

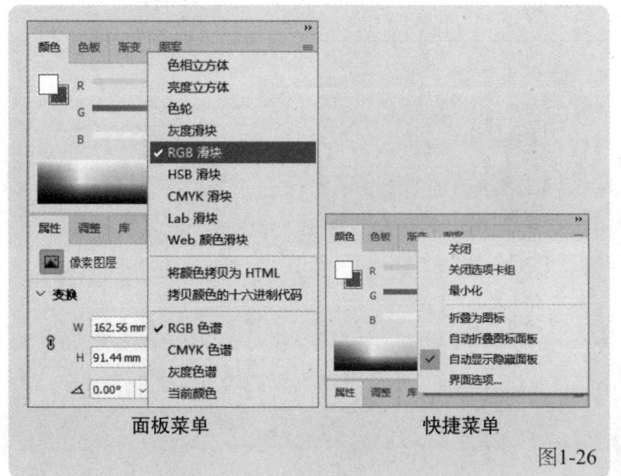


面板菜单　　快捷菜单

图1-26

每个面板组中只显示一个面板，单击选项卡即可切换显示的面板。拖曳选项卡可以调整面板顺序，或者将其移至其他面板组中，如图1-27所示。

调整面板顺序　　拖曳至其他面板组

图1-27

面板是可以拆分和组合的。在选项卡上按住鼠标左键，然后将其拖曳至工作界面的空白处，松开鼠标左键，即可拆分面板；再将其拖曳至其他面板的选项卡上，即可组合面板。拖曳面板边框可以改变面板的大小，如图1-28所示。

图1-28

**知识点：自定义工作区**

在使用Photoshop时，可以根据自己的习惯调整工作区，将常用的面板放到合适的位置，关闭不常用的面板等。执行“窗口>工作区”菜单命令，可以在子菜单中选择系统自带的工作区。除此之外，还可以自定义工作区。

先关闭不常用的面板，然后打开常用的面板，并布局到合适的位置，接着执行“窗口>工作区>新建工作区”菜单命令。在打开的对话框中输入名称，如果修改了快捷键与菜单命令，需要勾选“键盘快捷键”选项和“菜单”选项，单击“存储”按钮，如图1-29所示。

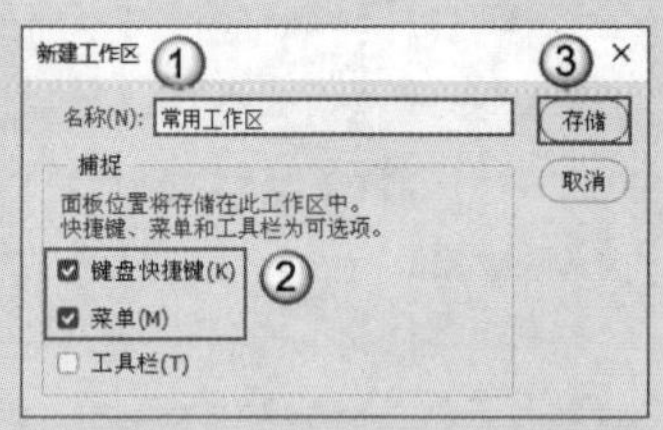


图1-29

如果之后在操作中修改了工作区，可以在“窗口>工作区”子菜单中选择已保存好的自定义工作区名，即可恢复自定义工作区界面。如果要切换为默认状态，可以执行“窗口>工作区>基本功能（默认）”菜单命令。如果要删除自定义的工作区，可以执行“窗口>工作区>删除工作区”菜单命令。

# 1.3 文件操作

在使用Photoshop处理文件前，需要先用Photoshop打开已有的文件，也可以直接新建一个空白文档来制作多种效果。

## 1.3.1 新建文件

运行Photoshop，单击界面左侧的“新建”按钮，或者执行“文件>新建”菜单命令（快捷键为Ctrl+N），打开“新建文档”对话框。对话框中有软件自带的常用预设，可以根据需求进行选择。例如，如果想制作一个A4大小的文件，可以选择“打印”选项卡，然后选择A4预设，再单击“创建”按钮，如图1-30所示。

除此之外，也可以按照自己的需求指定参数新建空白文档，如图1-31所示。

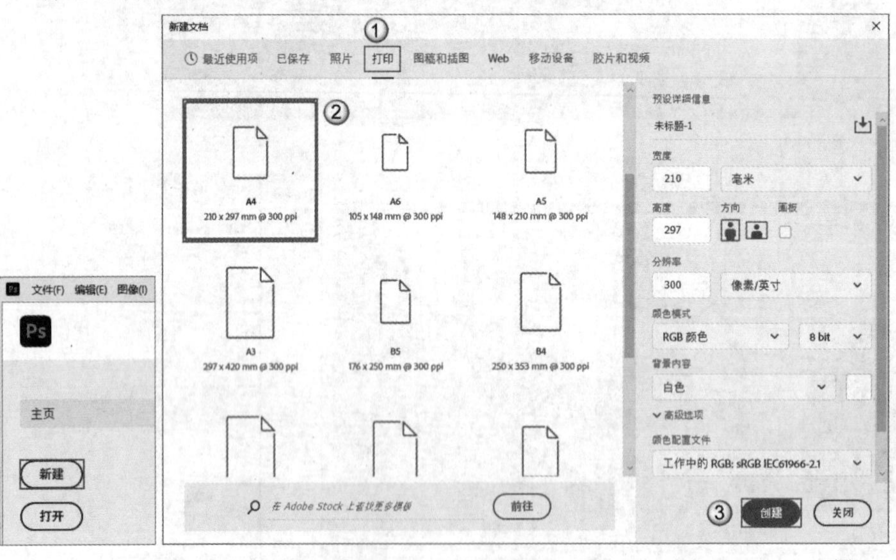


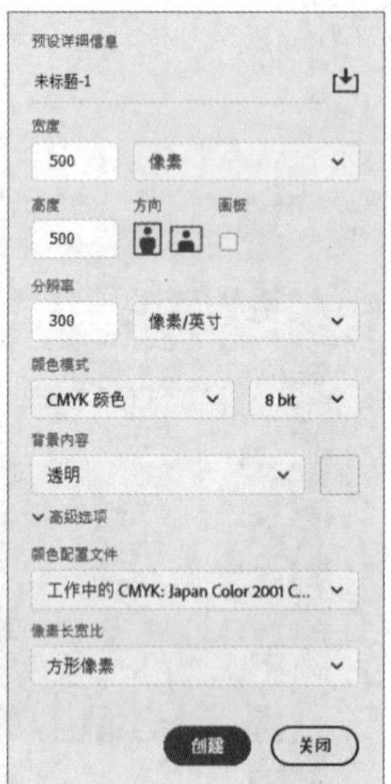


图1-30　　图1-31

下面介绍“新建文档”对话框中的选项。

**预设详细信息：**在文本框中可以输入文件的名称，创建完成后，名称会显示在文档窗口的标题栏中。单击文本框右侧的按钮，可以将设置好尺寸、分辨率和颜色模式等参数的文件保存为预设。

**宽度/高度：**用于设置文件的宽度和高度，在其右侧可以选择单位，包括“像素”“英尺”“厘米”“毫米”“点”“派卡”6种，其中常用的是“像素”“厘米”“毫米”。

**方向：**单击或按钮，可以设置文件为纵向或横向。

**画板：**勾选此选项，可以创建画板。

**分辨率：**用于设置文件的分辨率，在其右侧可以选择单位，包括"像素/英寸"和"像素/厘米"两个选项，一般保持默认的"像素/英寸"选项。

**颜色模式：**用于设置文件的颜色模式和位深度。

**背景内容：**用于设置"背景"图层的颜色，或者将其设置为透明图层。

**高级选项：**此选项组中的"颜色配置文件"和"像素长宽比"选项用于进行更专业的设置，一般保持默认设置即可。

**技巧与提示**

位深度指的是图像中用于表示每个像素颜色的位数，位数越多，可用的颜色就越多，色彩的表现就越出色。

## 1.3.2 打开文件

使用Photoshop打开文件的方法有很多种，下面分别予以介绍。

**第1种：**选择需要打开的文件，然后将其拖曳至Photoshop的快捷方式图标上，如图1-32所示。

图1-32

**第2种：**先运行Photoshop，然后将需要打开的文件拖曳至"拖放文件"区域，如图1-33所示。

图1-33

**第3种：**先运行Photoshop，然后单击"打开"按钮，或者执行"文件>打开"菜单命令（快捷键为Ctrl+O），在弹出的"打开"对话框中选择需要打开的文件，再单击"打开"按钮，如图1-34所示。

图1-34

**技巧与提示**

Photoshop支持打开多种格式的文件。如果文件夹中的文件数量多，且有多种格式，那么可以指定文件格式以缩小查找范围，如图1-35所示。

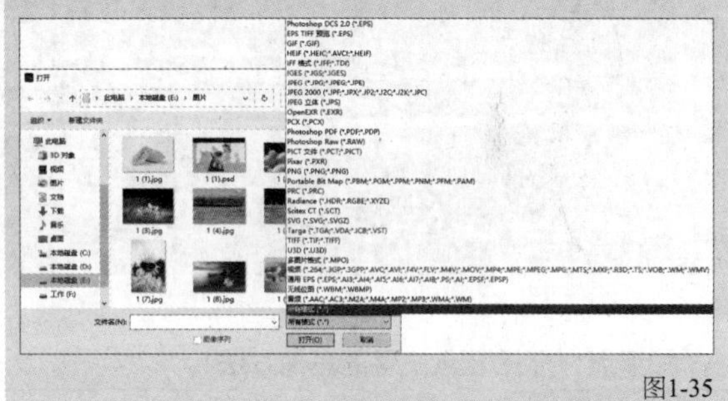

图1-35

**第4种：**先运行Photoshop，然后执行"文件>打开为智能对象"菜单命令，在打开的对话框中选择文件，再单击"打开"按钮。此时打开的文件将自动转换为智能对象，其图层缩览图的右下角带有图标，如图1-36所示。智能对象可以保留图像的原始信息，极大地降低缩放、旋转和变换等操作带来的影响。

图1-36

## 1.3.3 置入文件

置入文件指的是将Photoshop支持的格式的文件，以智能对象的形式添加到当前文档窗口中。在工作界面中已有文档窗口的前提下，执行"文件>置入嵌入对象"菜单命令，在打开的“置入嵌入的对象”对话框中选择需要置入的文件。此时，文件将出现在画布中间，并保持原始长宽比，单击✓按钮即可将文件置入，如图1-37所示。如果置入的文件比当前编辑的画布大，那么该文件将被调整为与画布大小相同的尺寸。

图1-37

### 知识点：打开/置入文件的其他方法

当Photoshop中已有文档窗口时，选择想要打开或置入的文件，将其拖曳至文档窗口以外的区域，即可打开文件；将其拖曳至文档窗口中，即可置入文件，如图1-38所示。

打开文件　　置入文件

图1-38

## 1.3.4 导入文件

执行“文件>导入”子菜单中的命令，可以将变量数据组、视频帧、注释、WIA支持的内容导入Photoshop中进行编辑，如图1-39所示。

图1-39

## 1.3.5 导出文件

执行“文件>导出”子菜单中的命令，如图1-40所示，不仅可以将编辑好的文件导出为JPG格式、PNG格式和Web所用格式，还可以导出路径到Illustrator中或者渲染视频。

下面介绍导出文件时常用的命令。

**快速导出为PNG：**在默认情况下，“快速导出为PNG”命令会将当前文件导出为透明背景的PNG格式文件，并且每次都需要选择导出位置。

**导出首选项：**执行“文件>导出>导出首选项”菜单命令或者“编辑>首选项>导出”菜单命令，将打开“首选项”对话框，在“导出”选项卡中可以设置导出文件的格式、位置和色彩空间等，如图1-41所示。

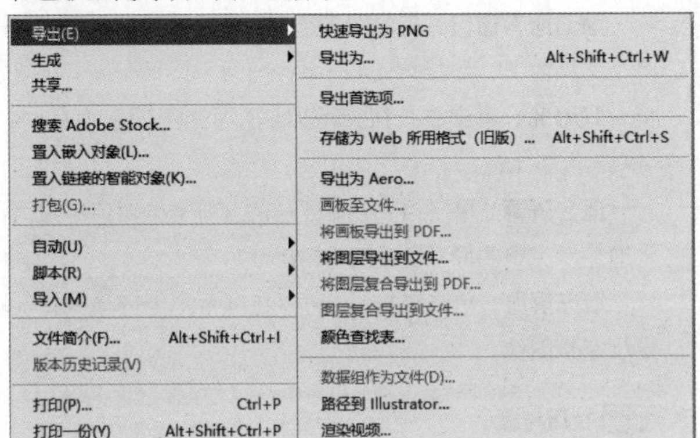


图1-40

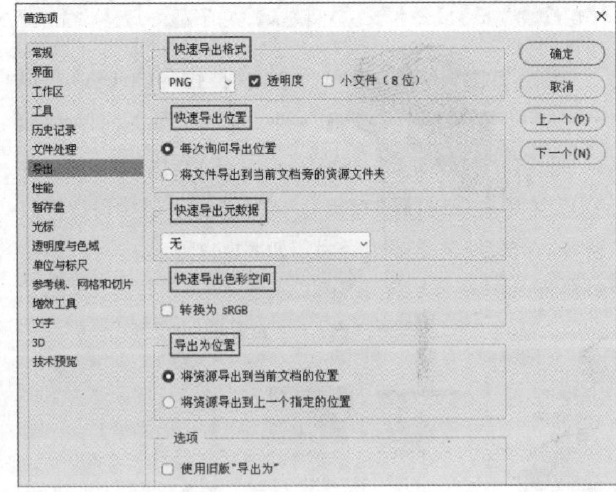


图1-41

**导出为：**执行该命令导出文件时将打开“导出为”对话框，在其中可以设置导出文件的格式、品质、图像大小和画布大小等，如图1-42所示。

图1-42

**存储为Web所用格式（旧版）：**该命令主要用于导出网站所需的图片文件。

**将图层导出到文件：**可以将每一个图层作为单个图像文件导出，并存储为多种格式，如PSD、JPEG和PNG格式等。

**路径到Illustrator：**将路径导出为AI格式，之后可以在Illustrator中对其进行编辑。

## 1.3.6 保存文件

执行“文件>存储”菜单命令（快捷键为Ctrl+S）可以保存文件。如果想另存一份文件，可以执行“文件>存储为”菜单命令（快捷键为Shift+Ctrl+S）。执行“文件>存储为”菜单命令，打开“存储为”对话框，在其中可以修改文件的存储路径、名称和格式，如图1-43所示。

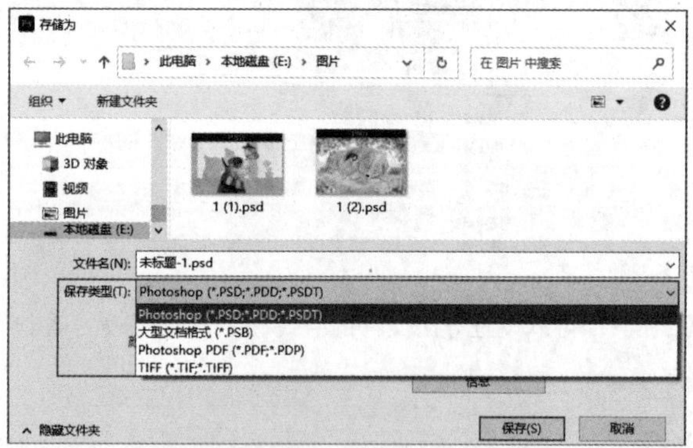


图1-43

> **技巧与提示**
>
> 当计算机或Photoshop出现错误，以及出现断电等情况时，所有的操作可能都会丢失，所以一定要养成经常保存文件的良好习惯。

## 1.3.7 关闭文件

单击文档窗口右侧的“关闭”按钮，或者执行“文件>关闭”菜单命令（快捷键为Ctrl+W），可以关闭当前文档窗口。执行“文件>关闭全部”菜单命令（快捷键为Alt+Ctrl+W），可以关闭所有文档窗口。单击工作界面右上角的“退出”按钮，或者执行“文件>退出”菜单命令（快捷键为Ctrl+Q），可以退出Photoshop。

# 1.4 查看图像

在使用Photoshop时，通过工具或快捷键能平移画面、缩放视图，以便更好地处理图像。

## 1.4.1 平移画面

在工具箱中选择“抓手工具”（快捷键为H），此时鼠标指针在文档窗口中会变为形状，拖曳鼠标可以平移画面。选择“抓手工具”，其选项栏如图1-44所示。

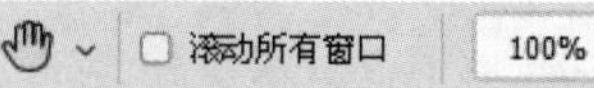


图1-44

下面介绍“抓手工具”选项栏中的常用选项。

**滚动所有窗口：**在勾选该选项时，如果工作界面中有多个文档窗口，那么可以同时平移画面。

**100%：**单击该按钮，可以将视图比例设置为100%（快捷键为Ctrl+1）。

**适合屏幕：**单击该按钮，可以在当前文档窗口中最大化地显示完整图像（快捷键为Ctrl+0）。

**填充屏幕：**单击该按钮，可以在屏幕范围内最大化地显示完整图像。

> **技巧与提示**
>
> 在工作界面中使用其他工具进行操作时，按住Space键（空格键），鼠标指针会变为形状，此时拖曳即可平移画面。

## 1.4.2 缩放视图

缩放视图指的是改变图像在文档窗口中的显示大小，图像本身的尺寸并未被改变。常用的方法有4种，下面分别进行介绍。

### 1.在状态栏中修改数值

工作界面左下角显示的百分数为当前文档窗口的视图比例，在文本框中直接输入数值即可进行缩放。例如，在视图比例文本框中输入15%，可以让图像以15%的视图比例进行显示，缩放前后的对比效果如图1-45所示。

图1-45

图1-45(续)

## 2.缩放工具

在工具箱中选择“缩放工具” (快捷键为Z),鼠标指针在文档窗口中会变为形状,此时单击可以放大视图。按住Alt键,或者在其选项栏中单击按钮,鼠标指针在文档窗口中会变为形状,此时单击可以缩小视图,如图1-46所示。

图1-46

下面介绍“缩放工具”选项栏中的常用选项,如图1-47所示。

图1-47

**调整窗口大小以满屏显示:** 对于浮动的文档窗口而言,勾选该选项后,对视图进行缩放时将同步调整窗口大小。

**缩放所有窗口:** 在勾选该选项时,如果工作界面中有多个文档窗口,那么可以同时缩放视图。

**细微缩放:** 以平滑的方式快速缩放视图。勾选此选项,将鼠标指针置于需要放大或缩小的区域,向右拖曳鼠标,可以平滑地放大视图;向左拖曳鼠标,可以平滑地缩小视图。

**技巧与提示**

当取消勾选“细微缩放”选项时,在画面中拖曳会出现一个矩形选框。在松开鼠标左键后,矩形选框内的图像会放大至整个文档窗口,如图1-48所示。

图1-48

**100%、适合屏幕和填充屏幕:** 这3个按钮的作用与“抓手工具”选项栏中的相同。

## 3.抓手工具

在工具箱中选择“抓手工具”,按住Alt键并单击,可以缩小视图;按住Ctrl键并单击,可以放大视图。

## 4.使用命令或快捷键

打开“视图”菜单,可以看到其中有多个用于调整视图的命令,如图1-49所示。例如,需要逐级放大视图时,可以按住Ctrl键，并连续按+键，其效果和使用“缩放工具”单击是一样的。

**技巧与提示**

缩放视图的快捷操作除了使用Ctrl++与Ctrl+-快捷键外，还有按住Alt键滚动鼠标滚轮，用后一种操作可以以平滑的方式快速缩放视图。

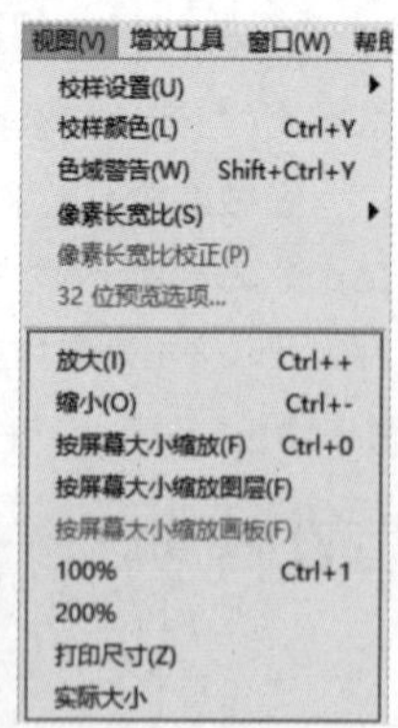


图1-49

## 1.4.3 “导航器”面板

执行“窗口>导航器”菜单命令，打开“导航器”面板。“导航器”面板左下角显示的百分数为当前文档窗口的视图比例，在文本框中直接输入数值可以缩放视图。单击按钮与按钮，或者拖曳“导航器”面板底部的滑块也可以缩放视图。“导航器”面板中的红框区域为当前视图区域，如图1-50所示。按住鼠标左键并拖曳红框，可以查看图像的不同区域。单击红框外的区域，可以快速地将画面切换为这一区域。

图1-50

## 1.4.4 更改屏幕模式

单击工具箱底部的“更改屏幕模式”按钮，在弹出的菜单中有3种屏幕模式，选择对应选项或者按F键可以更改屏幕模式，如图1-51所示。

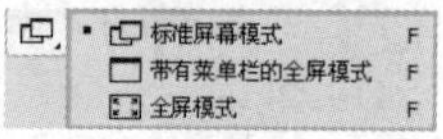

标准屏幕模式 F
带有菜单栏的全屏模式 F
全屏模式 F

图1-51

**标准屏幕模式：**为默认的屏幕模式，在这种模式下，工作界面中有菜单栏、工具箱、标题栏、滚动条和各种面板等，如图1-52所示。

图1-52

**带有菜单栏的全屏模式：**以全屏的形式显示文档窗口，无标题栏和滚动条，如图1-53所示。

图1-53

**全屏模式：**只显示图像，其他组件全部隐藏，如图1-54所示。在这种模式下，需要使用快捷键来选择工具或者执行命令。按Tab键可以显示或隐藏面板，按Esc键可以退出全屏模式。

图1-54

## 1.4.5 多窗口操作

在处理图像局部区域时，如果想同时看到整体效果，可以执行“窗口>排列>为（文件名称）创建窗口”菜单命令，然后执行“窗口>排列>平铺”菜单命令，并排显示两个窗口，如图1-55所示。

图1-55

此时，在一个窗口中进行操作，另一个窗口中会同时显示操作后的效果。例如，使用“自定义形状工具” 在左侧窗口中添加一棵树，右侧窗口中也会多一棵树，如图1-56所示。

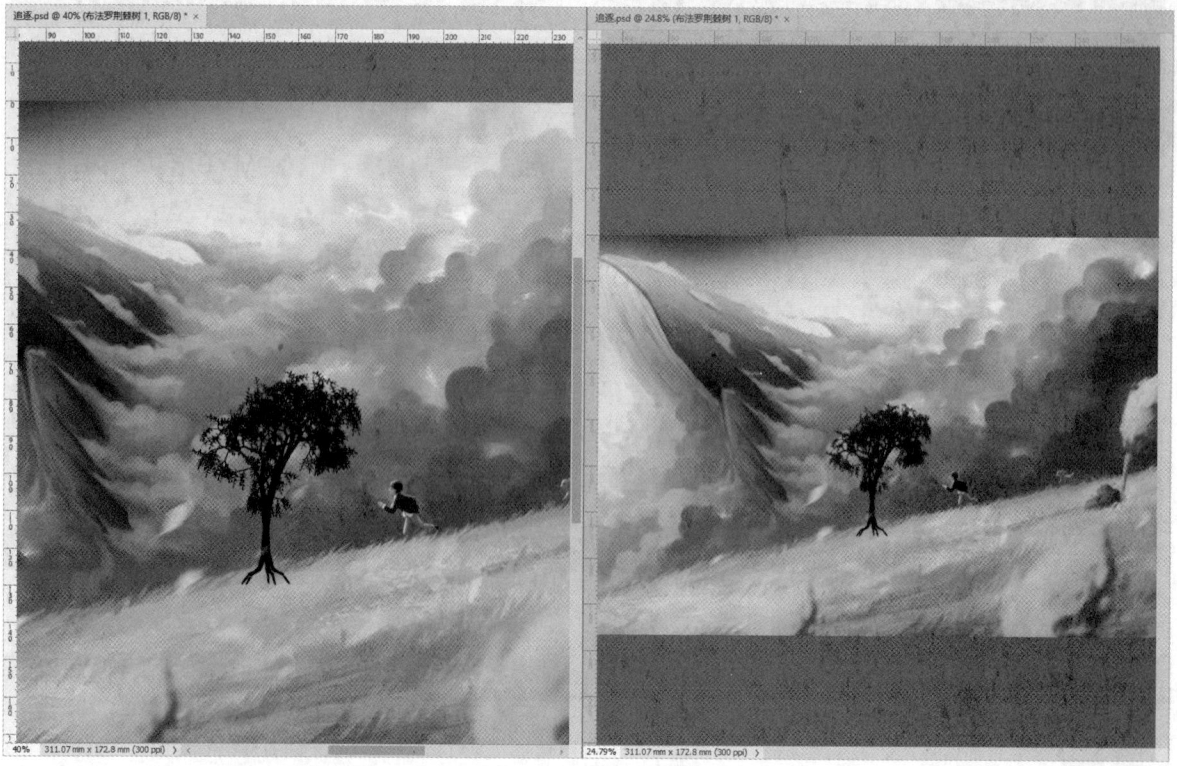

图1-56

**技巧与提示**

需要注意的是，新建的窗口中显示的是当前文件的另一个视图，并没有对文件进行复制。

同时打开多个文件或者新建多个窗口后，执行“窗口>排列”菜单命令，可以在子菜单中选择窗口的排列方式，从而对窗口进行布局，如图1-57所示。

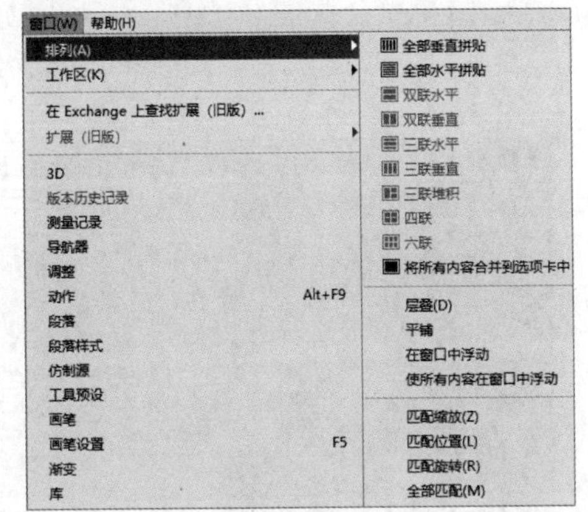

图1-57

# 1.5 撤销与恢复

在使用Photoshop时，如果操作失误，或者对当前效果不满意，可以撤销操作，使其恢复至原来的效果。

## 1.5.1 还原/重做/恢复

当操作失误时，可以执行“编辑>还原”菜单命令（快捷键为Ctrl+Z）撤销一步或多步操作。如果想要恢复被撤销的操作，可以执行“编辑>重做”菜单命令（快捷键为Shift+Ctrl+Z）。如果想要将文件恢复到上一次的保存状态，可以执行“文件>恢复”菜单命令。

## 1.5.2 “历史记录”面板

在处理图像时，对其进行的操作会被记录到“历史记录”面板中。执行“窗口>历史记录”菜单命令，可打开“历史记录”面板，如图1-58所示。

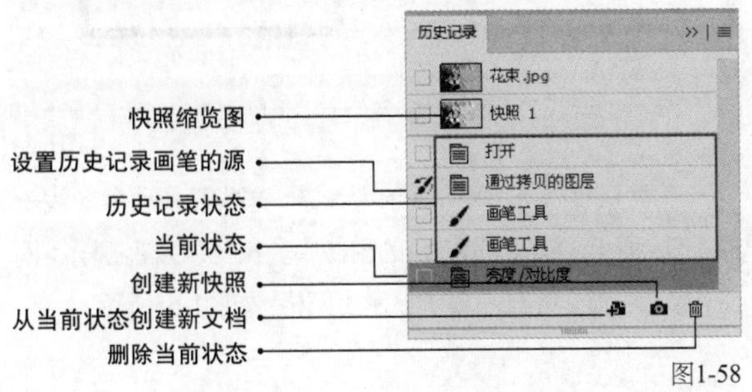


图1-58

下面介绍“历史记录”面板中的常用选项。

**设置历史记录画笔的源**：被勾选的记录对应的就是在使用“历史记录画笔工具”要恢复的源图像。

**快照缩览图**：用于表示被记录为快照的图像状态。

**历史记录状态**：其中记录了每一步的操作状态。

**当前状态**：当前的图像编辑状态。

**从当前状态创建新文档**：单击该按钮，将基于当前操作步骤中图像的状态创建新文档。

**创建新快照**：单击该按钮，将基于当前操作步骤中图像的状态创建快照。

**删除当前状态**：选择一个历史记录并单击该按钮，可以将该记录及其之后的记录删除。

**知识点：使用快照恢复之前的状态**

“历史记录”面板默认可以记录50步操作，虽然可以增加记录数量，但是可能会影响Photoshop的运行速度。在处理图像时，单击“历史记录”面板底部的“创建新快照”按钮，可以将当前状态保存为快照，如图1-59所示。无论之后操作了多少步，只要单击该快照，就能恢复到记录时的状态。

图1-59

需要注意的是，历史记录是暂存于内存中的，快照是历史记录的一部分。关闭文件后，历史记录会被删除。

# 1.6 辅助设置

在Photoshop中可以设置标尺、参考线和网格等。此外，还可以更改工作界面的颜色，设置暂存盘和自动保存等。

## 1.6.1 设置标尺

在处理图像时，标尺可以用来定位图像或某些元素。执行“编辑>首选项>单位与标尺”菜单命令，在弹出的“首选项”对话框中可以修改标尺的度量单位，如图1-60所示。

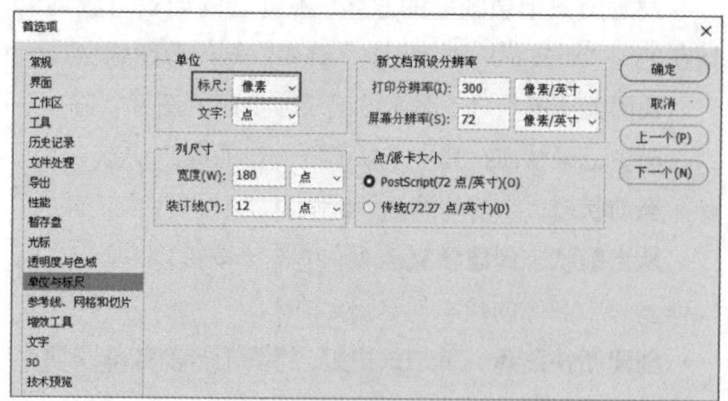

图1-60

**技巧与提示**

按快捷键Ctrl+R可以控制标尺的显示与隐藏。在标尺的任意位置单击鼠标右键，在打开的菜单中也可以修改标尺的度量单位，如图1-61所示。

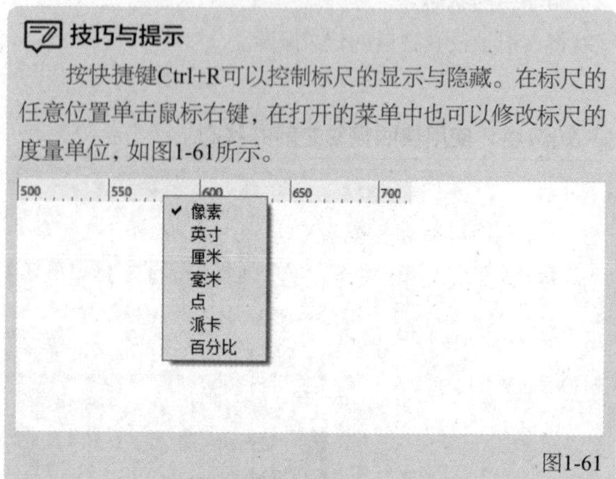


图1-61

## 1.6.2 设置参考线和网格

参考线和网格都以浮动的形式显示在图像上，并且在输出和打印图像时不会显示出来。执行“编辑>首选项>参考线、网格和切片”菜单命令，在弹出的对话框中可以修改参考线、网格、切片和路径等的显示颜色，如图1-62所示。

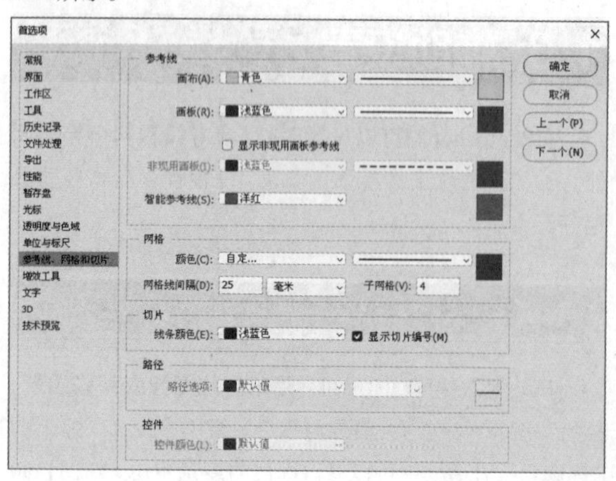

图1-62

在标尺的任意位置按住鼠标左键拖曳，可以拖曳出参考线；按住Shift键并拖曳，参考线会自动吸附到标尺刻度上。执行“视图>新建参考线”菜单命令，可以在弹出的对话框中输入数值，得到位置精确的参考线，如图1-63所示。此外，还可以移动、移除、清除和锁定参考线。

图1-63

执行“视图>显示>智能参考线”菜单命令，可以启用智能参考线。智能参考线可以帮助用户对齐形状、切片和选区。在启用智能参考线后，绘制、移动形状和创建选区时，智能参考线会自动出现在画布中，如图1-64所示。

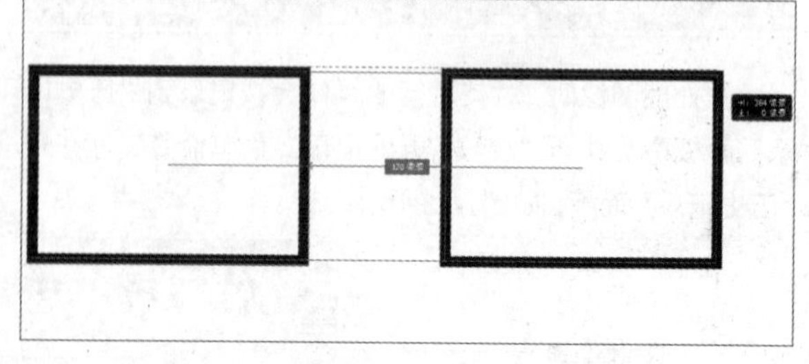

图1-64

在默认状态下，网格显示为线条，这些线条和参考线一样，不会显示在输出和打印的图像中。执行“视图>显示>网格”菜单命令，可在画布中显示出网格，如图1-65所示。

图1-65

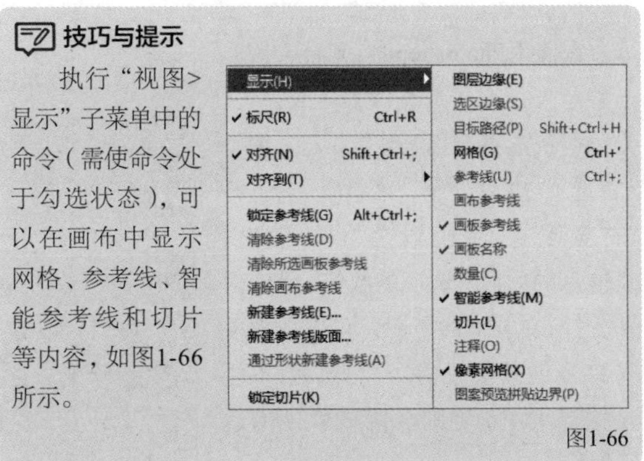


**技巧与提示**

执行"视图>显示"子菜单中的命令（需使命令处于勾选状态），可以在画布中显示网格、参考线、智能参考线和切片等内容，如图1-66所示。

图1-66

## 1.6.3 设置界面

执行"编辑>首选项>界面"菜单命令，在弹出的对话框中可以修改界面的颜色方案和字体大小等，如图1-67所示。

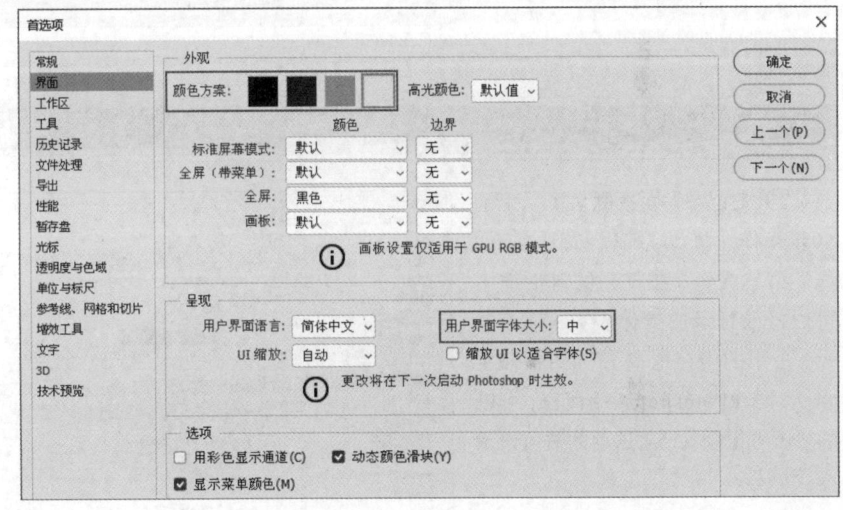


图1-67

## 1.6.4 设置暂存盘

Photoshop对运行内存的需求很大，为了防止软件崩溃，可以增加暂存盘（一般默认为C盘）。执行"编辑>首选项>暂存盘"菜单命令，在弹出的对话框中勾选一个或多个空闲空间较大的磁盘作为暂存盘，如图1-68所示。

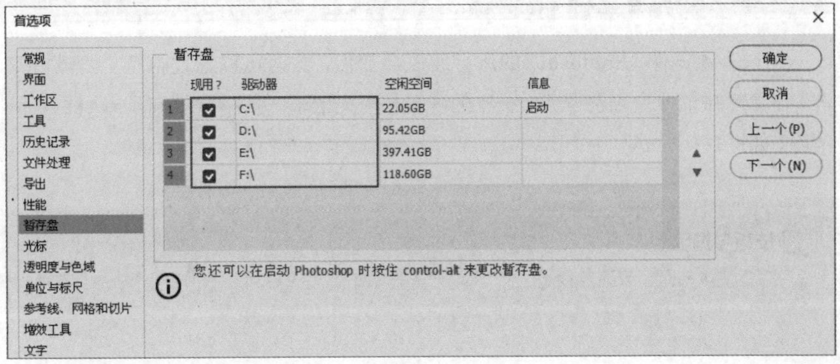


图1-68

## 1.6.5 设置自动保存

在使用Photoshop时，可能会因为一些意外情况导致文件损坏或丢失。为了解决这些问题，可以执行“编辑>首选项>文件处理”菜单命令，打开“首选项”对话框，设置“自动存储恢复信息的间隔”选项的数值，默认为10分钟，如图1-69所示。可以根据需求将分钟数设置得小一些，但不能设置得太小，否则会降低软件的运行性能。

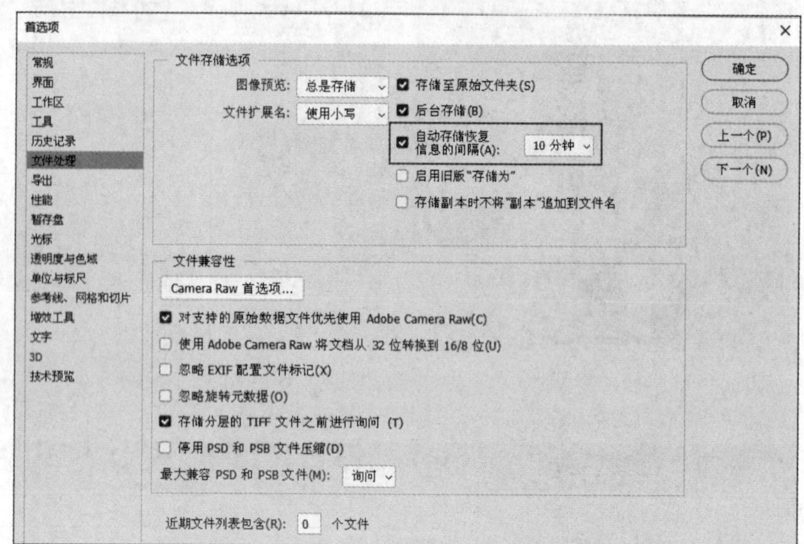


图1-69

## 1.6.6 设置历史记录

“历史记录”面板默认可以记录50步操作。执行“编辑>首选项>性能”菜单命令，在打开的对话框中可以修改记录的操作步数（该值越大，占用的内存越多），如图1-70所示。对于Photoshop新手而言，可以将“历史记录状态”选项的数值设置得大一些。

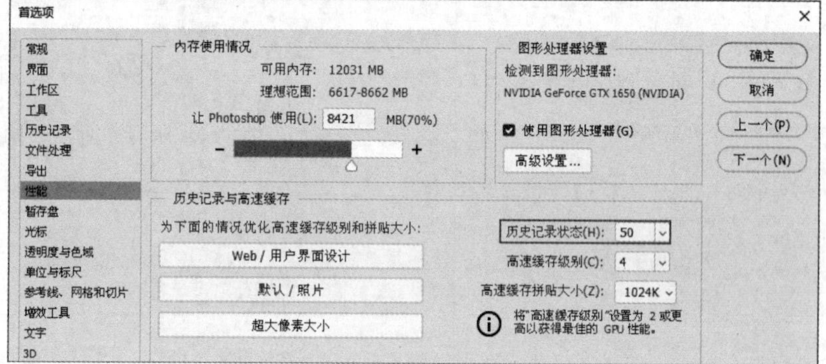


图1-70

## 1.6.7 清理内存

经过多次操作，Photoshop的运行速度会变慢，此时可以通过执行“编辑>清理”子菜单中的命令来清理剪贴板中的内容和历史记录，也可以将它们一次性全部清除，如图1-71所示。

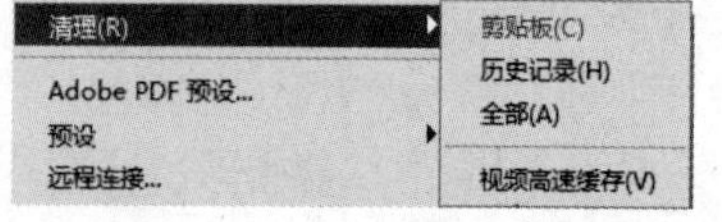


图1-71

**技巧与提示**

需要注意的是，清理内存是一个不可逆转的操作。建议在确保操作无误时，或者完成操作后再进行清理。

第2章

# 图像编辑基础

本章主要介绍图像编辑的基础知识，内容包括图像的基础知识、图像和画布尺寸的修改、画布的裁剪与旋转、图像的变换与变形，以及图层的原理和基础操作等内容。

## 课堂学习目标

- ◇ 了解图像的基础知识
- ◇ 掌握图像的修改方法
- ◇ 了解图层的原理
- ◇ 掌握图层的基础操作
- ◇ 掌握图像变换与变形的操作方法
- ◇ 掌握画布的修改方法

# 2.1 图像的基础知识

图像的基础知识包括像素、分辨率、位图与矢量图、颜色模式等。通过本章的学习，读者可以更快、更准确地处理图像。

**本节重点内容**

| 重点内容 | 说明 |
|---|---|
| 图像大小 | 调整图像尺寸和分辨率 |
| 模式 | 更改图像的颜色模式 |

## 2.1.1 图像尺寸

图像的像素与分辨率可以控制图像的尺寸及清晰度。下面讲解像素和分辨率的含义，以及调整图像尺寸和分辨率的方法。

### 1.像素与分辨率

像素是组成数码影像的基本单位。每个像素就是一个小点，数码影像就是由各种颜色的点汇集而成的。分辨率指的是单位长度包含的像素数，常见单位为像素/英寸（ppi，1英寸≈2.54厘米）。将视图放大至2000%时，可以看到画面由多个小方块组成，其中的每个方块都是一个像素，如图2-1所示。

图2-1

图2-2所示为宽度和高度相同，但是分辨率不同的3个图像。可以看出低分辨率的图像有些模糊，而高分辨率的图像含有的像素较多，看起来十分清晰且细节丰富。

图2-2

### 2.图像大小

图像在计算机中的显示尺寸以像素为单位进行计量，图像的印刷尺寸用长度单位计量，图像尺寸和分辨率会影响图像的输出质量。执行“图像>图像大小”菜单命令（快捷键为Ctrl+Alt+I），打开“图像大小”对话框，在其中可以查看图像的尺寸与分辨率，如图2-3所示。

图2-3

下面介绍“图像大小”对话框中的选项。

**图像大小：**图像所占用的存储空间。

**尺寸：**图像在宽度和高度方向上的像素数量或长度，单击“尺寸”右侧的按钮可以修改尺寸单位。

**调整为：**其下拉列表中有系统提供的多种尺寸和分辨率选项，可以通过这些选项修改图像尺寸及分辨率。

**宽度/高度：**以长度或像素为单位显示图像的宽度和高度，可以直接输入数值来改变图像尺寸。

**分辨率：**显示图像的分辨率，可以直接输入数值来改变图像的分辨率。

**重新采样：**勾选此选项后，更改图像尺寸后系统会自动生成或丢弃部分像素。

## 知识点：深入了解重新采样

在取消勾选“重新采样”选项时，修改图像的分辨率会影响图像的印刷尺寸（即“宽度”和“高度”）。降低图像的分辨率，图像的印刷尺寸会变大；提高图像的分辨率，图像的印刷尺寸会变小。不过，图像的显示尺寸和占用的存储空间是始终不变的，即图像含有的像素数量没有变化，这样图像的清晰度就不会受分辨率变化的影响，如图2-4所示。

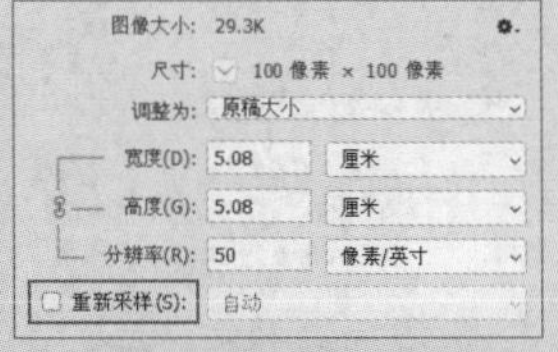

原始图像

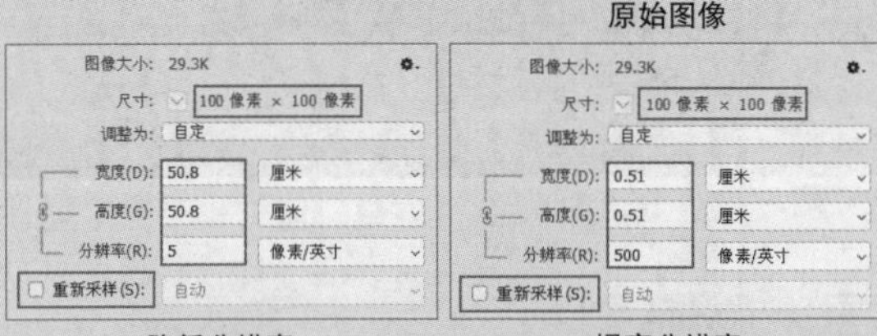

降低分辨率　提高分辨率

图2-4

在勾选“重新采样”选项时，修改图像的分辨率会影响图像的显示尺寸和占用的存储空间。降低图像的分辨率，图像的显示尺寸和占用的存储空间会减小；提高图像的分辨率，图像的显示尺寸和占用的存储空间会增加。不过，图像的印刷尺寸是始终不变的，如图2-5所示。

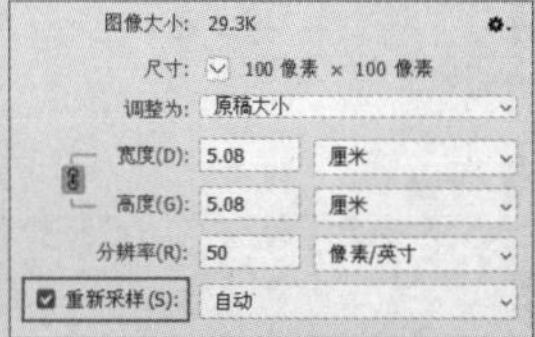

原始图像

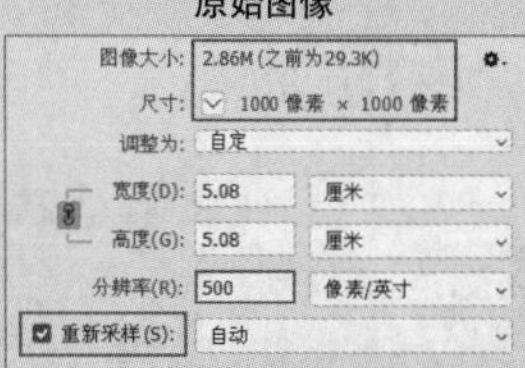

降低分辨率　提高分辨率

图2-5

勾选“重新采样”选项时，降低图像的分辨率，系统会自动丢弃部分像素。而提高图像的分辨率，系统会自动生成新的像素，生成的像素并非原始像素。因此，无论是提高还是降低图像的分辨率，图像的清晰度都会降低，如图2-6所示。

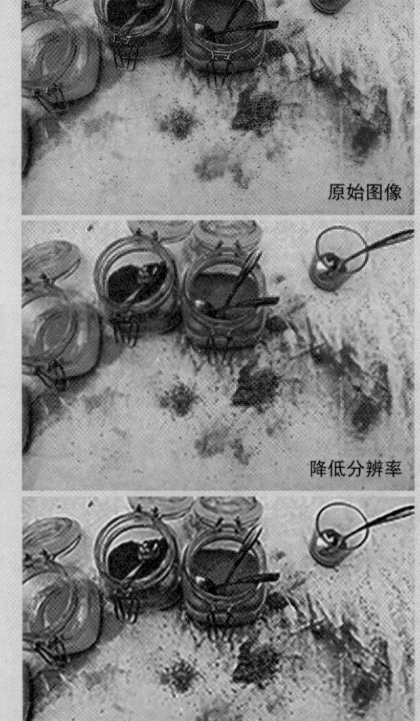


图2-6

课堂案例

## 调整图像尺寸和分辨率

| | |
|---|---|
| 素材文件 | 素材文件>CH02>素材01.jpg |
| 实例文件 | 无 |
| 视频名称 | 调整图像尺寸和分辨率.mp4 |
| 学习目标 | 掌握调整图像尺寸和分辨率的方法 |

在使用图像时，一般需要根据用途调整图像的尺寸和分辨率。本例将使用“图像大小”命令调整图像尺寸和分辨率，效果如图2-7所示。

图2-7

**01** 按快捷键Ctrl+O，在“打开”对话框中选择学习资源文件夹中的“素材文件>CH02>素材01.jpg”文件，单击“打开”按钮，如图2-8所示。打开的文件如图2-9所示。

图2-8

图2-9

**02** 执行“图像>图像大小”菜单命令，打开“图像大小”对话框，如图2-10所示。

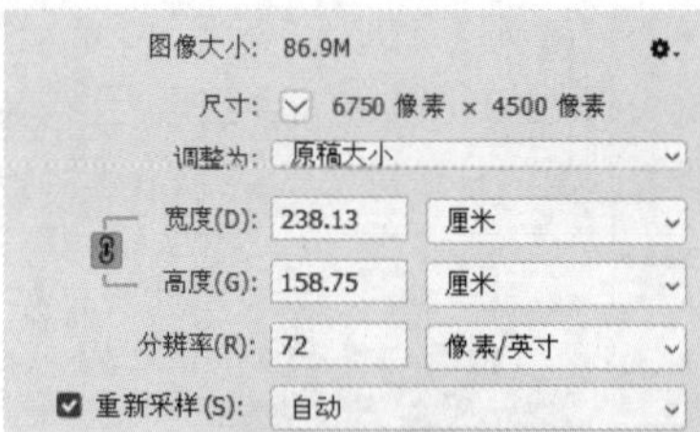


图2-10

**03** 先取消勾选“重新采样”选项，然后设置“宽度”为9英寸，这时“高度”会自动匹配为6英寸，同时分辨率也随着变大了，如图2-11所示。

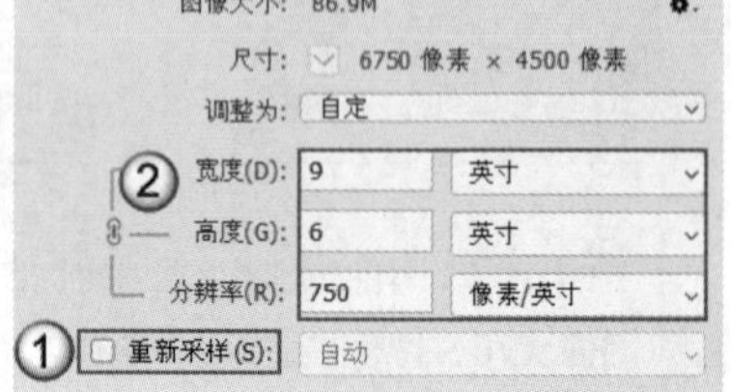


图2-11

**04** 目前的分辨率已经远超印刷的分辨率（300像素/英寸），降低分辨率可以减少图像所占的存储空间。勾选“重新采样”选项，然后设置“分辨率”为300像素/英寸，此时文件减小到了13.9MB，如图2-12所示。单击“确定”按钮，效果如图2-13所示。

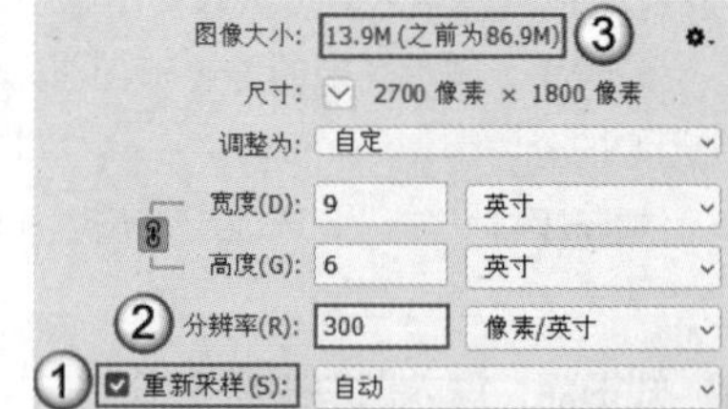


图2-12

图2-13

**技巧与提示**

“宽度”和“高度”之间有一个8形状的按钮，该按钮处于按下状态时，图像是按比例进行缩放的。该按钮未处于按下状态时，可以分别修改“宽度”和“高度”的数值，图像不再按比例进行缩放。

## 2.1.2 位图与矢量图

计算机中的图像分为位图和矢量图两大类。在处理图像时，两种类型的图像是可以共同使用的。

### 1.位图

位图又称点阵图像或栅格图像，是由像素组成的。每个像素都被分配了颜色和位置，由此形成了色调连续的图像。电子设备的截图、数码相机拍摄的照片和扫描仪扫描出的稿件都属于位图。

位图可以更好地表现出画面中的细节，过渡更自然，而矢量图的过渡较为生硬，更像是卡通效果，如图2-14所示。

位图

矢量图

图2-14

### 2.矢量图

矢量图在数学中被定义为一系列由线连接的点，它具有颜色、形状、轮廓、大小和屏幕位置等属性。矢量图只能靠软件生成，如Illustrator和CorelDRAW等，其文件占用内存较小。矢量图以几何图形居多，被无限放大后不会变色，也不会模糊，常用于图案、标志、视觉识别系统（VI）和文字等的设计。

矢量图不受分辨率的影响。将视图放大到至800%，图像依然很清晰，如图2-15所示。因此在印刷时，可以任意放大或缩小图像而不会影响输出图像的清晰度，可以按最高分辨率将图像显示到输出设备上。

缩放比例为100%

缩放比例为800%

图2-15

## 2.1.3 颜色模式

颜色模式指的是以数字为模型记录颜色的一种方式。在Photoshop中，颜色模式有位图模式、灰度模式、双色调模式、索引颜色模式、RGB颜色模式、CMYK颜色模式、Lab颜色模式和多通道模式。执行“图像>模式”子菜单中的命令即可更改图像的颜色模式，如图2-16所示。

图像(I) 图层(L) 文字(Y) 选择(S) 滤镜(T) 3D(D) 视图(V)
模式(M)
调整(J)
自动色调(N) Shift+Ctrl+L
自动对比度(U) Alt+Shift+Ctrl+L
自动颜色(O) Shift+Ctrl+B
图像大小(I)... Alt+Ctrl+I
画布大小(S)... Alt+Ctrl+C
位图(B)
灰度(G)
双色调(D)
索引颜色(I)...
✓ RGB 颜色(R)
CMYK 颜色(C)
Lab 颜色(L)
多通道(M)

图2-16

下面介绍常见的颜色模式。

**位图模式：**只使用黑色或白色表示图像中的像素，其效果很特别，如图2-17所示。

图2-17

**灰度模式：**可以得到有亮度效果的高品质的黑白图像。

**双色调模式：**用1~4种彩色油墨为黑白图像上色，以此来创建单色调、双色调、三色调和四色调的图像。

**技巧与提示**

要想将图像转换为位图模式或双色调模式，需要先将其转换为灰度模式。

**索引颜色模式：**GIF文件默认的颜色模式，生成的颜色为Web安全色，常用于Web页面和多媒体动画。

**RGB颜色模式：**一种发光模式。通过对红（Red）、绿（Green）、蓝（Blue）3个颜色通道的变化以及它们的相互叠加来得到多种颜色，适用于手机和显示器等。在“通道”面板中可以看到这3个颜色通道及1个复合通道的状态信息，如图2-18所示。

**CMYK颜色模式：**一种印刷模式。通过青（Cyan）、洋红（Magenta）、黄（Yellow）、黑（Black）4种油墨叠加来产生多种颜色，适用于印刷品。CMYK颜色模式包含的颜色总数比RGB颜色模式少很多，所以在显示器上观察到的图像要比印刷出来的图像亮丽一些。在“通道”面板中可以看到这4个颜色通道及1个复合通道的状态信息，如图2-19所示。

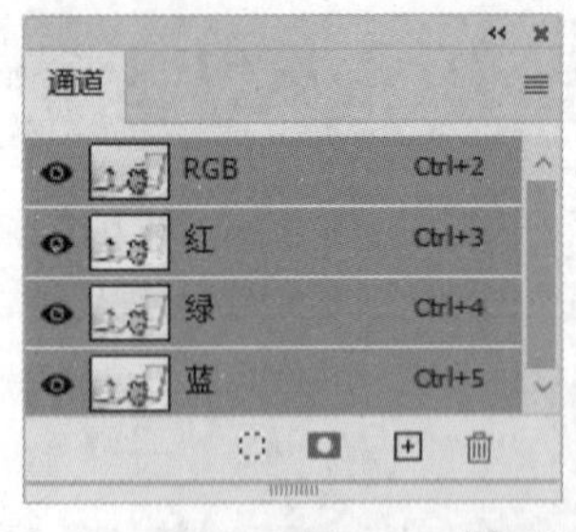


图2-18

图2-19

**Lab颜色模式：**理论上是包括了人眼可以看见的所有色彩的颜色模式。L表示“明度”，a表示从红色到绿色的范围，b表示从黄色到蓝色的范围，在“通道”面板中可以看到这3个通道及1个复合通道的状态信息，如图2-20所示。

图2-20

**多通道模式：**每个通道中都包含256个灰阶，对于特殊打印非常有用。

**知识点：设计中分辨率和颜色模式的选择**

在设计电子显示屏上的图像（如图标、UI、网页、Banner和详情页等）时，新建文件时采用的单位是像素，颜色模式为RGB，分辨率为72像素/英寸。

在设计印刷制品（如海报、传单、图书和名片等）时，新建文件时采用的单位是厘米或毫米，颜色模式为CMYK，分辨率一般为300像素/英寸。印刷是有尺寸限制的，当印刷无法满足广告宣传需求时，可采用喷绘的方式。其中，易拉宝和X展架的分辨率一般为150～200像素/英寸，户外喷绘（如地铁广告、围挡和擎天柱等）的分辨率一般为20～60像素/英寸。

### 2.1.4 存储格式

当使用Photoshop存储文件时，可以选择不同的格式。下面介绍常用的存储格式。

**PSD格式：**Photoshop的默认存储格式，能够保存图层、蒙版、通道、路径和图层样式等内容。在一般情况下，存储文件都采用这种格式，以便随时进行修改。

**GIF格式：**一种广泛应用于网络的动画格式，支持透明背景和动画效果。

**JPEG格式：**一种十分常用的有损压缩图像格式，该格式的文件具有数据量小、易传输和易保存等优点。

**PNG格式：**支持透明度，经常用于网络，该格式的文件数据量较小。

**TIFF格式：**一种通用的文件格式，可以保留Photoshop的图层和通道等内容。

**PDF格式：**一种便携的文档格式，支持矢量数据和位图数据。

## 2.2 图层原理与基础操作

图层是Photoshop的核心功能，在Photoshop中，对图像的操作几乎都是基于图层进行的。通过图层的堆叠与混合可以制作出多种效果。下面讲解图层的原理和基础操作。

**本节重点内容**

| 重点内容 | 说明 |
|---|---|
| 链接图层 | 链接图层 |
| 取消图层链接 | 取消图层链接 |
| 图层编组 | 图层编组 |
| 向下合并 | 向下合并图层 |
| 栅格化 | 栅格化图层 |
| 对齐 | 对齐图层 |
| 分布 | 分布图层 |

## 2.2.1 图层的原理

图层就像是一块块透明的玻璃，每块玻璃上承载着图像和文字等信息。按照一定的顺序将它们堆叠在一起，这样就可以形成完整的图像，如图2-21所示。

图2-21

图层中的内容是可以移动和单独调整的，这些操作不会影响其他图层中的内容，如图2-22所示。

图2-22

图层的顺序是可以调整的。类似于调整玻璃的堆叠顺序，上层玻璃的显示内容会盖住下层玻璃的显示内容，图层中的有些内容可能会因为图层顺序的调整而被遮挡，如图2-23所示。

图2-23

**技巧与提示**

在Photoshop的图层中，用灰白格表示透明区域，如图2-24所示。

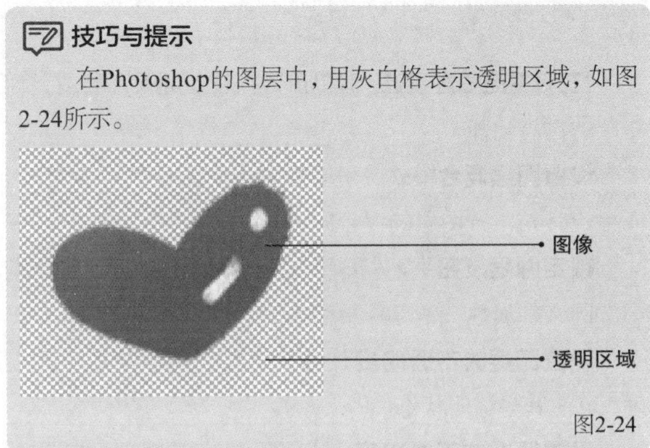


图2-24

## 2.2.2 “图层”面板

“图层”面板是Photoshop中的常用面板，如图2-25所示，在其中可以新建图层、删除图层、锁定图层、添加图层蒙版和图层样式，以及修改图层的不透明度等。

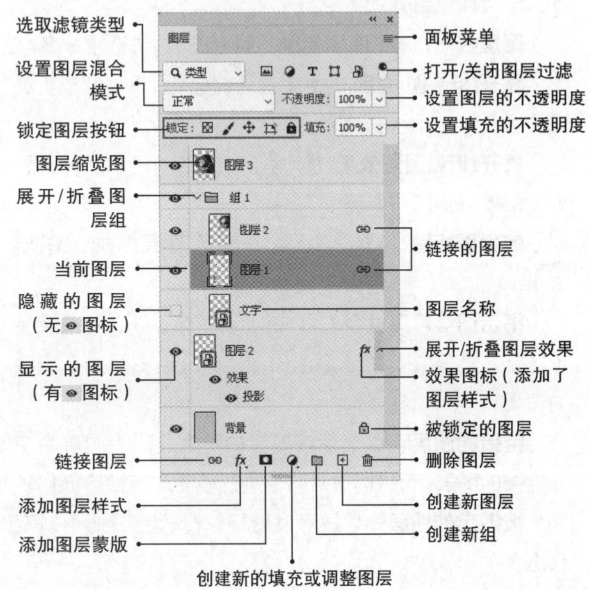


图2-25

下面介绍“图层”面板中的常用选项。

**面板菜单**：单击该按钮，可打开“图层”面板的面板菜单。

**选取滤镜类型**：当有较多图层时，可以在该下拉列表中选择一种图层类型（包括“名称”“效果”“模式”“属性”“颜色”“智能对象”等），使“图层”面板中只显示此类图层。此外，其右侧还有5个按钮，分别用于过滤像素图层、调整图层、文字图层、形状图层和智能对象图层。

**技巧与提示**

需要注意的是，“选取滤镜类型”下拉列表中的“滤镜”并不是指菜单栏中的“滤镜”菜单命令，而是指对某一种图层类型进行过滤。

**打开/关闭图层过滤**：单击该按钮，可以开启或关闭图层的过滤功能。

**设置图层混合模式**：用于设置当前图层的混合模式，以指定其与下方图层的混合方式。

**锁定图层按钮**：这一排按钮用于锁定当前图层的某种属性，使其不可编辑。

**设置图层的不透明度**：用于设置当前图层的不透明度，可使其呈透明状态。

**设置填充的不透明度**：用于设置当前图层中填充的不透明度。该选项与“不透明度”选项类似，但是不会影响图层的样式效果。

**图层缩览图**：显示图层中的图像。其中，棋盘格区域表示图像的透明区域，非棋盘格区域表示有图像的区域。

**当前图层**：当前处于选中或编辑状态的图层，所有操作只对当前图层有效。

**图层名称**：双击图层名称，可以对图层进行重命名。

**展开/折叠图层组**：单击该图标，可以展开或折叠图层组。

**展开/折叠图层效果**：单击该图标，可以展开或折叠图层效果。

**效果图标**：显示该图标，表示图层添加了图层效果。

**指示图层可见性**：单击该图标，可以隐藏或显示图层。有图标表示显示的图层，无图标表示隐藏的图层。

**链接的图层**：显示该图标的两个及以上图层为相互链接的图层，可以同时对它们进行移动或变换等操作。

**被锁定的图层**：显示该图标，表示图层处于锁定状态。

**链接图层**：选择多个图层后，单击该按钮，可以对它们进行链接。

**添加图层样式**：单击该按钮，可以在弹出的菜单中为当前图层添加图层样式。

**添加图层蒙版**：单击该按钮，可以为当前图层添加一个蒙版。

**创建新的填充或调整图层**：单击该按钮，在弹出的菜单中选择相应的命令即可创建填充图层或调整图层。

**创建新组**：单击该按钮，可以新建一个图层组。

**创建新图层**：单击该按钮，可以新建一个图层。

**删除图层**：选择图层或图层组，单击该按钮即可将其删除。

## 2.2.3 选择图层

在对某个图层进行操作前，需要先选择图层。在Photoshop中，可以选择一个图层，也可以选择多个连续或不连续的图层。

**选择一个图层**：在“图层”面板中单击要选择的图层，即可将其选中，同时该图层将成为当前图层。

**选择多个连续图层**：先选择第1个图层，然后按住Shift键单击最后一个图层，即可同时选择这两个图层及它们中间的所有图层，如图2-26所示。

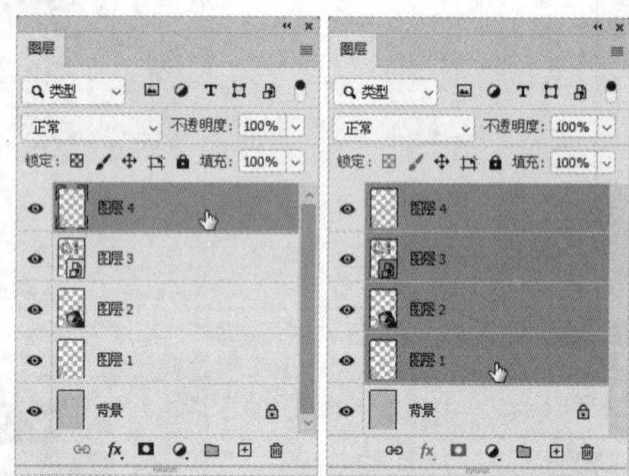


图2-26

**选择多个不连续图层**：先选择一个图层，然后按住Ctrl键单击其他图层，即可同时选择这些图层，如图2-27所示。

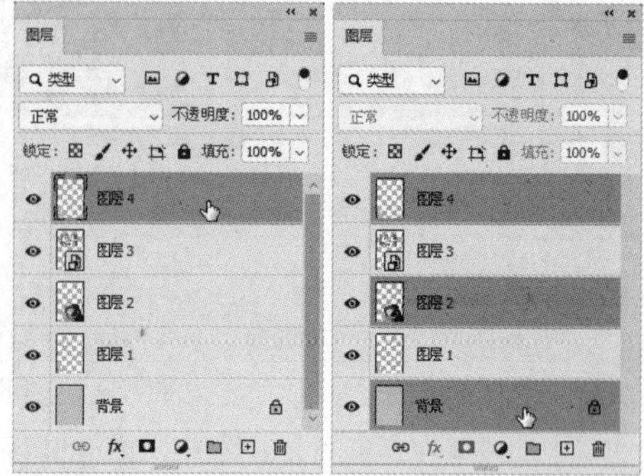


图2-27

**选择所有图层：** 执行“选择>所有图层”菜单命令（快捷键为Alt+Ctrl+A），可以选择除“背景”图层之外的所有图层。

**选择链接图层：** 在“图层”面板中，单击一个图层，如果其右侧出现了图标，表示它与其他图层建立了链接。此时，执行“图层>选择链接图层”菜单命令，即可将它们同时选择。

**取消选择图层：** 执行“选择>取消选择图层”菜单命令，或者在“图层”面板中图层列表下方的空白处单击，即可取消选择所有图层。

### 知识点：自动选择图层/图层组

在“移动工具”的选项栏中有一个“自动选择”选项，在其右侧的下拉列表中可以设置自动选择图层或图层组，如图2-28所示。勾选“自动选择”选项并设置自动选择类型为“图层”后，使用“移动工具”在画布中单击图像，即可选择对应的图层。

图2-28

## 2.2.4 新建图层

新建图层指的是创建一个空白图层。单击“图层”面板底部的“创建新图层”按钮，可以在当前图层上方新建一个空白图层。按住Ctrl键并单击“创建新图层”按钮，可以在当前图层下方新建一个空白图层，如图2-29所示。

当前图层

单击“创建新图层”按钮

按住Ctrl键并单击“创建新图层”按钮

图2-29

在创建图层时，如果想要设置图层的名称、颜色、模式和不透明度等属性，可以执行“图层>新建>图层”菜单命令（快捷键为Shift+Ctrl+N），在弹出的“新建图层”对话框中进行设置，如图2-30所示。按住Alt键并单击“创建新图层”按钮，也可以打开“新建图层”对话框。

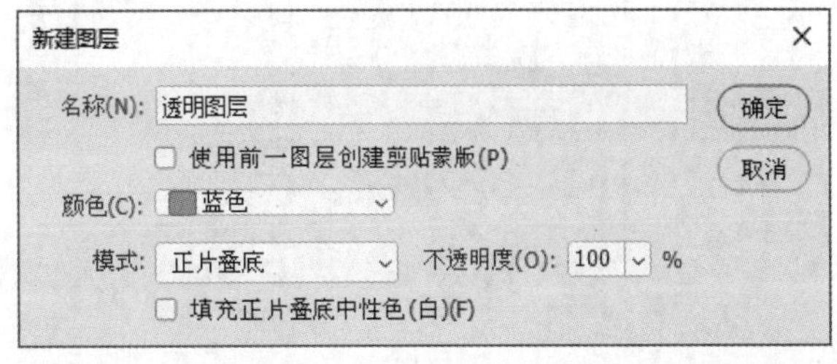


图2-30

## 2.2.5 复制图层

所有图层都可以通过复制来保留原始信息，以防原始信息丢失。复制图层的方法有很多种，下面分别进行介绍。

**第1种：** 选择要复制的图层，执行“图层>新建>通过拷贝的图层”菜单命令（快捷键为Ctrl+J），可以将所选图层复制一份，如图2-31所示。

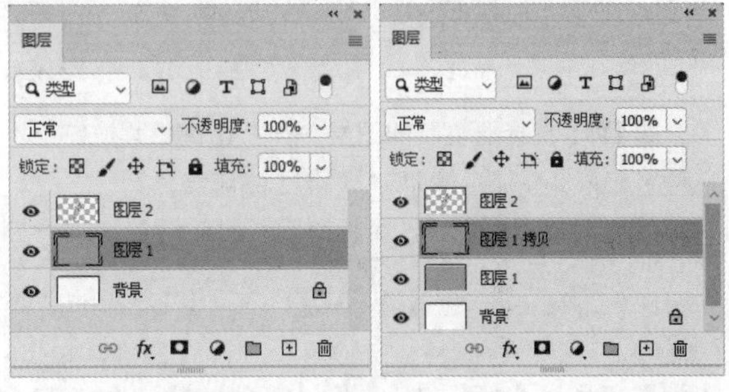

图2-31

**第2种：** 选择要复制的图层，执行“图层>复制图层”菜单命令，打开“复制图层”对话框，然后单击“确定”按钮，如图2-32所示。

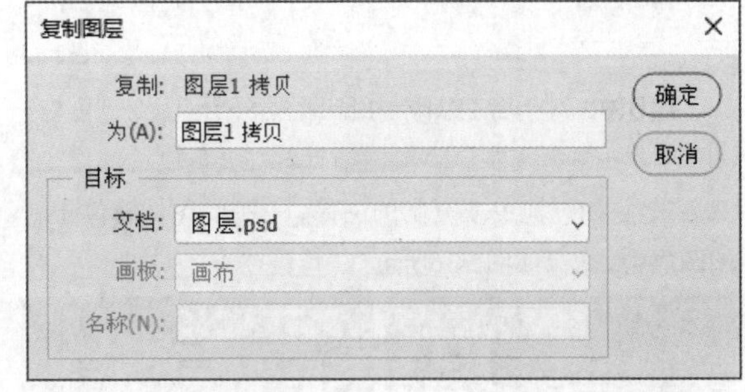


图2-32

### 技巧与提示

选择要复制的图层，在其名称上单击鼠标右键，然后在打开的菜单中执行“复制图层”命令，如图2-33所示，这样也可以打开“复制图层”对话框。

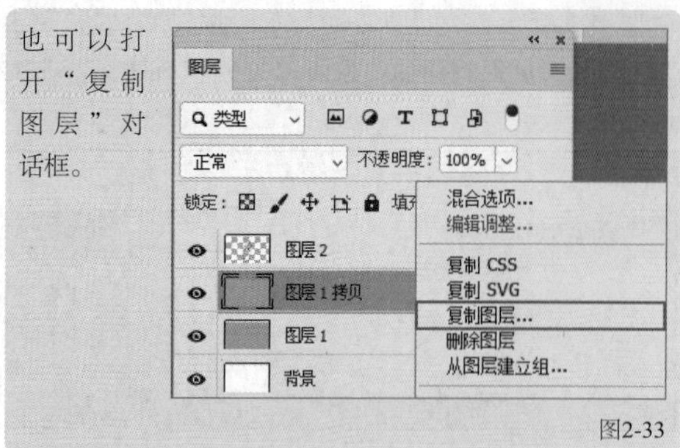


图2-33

**第3种：**将要复制的图层拖曳至“创建新图层”按钮上，这样可以复制该图层，如图2-34所示。

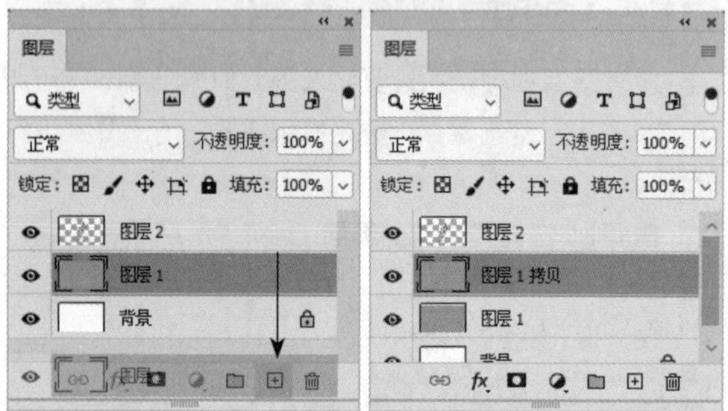

图2-34

**第4种：**选择要复制的图层，按住Alt键将其拖曳至目标位置后松开鼠标左键即可，如图2-35所示。

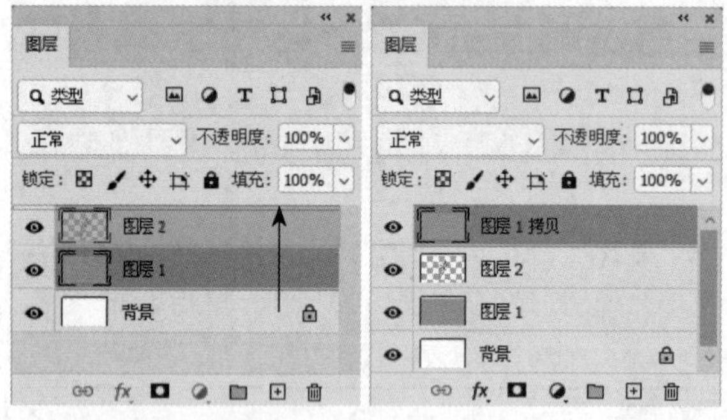

图2-35

**第5种：**对于含有图像内容的图层，还可以使用“移动工具”进行复制。将鼠标指针放在要复制的图像上，然后按住Alt键拖曳要复制的图像，复制的图像将位于新的图层中，效果如图2-36所示。

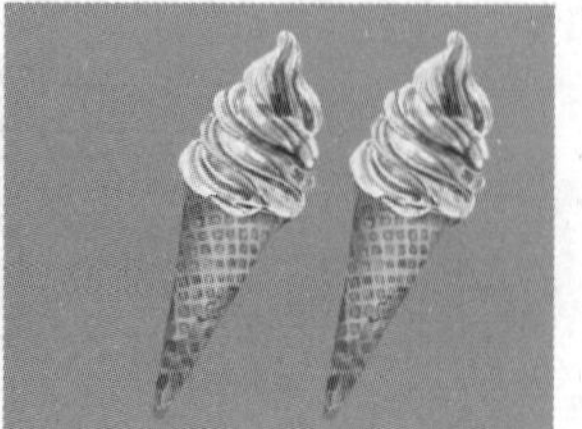

图2-36

## 2.2.6 删除图层

如果要删除一个或多个图层，可以先将其选中，然后通过以下两种方法来完成操作。

**第1种：**选定图层后，单击“删除图层”按钮（快捷键为Delete），或者将选定的图层拖曳到“删除图层”按钮上将其删除。

**第2种：**执行“图层>删除>图层”菜单命令，即可将选定的图层删除。执行“图层>删除>隐藏图层”菜单命令，可以删除所有隐藏的图层。

## 2.2.7 锁定图层

在“图层”面板中，图层列表上方有5个锁定按钮，如图2-37所示，分别用于锁定图层的透明像素、图像像素、位置、画板等属性。选择图层，单击对应按钮，可以将图层相应属性锁定。

图2-37

下面介绍各锁定按钮的作用。

**锁定透明像素：**单击该按钮，可以将编辑范围限定在图层的不透明区域中，图层的透明区域将会受到保护。

**锁定图像像素：**单击该按钮，只能对图层进行移动或变换操作，不能在图层上进行绘画、擦除内容或应用滤镜等操作。

**技巧与提示**

文字图层和形状图层是无法锁定透明像素和图像像素的。只有将其栅格化后，才能对其进行锁定。

**锁定位置：**单击该按钮，图层将无法移动，这对于设置了精确位置的图像非常有用。

**锁定画板：**单击该按钮，可以防止画板内外自动嵌套。

**锁定全部：**单击该按钮，可以锁定以上全部属性，不能对图层进行任何操作。

### 知识点：“背景”图层的转换

“背景”图层默认处于锁定状态，位于“图层”面板的底部。可以在“背景”图层上绘画、填色或应用滤镜等，但是“背景”图层无法移动，或者调整混合模式等。用“移动工具”拖曳“背景”图层时会出现提示对话框，单击“转换到正常图层”按钮 转换到正常图层 可以对其进行转换，如图2-38所示。

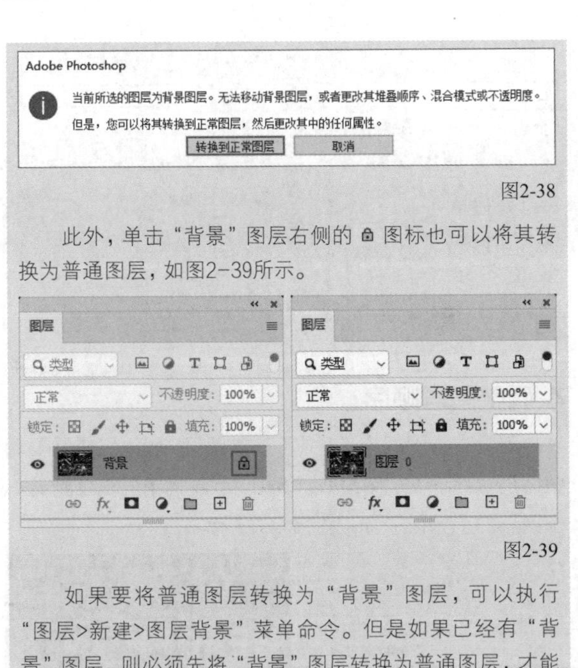


图2-38

此外，单击"背景"图层右侧的 🔒 图标也可以将其转换为普通图层，如图2-39所示。

图2-39

如果要将普通图层转换为"背景"图层，可以执行"图层>新建>图层背景"菜单命令。但是如果已经有"背景"图层，则必须先将"背景"图层转换为普通图层，才能将其他图层转换为"背景"图层。

## 2.2.8 链接图层

如果要同时处理多个图层中的内容（如进行移动或变换等），可以将这些图层链接在一起。选择两个或多个图层，然后执行"图层>链接图层"菜单命令，或者单击"图层"面板下方的"链接图层"按钮 ⊖，即可将所选图层链接在一起，如图2-40所示。链接图层后，对其中任何一个图层进行移动或变换等操作，其他链接图层也会随着变化。

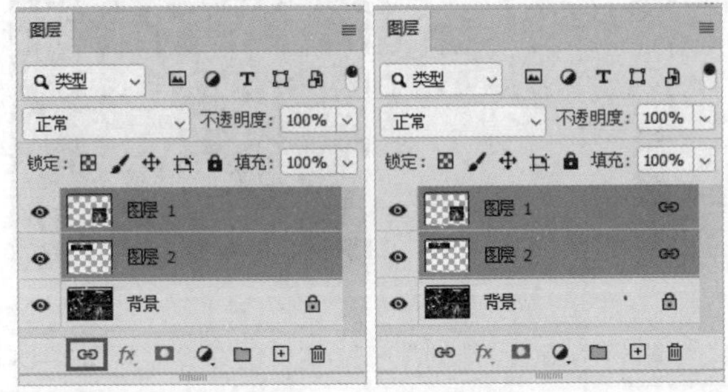


图2-40

如果要取消图层的链接，可以执行"图层>取消图层链接"菜单命令；或者选中一个链接图层，并单击"图层"面板下方的"链接图层"按钮 ⊖。

## 2.2.9 管理图层

图像的效果越丰富，用到的图层就越多。为了方便管理图层，下面讲解管理图层的实用技巧。

### 1.修改图层名称

图层默认以"图层1""图层2""图层3"的形式命名，当图层较多时不便于查找需要的图层，因此可以修改图层名称以便管理。执行"图层>重命名图层"菜单命令，或者双击图层名称，在显示的文本框中输入名称后按Enter键确认即可修改图层名称。

### 2.图层编组与取消编组

单击"图层"面板下方的"创建新组"按钮 ▭，可以创建一个空白图层组，之后可以将目标图层拖曳至该组中，如图2-41所示。

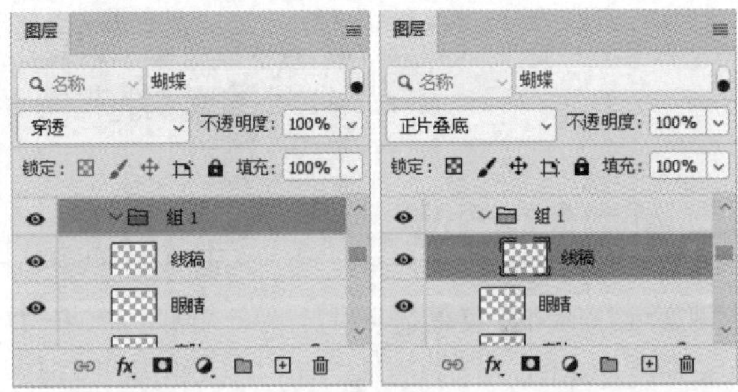


图2-41

**技巧与提示**

可以同时拖曳多个图层或图层组到另一个图层组的名称上，这样就可以将其移入该图层组中，如图2-42所示。

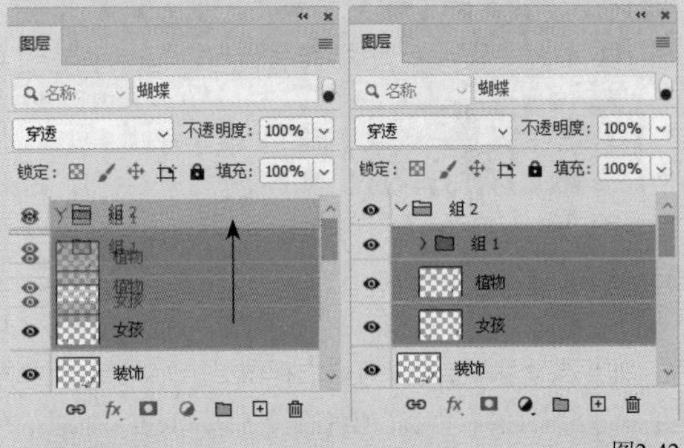


图2-42

将图层组中的图层或图层组拖曳至组外，就可以将其从图层组中移出，如图2-43所示。

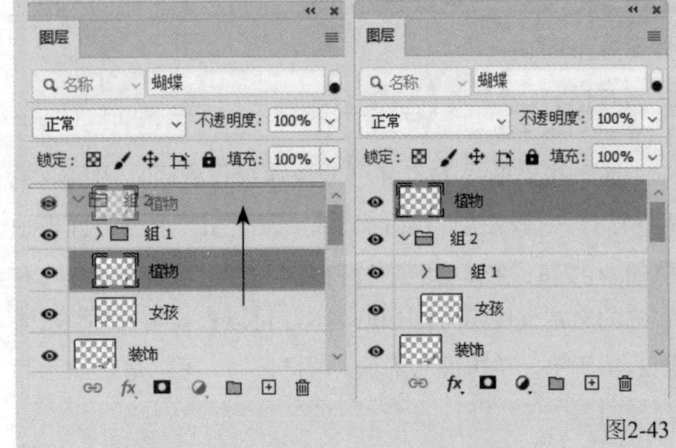


图2-43

在创建图层组时，还可以设置它的名称、颜色和模式等属性。执行"图层>新建>组"菜单命令，在弹出的对话框内设置相关属性，单击"确定"按钮，即可新建图层组，如图2-44所示。之后可以将目标图层拖曳至该组中。

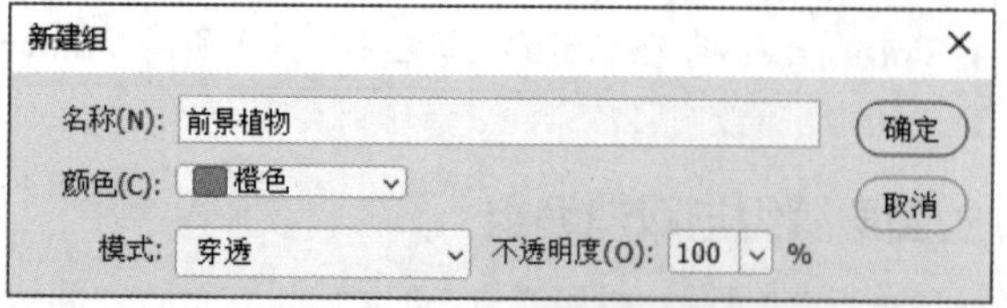

图2-44

选择一个或多个图层（也可以是图层组），执行"图层>图层编组"菜单命令（快捷键为Ctrl+G），可以将选定的图层（或图层组）创建为一个组，如图2-45所示。

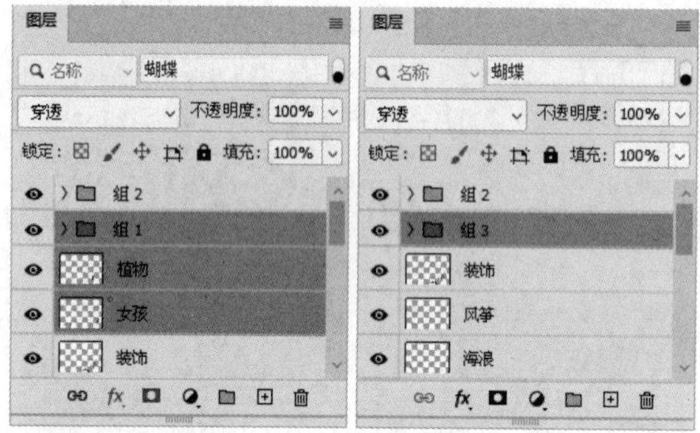


图2-45

如果要删除图层组，可以选择图层组，然后执行"图层>删除>组"菜单命令，或者直接按Delete键。此外，将图层组拖曳至"图层"面板下方的"删除图层"按钮上，也可以删除图层组。如果要解散图层组，可以选择图层组，然后执行"图层>取消图层编组"菜单命令（快捷键为Shift+Ctrl+G）。

## 3.查找图层

通过搜索图层的名称可以快速查找到目标图层。执行"选择>查找图层"菜单命令，或者单击"图层"面板顶部的按钮，在弹出的下拉列表中选择"名称"选项，在右侧的文本框中输入图层的名称，可以查找目标图层，如图2-46所示。单击面板右上角的按钮，可以重新显示隐藏的图层。

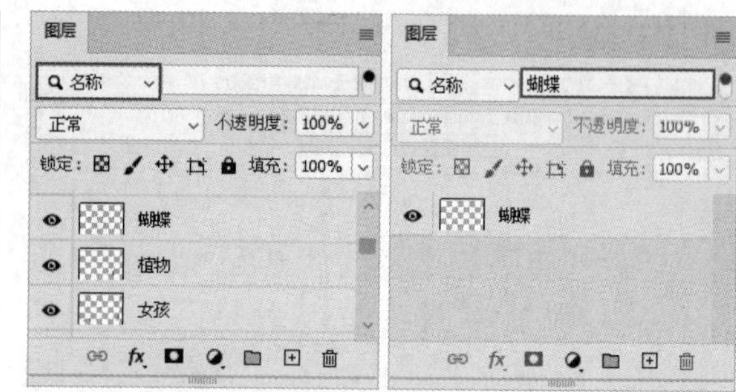


图2-46

## 4.调整图层顺序

因为上方图层会"遮住"下方图层，所以经常需要调整图层顺序。在"图层"面板中，可以将图层拖曳到另一个图层的上方或下方，如图2-47所示。

图2-47

执行"图层>排列"子菜单中的命令，如图2-48所示，可以调整图层顺序。"前移一层"（快捷键为Ctrl+]）命令与"后移一层"（快捷键为Ctrl+[）命令指的是将所选图层向上或向下移动一层。"置为顶层"（快捷键为Shift+Ctrl+]）命令与"置为底层"（快捷键为Shift+Ctrl+[）命令指的是将所选图层调整到最上层或最下层。如果图层位于图层组中，执行"置为顶层"命令或"置为底层"命令可将其置于图层组的最上层或最下层。

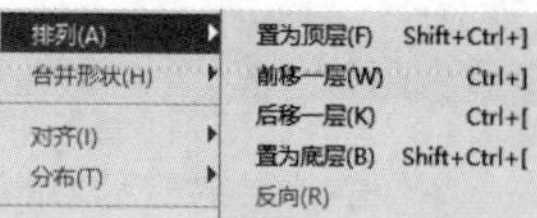


图2-48

### 5.显示与隐藏图层/图层组

图层缩览图左侧的图标可以控制图层的可见性，单击该图标可以切换图层的显示或隐藏状态，用同样的方法也可以控制图层组的显示或隐藏状态。执行“图层>隐藏图层”菜单命令，可以将选定的一个或多个图层隐藏起来。

如果想要隐藏多个相邻的图层，可以将鼠标指针置于一个图层的图标上，并向下或向上拖曳。显示图层的方法是同样的。

如果只想显示一个图层，可以按住Alt键并单击该图层的图标。用同样的操作可以显示其他图层。

## 2.2.10 合并图层

合并图层指的是将几个图层合并为一个图层，这样不仅便于管理，还可以减少文件所占用的内存。

选择一个图层，执行“图层>向下合并”菜单命令（快捷键为Ctrl+E），可以将其与下方图层合并，合并后的图层名称为下方图层的名称，如图2-49所示。

图2-49

如果要合并两个或多个图层，可以先将它们选中，然后执行“图层>合并图层”菜单命令（快捷键为Ctrl+E），合并后的图层名称为上方图层的名称，如图2-50所示。

图2-50

如果要合并所有可见图层，可以执行“图层>合并可见图层”菜单命令（快捷键为Shift+Ctrl+E）。如果合并前“背景”图层处于显示状态，那么所有可见图层会合并到“背景”图层中，如图2-51所示。

图2-51

如果要拼合所有图层，可以执行“图层>拼合图像”菜单命令，原图中的透明区域会用白色填充。此时，如果有隐藏的图层，则会出现提示对话框，询问是否将其删除，如图2-52所示。

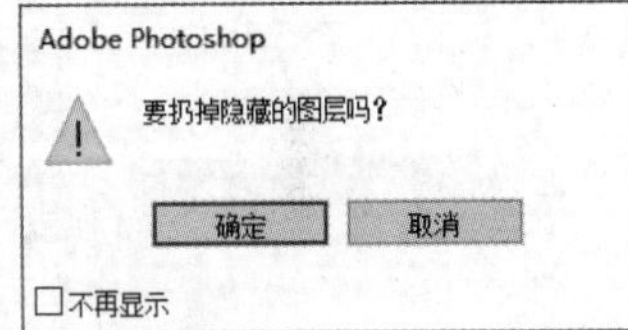


图2-52

## 2.2.11 盖印图层

盖印图层是指将多个图层的内容合并到一个新的图层中，同时其他图层保持不变。

### 1.向下盖印图层

选择一个图层，然后按快捷键Ctrl+Alt+E，可以将该图层中的内容盖印到它的下方图层中，原图层保持不变，如图2-53所示。

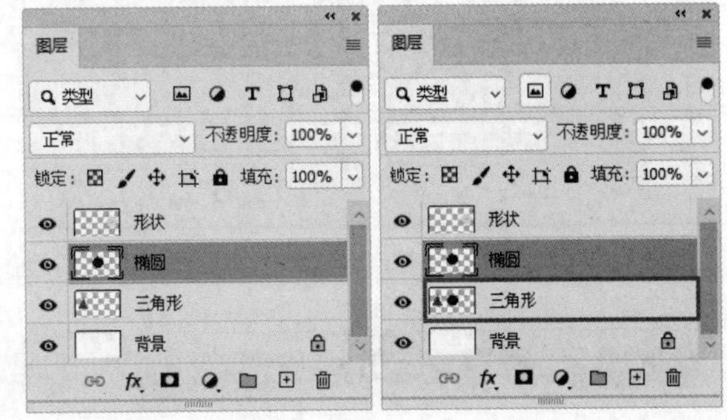


图2-53

### 2.盖印多个图层

同时选择多个图层，然后按快捷键Ctrl+Alt+E，可以将所选图层中的内容盖印到一个新的图层中，原图层保持不变，如图2-54所示。

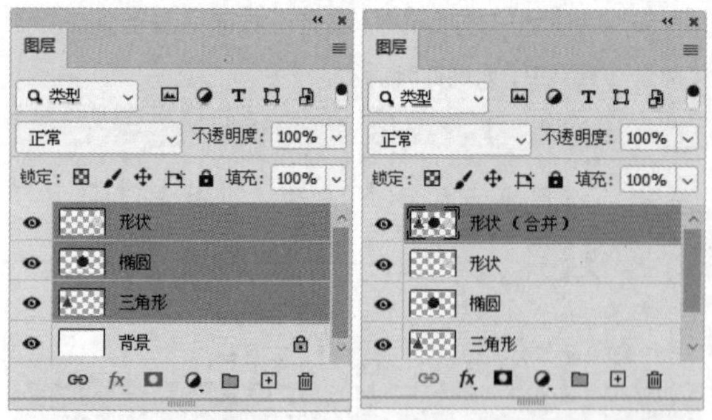


图2-54

### 3.盖印可见图层

按快捷键Shift+Ctrl+Alt+E，可以将所有可见图层的内容盖印到一个新的图层中，原图层保持不变，如图2-55所示。

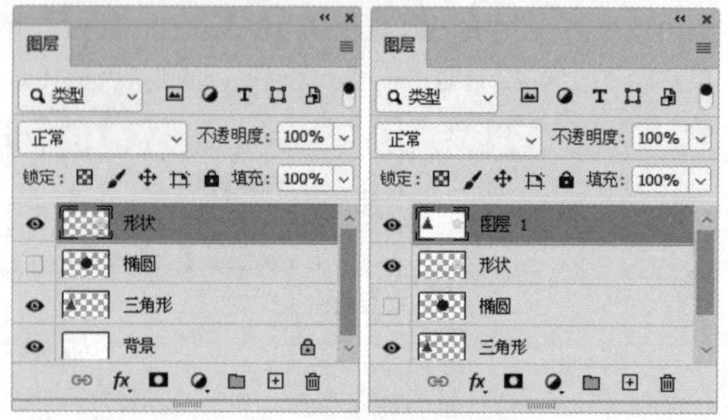


图2-55

### 4.盖印图层组

选择需要盖印的图层组，按快捷键Ctrl+Alt+E，可以将该图层组内所有可见图层的内容盖印到一个新的图层中，原图层组中的图层保持不变，如图2-56所示。

图2-56

## 2.2.12 栅格化图层

对于文字图层、形状图层、矢量蒙版或智能对象等特殊对象，不能直接对其进行编辑，需要先将其栅格化，才能进行相应的操作。选择需要栅格化的图层，然后执行“图层>栅格化”子菜单中的命令，如图2-57所示，可以栅格化相应的图层。

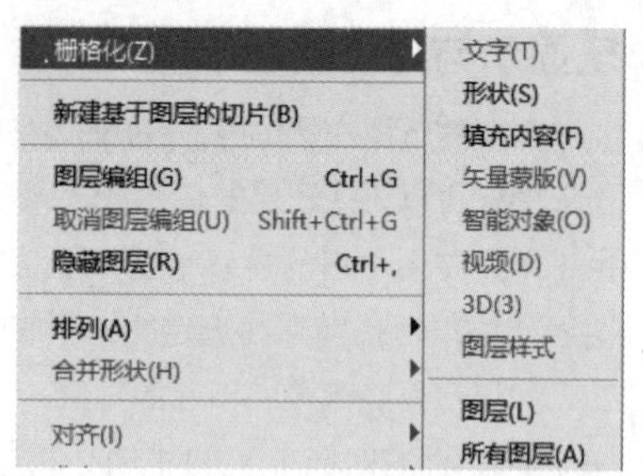


图2-57

下面介绍“栅格化”子菜单中的常用命令。

**文字：**栅格化文字图层，可以使文字变为位图。栅格化以后，将无法修改文本内容。

**形状/填充内容/矢量蒙版：**执行“形状”命令，可以栅格化形状图层；执行“填充内容”命令，可以栅格化形状图层的填充内容；执行“矢量蒙版”命令，可以栅格化形状图层的矢量蒙版，同时将其转换为图层蒙版。

**智能对象：**栅格化智能对象图层，可以将其转换为像素图层。

**图层/所有图层：**执行“图层”命令，可以栅格化当前选定的图层；执行“所有图层”命令，可以栅格化包含矢量数据、智能对象和生成数据的所有图层。

## 2.2.13 对齐与分布图层

对齐图层指的是以某一图层的像素边缘为基准，使其他图层的像素边缘与之对齐。分布图层指的是将3个及以上图层按照一定的间隔进行分布。这两个操作不仅可以用于普通图层，还可以用于矢量图层及文字等对象。

选中需要进行对齐的图层，执行“图层>对齐”子菜单中的命令，即可将图层对齐，如图2-58所示。

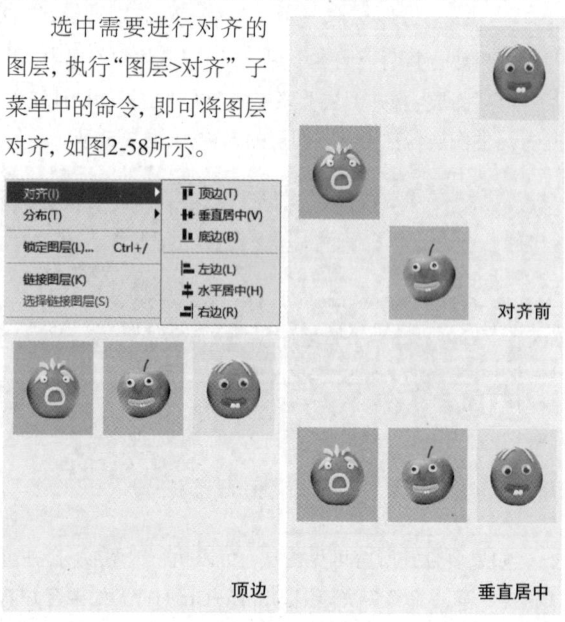


图2-58

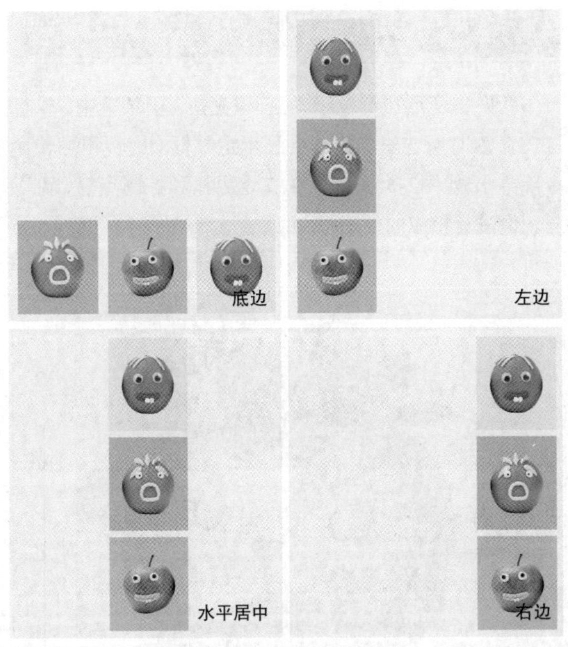


图2-58(续)

### 技巧与提示

如果图层处于链接状态，那么选中某一个图层，其他与之链接的图层将以该图层为基准进行对齐。例如，选择“图层2”，执行“图层>对齐>水平居中”菜单命令，效果如图2-59所示。

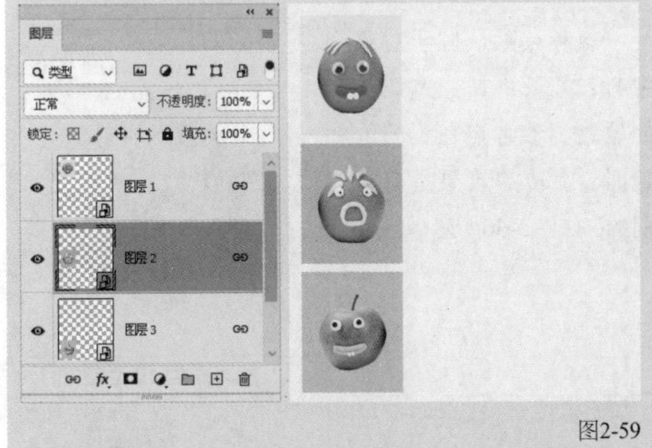


图2-59

选择3个及以上需要进行分布的图层，执行“图层>分布”子菜单中的命令，即可对图层进行分布，如图2-60所示。需要注意的是：执行“顶边”或“左边”命令，将基于顶部或左侧像素对图层进行分布；执行“垂直居中”和“水平居中”命令，将基于中心像素对图层进行分布；而执行“水平”和“垂直”命令，将基于像素边缘间距对图层进行分布。

| 分布(T) | | 顶边(T) |
|---|---|---|
| 锁定图层(L)... | Ctrl+/ | 垂直居中(V) |
| | | 底边(B) |
| 链接图层(K) | | 左边(L) |
| 选择链接图层(S) | | 水平居中(H) |
| | | 右边(R) |
| 合并图层(E) | Ctrl+E | |
| 合并可见图层 | Shift+Ctrl+E | 水平(O) |
| 拼合图像(F) | | 垂直(C) |

图2-60

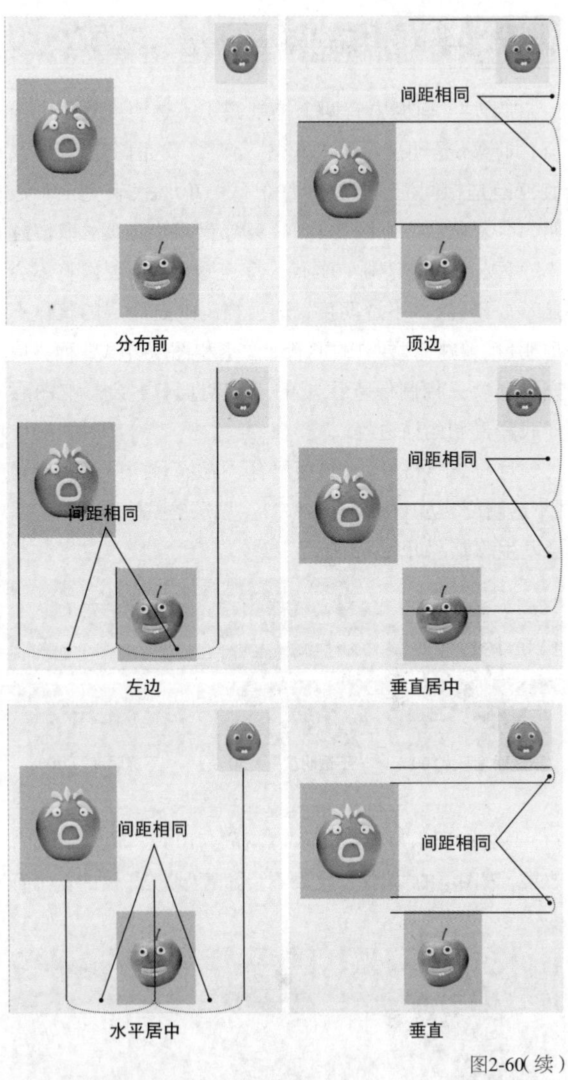


图2-60(续)

### 技巧与提示

选择需要对齐和分布的图层，并选择“移动工具”✥，在其选项栏中也可以进行对齐和分布操作，如图2-61所示。

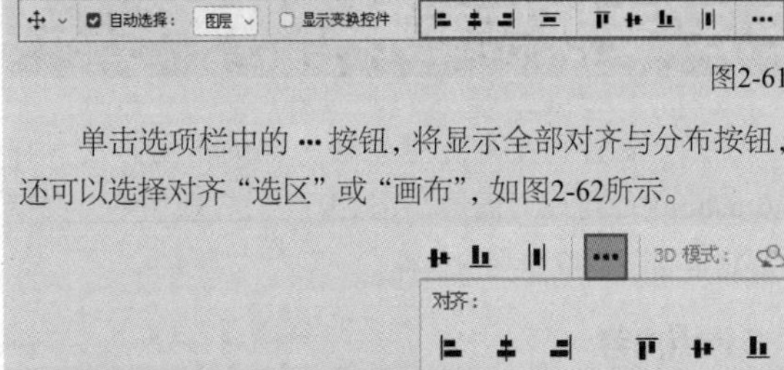


图2-61

单击选项栏中的 ··· 按钮，将显示全部对齐与分布按钮，还可以选择对齐“选区”或“画布”，如图2-62所示。

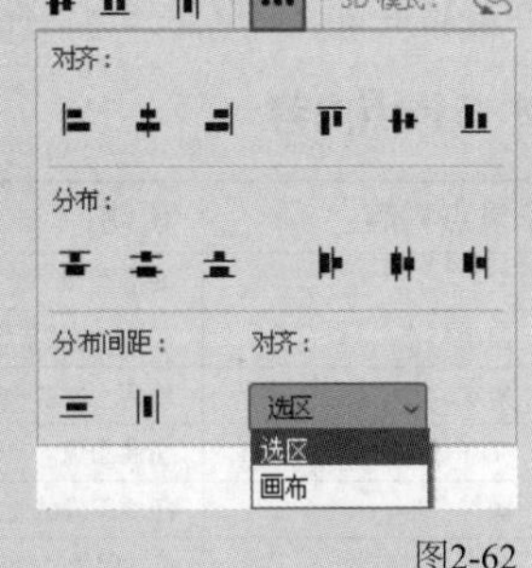


图2-62

## 2.2.14 图层的不透明度与填充

"图层"面板中有两个控制图层不透明度效果的选项，即"不透明度"和"填充"选项。这两个选项的取值范围是相同的，即0%~100%。100%代表完全不透明，不会显示下方图像；1%~99%代表半透明，取值越小，下方图像越清晰；0%代表完全透明，该图层将不会显示。不过，"不透明度"选项控制的是图层的整体不透明度，包括图层中的形状、像素和图层样式；而"填充"选项只控制像素区域的不透明度，不会影响图层样式和形状的描边等。

对一个Logo图层（该图层有"描边"效果）分别设置"不透明度"为100%、50%和0%，图层的整体不透明度都会发生改变，如图2-63所示。

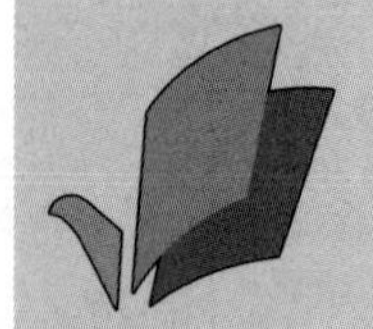

"不透明度"为100%

"不透明度"为50%

"不透明度"为0%

图2-63

图2-64所示为分别设置"填充"为100%、50%和0%的效果，该图层的"描边"效果不会随着"填充"值的变化而变化。

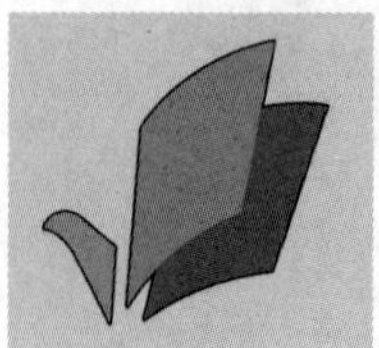

"填充"为100%

"填充"为50%

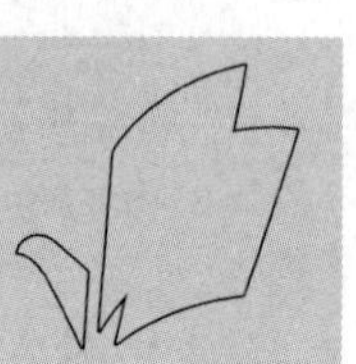

"填充"为0%

图2-64

# 2.3 变换与变形

缩放、旋转和扭曲等是处理图像的常用方法。在Photoshop中，可以对图层、图层蒙版、选区、路径、文字和形状等进行变换和变形操作。

### 本节重点内容

| 重点内容 | 说明 |
|---|---|
| 变换 | 变换图像（缩放、旋转、斜切、扭曲和透视） |
| 自由变换 | 以5种方式直接变换图像 |
| 再次 | 使用上次变换参数再次进行变换 |
| 变形 | 扭曲图像 |
| 操控变形 | 扭曲图像的特定区域 |
| 内容识别缩放 | 缩放图像时自动识别并保护图像中的重要内容不被影响 |

## 2.3.1 定界框

变换和变形命令位于"编辑>变换"子菜单中，执行这些命令时所选对象周围会显示定界框（旋转和翻转命令除外），如图2-65所示。拖曳定界框和控制点等，可以对图像进行相应的处理。

图2-65

参考点默认位于对象中心，可以将其拖曳至其他位置。参考点在不同位置时，旋转的效果是有区别的，如图2-66所示。

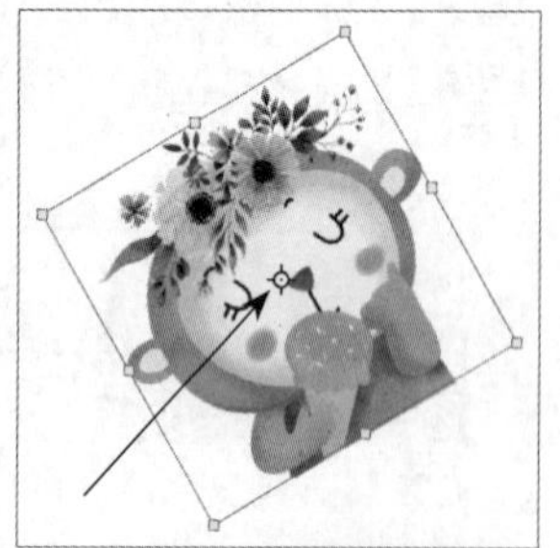

参考点在默认位置

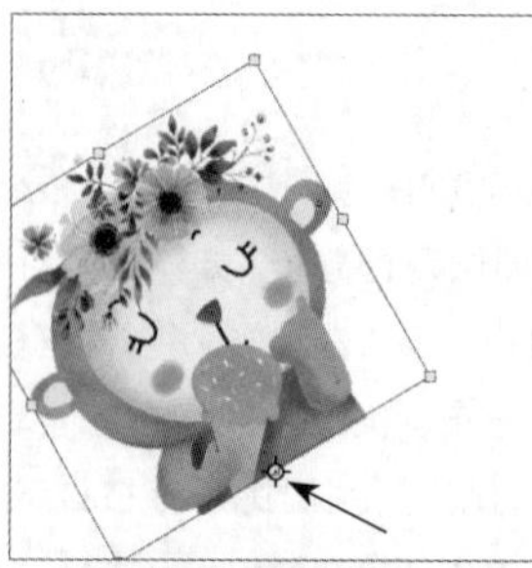

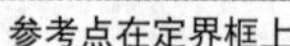

参考点在定界框上

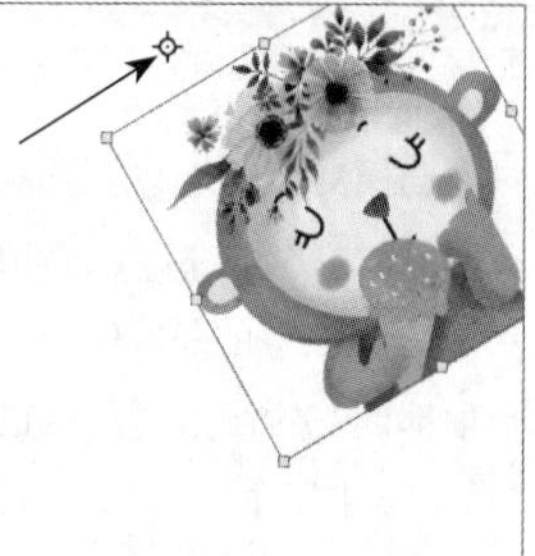

参考点在定界框外

图2-66

**技巧与提示**

在默认情况下，Photoshop 2022的参考点处于隐藏状态。执行"编辑>首选项>工具"菜单命令或者按快捷键Ctrl+K，然后在"首选项"对话框中勾选"在使用'变换'时显示参考点”选项，如图2-67所示。单击“确定”按钮 确定 关闭“首选项”对话框，变换对象时即可显示参考点。

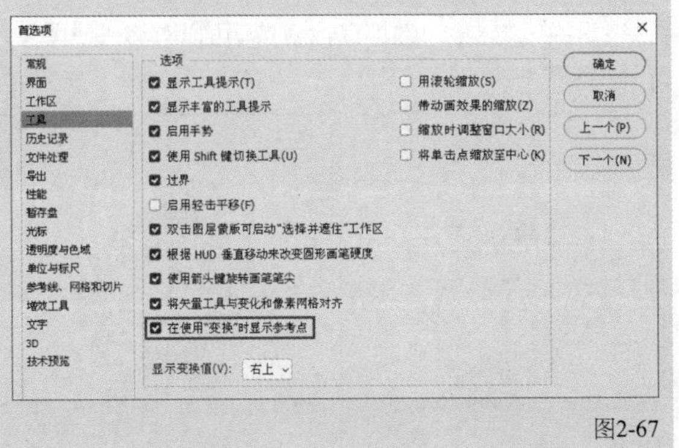

图2-67

在画布中单击鼠标右键，在打开的菜单中可以执行不同的变换和变形命令，如图2-68所示。

图2-68

在操作完成后，按Enter键或者单击选项栏中的✓按钮可以确认操作，按Esc键或者单击选项栏中的⊘按钮可以取消操作。

## 2.3.2 图像变换

执行“编辑>变换”子菜单中的命令，如图2-69所示，可以进行变换操作。图像的变换操作包括缩放、旋转、斜切、扭曲和透视。

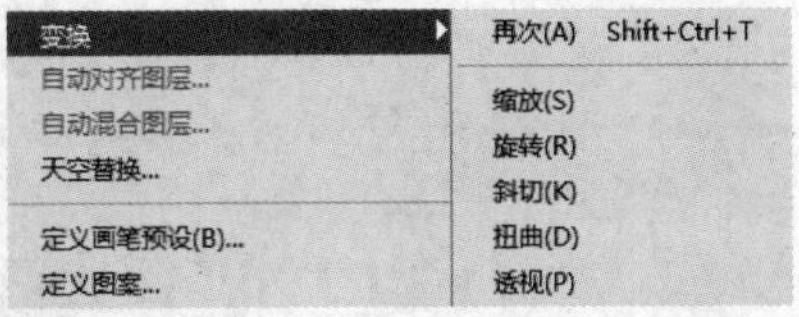

变换 | 再次(A) Shift+Ctrl+T
自动对齐图层...
自动混合图层...
天空替换...
定义画笔预设(B)...
定义图案...
缩放(S)
旋转(R)
斜切(K)
扭曲(D)
透视(P)

图2-69

在选项栏中可以设置变换参数，从而进行精准变换，如图2-70所示。

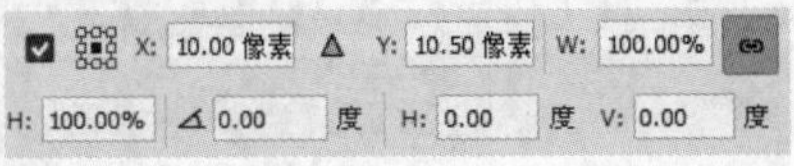

X: 10.00 像素 Y: 10.50 像素 W: 100.00% H: 100.00% 0.00 度 H: 0.00 度 V: 0.00 度

图2-70

下面介绍“变换”命令的工具选项栏中的常用选项。

**参考点位置**：勾选此图标左侧的复选框，可以显示参考点。此图标上有9个小方块，黑色小方块代表参考点的位置，其他小方块代表控制点的位置，单击不同的小方块可以重新定位参考点。

**X/Y**：分别代表水平和垂直位置。在文本框中输入数值，可以将对象沿水平或垂直方向移动。

**使用参考点相关定位**：单击该按钮，X和Y的值将变为0，将以当前参考点的位置重新进行定位。

**W/H**：分别代表对象的宽度和高度。

**保持长宽比**：在默认状态下，按钮处于选中状态，此时可以进行等比缩放。

**旋转**：在文本框中输入数值，可以对对象进行旋转。

**H/V**：分别用于控制水平斜切和垂直斜切的值。

### 1.缩放

执行“缩放”命令，拖曳定界框或控制点，可以等比例缩放图像；按住Shift键并拖曳定界框或控制点，可以拉伸图像；按住Alt键并拖曳定界框或控制点，可以基于参考点（以参考点为变换中心）等比例缩放图像，如图2-71所示。

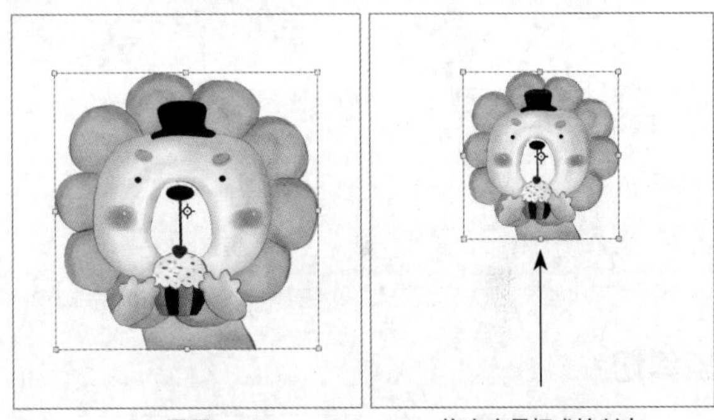

图2-71

### 2.旋转

执行“旋转”命令，拖曳定界框或控制点，可以以参考点为变换中心任意旋转图像；按住Shift键，可以以15度为基数旋转图像，如图2-72所示。

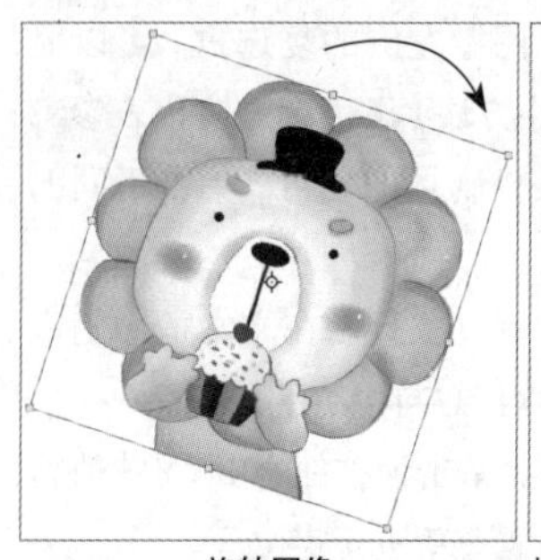

旋转图像　　按住Shift键以15度为基数旋转图像

图2-72

**技巧与提示**

执行“编辑>变换”子菜单中的命令，还可以直接旋转或翻转图像，如图2-73所示（展示部分效果）。

旋转 180 度(1)
顺时针旋转 90 度(9)
逆时针旋转 90 度(0)
水平翻转(H)
垂直翻转(V)

原图

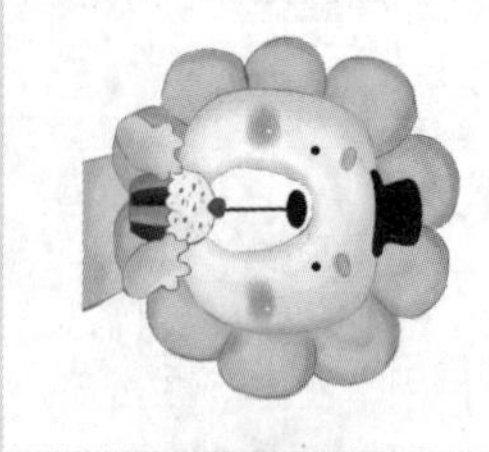

顺时针旋转90度　　垂直翻转

图2-73

## 3.斜切

执行“斜切”命令，拖曳控制点可以在垂直或水平方向上倾斜图像；按住Alt键拖曳控制点，可以在垂直或水平方向上进行对称斜切；按住Shift+Alt键拖曳控制点，可以在垂直或水平方向上进行透视变换，如图2-74所示。

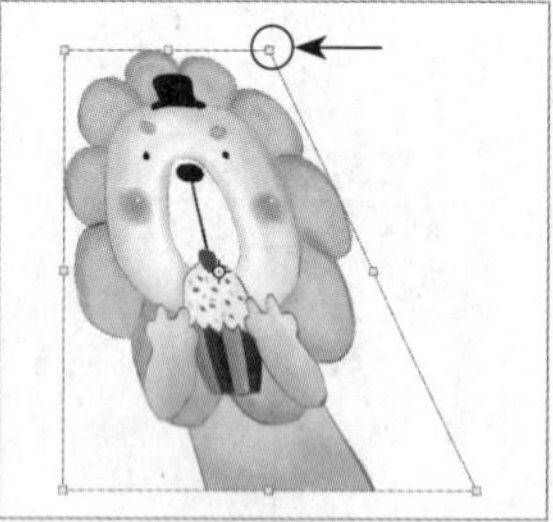

拖曳控制点

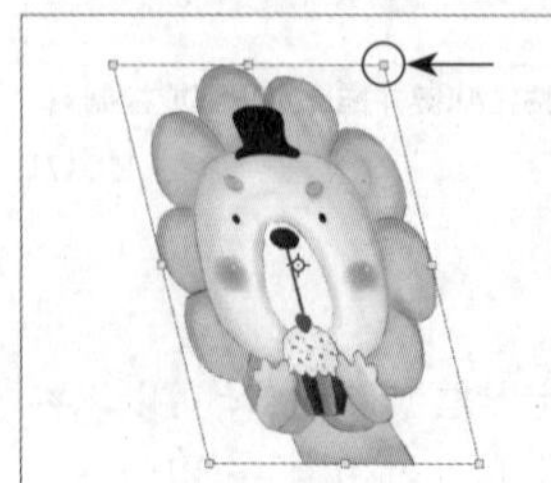

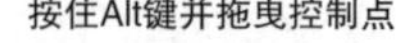

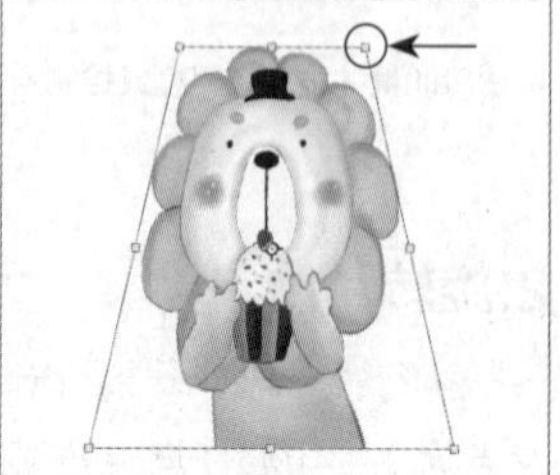

按住Alt键并拖曳控制点　　按住Shift+Alt键并拖曳控制点

图2-74

## 4.扭曲

执行“扭曲”命令，拖曳控制点可以在各个方向上伸展变换图像；按住Alt键拖曳控制点，可以对称扭曲图像，如图2-75所示。

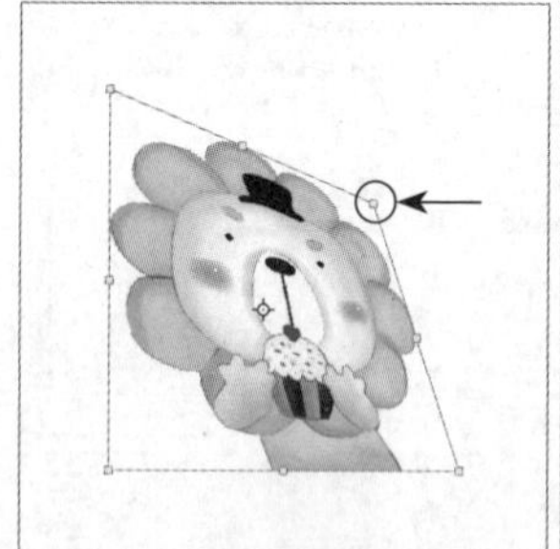

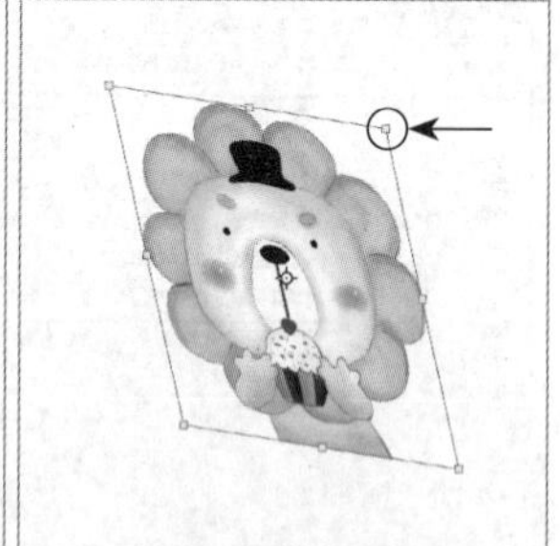

拖曳控制点　　按住Alt键并拖曳控制点

图2-75

## 5.透视

执行“透视”命令，拖曳定界框4个角上的控制点可以对图像进行透视变换，如图2-76所示。

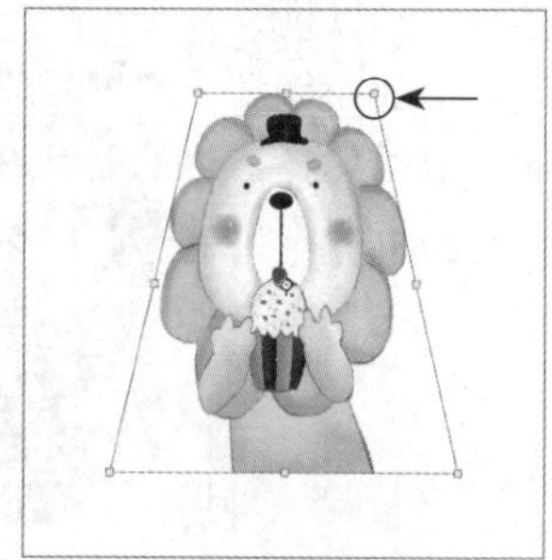

拖曳控制点

图2-76

课堂案例

### 将海报贴入广告牌

| | |
|---|---|
| 素材文件 | 素材文件>CH02>素材02-1.jpg、素材02-2.jpg |
| 实例文件 | 实例文件>CH02>将海报贴入广告牌.psd |
| 视频名称 | 将海报贴入广告牌.mp4 |
| 学习目标 | 掌握图像变换的方法 |

图像变换是编辑图像时的常用操作，本例将使用变换命令将海报贴入广告牌中，效果如图2-77所示。

图2-77

01 按快捷键Ctrl+O打开本书学习资源文件夹中的“素材文件>CH02>素材02-1.jpg”文件，如图2-78所示。

图2-78

02 在学习资源文件夹“素材文件>CH02”中找到“素材02-2.jpg”文件，单击并将其拖曳至文档窗口中，如图2-79所示。

图2-79

03 拖曳控制点将海报缩小到和广告牌大小相近，如图2-80所示。

图2-80

04 在画布中单击鼠标右键，然后在打开的菜单中执行“扭曲”命令，如图2-81所示。分别调整4 个角上的控制点，使海报的4个角和广告牌的4个角贴合，如图2-82所示。

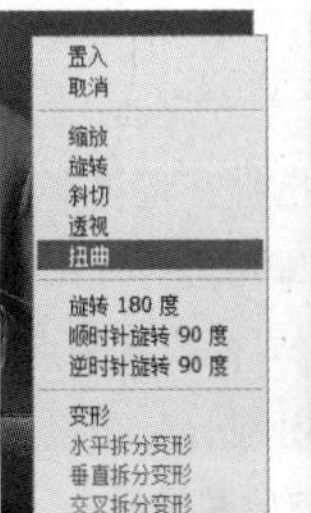

图2-81 图2-82

05 按Enter键完成变换操作，效果如图2-83所示。

图2-83

课堂练习

**更换笔记本电脑桌面壁纸**

| | |
|---|---|
| 素材文件 | 素材文件>CH02>素材03-1.jpg、素材03-2.jpg |
| 实例文件 | 实例文件>CH02>更换笔记本电脑桌面壁纸.psd |
| 视频名称 | 更换笔记本电脑桌面壁纸.mp4 |
| 学习目标 | 掌握图像变换的方法 |

通过图像变换操作，将图像贴到笔记本电脑屏幕上，为其更换桌面壁纸，效果如图2-84所示。

图2-84

## 2.3.3 自由变换

在实际工作中一般都会通过“自由变换”命令来变换图像，因为这样会省去很多操作步骤，非常快捷。自由变换中包含了缩放和旋转操作，可以直接对图像进行缩放和旋转。

执行“编辑>自由变换”菜单命令（快捷键为Ctrl+T），图像周围将显示定界框。鼠标指针在定界框上会变为↕形状，此时拖曳定界框或控制点即可进行等比缩放，如图2-85所示。按住Shift键并拖曳定界框或控制点，可以拉伸图像；按住Alt键并拖曳定界框或控制点，可以基于参考点（以参考点为变换中心）等比例缩放图像。

鼠标指针在定界框外侧附近会变为↷形状，此时拖曳鼠标即可进行旋转，如图2-86所示。按住Shift键，可以以15度为基数旋转图像。

图2-85

图2-86

而对于斜切、扭曲和透视，需要配合按键来操作，按住Ctrl键即可控制一个控制点。鼠标指针位于定界框4个角的控制点上时将变成▷形状，此时拖曳鼠标，可以对图像进行扭曲；按住Shift+Ctrl键并拖曳控制点，可以在垂直或水平方向上倾斜图像；按住Ctrl+Alt键并拖曳控制点，可以进行对称扭曲；按住Shift+Ctrl+Alt键并拖曳控制点，可以在垂直或水平方向上进行透视变换，如图2-87所示。

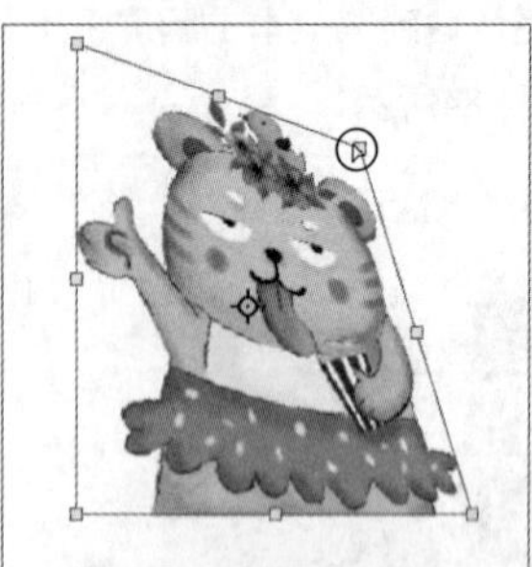

按住Ctrl键并拖曳控制点

按住Shift+Ctrl键并拖曳控制点

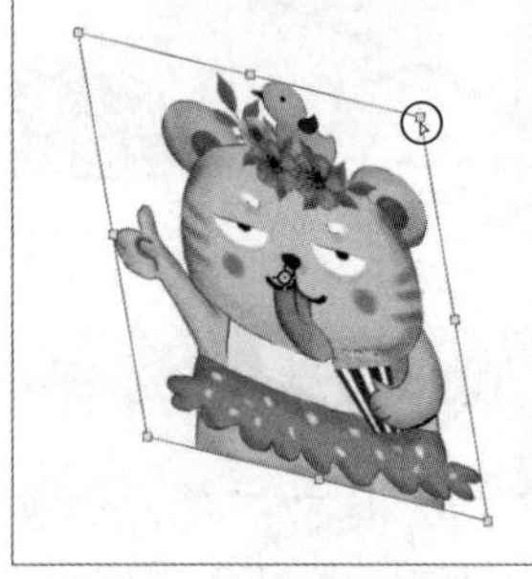

按住Ctrl+Alt键并拖曳控制点

按住Shift+Ctrl+Alt键并拖曳控制点

图2-87

按住不同按键并拖曳定界框4个边中心的控制点时，将会产生图2-88所示的变化情况。

按住Ctrl键并拖曳控制点

按住Shift+Ctrl键并拖曳控制点

按住Ctrl+Alt键并拖曳控制点

图2-88

**技巧与提示**

通过以上使用按键的变换操作，可以得出以下规律。

第1点：按住Ctrl键可以使变换更加自由。

第2点：Shift键可以用来控制方向（水平或垂直）和旋转角度（以15度为基准）等。

第3点：Alt键主要用来控制变换中心。

## 2.3.4 再次变换

执行“编辑>变换>再次”菜单命令（快捷键为Shift+Ctrl+T），可以再次进行相同的变换；而使用快捷键Shift+Ctrl+Alt+T在再次进行相同的变换时，可以复制出新对象，如图2-89所示。

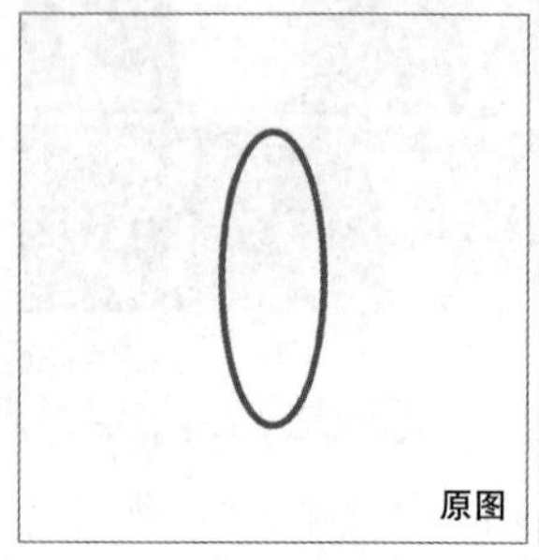

原图

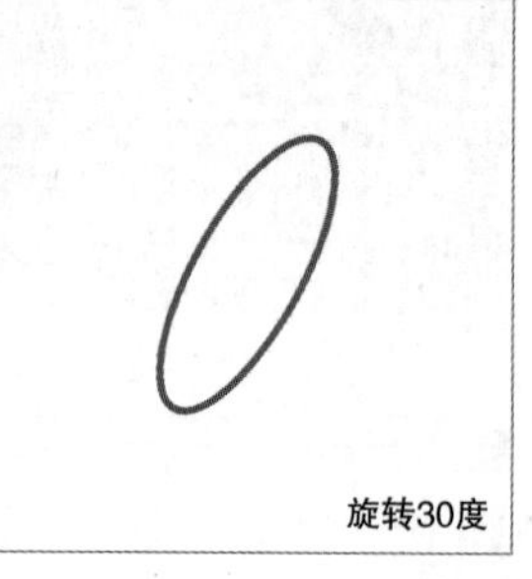

旋转30度

图2-89

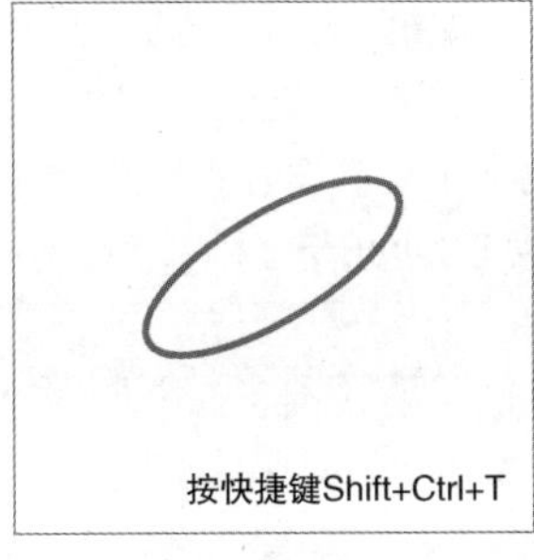

图2-89(续)

课堂案例

## 制作多次变换效果

| | |
|---|---|
| 素材文件 | 素材文件>CH02>素材04.psd |
| 实例文件 | 实例文件>CH02>制作多次变换效果.psd |
| 视频名称 | 制作多次变换效果.mp4 |
| 学习目标 | 掌握多次变换的方法 |

本例将通过再次变换并复制的操作制作出多次变换效果，如图2-90所示。

图2-90

01 按快捷键Ctrl+O打开本书学习资源文件夹中的“素材文件>CH02>素材04.psd”文件，如图2-91所示。

02 单击枫叶所在图层，按快捷键Ctrl+J进行复制，如图2-92所示。

图2-91 图2-92

03 按快捷键Ctrl+T显示定界框，先将参考点拖曳至定界框左下角，然后在选项栏中设置W为 90.00%，H值会随之发生变化，接着设置“旋转”为10.00，如图2-93所示。旋转后的效果如图2-94所示。

| W: | 90.00% | H: | 90.00% | 10.00 | 度 |
|---|---|---|---|---|---|

图2-93

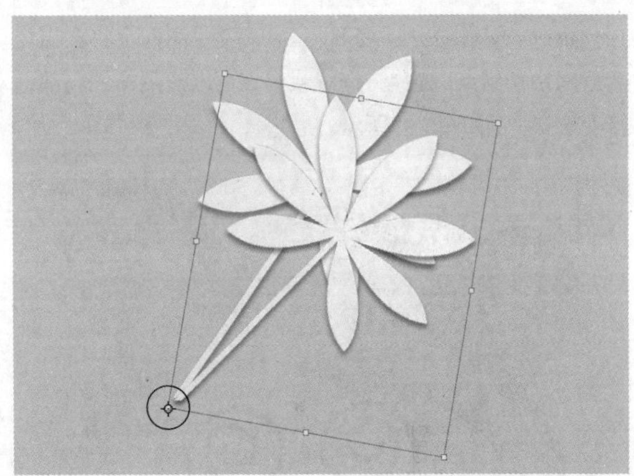

图2-94

04 按Enter键确认变换操作，然后按住Shift+Ctrl+Alt键，并连续按34次T键，效果如图2-95所示。

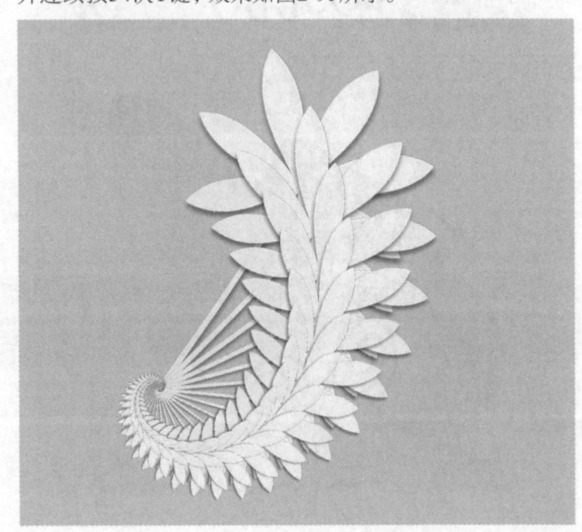

图2-95

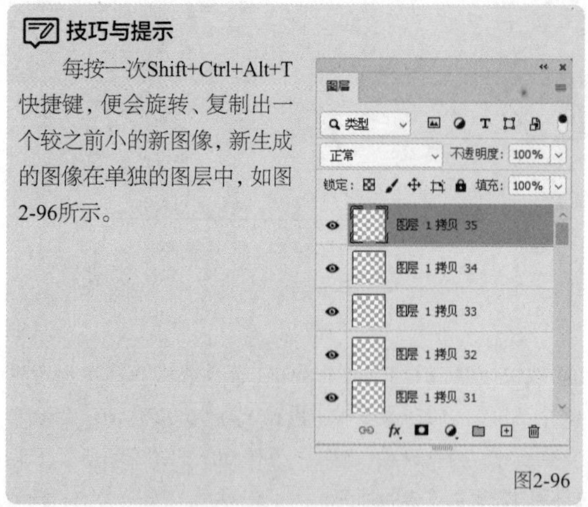

**技巧与提示**

每按一次Shift+Ctrl+Alt+T快捷键，便会旋转、复制出一个较之前小的新图像，新生成的图像在单独的图层中，如图2-96所示。



图2-96

## 2.3.5 图像变形

执行“编辑>变换>变形”菜单命令，图像上将会出现变形网格和锚点，拖曳方向线或锚点可以对图像的局部进行变形操作，如图2-97所示。

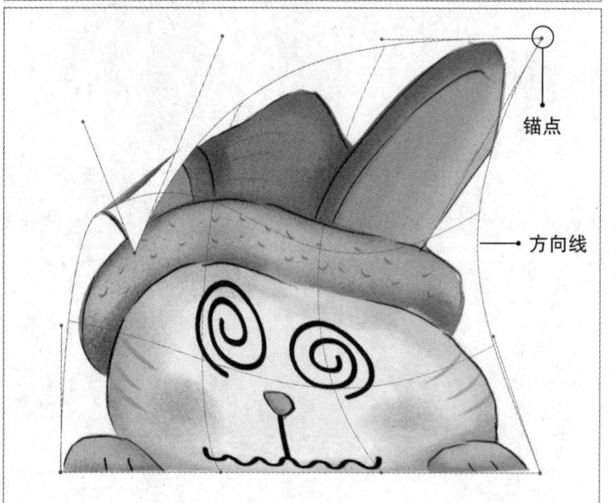


图2-97

在显示变形网格后，执行“编辑>变换”子菜单中的命令，或者单击选项栏中的拆分按钮（“交叉拆分”按钮田、“垂直拆分”按钮、“水平拆分”按钮），然后在图像上单击，便可拆分网格，如图2-98所示。

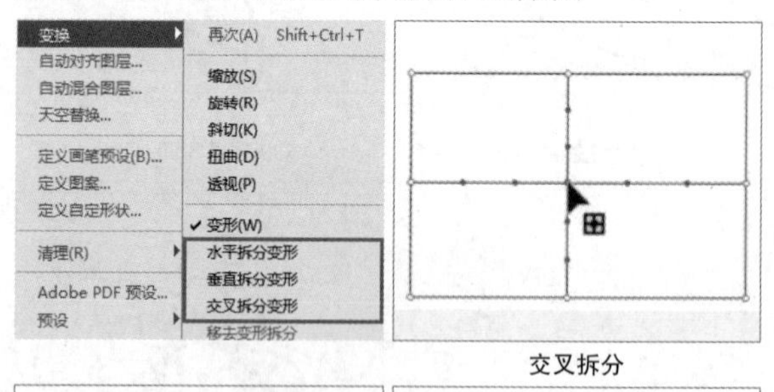


交叉拆分

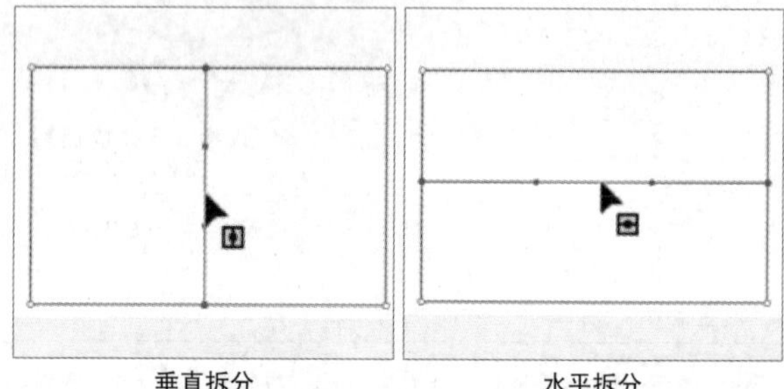

垂直拆分　　水平拆分

图2-98

“网格”下拉列表中有几种拆分好的预设网格，并且在该下拉列表中选择“自定”选项可以进行网格的自定义。在“变形”下拉列表中可以直接创建多种变形效果，如图2-99所示。设置“变形”为“膨胀”，效果如图2-100所示。

图2-99　　图2-100

**课堂案例**

### 为玻璃杯贴图

| | |
|---|---|
| 素材文件 | 素材文件>CH02>素材05-1.jpg、素材05-2.png |
| 实例文件 | 素材文件>CH02>为玻璃杯贴图.psd |
| 视频名称 | 为玻璃杯贴图.mp4 |
| 学习目标 | 掌握图像变形的方法 |

本例将使用“变形”命令为玻璃杯贴图，效果如图2-101所示。

图2-101

01 按快捷键Ctrl+O打开本书学习资源文件夹中的“素材文件>CH02>素材05-1.jpg”文件，如图2-102所示。

图2-102

02 在学习资源文件夹中“素材文件>CH02”中找到“素材05-2.png”文件，单击并将其拖曳至文档窗口中，如图2-103所示。

图2-103

03 拖曳控制点将图像缩小到和玻璃杯大小相近，如图2-104所示。

图2-104

04 单击选项栏中的按钮，或者在画布中单击鼠标右键，然后在打开的菜单中执行“变形”命令，效果如图2-105所示。

图2-105

05 将4个角上的锚点拖曳至玻璃杯的边缘，使其与边缘对齐，如图2-106所示。

图2-106

06 拖曳方向线和锚点，使图像随着玻璃杯边缘的形状而扭曲，如图2-107所示。

图2-107

07 按Enter键确认操作，设置“不透明度”为80%，使玻璃杯上文字的效果更加自然，效果如图2-108所示。

图2-108

## 2.3.6 操控变形

执行“操控变形”命令后，显示的是三角形结构的网格，其网格线更多，变形能力更强。借助该网格可以扭曲图像的特定区域，并保持其他区域不变。执行“编辑>操控变形”菜单命令，图像上会布满网格，如图2-109所示。

在图像的关键点上添加“图钉”，可以调整长颈鹿的脖子、腿、尾巴的角度和长度，如图2-110所示。

图2-109

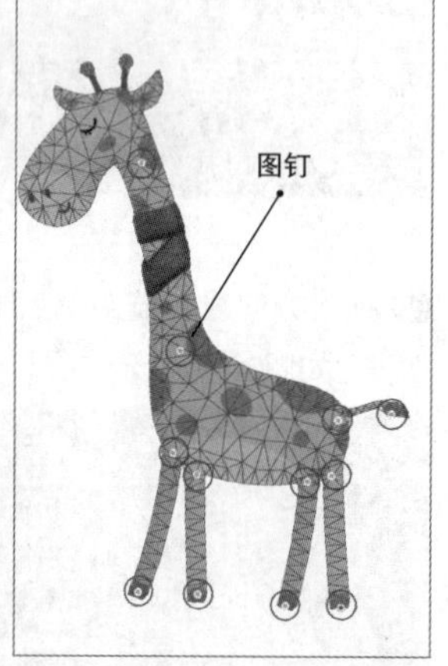


图2-110

## 2.3.7 内容识别缩放

内容识别缩放是一种智能化的缩放，它可以自动识别图像中的重要内容，如人物、动物和建筑等，并对其进行保护，只对其他内容进行缩放。在调整图像大小时，常规缩放会影响所有像素，而内容识别缩放主要影响没有重要的可视内容区域中的像素，如图2-111所示。

图2-111

执行“编辑>内容识别缩放”菜单命令（快捷键为Alt+Shift+Ctrl+C），会出现如图2-112所示的选项栏。

X: 577.00 像素 Y: 498.50 像素 W: 65.12% H: 100.00%
数量: 100% 保护: 无

图2-112

下面介绍“内容识别缩放”命令选项栏中的常用选项。

**参考点位置**：单击不同的小方块可以重新定位参考点。

**X/Y**：分别代表水平和垂直位置。

**使用参考点相关定位**：单击该按钮，X和Y的值将变为0，将以当前参考点的位置重新进行定位。

**W/H**：分别代表对象的宽度和高度。

**保持长宽比**：单击该按钮，可以进行等比缩放。

**数量**：用于设置内容识别缩放比例的阈值，从而最大限度地降低扭曲度，一般设置为100%。

**保护**：选择通道以指定要保护的区域。

**保护肤色**：单击该按钮，可以保护包含肤色的图像区域，防止其变形。

课堂案例

## 保护人物皮肤并放大图像

素材文件 素材文件>CH02>素材06.jpg

实例文件 无

视频名称 保护人物皮肤并放大图像.mp4

学习目标 掌握“内容识别缩放”命令的使用方法

在应用图像时，很可能出现图像尺寸不够的情况，本例将在保护人物皮肤的情况下放大图像，效果如图2-113所示。

图2-113

01 按快捷键Ctrl+O打开本书学习资源文件夹中的“素材文件>CH02>素材06.jpg”文件，如图2-114所示。此时可以在“图层”面板中看到一个“背景”图层，如图2-115所示。

图2-114

图2-115

02 按住Alt键并双击“背景”图层的缩览图，将其转换为可编辑图层，如图2-116所示。

**技巧与提示**

“背景”图层默认处于锁定状态，无法直接对其进行移动和变换等操作，因此需要将其转换为可编辑图层。

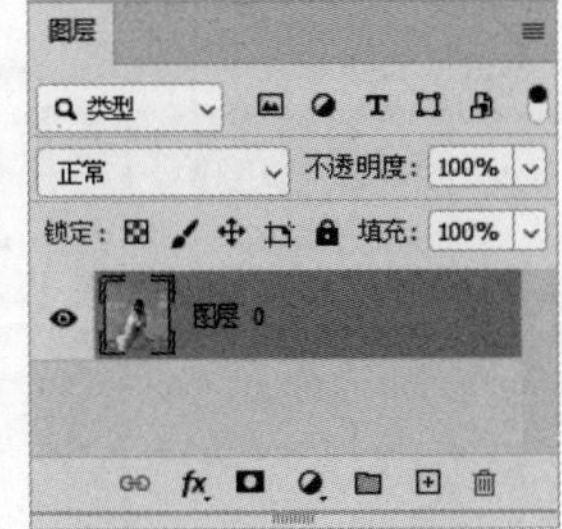


图2-116

03 执行“图像>画布大小”菜单命令，在打开的“画布大小”对话框中设置“宽度”为2000像素，单击“确定”按钮（确定），如图2-117所示。可以看到画布的两侧变宽了，如图2-118所示。

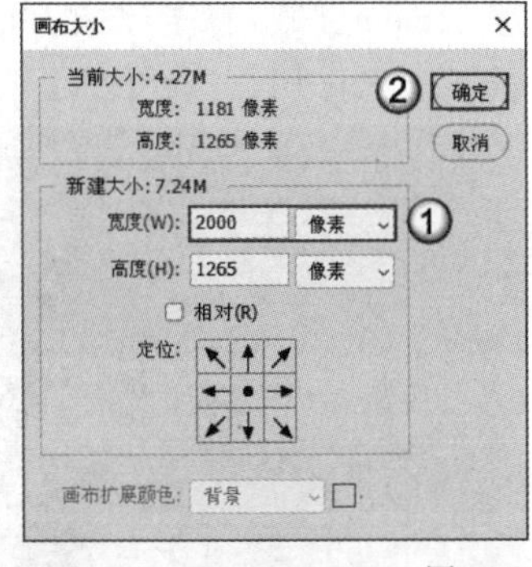


图2-117

图2-118

04 执行“编辑>内容识别缩放”菜单命令，单击选项栏中的按钮。同时按住Shift键和Alt键，然后向右拖曳定界框右侧中间的控制点，使图像铺满画布，如图2-119所示。

图2-119

05 按Enter键确认操作，效果如图2-120所示。在缩放过程中，人物几乎没有发生变形。

图2-120

# 2.4 画布的修改

画布指的是整个文档的工作区域。执行“图像>画布大小”菜单命令（快捷键为Alt+Ctrl+C），在打开的“画布大小”对话框中可以查看或修改画布大小，如图2-121所示。

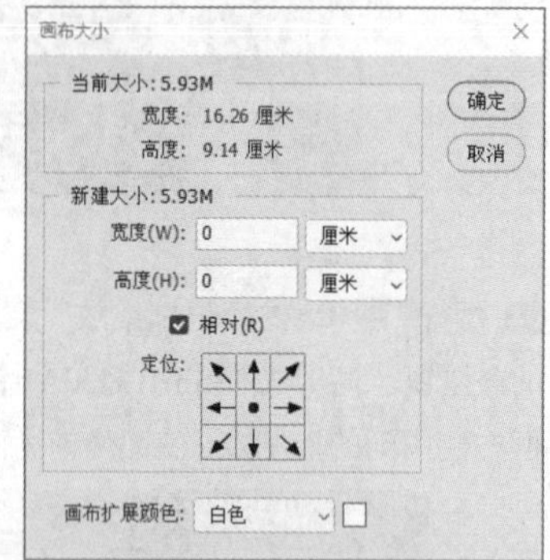


图2-121

**本节重点内容**

| 重点内容 | 说明 |
|---|---|
| 画布大小 | 修改画布大小 |
| 裁剪工具 | 裁剪图像 |
| 透视裁剪工具 | 裁剪图像，并校正透视导致的扭曲 |
| 裁切 | 基于图像的像素颜色和透明像素裁剪图像 |
| 图像旋转 | 旋转或翻转图像 |

## 2.4.1 修改画布

画布尺寸的修改分为绝对修改和相对修改两种。

当取消勾选“相对”选项时，画布的修改方式为绝对修改，此时可以通过输入“宽度”和“高度”值直接指定画布的尺寸。例如，设置“宽度”为25厘米、“高度”为15厘米，如图2-122所示，那么修改后画布的尺寸就是25厘米×15厘米。修改后，画布的边缘都被扩展了，如图2-123所示。

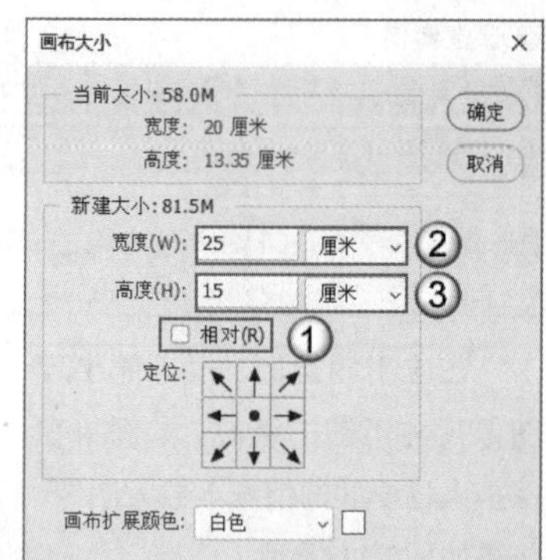


图2-122

图2-123

**技巧与提示**

在“画布大小”对话框下方的“画布扩展颜色”下拉列表中可以修改画布扩展部分的颜色，如图2-124所示。

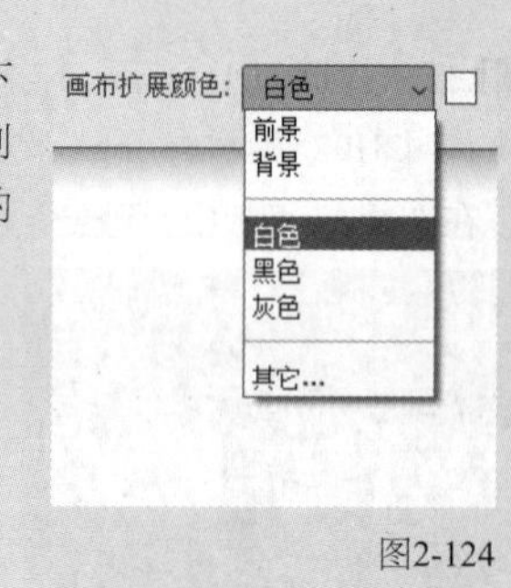


图2-124

如果输入的数值小于当前画布的尺寸，那么将裁掉一部分图像。例如，设置“宽度”为15厘米、“高度”为12厘米，如图2-125所示，那么修改后画布的尺寸就是15厘米×12厘米。修改后，有一部分图像被裁掉了，如图2-126所示。

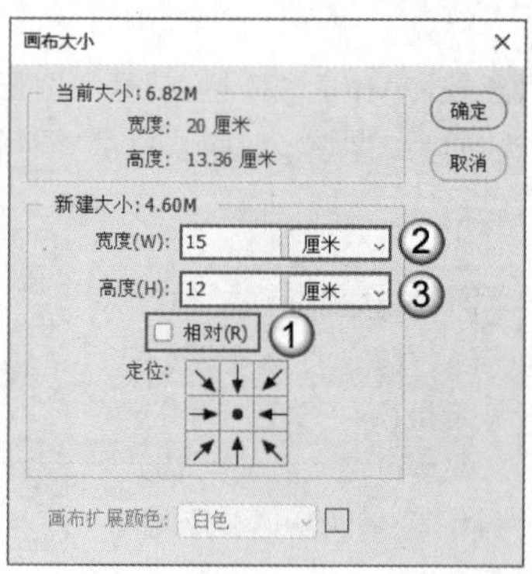


图2-125

图2-126

当勾选“相对”选项时，“画布大小”对话框中的“宽度”和“高度”值会归零，此时可以通过输入数值来修改画布的尺寸。当输入正数时，例如，设置“宽度”和“高度”为3厘米，如图2-127所示，表示在当前画布大小的基础上再扩展3厘米。修改后，画布的边缘分别被扩展了1.5厘米，如图2-128所示。

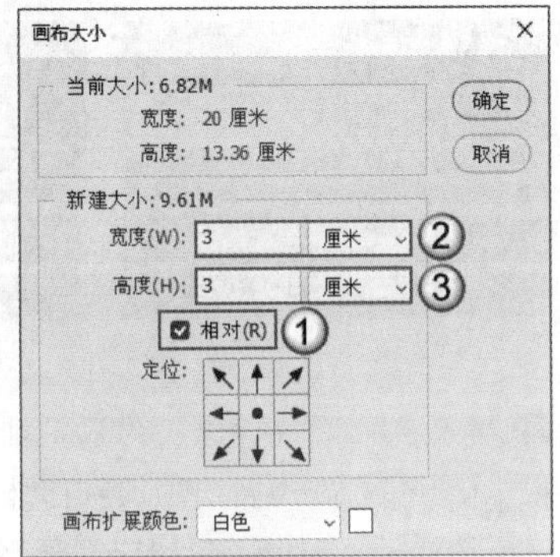


图2-127

图2-128

当输入负数时，例如，设置“宽度”和“高度”为 -5厘米，如图2-129所示，表示在当前画布大小的基础上裁剪5厘米。修改后，画布的边缘分别被裁掉了2.5厘米，如图2-130所示。

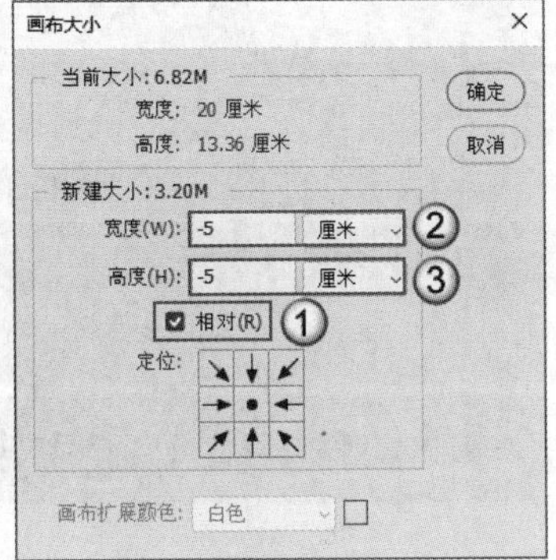


图2-129

图2-130

在上述操作中，无论是扩展画布还是裁剪画布，都是以画布中心为准向四周扩展或者向内收缩的。扩展与裁剪的方向可以通过“定位”选项修改，“定位”选项显示为九宫格，其中圆点表示定位点，单击九宫格中的任意一个格子即可修改定位点的位置，箭头方向为画布被扩展或被裁剪的方向。

设置定位点在底部中间，设置“宽度”和“高度”值为正值，这样画布的扩展方向就变成了上方、左上方、左方、右上方和右方，如图2-131所示。

定位:

图2-131

设置定位点在右上角，设置“宽度”和“高度”值为负值，这样画布的裁剪方向就变成了下方、左下方和左方，如图2-132所示。

定位:

图2-132

## 2.4.2 裁剪画布

使用“裁剪工具”（快捷键为C）可以删除图像中多余的内容，使画面的构图富有美感。选择“裁剪工具”，其选项栏如图2-133所示。此时，画布中会出现一个裁剪框，拖曳这个裁剪框上的控制点可以旋转图像或者选择要保留的区域。

图2-133

下面介绍“裁剪工具”选项栏中的常用选项。

**裁剪预设：**单击选项栏中的图标，在打开的下拉列表中可以看到裁剪的预设选项。选择一个预设选项后，画布中会显示出对应的裁剪区域。

**比例：**在该下拉列表中可以选择一个约束选项，以按照一定比例或尺寸对图像进行裁剪。

**拉直：**单击该按钮并在图像上绘制一条线，可以确定裁剪区域与裁剪框的旋转角度。此工具常用于校正水平线。

**设置裁剪工具的叠加选项：**单击该按钮，在打开的下拉列表中可以选择参考线的样式及其叠加方式。

**设置其他裁切选项：**单击该按钮，在打开的下拉面板中可以设置裁剪框内外图像的显示方式。

**删除裁剪的像素：**勾选该选项后，将删除被裁剪的图像。如果取消勾选该选项，则被裁剪的图像会被隐藏。

**内容识别：**旋转裁剪框时通常会出现空白区域，如果勾选该选项，则会自动填充空白区域。

**复位：**单击该按钮，可以将裁剪框、图像恢复到初始状态。

**取消：**单击该按钮或者按Esc键，可以取消当前操作。

**提交：**单击该按钮或者按Enter键，可以提交当前裁剪操作。

课堂案例

### 拉直倾斜的照片并重新构图

| 素材文件 | 素材文件>CH02>素材07.jpg |
| --- | --- |
| 实例文件 | 无 |
| 视频名称 | 拉直倾斜的照片并重新构图.mp4 |
| 学习目标 | 掌握使用“裁剪工具”调整照片的地平线和构图的方法 |

在拍摄一些大场景时，相机稍微倾斜就会使照片倾斜。本例将使用“裁剪工具”校正照片的地平线，并重新构图，效果如图2-134所示。

图2-134

01 按快捷键Ctrl+O打开本书学习资源文件夹中的“素材文件>CH02>素材07.jpg”文件，如图2-135所示。

02 在工具箱中选择“裁剪工具”，然后在其选项栏中勾选“内容识别”选项，单击按钮，在弹出的菜单中选择“三等分”参考线，可以看出地平线是倾斜的，如图2-136所示。

图2-135

图2-136

03 单击“拉直”按钮，然后沿地平线拖曳出一条直线段。松开鼠标左键后，图片会自动校准，如图2-137所示。

图2-137

04 此时，画面中的船已经处于画面边缘，构图效果并不是很好。可以拖曳裁剪框的右侧和下方，使船位于网格的交叉点上，如图2-138所示。

图2-138

05 按Enter键或者单击✓按钮。由于勾选了"内容识别"选项，Photoshop会自动为空白区域填充图像，且效果很自然，如图2-139所示。

图2-139

## 2.4.3 透视裁剪画布

使用"透视裁剪工具"不仅可以裁剪图像，还可以校正由透视导致的扭曲效果，其选项栏如图2-140所示。

图2-140

下面介绍"透视裁剪工具"选项栏中的常用选项。

**W/H/分辨率：**在文本框中可以输入裁剪图像的W（宽度）、H（高度）和分辨率的数值，以确定裁剪后图像的尺寸。

**高度和宽度互换：**单击该按钮可以互换W和H值。

**前面的图像：**单击该按钮，W、H和分辨率的文本框中会显示当前图像的尺寸和分辨率。如果打开了两个图像，则会显示另一个图像的尺寸和分辨率。

**清除：**单击该按钮可以清除已输入的W、H和分辨率的数值。

**显示网格：**勾选该选项，可以显示网格。

课堂案例

### 裁剪并校正图像

| 素材文件 | 素材文件>CH02>素材08.jpg |
|---|---|
| 实例文件 | 无 |
| 视频名称 | 裁剪并校正图像.mp4 |
| 学习目标 | 掌握使用"透视裁剪工具"裁剪图像，并校正由透视导致的扭曲的方法 |

本例将使用"透视裁剪工具"对图像中的扭曲元素进行裁剪，并校正由透视导致的扭曲，效果如图2-141所示。

图2-141

01 按快捷键Ctrl+O打开本书学习资源文件夹中的"素材文件>CH02>素材08.jpg"文件，如图2-142所示。

图2-142

02 在工具箱中按住"裁剪工具"，在展开的工具组中选择"透视裁剪工具"，如图2-143所示。在其选项栏中勾选"显示网格"选项，然后在图像上拖曳出一个裁剪框，如图2-144所示。



图2-143

图2-144

03 按住Alt键并向上滚动鼠标滚轮以放大视图，调整裁剪框上的控制点，使其与装饰画的4个角对齐，如图2-145所示。

04 按Enter键或者单击✓按钮确认裁剪操作，此时Photoshop会进行自动校正，使装饰画成为平面图，效果如图2-146所示。

图2-145

图2-146

## 2.4.4 裁切画布

使用“裁切”命令可以基于图像的像素颜色和透明像素来裁剪图像。执行“图像>裁切”菜单命令，打开“裁切”对话框，如图2-147所示。

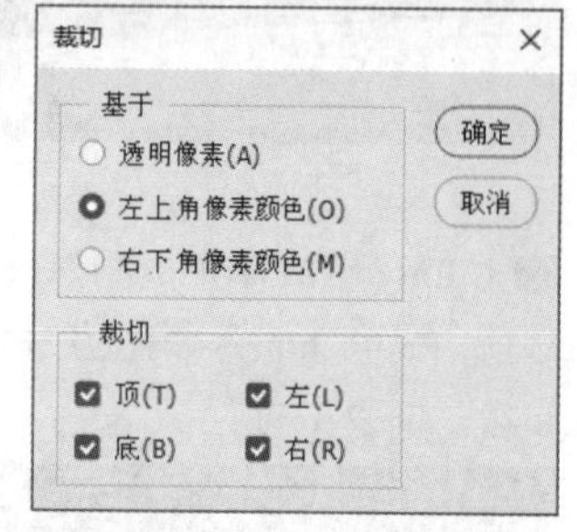


图2-147

下面介绍“裁切”对话框中的常用选项。

**透明像素：**可以裁剪掉图像边缘的透明像素区域，只保留非透明像素区域。

**左上角像素颜色：**删除图像中与左上角像素颜色相同的区域。

**右下角像素颜色：**删除图像中与右下角像素颜色相同的区域。

**顶/底/左/右：**设置裁切图像区域的方向。

## 2.4.5 旋转画布

“图像>图像旋转”子菜单中有旋转或翻转画布的命令，如图2-148所示。执行其中的命令可以旋转或翻转画布，部分命令的效果如图2-149所示。

图2-148

原图

逆时针90度

垂直翻转画布

图2-149

**技巧与提示**

执行“图像>图像旋转>任意角度”菜单命令，在弹出的“旋转画布”对话框中输入“角度”值，并选择旋转方向，可以以任意角度旋转画布，如图2-150所示。

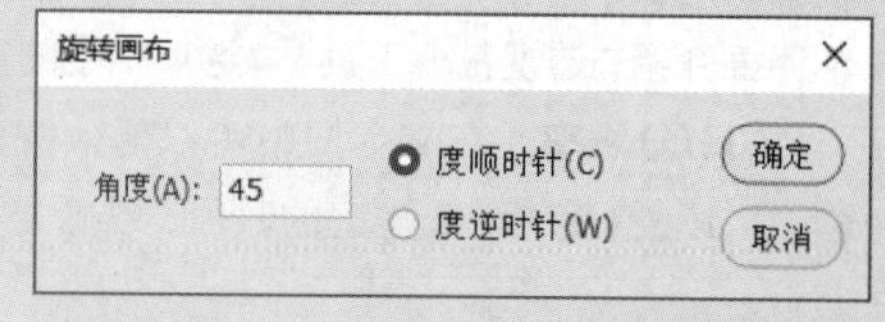


图2-150

# 2.5 本章小结

本章主要讲解了编辑图像的基础操作，其中包括调整图像大小、裁剪图像、图像的变形和变换、图层的基础知识以及修改画布的方法等。本章讲解的内容均为Photoshop的基础操作，与后面章节的知识有很大相关性，希望读者勤加练习。

# 2.6 课后习题

根据本章的内容，本节共安排了3个课后习题供读者练习，以帮助读者对本章的知识进行综合运用。

## 课后习题：用花瓣制作向日葵

| | |
|---|---|
| 素材文件 | 素材文件>CH02>素材09-1.png、素材09-2.png |
| 实例文件 | 实例文件>CH02>用花瓣制作向日葵.psd |
| 视频名称 | 用花瓣制作向日葵.mp4 |
| 学习目标 | 掌握新建文件、自由变换和多次变换并复制的方法 |

本习题主要要求读者对新建文件、自由变换和多次变换并复制的操作进行练习，效果如图2-151所示。

图2-151

## 课后习题：保护人物皮肤并缩小图像

| | |
|---|---|
| 素材文件 | 素材文件>CH02>素材10.jpg |
| 实例文件 | 无 |
| 视频名称 | 保护人物皮肤并缩小图像.mp4 |
| 学习目标 | 掌握"内容识别缩放"命令和"裁切"命令的使用方法 |

本习题主要要求读者对"内容识别缩放"命令和"裁切"命令的使用进行练习，效果如图2-152所示。

图2-152

## 课后习题：裁剪照片中的多余部分

素材文件　素材文件>CH02>素材11.jpg
实例文件　无
视频名称　裁剪照片中的多余部分.mp4
学习目标　掌握使用“裁剪工具”裁剪画布和旋转画布的方法

本习题主要要求读者对“裁剪工具”ㄣ的使用进行练习，效果如图2-153所示。

原图

效果图

图2-153

PHOTOSHOP 2022

第3章

# 选区的运用

本章主要介绍选区的创建、编辑与运用。在 Photoshop 中创建选区的方法有很多，可以使用选框类工具、套索类工具、选择类工具、“魔棒工具”和自动识别命令等。通过创建选区，可以只对选定区域内的图像进行编辑，并使未选定区域保持不变。

## 课堂学习目标

◇ 了解选区的基本功能
◇ 掌握在多个文件中移动图像的方法
◇ 掌握创建选区的方法
◇ 掌握编辑选区的方法
◇ 掌握使用选区抠图的方法
◇ 掌握用 Alpha 通道保护图像的方法

# 3.1 选区的基本功能

选区可以限定操作范围。当没有选区时，Photoshop会默认编辑整个图像。例如，当使用“色彩平衡”命令修改图像颜色时，整个图像都会改变颜色，如图3-1所示。

图3-1

如果只想编辑局部区域，那么就需要创建选区，选中需要编辑的区域，再进行调色，如图3-2所示。

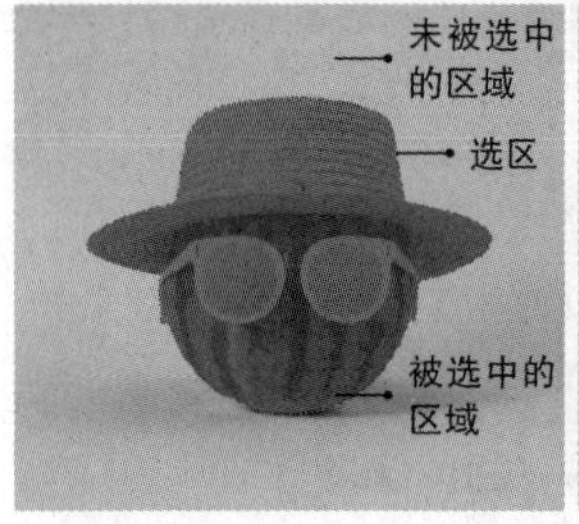

图3-2

此外，利用选区可以分离图像和抠图。例如，为图中主体创建选区，然后将其分离出来，如图3-3所示。使用“移动工具”将其拖曳至其他背景中，效果如图3-4所示。

图3-3

图3-4

# 3.2 创建规则选区

使用选框类工具可以创建规则的矩形或椭圆形（圆形）选区。工具箱中有“矩形选框工具”、“椭圆选框工具”、“单行选框工具”和“单列选框工具”这几个选框类工具。

**本节重点内容**

| 重点内容 | 说明 |
|---|---|
| 矩形选框工具 | 创建矩形选区 |
| 椭圆选框工具 | 创建椭圆形或圆形选区 |
| 通过拷贝的图层 | 将选区中的内容复制到新建的图层中 |
| 单行选框工具 | 创建高度为1像素的选区 |
| 单列选框工具 | 创建宽度为1像素的选区 |

## 3.2.1 矩形选框工具

选择“矩形选框工具”（快捷键为M），在画布中拖曳可以创建一个矩形选区，按住Shift键并拖曳，可以创建一个正方形选区，如图3-5所示。

拖曳　　按住Shift键并拖曳

图3-5

选择“矩形选框工具”，其选项栏如图3-6所示。

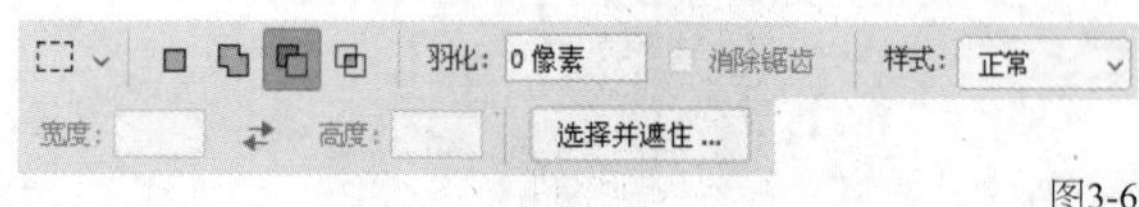


图3-6

下面介绍“矩形选框工具”选项栏中的常用选项。

**新选区**：单击该按钮，可以创建新选区。

**添加到选区**：单击该按钮，可以在原选区的基础上添加选区。

**从选区减去**：单击该按钮，可以在原选区的基础上减去选区。

**与选区交叉**：单击该按钮，可以使原选区与新选区交叉。

**羽化**：用于控制选区的羽化范围，“羽化”值越大，选区的边缘越柔和。

**消除锯齿**：勾选此选项，可以消除选区周围的锯齿，使其变平滑。矩形选区的周围是平滑的，所以选择“矩形选框工具”时该选项不可用。

**样式：** 用于设置创建选区的方法。"正常"选项用于创建任意大小的选区，"固定比例"选项用于设置矩形选区的宽高比，"固定大小"选项用于创建固定大小的矩形选区。

**选择并遮住：** 单击该按钮，将进入新的工作界面，可以对选区进行羽化、收缩和平滑处理，并能有效识别透明区域。该功能主要用于处理毛发和树枝等边缘复杂的对象。

## 3.2.2 椭圆选框工具

使用"椭圆选框工具"可以创建椭圆形选区和圆形选区，其选项栏中的选项和"矩形选框工具"的基本一致。选择"椭圆选框工具"，在画布中拖曳可以创建一个椭圆形选区，按住Shift键并拖曳，可以创建一个圆形选区，如图3-7所示。

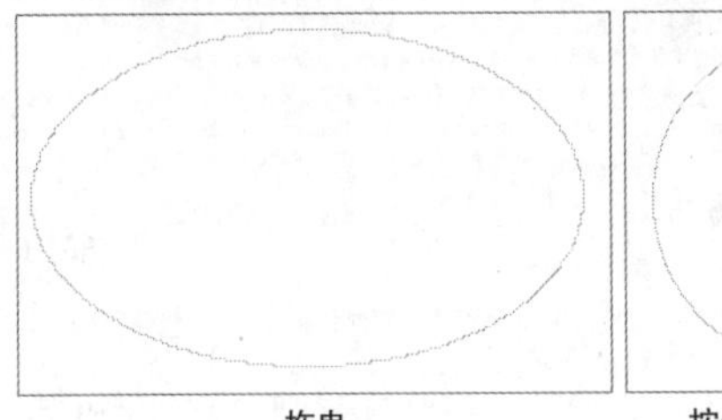

拖曳

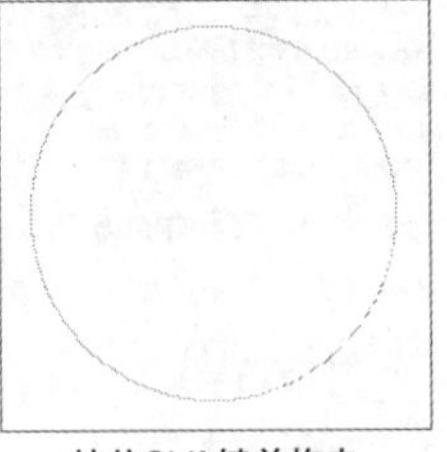

按住Shift键并拖曳

图3-7

### 知识点：复制局部图像

当需要处理图像局部时，可以执行"图层>新建>通过拷贝的图层"菜单命令（快捷键为Ctrl+J）将其复制到新建的图层中，此时原始图层保持不变，如图3-8所示。

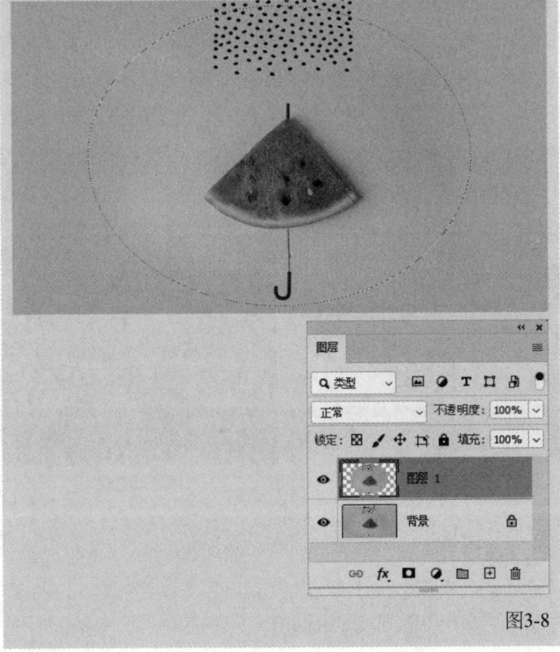


图3-8

课堂案例

### 抠出图中的圆盘

| | |
|---|---|
| 素材文件 | 素材文件>CH03>素材01.jpg |
| 实例文件 | 实例文件>CH03>抠出图中的圆盘.psd |
| 视频名称 | 抠出图中的圆盘.mp4 |
| 学习目标 | 掌握使用选框类工具抠图的方法 |

使用选框类工具可以创建规则的选区，本例将用"椭圆选框工具"抠出图中的圆盘，如图3-9所示。

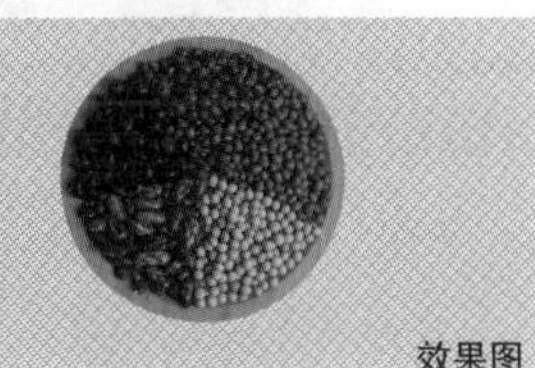


图3-9

01 按快捷键Ctrl+O打开本书学习资源文件夹中的"素材文件>CH03>素材01.jpg"文件，如图3-10所示。

图3-10

02 在工具箱中选择"椭圆选框工具"，拖曳鼠标创建一个椭圆形选区，使选区与圆盘边缘贴合，如图3-11所示。

图3-11

**技巧与提示**

在绘制选区时，可同时按住Space键移动选区，使选区与圆盘对齐。

03 按快捷键Ctrl+J，对选区中的图像进行复制并生成新的图层，如图3-12所示。单击"背景"图层左侧的图标，隐藏背景，效果如图3-13所示。

图3-12

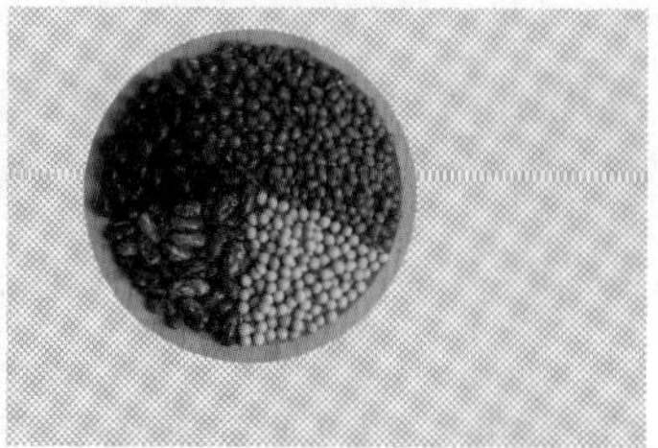

图3-13

## 3.2.3 单行/单列选框工具

使用“单行选框工具”和“单列选框工具”可以创建高度或宽度为1像素的选区，如图3-14所示。这两个工具常用于制作网格效果。

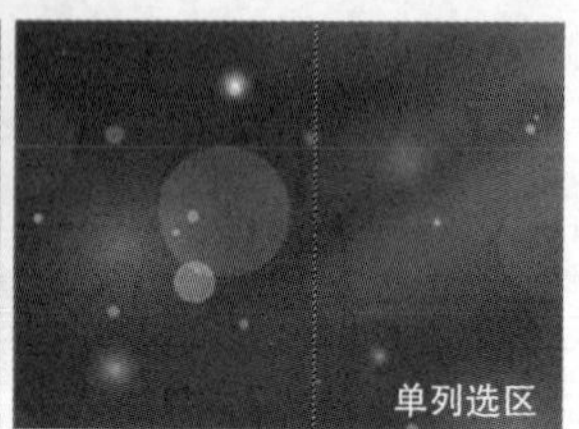


图3-14

# 3.3 创建任意选区

对于不规则的图像，就无法使用选框类工具来创建选区了。Photoshop中有多个创建任意选区的工具，下面分别进行介绍。

**本节重点内容**

| 重点内容 | 说明 |
|---|---|
| 套索工具 | 创建形状不规则的选区 |
| 多边形套索工具 | 创建多个由线段连接的选区 |
| 磁性套索工具 | 自动识别对象的边缘并创建选区 |
| 对象选择工具 | 自动选择对象并生成选区 |
| 快速选择工具 | 通过向外扩展与查找边缘创建选区 |
| 魔棒工具 | 选取图像中和取样处颜色相似的区域 |
| 主体 | 自动识别图像中的主体 |
| 天空 | 自动识别图像中的天空 |
| 色彩范围 | 根据图像的颜色范围创建选区 |
| 焦点区域 | 自动识别焦点区域内的对象 |

## 3.3.1 套索工具

使用“套索工具”（快捷键为L）可以绘制出形状不规则的选区。选择“套索工具”，拖曳鼠标可进行绘制，在松开鼠标左键时，选区将自动闭合，如图3-15所示。

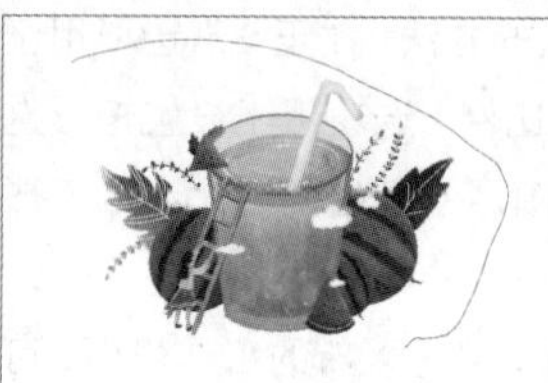

拖曳鼠标

选区自动闭合

图3-15

## 3.3.2 多边形套索工具

“多边形套索工具”的使用方法与“套索工具”的使用方法相似。使用该工具可以创建多个由线段连接的选区。该工具适用于绘制棱角分明的选区，如图3-16所示。

在转角处单击

闭合的选区

图3-16

**技巧与提示**

在使用“多边形套索工具”绘制选区时，按住Shift键可以在水平方向、垂直方向或45度方向上绘制直线段，按Delete键可以删除最近绘制的直线段。

## 3.3.3 磁性套索工具

使用“磁性套索工具”可以自动识别对象的边缘并创建选区。如果对象的边缘比较清晰，且对象色调与背景色调对比明显，那么可以使用这个工具快速选取对象。选择“磁性套索工具”，在图像中单击确定起点，然后沿着图像边缘移动鼠标指针。当完成选取时，按Enter键或者双击，可以得到闭合的选区，如图3-17所示。

移动鼠标指针

闭合的选区

图3-17

**技巧与提示**

如果想在某处添加一个锚点，可以在该处单击。如果锚点的位置不准确，可按Delete键将其删除，连续按Delete键可以依次删除前面添加的锚点。如果想删除添加的所有锚点，可以按Esc键。

选择“磁性套索工具”，其选项栏如图3-18所示。

羽化：0像素 消除锯齿 宽度：10像素 对比度：10% 频率：20 选择并遮住...

图3-18

下面介绍“磁性套索工具”选项栏中的常用选项。

**宽度：**表示检测宽度。如果对象的边缘比较清晰，可以设置较大的值；如果对象的边缘比较模糊，可以设置较小的值。

**对比度：**表示感应图像边缘的灵敏度。如果对象的边缘比较清晰，可以设置较大的值；如果对象的边缘比较模糊，可以设置较小的值。

**频率：**用于控制锚点的数量。数值越大，生成的锚点越多，捕捉到的边缘越准确，但是可能会使选区边缘不够平滑。

**使用绘图板压力以更改钢笔宽度：**单击该按钮，可以根据压感笔的压力自动调节检测范围。该功能常配合数位板和压感笔使用。

### 知识点：套索工具的相互转换

在使用“套索工具”进行绘制时，按住Alt键并松开鼠标左键（不松开Alt键），将自动切换为“多边形套索工具”。在使用“多边形套索工具”进行绘制时，先按住Alt键，然后按住鼠标左键并拖曳鼠标，将切换为“套索工具”。

在使用“磁性套索工具”进行绘制时，按住Alt键并单击，将切换为“多边形套索工具”；松开Alt键并单击，将切换为“磁性套索工具”。

课堂案例

## 抠出图中的水果小车

| | |
|---|---|
| 素材文件 | 素材文件>CH03>素材02.jpg |
| 实例文件 | 实例文件>CH03>抠出图中的水果小车.psd |
| 视频名称 | 抠出图中的水果小车.mp4 |
| 学习目标 | 掌握使用套索类工具抠图的方法 |

在抠图时，可以根据图像边缘的特点选择不同的工具，还可以通过快捷键转换工具。本例将用“多边形套索工具”和“磁性套索工具”抠出图中的水果小车，如图3-19所示。

图3-19

01 按快捷键Ctrl+O打开本书学习资源文件夹中的“素材文件>CH03>素材02.jpg”文件，如图3-20所示。

图3-20

02 在工具箱中选择“磁性套索工具”，将鼠标指针放到小车边缘处，单击设置选区的起点，然后紧贴小车边缘移动鼠标指针，如图3-21所示。

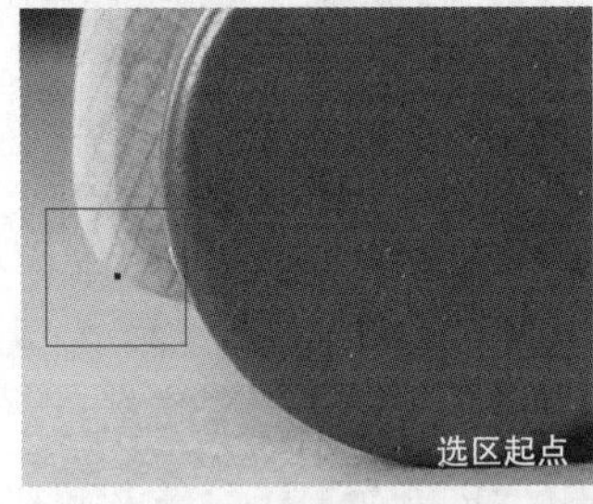

图3-21

03 按住Alt键并单击，将切换为“多边形套索工具”，使用该工具创建直线选区，如图3-22所示。松开Alt键并单击，即可切换回“磁性套索工具”，使用该工具继续选取水桶把手部分，如图3-23所示。

图3-22

图3-23

### 技巧与提示

因为水桶把手部分的边缘不是很清晰，所以使用“磁性套索工具”自动添加锚点时可能会出现错误。此时可以按Delete键删除错误的锚点，并在需要添加锚点的位置单击，如图3-24所示。

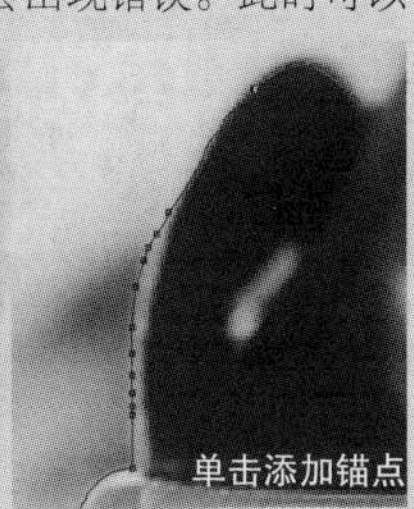


图3-24

04 用同样的方法在水果小车周围添加锚点，将鼠标指针移到起点处，单击即可自动闭合选区，如图3-25所示。

图3-25

05 下面需要将背景从选区中减去。单击选项栏中的按钮，接着用"磁性套索工具"为水果上方的背景区域创建选区，如图3-26所示。

图3-26

06 用同样的方法将选区内不需要的背景减去，如图3-27所示。

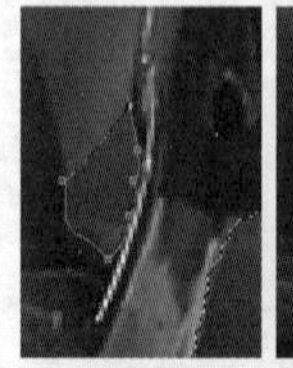
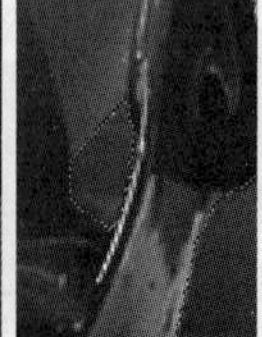

图3-27

07 按快捷键Ctrl+J，对选区中的图像进行复制并生成新的图层，隐藏"背景"图层，效果如图3-28所示。

图3-28

## 3.3.4 对象选择工具

"对象选择工具"（快捷键为W）有"矩形"和"套索"两种模式，适合用于选取边缘明确的对象。使用该工具时只要绘制出一个大概的范围，Photoshop就会自动调整并生成选区。在"套索"模式下，如同使用"套索工具"，一般围绕对象创建选区范围，松开鼠标左键后，选区会以对象边缘为准自动收缩，如图3-29所示。

图3-29

选择"对象选择工具"，其选项栏如图3-30所示。

图3-30

下面介绍"对象选择工具"选项栏中的常用选项。

**对象查找程序：** 勾选此选项，Photoshop会根据鼠标指针悬停位置分析主体区域，主体区域会被叠加颜色，单击可以为其创建选区，如图3-31所示。

图3-31

**刷新**：单击该按钮，将刷新对象查找程序。

**显示所有对象**：单击该按钮，可以显示图像中的所有主体对象。

**设置其他选项**：单击该按钮，可以在打开的下拉面板中设置刷新模式和叠加颜色等。

**模式**：包含"矩形"和"套索"两种模式，选择不同的模式，将以对应的方式绘制选区。

**对所有图层取样**：勾选此选项，可以针对所有图像选择对象。

**硬化边缘**：勾选此选项，将形成硬化的选区边缘。

**选择主体**：单击该按钮，将根据图像中突出的对象创建选区。

课堂案例

## 抠出图中的咖啡杯

| | |
|---|---|
| 素材文件 | 素材文件>CH03>素材03.jpg |
| 实例文件 | 实例文件>CH03>抠出图中的咖啡杯.psd |
| 视频名称 | 抠出图中的咖啡杯.mp4 |
| 学习目标 | 掌握使用选择类工具抠图的方法 |

本例将用"对象选择工具"抠出图中的咖啡杯，如图3-32所示。

图3-32

01 按快捷键Ctrl+O打开本书学习资源文件夹中的"素材文件>CH03>素材03.jpg"文件，如图3-33所示。

图3-33

02 选择"对象选择工具"，在选项栏中设置"模式"为"套索"，围着咖啡杯绘制选区范围，如图3-34所示。松开鼠标左键后，绘制的范围会自动收缩并形成选区，如图3-35所示。

图3-34

图3-35

03 按住Shift键，用同样的方法创建选区，选取其他杯子，效果如图3-36所示。

图3-36

04 按快捷键Ctrl+J，对选区中的图像进行复制并生成新的图层，隐藏"背景"图层，效果如图3-37所示。

图3-37

## 3.3.5 快速选择工具

选择"快速选择工具"，将鼠标指针定位在要选取的对象上，然后单击并拖曳鼠标，选区会自动向外扩展并查找边缘，如图3-38所示。

图3-38

选择“快速选择工具”，其选项栏如图3-39所示。

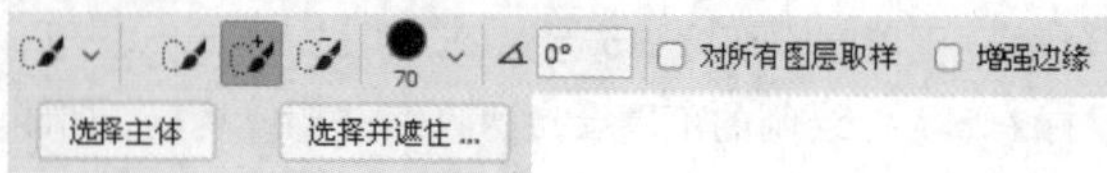


图3-39

下面介绍“快速选择工具”选项栏中的常用选项。

**新选区**：单击该按钮，可以创建新选区。

**添加到选区**：单击该按钮，可以在原选区的基础上添加选区。

**从选区减去**：单击该按钮，可以在原选区的基础上减去选区。

**增强边缘**：勾选该选项，可以使选区的边缘更平滑。

**画笔选项**：单击该按钮，可以在打开的下拉面板中设置画笔大小、硬度和间距等。在绘制选区时，按[键或]键可以减小或增大画笔。

**画笔角度**：用于设置画笔的角度。

## 3.3.6 魔棒工具

使用“魔棒工具”可以选取图像中和取样处颜色相似的区域。选择“魔棒工具”，在所需位置单击即可确定取样点，与其颜色相似的区域将被创建为选区，如图3-40所示。

图3-40

选择“魔棒工具”，其选项栏如图3-41所示。

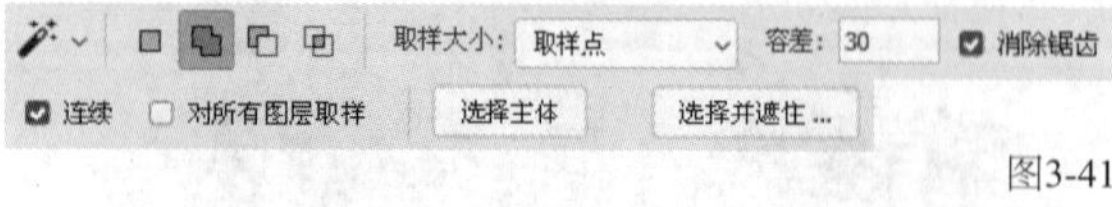


图3-41

下面介绍“魔棒工具”选项栏中的常用选项。

**取样大小**：用于设置取样范围。

**容差**：用于设置选取的颜色范围。输入的数值越大，选取的范围越大。

**连续**：勾选此选项，将只选取和取样点相连的区域。

## 3.3.7 自动识别命令

Photoshop可以根据图像的特点对其进行分析，自动识别出主体、天空、焦点和色彩等，进而创建选区。

### 主体

执行“选择>主体”菜单命令，可以自动识别图像中的主体，并创建选区，如图3-42所示。

图3-42

**技巧与提示**

执行“选择>主体”菜单命令创建选区时可能会有漏选的现象，图3-43中鸟儿的脚就没有被选中。此时，可以用“对象选择工具”、“快速选择工具”或“魔棒工具”等添加漏选的区域。

图3-43

### 天空

执行“选择>天空”菜单命令，可以自动识别图像中的天空，并创建选区，如图3-44所示。

图3-44

**色彩范围**

使用"色彩范围"命令可以根据图像的颜色范围创建选区。执行"选择>色彩范围"菜单命令，打开"色彩范围"对话框，此时鼠标指针将变为形状，单击即可拾取颜色，并将所有与之相似的颜色同时选取，如图3-45所示。

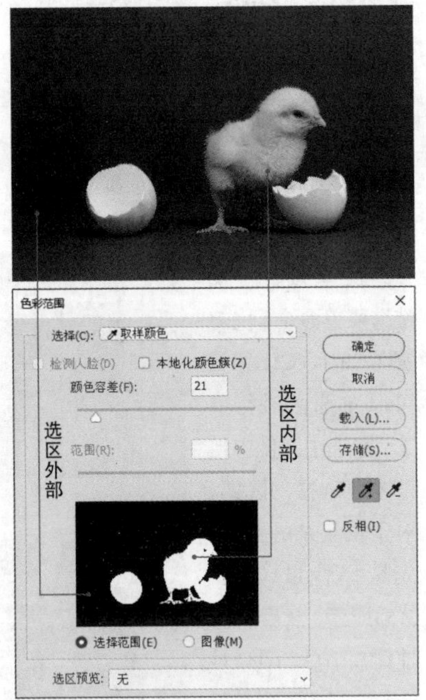


图3-45

在"色彩范围"对话框中，单击按钮，可以将颜色添加到取样范围中；单击按钮，可以将颜色从取样范围内减去。取样完成后，单击"确定"按钮确定，即可创建选区。

**焦点区域**

使用"焦点区域"命令可以排除次要的、虚化的内容，自动识别焦点区域内的对象并创建选区。执行"选择>焦点区域"菜单命令，打开"焦点区域"对话框，如图3-46所示。调整"焦点对准范围"的值，单击"确定"按钮确定，可以创建出焦点区域选区，如图3-47所示。

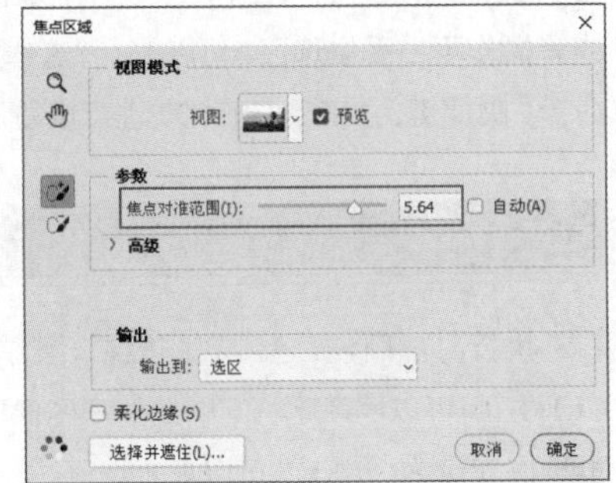


图3-46

图3-47

在"视图"下拉列表中可以设置视图的显示效果。例如，设置"视图"为"叠加"，效果如图3-48所示。

图3-48

# 3.4 编辑选区

在创建选区后，可以根据需求对选区进行编辑，其中包括移动选区、全选与反选选区、取消与重选选区、隐藏与显示选区、变换和羽化选区等操作。

**本节重点内容**

| 重点内容 | 说明 |
| --- | --- |
| 变换选区 | 自由变换选区内的图像 |
| 全部 | 选择当前文档窗口内的全部图像 |
| 反选 | 对选区进行反选 |
| 取消选择 | 取消选择当前选区 |
| 重新选择 | 恢复之前取消选择的选区 |
| 选区边缘 | 隐藏和显示选区 |
| 平滑 | 使选区边缘变得平滑 |
| 边界 | 向内和向外扩展以形成新的选区 |
| 扩展 | 将选区向外扩展 |
| 收缩 | 将选区向内收缩 |
| 羽化 | 羽化选区 |
| 选择并遮住 | 编辑选区和修图 |
| 将图层与选区对齐 | 将所选的图层以某种方式对齐到选区 |
| 修边 | 去除选区边界的多余像素 |
| 描边 | 给选区轮廓添加颜色 |
| 裁剪 | 根据选区边界裁剪图像 |
| 存储选区 | 将选区存储到通道中 |
| 载入选区 | 将选区载入图像中 |

## 3.4.1 移动和变换

使用"矩形选框工具"在图像中创建选区，将鼠标指针置于选区内，按住鼠标左键并拖曳，即可移动选区，如图3-49所示。

图3-49

**技巧与提示**

在创建选区后，按方向键也可以移动选区。例如，按一次↑键，可以将选区向上移动1像素；按住Shift键并按一次↑键，则可以将选区向上移动10像素。需要注意的是，移动选区时需确保当前选择的工具是选框类工具、套索类工具或“魔棒工具”。

执行“选择>变换选区”菜单命令（快捷键为Alt+S+T），将会出现定界框，此时可以对选区进行移动、旋转和缩放等操作，如图3-50所示。

图3-50

**知识点：移动和变换选区内的图像**

在创建选区后，选择“移动工具”。将鼠标指针置于选区内，按住鼠标左键并拖曳，即可移动选区内的图像，如图3-51所示。

执行“编辑>自由变换”菜单命令，可以自由变换选区内的图像，如图3-52所示。

图3-51

图3-52

## 3.4.2 全选与反选

执行“选择>全部”菜单命令（快捷键为Ctrl+A），可以选择当前文档窗口内的全部图像。当需要复制整个图像时，就可以先将其全选，然后按快捷键Ctrl+C进行复制，再根据需求将其粘贴（快捷键为Ctrl+V）到图层、通道或其他文档窗口中。

执行“选择>反选”菜单命令（快捷键为Shift+Ctrl+I），可以对选区进行反选，即选中图像中当前未被选择的区域。对于较复杂的主体，先选择背景，如图3-53所示，然后按快捷键Shift+Ctrl+I对选区进行反选，即可选中主体，如图3-54所示。

图3-53

图3-54

## 3.4.3 取消与重选

执行“选择>取消选择”菜单命令（快捷键为Ctrl+D），可以取消当前选区。若因执行“选择>取消选择”菜单命令或者操作不当丢失选区，可以执行“选择>重新选择”菜单命令（快捷键为Shift+Ctrl+D）进行恢复。

## 3.4.4 隐藏与显示

执行“视图>显示>选区边缘”菜单命令（快捷键为Ctrl+H），可以隐藏选区，以便处理图像时观察选区边缘。再按快捷键为Ctrl+H，可以显示选区。

**技巧与提示**

需要注意的是，隐藏选区后只是看不到画面中的选区边缘，但是选区依然存在。因此，操作范围仍然被限定在选区内部。

## 3.4.5 平滑与边界

在创建选区时，其边缘时常会出现锯齿。执行“选择>修改>平滑”菜单命令，在弹出的“平滑选区”对话框中设置相应的“取样半径”值，即可使选区边缘变得平滑，如图3-55所示。

平滑选区
取样半径(S): 50 像素
应用画布边界的效果
确定
取消

图3-55

在创建选区后，执行“选择>修改>边界”菜单命令，在弹出的“边界选区”对话框中设置相应的“宽度”值，将同时向内和向外扩展并形成新的选区，如图3-56所示。

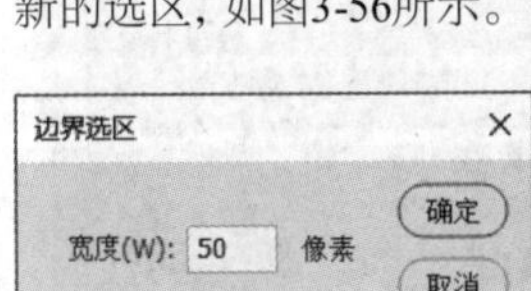


图3-56

## 3.4.6 扩展与收缩

在创建选区后，执行“选择>修改>扩展”菜单命令，在弹出的“扩展选区”对话框中设置相应的“扩展量”值，可以将选区向外扩展，如图3-57所示。

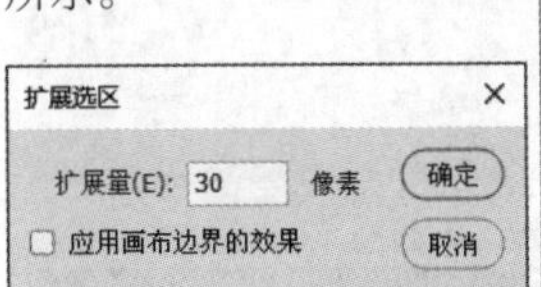


图3-57

执行“编辑>修改>收缩”菜单命令，在弹出的“收缩选区”对话框中设置相应的“收缩量”值，可以将选区向内收缩，如图3-58所示。

图3-58

## 3.4.7 羽化选区

羽化可以让图像的边缘变得模糊，呈现出柔和的效果。在使用选框类工具或套索类工具时，可以在其选项栏中设置“羽化”值，如图3-59所示。这样使用该工具创建的选区将自带羽化效果，如图3-60所示。

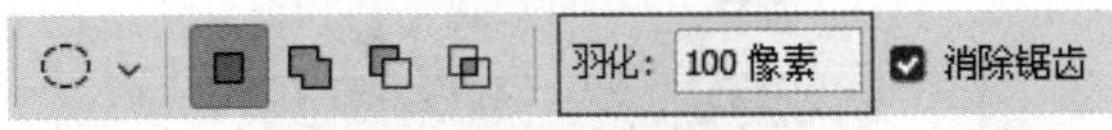


图3-59

图3-60

在创建选区后，执行“选择>修改>羽化”菜单命令（快捷键为Shift+F6），打开“羽化选区”对话框，可以通过设置“羽化半径”的值来调整选区的羽化范围，如图3-61所示。

图3-61

## 3.4.8 选区运算

在大多数情况下，很难只通过一次操作就将对象完全选中，一般需要分次创建多个选区。在使用选框类工具、套索类工具和选择类工具（“快速选择工具”除外）时，其选项栏中会出现与选区运算相关的按钮，如图3-62所示。

图3-62

**新选区：** 单击该按钮，可以创建新选区，如图3-63所示。如果已经存在选区，新选区将代替原有选区。

图3-63

**添加到选区**：单击该按钮，可以在原选区的基础上添加选区（按住Shift键并创建选区，可以实现同样的效果），如图3-64所示。

图3-64

**从选区减去**：单击该按钮，可以在原选区的基础上减去选区（按住Alt键并创建选区，可以实现同样的效果），如图3-65所示。

图3-65

**与选区交叉**：单击该按钮，可以使原选区与新选区交叉（按住Shift+Alt键并创建选区，可以实现同样的效果），如图3-66所示。

图3-66

## 知识点：在多个文件中移动图像

选择"移动工具"，在画面中单击并拖曳图像至另一个文档选项卡处，如图3-67所示。停留片刻，将自动切换到另一个文件，如图3-68所示。将鼠标指针移至画面中，松开鼠标左键，即可将图像移至该文件，如图3-69所示。

图3-67

图3-68

图3-69

将一个图像拖曳至另一个文件的过程中，同时按住Shift键，图像会被置于当前文件中心，如图3-70所示。

图3-70

课堂案例

## 抠出图中的玩具

| | |
|---|---|
| 素材文件 | 素材文件>CH03>素材04-1.jpg、素材04-2.jpg |
| 实例文件 | 实例文件>CH03>抠出图中的玩具.psd |
| 视频名称 | 抠出图中的玩具.mp4 |
| 学习目标 | 掌握选区运算的方法 |

本例将通过“主体”命令、“魔棒工具”以及选区运算按钮抠出图中的玩具，然后将其摆在桌面上，如图3-71所示。

图3-71

01 按快捷键Ctrl+O打开本书学习资源文件夹中的“素材文件>CH03>素材04-1.jpg”文件，如图3-72所示。

图3-72

02 执行“选择>主体”菜单命令，为图中主体创建选区，如图3-73所示。

图3-73

03 选区中包含多余的背景图像，需要将其去除。选择“魔棒工具”，设置“容差”为30，按住Alt键，单击需要减去的区域即可，如图3-74所示。

图3-74

04 按快捷键Ctrl+O打开本书学习资源文件夹中的“素材文件>CH03>素材04-2.jpg”文件，然后选择“移动工具”，将选区中的图像拖曳至“素材04-2.jpg”文件的文档窗口中，系统会自动生成“图层1”图层，如图3-75所示。

图3-75

05 在“图层1”图层上单击鼠标右键，在打开的菜单中执行“转换为智能对象”命令，将选区中的图像转换为智能对象，如图3-76所示。

06 按快捷键Ctrl+T显示定界框，将图像缩小到合适的大小，并使用“移动工具”将其置于合适的位置，效果如图3-77所示。

图3-76

图3-77

**技巧与提示**

在变换图像时，Photoshop会重新采样并生成新的像素，但图像的品质会降低。此时可以将图像转换为智能对象，以保留图像的原始信息。

## 3.4.9 选择并遮住

"选择并遮住"工作区的功能十分强大，集编辑选区和修图功能于一身，并且能有效识别毛发等细微区域。一般在使用该功能前，需要先使用选择类工具或自动识别命令选取目标对象，然后执行"选择>选择并遮住"菜单命令（快捷键为Alt+Ctrl+R），或者在选择类工具的选项栏中单击"选择并遮住"按钮，进入该工作区，工作区界面如图3-78所示。

图3-78

"选择并遮住"工作区提供了画笔类工具、套索类工具和选择类工具等。其中，使用"调整边缘画笔工具"（快捷键为R）可以精确调整选区的边缘区域，如毛发等细微区域；使用"画笔工具"（快捷键为B）可以完善细节，对选区进行微调。按]键可以调大笔尖，按[键可以调小笔尖。

在"属性"面板中可以修改视图模式，设置"视图"为"叠加"，如图3-79所示。半透明的红色区域表示没有被选中的区域，正常显示的区域表示被选中的区域，这种视图模式利于观察选区范围，如图3-80所示。

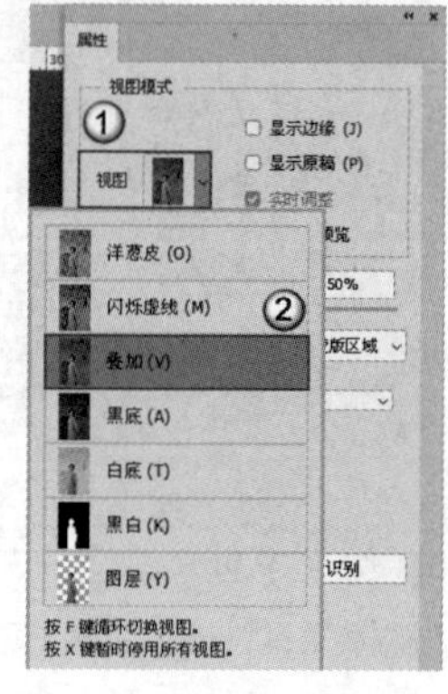


图3-79

图3-80

单击“颜色”选项右侧的色块，可以在打开的“拾色器”对话框中设置叠加的颜色，如图3-81所示。

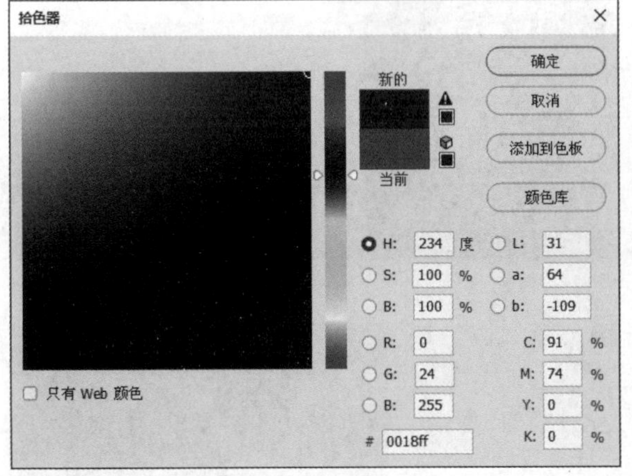


图3-81

下面介绍“属性”面板中的其他常用选项。

**半径：**用于设置边缘调整区域的大小。

**智能半径：**勾选该选项，将使“半径”自适应图像边缘。

**平滑：**创建较平滑的轮廓。

**羽化：**使选区边缘呈现透明状态。

**对比度：**锐化选区边缘，并去除不自然的模糊感。

**移动边缘：**收缩或扩展选区的边缘。

**净化颜色：**勾选该选项，可以移去图像中的彩色边缘。

**输出到：**用于设置选区的输出方式。

课堂案例

## 抠出图中的人物

| | |
|---|---|
| 素材文件 | 素材文件>CH03>素材05.jpg |
| 实例文件 | 实例文件>CH03>抠出图中的人物.psd |
| 视频名称 | 抠出图中的人物.mp4 |
| 学习目标 | 掌握使用“主体”命令和“选择并遮住”工作区抠图的方法 |

本例将先用“主体”命令创建主体选区，然后进入“选择并遮住”工作区处理人物和发丝的边缘，如图3-82所示。

图3-82

01 按快捷键Ctrl+O打开本书学习资源文件夹中的“素材文件>CH03>素材05.jpg”文件，如图3-83所示。

图3-83

02 执行“选择>主体”菜单命令，为图像中的主体创建选区，如图3-84所示。

图3-84

03 执行“选择>选择并遮住”菜单命令，进入对应工作区，如图3-85所示。为了便于观察，设置“视图”为“叠加”“颜色”为绿色，此时绿色区域为选区外的区域，如图3-86所示。

图3-85

图3-86

04 放大图像并选择“快速选择工具”，设置笔尖“大小”为10像素。单击⊕按钮，拖曳鼠标涂抹遗漏的区域，将遗漏的区域添加到选区内，如图3-87所示。

图3-87

05 选择“画笔工具”，设置笔尖“大小”为5像素。单击⊖按钮，拖曳鼠标涂抹多余的背景，将其从选区中减去，如图3-88所示。

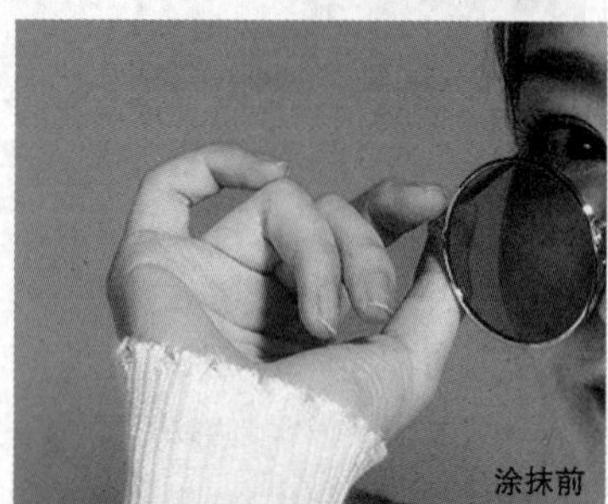



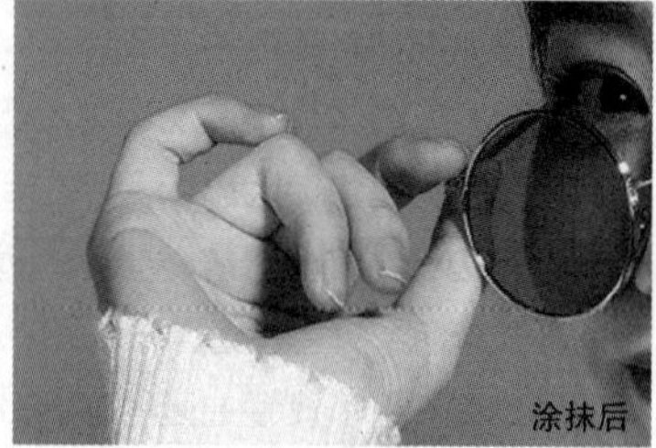



图3-88

**06** 选择“调整边缘画笔工具”，设置笔尖“大小”为10像素、“硬度”为60%，拖曳鼠标涂抹多余的背景，将其从选区中减去，如图3-89所示。

图3-89

**技巧与提示**

在使用“调整边缘画笔工具”时，可以根据涂抹区域调整笔尖“大小”和“硬度”，“硬度”值越小，涂抹出的边缘越柔和。

**07** 在“输出到”下拉列表中选择“新建带有图层蒙版的图层”选项，单击“确定”按钮完成操作，如图3-90所示，效果如图3-91所示。

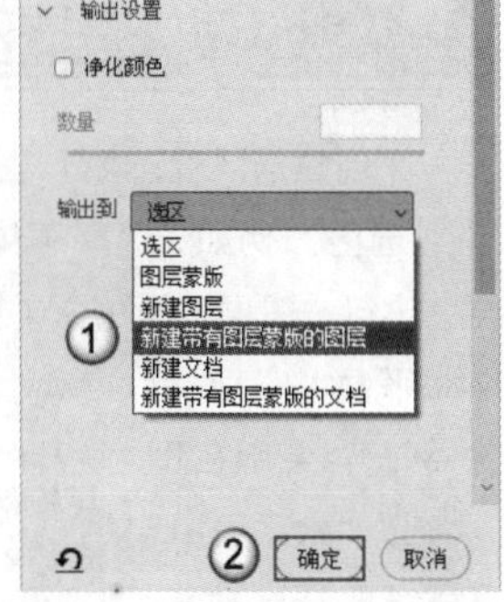


图3-90

图3-91

课堂练习

## 抠出图中的宠物

| | |
|---|---|
| 素材文件 | 素材文件>CH03>素材06.jpg |
| 实例文件 | 实例文件>CH03>抠出图中的宠物.psd |
| 视频名称 | 抠出图中的宠物.mp4 |
| 学习目标 | 掌握使用“主体”命令和“选择并遮住”工作区抠图的方法 |

联合使用“主体”命令和“选择并遮住”工作区可以抠出带有毛发等细微区域的主体，请使用它们抠出图中的宠物，如图3-92所示。

图3-92

## 3.4.10 对齐选区

在创建选区后，执行“图层>将图层与选区对齐”子菜单中的命令，如图3-93所示，可以将所选的图层以某种方式对齐到选区。例如，选择苹果所在图层，执行“图层>将图层与选区对齐>水平居中”菜单命令，苹果所在图层将以“水平居中”的方式与选区对齐，如图3-94所示。

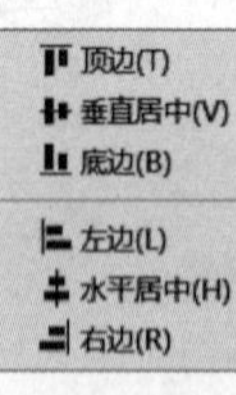


图3-93

图3-94

## 3.4.11 选区修边

在移动或粘贴图像时，选区边界经常会有一些多余的像素。执行“图层>修边”子菜单中的命令，如图3-95所示，可以去除这些像素，如图3-96所示。

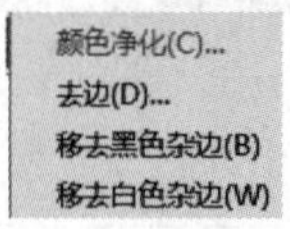


图3-95

图3-96

下面介绍“修边”子菜单中的命令。

**颜色净化：**去除彩色杂边。

**去边：**用包含纯色（不包含背景色）的邻近像素的颜色替换任何边缘像素的颜色。

**移去黑色杂边：**将在黑色背景上创建的消除锯齿的选区图像粘贴到其他颜色的背景上，可执行该命令消除黑色杂边。

**移去白色杂边：**将在白色背景上创建的消除锯齿的选区图像粘贴到其他颜色的背景上，可执行该命令消除白色杂边。

## 3.4.12 选区描边

选区描边指的是给选区轮廓添加颜色。在创建选区后，执行“编辑>描边”菜单命令，可在打开的“描边”对话框中设置描边的宽度、位置和颜色等，如图3-97所示。

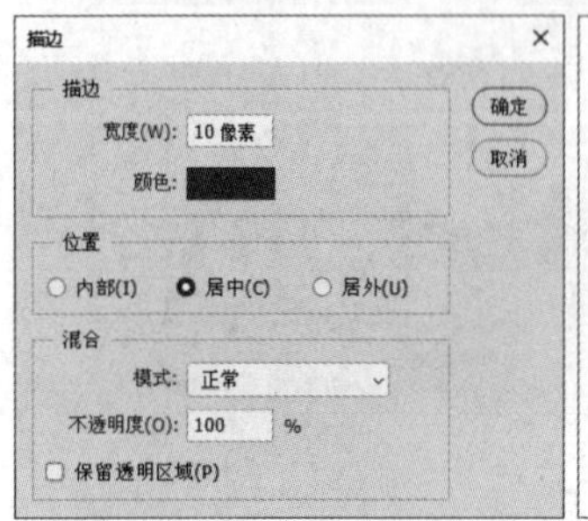

图3-97

## 3.4.13 裁剪选区

在创建选区后，执行“图像>裁剪”菜单命令，将根据选区边界裁剪图像，选区依然存在，如图3-98所示。

图3-98

在创建选区后，选择“裁剪工具” ，选区将变为裁剪框，按两次Enter键确认裁剪，选区不会保留，如图3-99所示。

图3-99

## 3.4.14 存储与载入选区

Alpha通道可以存储选区。在创建选区后，单击“通道”面板下方的“将选区储存为通道”按钮 ，或者执行“选择>存储选区”菜单命令，可以将选区存储到通道中，如图3-100所示。

执行“选择>存储选区”菜单命令，将打开“存储选区”对话框，如图3-101所示。

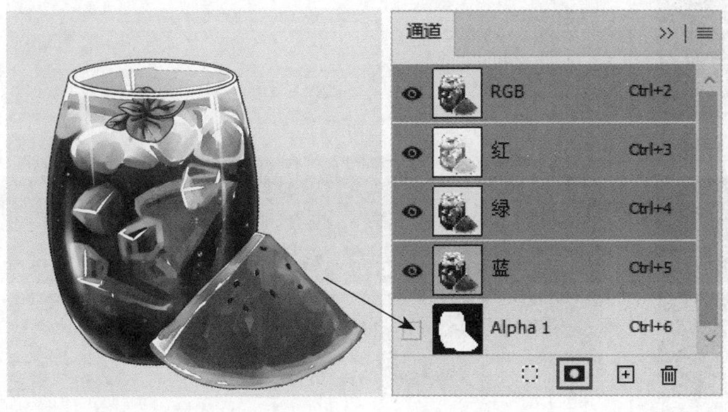


图3-100

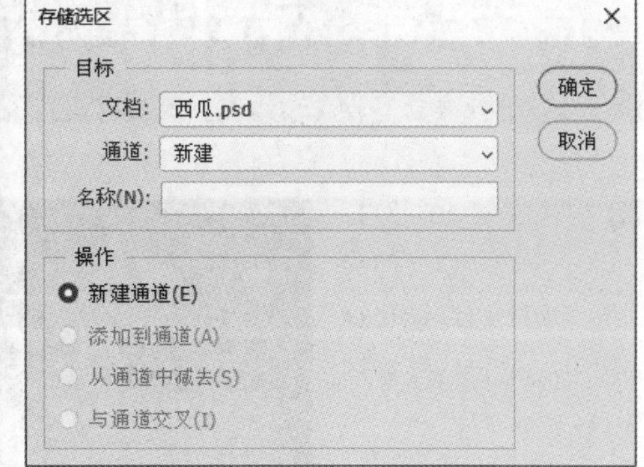


图3-101

下面介绍“存储选区”对话框中的常用选项。

**文档：**选择保存选区的目标文件。默认情况下将选区保存在当前文档中，也可以将其保存在一个新建的文档中。

**通道：**选择保存选区的目标通道，默认新建一个Alpha通道。

**名称：**设置保存选区的通道的名称。

**操作：**选择通道的处理方式。

单击“通道”面板下方的“将通道作为选区载入”按钮，或者执行“选择>载入选区”菜单命令，打开“载入选区”对话框，如图3-102所示。在该对话框中可以将选区载入图像中，或者与当前选区进行运算。

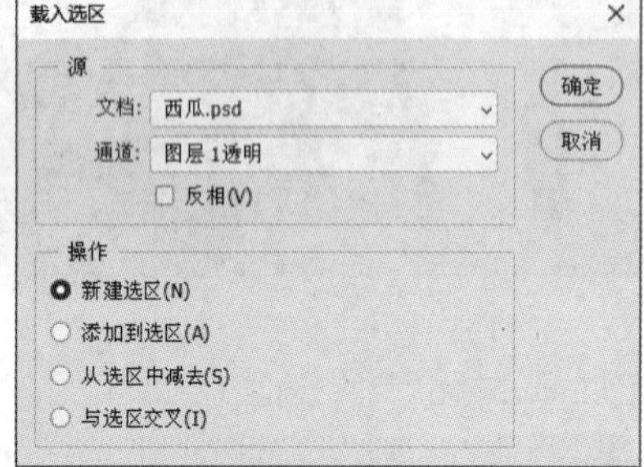


图3-102

**技巧与提示**

按住Ctrl键并单击Alpha通道缩览图，也可以将选区载入图像中。

课堂案例

## 用Alpha通道保护图像

素材文件　素材文件>CH03>素材07.jpg

实例文件　无

视频名称　用Alpha通道保护图像.mp4

学习目标　掌握存储选区和使用Alpha通道保护图像的方法

本例将使用存储选区的方法保护图像，并对其进行缩放，如图3-103所示。

图3-103

01 按快捷键Ctrl+O打开本书学习资源文件夹中的“素材文件>CH03>素材07.jpg”文件，如图3-104所示。

图3-104

02 执行“选择>主体”菜单命令，为图像中的主体创建选区。选择“快速选择工具”，设置笔尖“大小”为50像素（根据选择区域的不同，可随时按[键和]键调整笔尖大小）。按住Shift键，将椅子添加到选区内；按住Alt键，将多余区域从选区内减去（不用特别精确），如图3-105所示。

图3-105

03 执行“选择>存储选区”菜单命令，在打开的“存储选区”对话框中设置“名称”为“主体”，单击“确定”按钮，如图3-106所示。

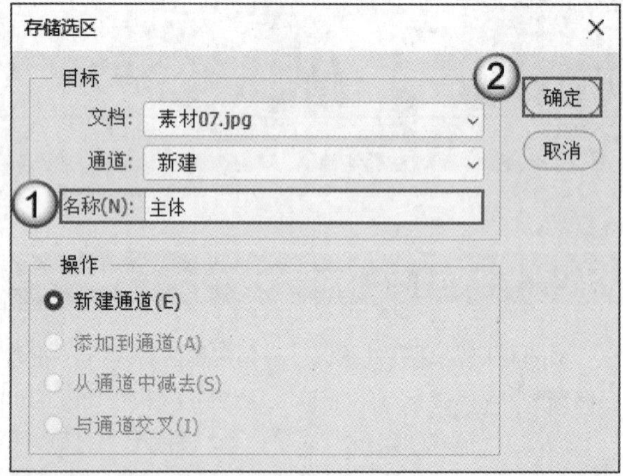


图3-106

04 按快捷键Ctrl+D取消选区，按住Alt键双击“背景”图层缩览图，将其转换为可编辑图层，如图3-107所示。

图3-107

05 执行“编辑>内容识别缩放”菜单命令，在选项栏中设置“保护”为“主体”，按住Shift键并向右拖曳控制点，如图3-108所示。

06 按Enter键确认操作，执行“图像>裁切”菜单命令，在打开的“裁切”对话框中选择“透明像素”选项，单击“确定”按钮（确定），如图3-109所示。将基于透明像素对图像进行裁切，效果如图3-110所示。

图3-108

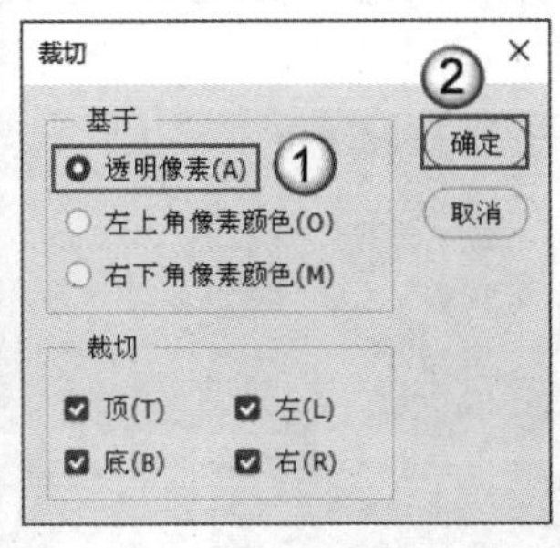


图3-109

图3-110

## 3.5 本章小结

本章主要讲解了选区的基本功能、创建与编辑选区的方法，以及用选区抠图的方法。在创建选区时，可以根据图像和选取内容的特点使用不同的工具。通过本章的学习，读者可以熟练掌握创建选区的方法，以及选区的编辑与应用方法。

## 3.6 课后习题

根据本章的内容，本节共安排了3个课后习题供读者练习，以帮助读者对本章的知识进行综合运用。

### 课后习题：抠出图中的糖果

| | |
|---|---|
| 素材文件 | 素材文件>CH03>素材08.jpg |
| 实例文件 | 实例文件>CH03>抠出图中的糖果.psd |
| 视频名称 | 抠出图中的糖果.mp4 |
| 学习目标 | 掌握使用选框类工具和选择类工具抠图的方法 |

本习题主要要求读者对使用选框类工具和选择类工具创建选区的操作方法进行练习，效果如图3-111所示。

图3-111

## 课后习题：抠出图中的摆件

素材文件　素材文件>CH03>素材09.jpg
实例文件　实例文件>CH03>抠出图中的摆件.psd
视频名称　抠出图中的摆件.mp4
学习目标　掌握使用套索类工具抠图的方法

本习题主要要求读者对使用“多边形套索工具”和“磁性套索工具”创建选区的方法，以及转换工具的方法进行练习，效果如图3-112所示。

原图

效果图

图3-112

## 课后习题：抠出图中的女孩

素材文件　素材文件>CH03>素材10.jpg
实例文件　实例文件>CH03>抠出图中的女孩
视频名称　抠出图中的女孩.mp4
学习目标　掌握使用“主体”命令和“选择并遮住”工作区抠图的方法

本习题主要要求读者对使用“主体”命令和“选择并遮住”工作区抠图的操作方法进行练习，效果如图3-113所示。

原图

效果图

图3-113

Photoshop 2022

第 4 章

# 绘画与填充

本章主要介绍绘画类工具的使用方法，以及设置画笔、填充图案和颜色的方法。绘画与填充是 Photoshop 中的重要功能，在实际操作中是必不可少的，所以要求读者务必掌握相关内容。

## 课堂学习目标

◇ 掌握选取颜色的方法
◇ 掌握绘画类工具的使用方法
◇ 掌握画笔的设置方法
◇ 掌握填充图案和颜色的方法

# 4.1 选取颜色

在使用画笔类工具和文字类工具，或者填充选区时，都需要选取颜色。Photoshop中有多种选取颜色的方法，下面分别进行介绍。

**本节重点内容**

| 重点内容 | 说明 |
|---|---|
| 颜色/色板 | 选取颜色 |
| 吸管工具 | 拾取颜色 |

## 4.1.1 前景色与背景色

在通常情况下，前景色用于绘制图像、创建文字、填充和描边选区等；背景色用于填充被擦除的图像区域，以及扩展画布时的新增区域等。在工具箱下方可以分别设置前景色与背景色，以及切换和恢复这两种颜色（默认前景色为黑色，背景色为白色），如图4-1所示。

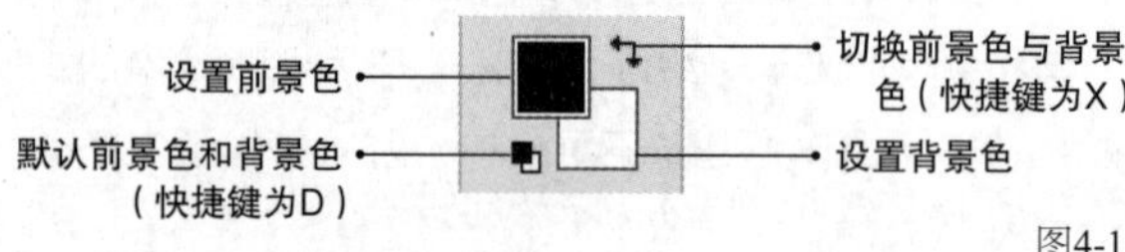


图4-1

**技巧与提示**

按快捷键Alt+Delete，可以将画布填充为前景色；按快捷键Ctrl+Delete，可以将画布填充为背景色。如果在按填充前景色或背景色的快捷键时按住Shift键，可以只填充图层中的像素区域，而不会影响透明区域。当画布中有选区时，按对应快捷键将对选区进行填充。

单击前景色或背景色的图标，将打开“拾色器”对话框，如图4-2所示，在色域中单击，或者在颜色模型（HSB、RGB、Lab和CMYK）的文本框中输入数值，即可选取颜色。在选取颜色后，单击“确定”按钮，或者按Enter键即可将其设为前景色或背景色。

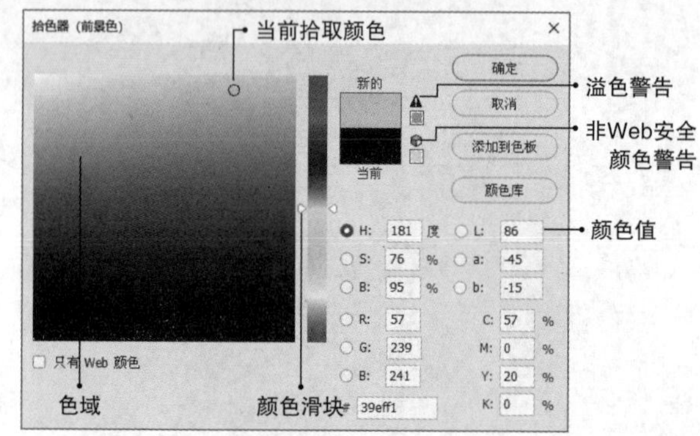


图4-2

下面介绍“拾色器”对话框中的常用选项。

**当前拾取颜色/色域：** 在色域中拖曳，可以改变当前拾取的颜色。

**颜色滑块：** 拖曳颜色滑块，可以调整颜色范围。

**新的/当前：** “新的”色块显示的是当前拾取的颜色，“当前”色块显示的是修改前的颜色。

**颜色值：** 显示当前颜色的色值。在某个颜色模型的文本框中输入数值，可以精确定位颜色。#右侧的文本框中显示的是颜色的十六进制值，每两位为一组，分别对应R、G、B值，主要用于设置网页色彩。

**溢色警告：** 不同颜色模型的色域是不同的，CMYK颜色模型中的颜色总数比其他颜色模型少很多。当所选颜色超出CMYK色域时，就会出现该警告。单击其下方的小色块，可以将颜色替换为CMYK色域中与其相近的颜色。

**非Web安全颜色警告：** 出现该警告，表示当前颜色无法准确地在网页中显示。单击其下方的小色块，可以将颜色替换为与其相近的Web安全色。

**只有Web颜色：** 只在色域中显示Web安全色。

**添加到色板：** 单击该按钮，可以将当前颜色添加到“色板”面板中。

**颜色库：** 单击该按钮，在打开的“颜色库”对话框中可以选择不同的颜色系统以及印刷专用色，如图4-3所示。

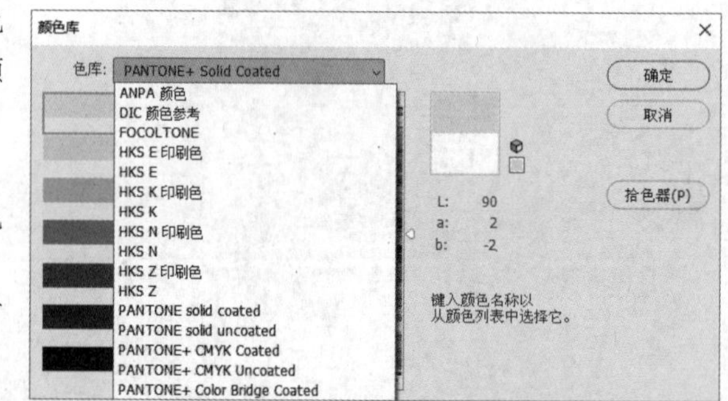


图4-3

### 知识点：用拾色器选取颜色

Photoshop中共有4种颜色模型，分别是HSB、Lab、RGB和CMYK。图4-4所示为4种颜色模型的组成参数及其取值范围。

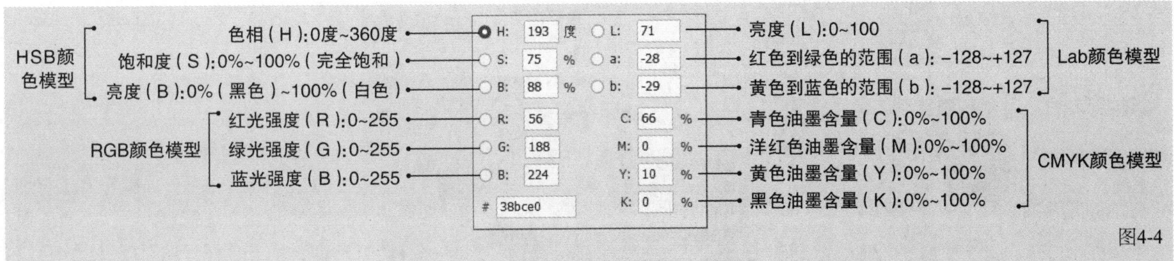

图4-4

打开“拾色器”对话框，默认选择的是HSB颜色模型。在竖直的渐变颜色条中单击，或者拖曳其旁边的颜色滑块，可以改变色彩范围，如图4-5所示。

选择S选项并拖曳颜色滑块，可以调整当前颜色的饱和度，如图4-6所示。

选择B选项并拖曳颜色滑块，可以调整当前颜色的亮度，如图4-7所示。

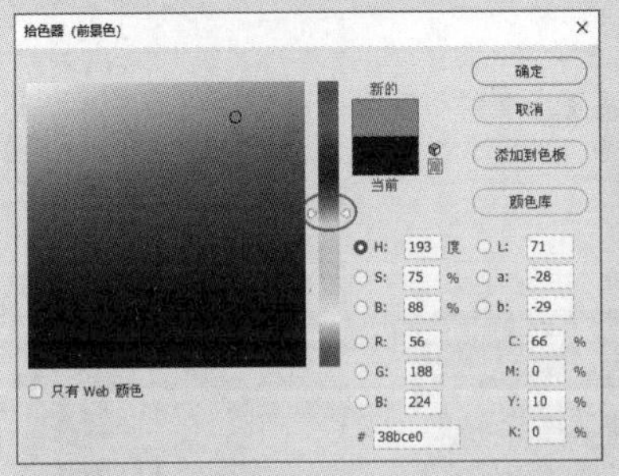
图4-5

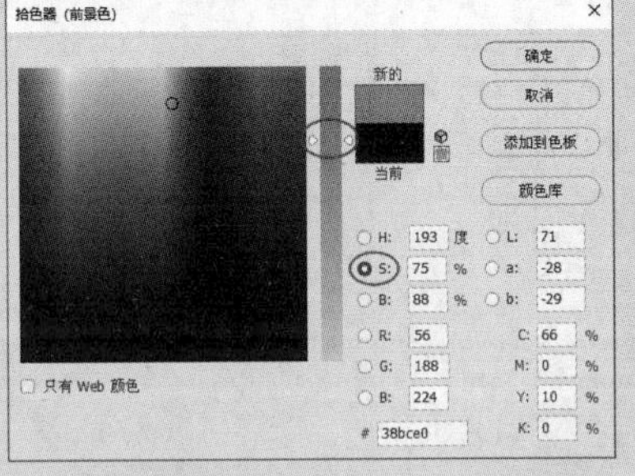
图4-6

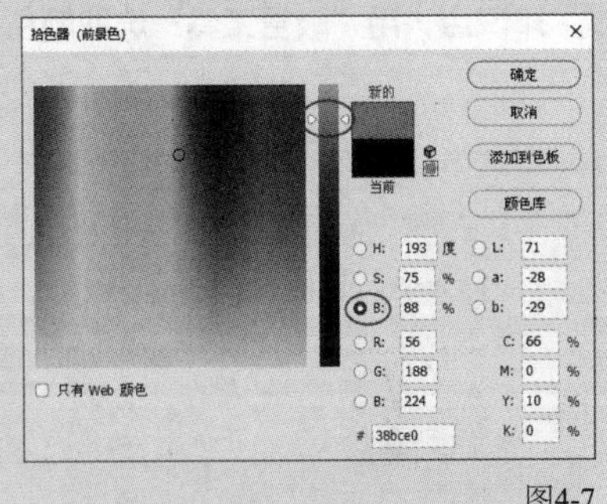
图4-7

## 4.1.2 “颜色”面板

执行“窗口>颜色”菜单命令（快捷键为F6），打开“颜色”面板，如图4-8所示。单击前景色或背景色的图标，即可对其进行编辑。在文本框中输入数值或者拖曳滑块，可以改变颜色。在色谱上单击，可以直接选择颜色。

单击面板右上角的≡按钮，可以在打开的菜单中选择不同的颜色模型，如图4-9所示。

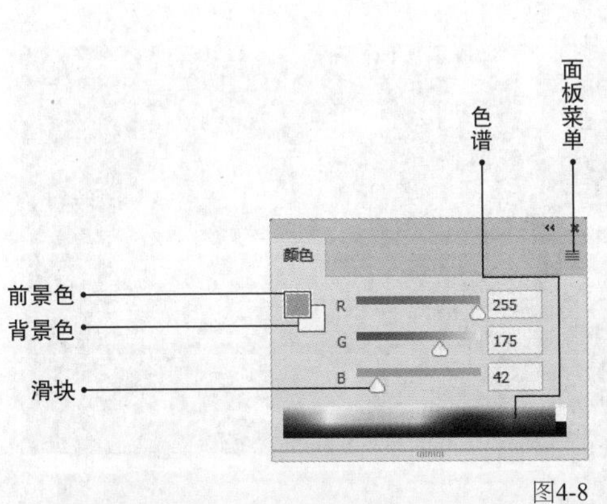

图4-8

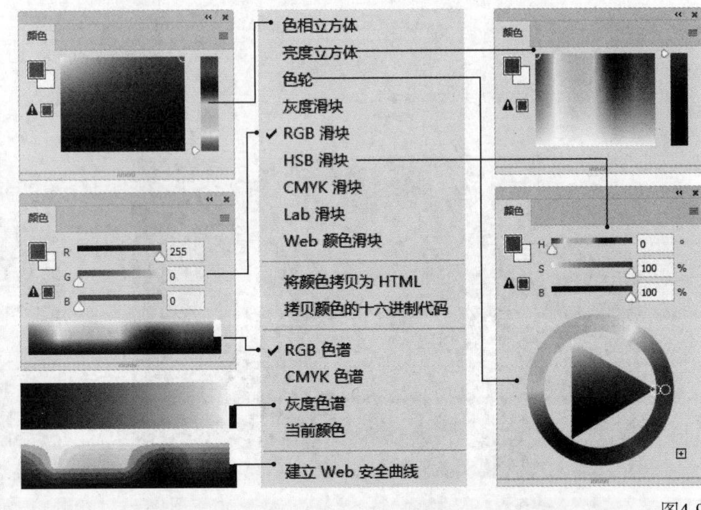

图4-9

## 4.1.3 “色板”面板

执行“窗口>色板”菜单命令，打开“色板”面板。“色板”面板提供了多种常用的颜色，其中最上方的一行色块为最近使用的颜色。单击›按钮展开颜色组，然后单击所需颜色，即可将其设为前景色，如图4-10所示。

执行面板菜单中的“旧版色板”命令，可以将之前版本的色板库添加到“色板”面板中，如图4-11所示。

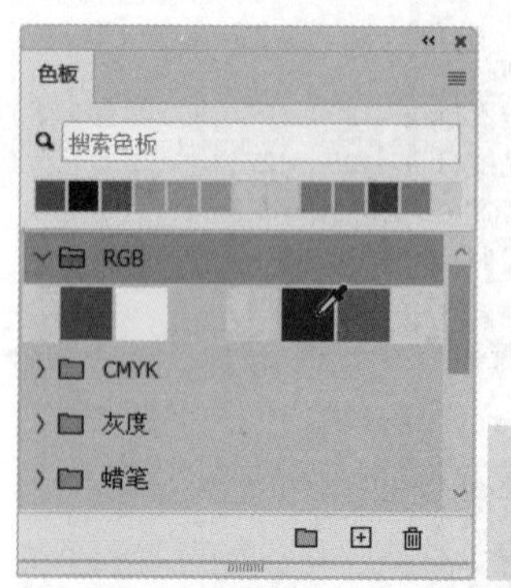


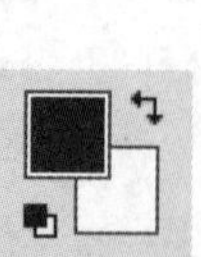

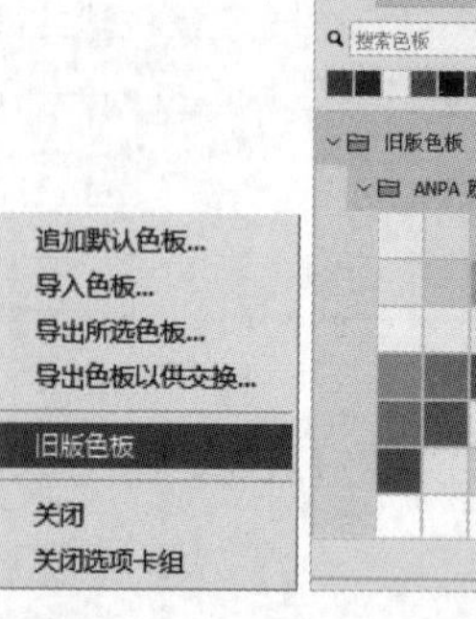


图4-10

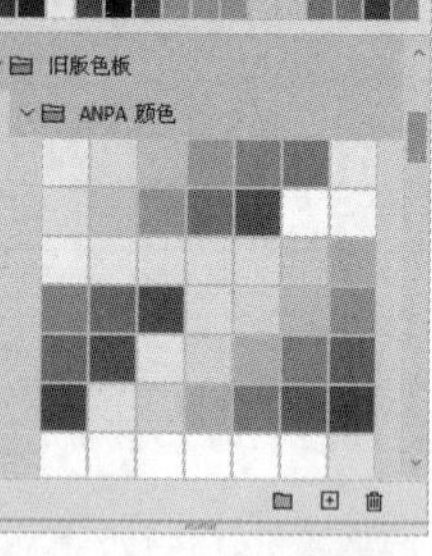


图4-11

> **技巧与提示**
>
> 单击“色板”面板下方的“创建新色板”按钮⊞，可以将当前设置的前景色保存在面板中。将色块拖曳到“删除色板”按钮🗑上，即可将其删除。

### 知识点：用“吸管工具”选取颜色

如果需要借鉴图像中的颜色，可以用“吸管工具”✒（快捷键为I）进行取样，然后将拾取的颜色保存到“色板”面板中，从而创建自己的颜色方案。选择“吸管工具”✒，其选项栏如图4-12所示。

下面介绍“吸管工具”✒选项栏中的常用选项。

**取样大小：**用于设置取样范围。

**样本：**选择“所有图层”选项，将在所有图层上取样；选择“当前图层”选项，将在当前图层上取样。

**显示取样环：**勾选该选项，取样时会显示取样环。

选择“吸管工具”✒，在图像中单击所需的颜色，将显示取样环，拾取的颜色会被设置为前景色，如图4-13所示。

取样大小：取样点　样本：所有图层　☑ 显示取样环

图4-12

图4-13

按住鼠标左键并拖曳，取样环上方显示的是当前拾取的颜色，下方显示的是前一次拾取的颜色，如图4-14所示。

按住Alt键并单击，可以拾取颜色并将其设置为背景色，如图4-15所示。

图4-14

图4-15

## 4.2 绘制图像

在绘制图像时，常用到“画笔工具”🖌、“橡皮擦工具”和“涂抹工具”☝等工具，用这些工具可以绘制出不同的效果和笔迹。此外，Photoshop中还有多种不同功能的画笔类工具，下面分别进行介绍。

**本节重点内容**

| 重点内容 | 说明 |
|---|---|
| 画笔工具 | 绘制各种线条、修改蒙版和通道等 |
| 铅笔工具 | 绘制硬边线条 |
| 橡皮擦工具 | 擦除图像 |
| 颜色替换工具 | 替换图像中的颜色 |
| 涂抹工具 | 混合图像中的颜色 |
| 混合器画笔工具 | 混合图像和画笔颜色 |
| 图案图章工具 | 绘制预设图案或自定义图案 |
| 历史记录画笔工具 | 将图像恢复到编辑过程的某个状态 |
| 历史记录艺术画笔工具 | 将图像恢复到编辑过程的某个状态，并为其创建多种样式与风格 |

## 4.2.1 画笔工具

使用“画笔工具”（快捷键为B）不仅可以用前景色绘制图形，还可以修改蒙版和通道等。选择不同的笔尖，使用“画笔工具”可以画出传统绘画工具所能呈现的笔迹，如毛笔、水彩笔、铅笔、粉笔和油画棒等，其选项栏如图4-16所示。

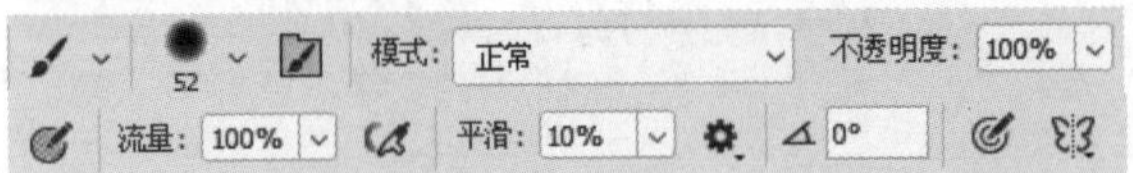


图4-16

下面介绍“画笔工具”选项栏中的常用选项。

**“画笔预设”选取器**：单击该按钮，将打开“画笔预设”选取器，可以在其中选择笔尖样式，并设置画笔“大小”和“硬度”等，如图4-17所示。

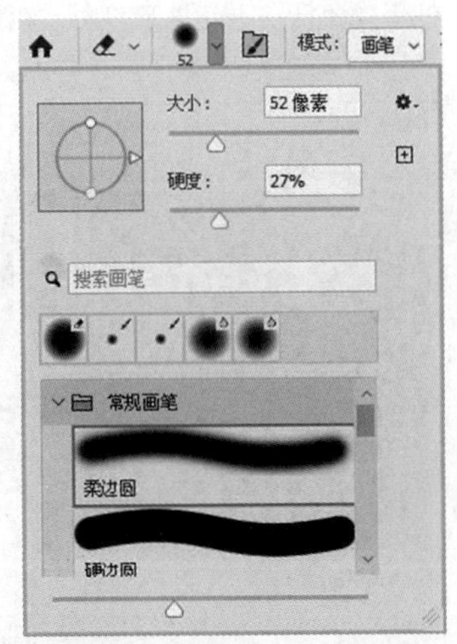


图4-17

**切换“画笔设置”面板**：单击该按钮，可打开“画笔设置”面板。

**模式**：在该下拉列表中可以选择画笔笔迹与下层像素的混合模式，如图4-18所示。

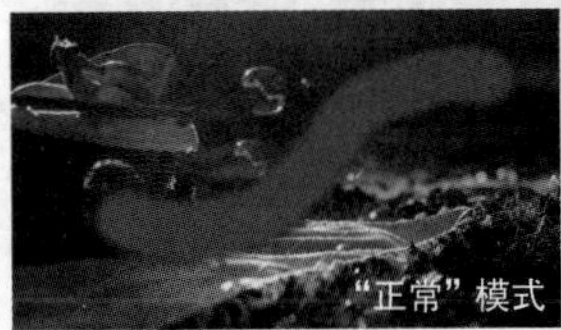


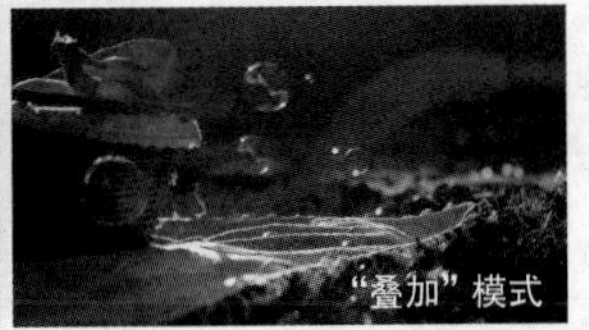


图4-18

**不透明度**：用于设置画笔的透明程度。

**流量**：用于设置颜色的应用速率。在某个区域绘制时，如果一直按住鼠标左键，颜色量将根据应用速率增加，且以设置的“不透明度”值为上限。

**喷枪**：单击该按钮，可以开启“喷枪”功能。

**平滑**：用于设置描边的平滑度。

**平滑选项**：单击该按钮，可以在打开的下拉列表中选择平滑模式，如图4-19所示。

**角度**：用于调整笔尖的角度。

**对称选项**：单击该按钮，可在打开的下拉列表中选择对称路径选项，如图4-20所示。基于对称路径，可以绘制对称图像。

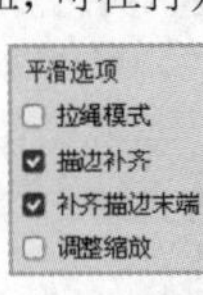


图4-19

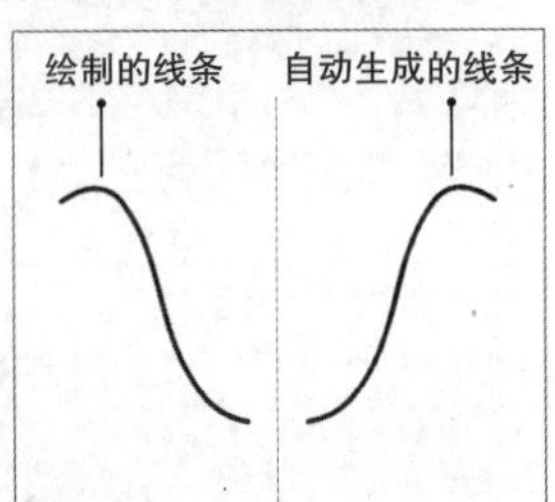


图4-20

例如，选择“垂直”选项，按Enter键确认，画板中将出现一条垂直的对称路径，如图4-21所示。在路径的一侧绘制线条，另一侧将自动生成对称的线条，如图4-22所示。

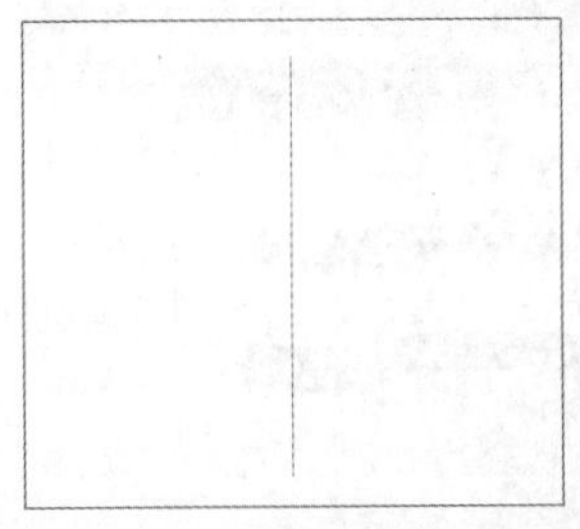

图4-21

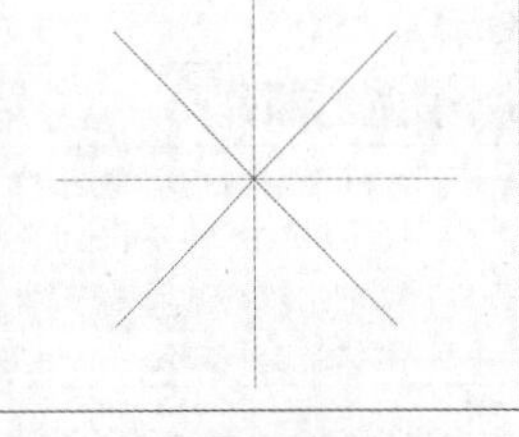


图4-22

选择“曼陀罗”选项，在弹出的对话框中设置“段计数”为8，单击“确定”按钮，将生成8段对称路径，如图4-23所示。在画板中绘制线条，将以“曼陀罗”对称的方式自动生成其他线条，如图4-24所示。

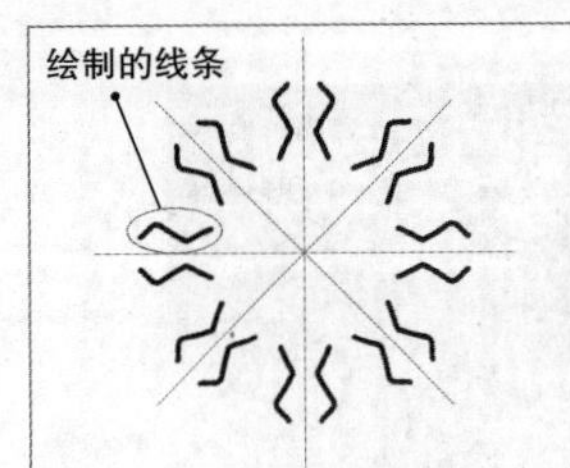


图4-23

图4-24

## 知识点："画笔工具"的使用技巧

下面介绍"画笔工具"的使用技巧，这些技巧对其他绘画类工具和修饰类工具均适用。

**调整画笔大小：**在英文输入状态下，按[键，可以将画笔调小；按]键，可以将画笔调大。

**调整画笔硬度：**按快捷键Shift+[，可以减小画笔硬度；按快捷键Shift+]，可以增大画笔硬度。

**调整画笔不透明度：**按数字键，可以快速调整画笔的"不透明度"值。例如，按3键，画笔的"不透明度"值变为30%；按7键和8键，画笔的"不透明度"值变为78%；按0键，画笔的"不透明度"值变为100%。

**调整画笔流量：**其调整方法与"不透明度"值类似，需配合Shift键使用。

**绘制直线段：**按住Shift键可以绘制出水平、垂直或以45度为增量的直线段。

**设置绘制颜色：**在使用"画笔工具"时，按住Alt键可以将其切换为"吸管工具"，以便直接吸取画布中的颜色作为前景色。

此外，在使用"画笔工具"时，在画布中单击鼠标右键，可以调出"画笔预设"选取器，如图4-25所示。

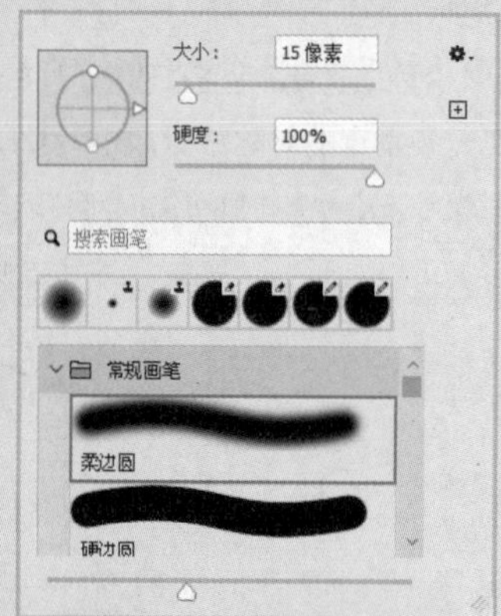


图4-25

在使用"画笔工具"的过程中，有时鼠标指针会变为-¦-形状。此时，按Caps Lock键关闭锁定大写功能，鼠标指针即可恢复正常。

课堂案例

## 制作撞色照片

| | |
|---|---|
| 素材文件 | 素材文件>CH04>素材01.jpg |
| 实例文件 | 实例文件>CH04>制作撞色照片.psd |
| 视频名称 | 制作撞色照片.mp4 |
| 学习目标 | 掌握"画笔工具"的使用方法 |

本例将使用"画笔工具"制作撞色效果，为照片烘托氛围，如图4-26所示。

图4-26

01 按快捷键Ctrl+O打开本书学习资源文件夹中的"素材文件>CH04>素材01.jpg"文件，如图4-27所示。

图4-27

02 单击"图层"面板下方的"创建新图层"按钮，新建一个图层，如图4-28所示。选择"画笔工具"，单击按钮，在"画笔预设"选取器中选择"柔边圆"笔尖，设置"大小"为500像素，如图4-29所示。

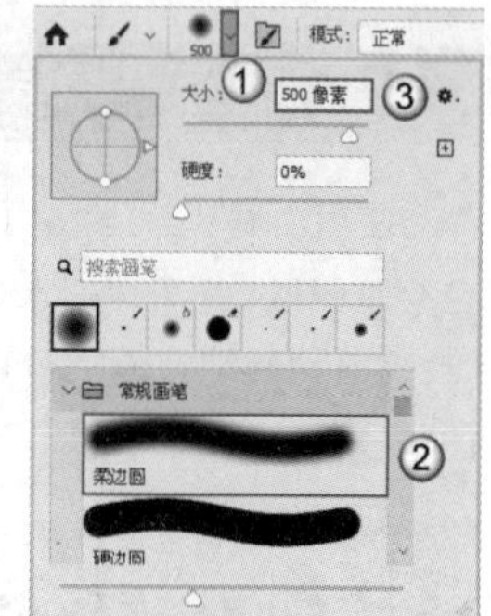


图4-28　图4-29

03 单击工具箱中的前景色图标，打开"拾色器"对话框，拖曳颜色滑块并选取玫红色，如图4-30所示。选择"图层1"，用"画笔工具"在画面左侧涂满颜色，如图4-31所示。

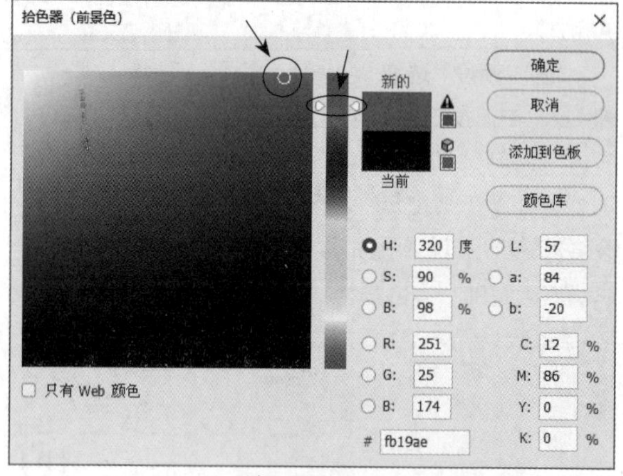


图4-30

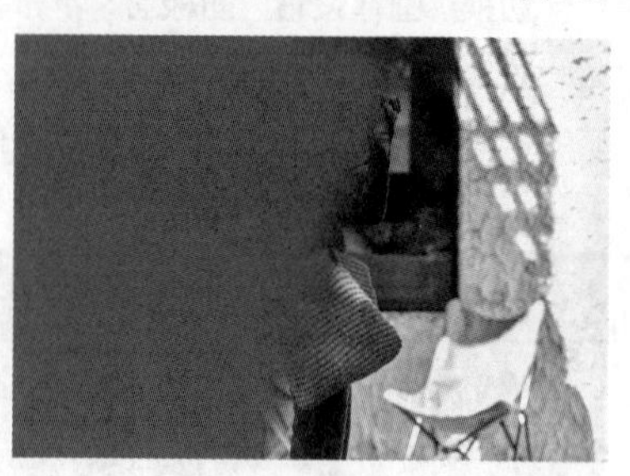

图4-31

04 用同样的方法选取蓝色作为前景色，如图4-32所示。用“画笔工具”将颜色涂满画面的右侧，如图4-33所示。

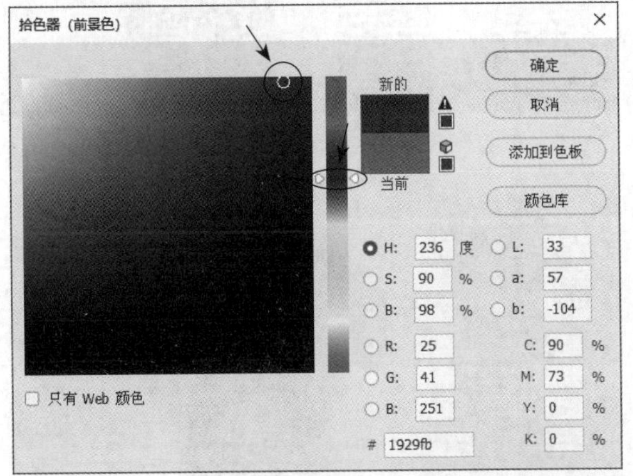


图4-32

图4-33

05 在“图层”面板中设置混合模式为“滤色”、“不透明度”为70%，如图4-34所示，可以得到具有撞色效果的照片，如图4-35所示。

图4-34

图4-35

## 4.2.2 铅笔工具

“铅笔工具”的笔迹很“硬”，使用该工具无法绘制出柔边线条，只能绘制出硬边线条。在低分辨率的图像中，使用“铅笔工具”绘制的线条会有很清晰的锯齿，因而较少使用该工具。但是用该工具可以绘制像素画，如图4-36所示。

图4-36

“铅笔工具”的选项栏中有一个“自动抹除”选项。勾选该选项，当绘制起点处于包含前景色的区域时，可以绘制背景色的线条；当绘制起点处于不包含前景色的区域时，可以绘制前景色的线条，如图4-37所示。

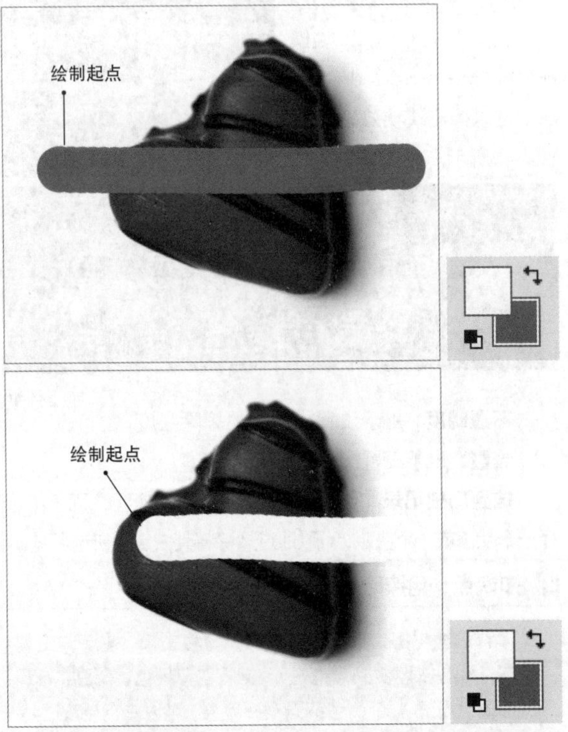


图4-37

**技巧与提示**

需要注意的是，“自动抹除”功能只适用于原始图像。如果在新建的图层中涂抹，则该功能无效。

## 4.2.3 橡皮擦工具

使用“橡皮擦工具”（快捷键为E）可以擦除图像，将其变为背景色或透明状态。如果选择的是“背景”图层或者是被锁定透明像素的图层，擦除的像素会变成背景色；如果选择的是普通图层，擦除的像素会变成透明状态，如图4-38所示。

图4-38

选择“橡皮擦工具”，其选项栏如图4-39所示。

图4-39

下面介绍“橡皮擦工具”选项栏中的常用选项。

**模式：**用于设置抹除方式。选择“画笔”模式，可以擦出柔边或硬边效果；选择“铅笔”模式，可以擦出硬边效果；选择“块”模式，可以擦出块状效果，如图4-40所示。

图4-40

**不透明度：**用于设置橡皮擦的擦除强度。

**流量：**用于设置橡皮擦的擦除速率。

**抹到历史记录：**勾选该选项，在“历史记录”面板中选择一个状态或一个快照，可以通过擦除将其恢复为所选状态。

### 知识点：用擦除类工具抠图

“背景橡皮擦工具”是一种智能橡皮擦，使用该工具可以自动识别对象边缘。按住Alt键吸取背景色，然后擦除背景，擦除后设置一个白色背景观察效果，可以看到毛发边缘还有残留的背景色，如图4-41所示。

“魔术橡皮擦工具”的使用方法很简单，只需要单击需擦除的区域即可，Photoshop会自动删除与单击处颜色相似的像素。观察擦除的效果，可以看到毛发边缘还有残留的背景色，如图4-42所示。

图4-41

图4-42

从上面的效果可以看出，使用“背景橡皮擦工具”和“魔术橡皮擦工具”对图像的要求较高，即背景不能太复杂，而且抠图的精度不高。在合成图像或者设计封面、网页等时，可以先用这两个工具快速制作图像小样，以便决定是否需要仔细抠图。

## 4.2.4 颜色替换工具

使用“颜色替换工具”可以替换图像中的颜色。该工具比较适用于修改小范围的图像颜色，其选项栏如图4-43所示。

图4-43

下面介绍“颜色替换工具”选项栏中的常用选项。

**模式：**用于设置替换颜色的模式，包括“色相”“饱和度”“颜色”“明度”模式，默认为“颜色”模式。

**取样方式：**用于选择取样方式，从左到右依次为“连续”“一次”“背景色板”。单击按钮，拖曳鼠标即可对图像进行连续取样；单击按钮，只替换第1次单击处取样区域的颜色；单击按钮，只替换包含当前背景色的区域的颜色。

**限制：**选择“不连续”选项，只替换出现在鼠标指针下的样本颜色；选择“连续”选项，只替换与鼠标指针下的样本颜色挨着且颜色接近的颜色；选择“查找边缘”选项，可以替换包含样本颜色的连接区域的颜色，并保留形状边缘的锐化程度。

课堂案例

## 更改衣服颜色

素材文件　素材文件>CH04>素材02.jpg

实例文件　实例文件>CH04>更改衣服颜色.psd

视频名称　更改衣服颜色.mp4

学习目标　掌握使用"颜色替换工具"替换颜色的方法

本例将使用"颜色替换工具"更改衣服颜色，如图4-44所示。

图4-44

01 按快捷键Ctrl+O打开本书学习资源文件夹中的"素材文件>CH04>素材02.jpg"文件，如图4-45所示。为了避免原始图像被破坏，可以按快捷键Ctrl+J复制"背景"图层，如图4-46所示。

图4-45

图4-46

02 为了使颜色替换范围更精确，可以先为上衣区域创建选区。选择"快速选择工具"，将鼠标指针置于衣服上（绘制时需要保证画笔笔尖的绘制范围在衣服内部），拖曳即可绘制选区，选区会向外扩展并自动查找边缘，如图4-47所示。

图4-47

> **技巧与提示**
>
> 在创建选区的过程中，按住Shift键或Alt键，可以添加或减去选区；按[键和]键，可以减小或增大笔尖。

03 设置前景色为蓝色（R:47，G:90，B:113），然后在工具箱中选择"颜色替换工具"，接着在选项栏中设置各项参数，如图4-48所示。在衣服上进行绘制，效果如图4-49所示。

图4-48

图4-49

04 按快捷键Ctrl+D取消选区，放大图像查看是否有遗漏区域，如图4-50所示。按[键或]键减小或增大笔尖，在细节处绘制，效果如图4-51所示。

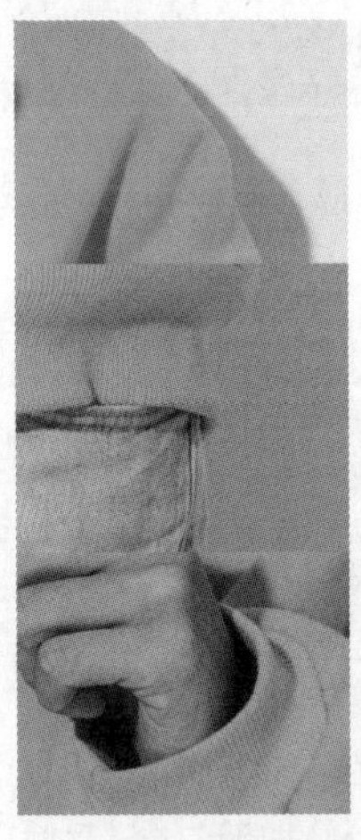

图4-50

图4-51

> **技巧与提示**
>
> 在绘制过程中，如果将颜色涂到了其他区域，可以按E键切换为"橡皮擦工具"，将多余区域擦除，然后按B键切换为"画笔工具"，继续绘制。

## 4.2.5 涂抹工具

使用"涂抹工具"可以模拟出手指划过颜料的痕迹，该工具的选项栏如图4-52所示。

图4-52

下面介绍"涂抹工具"选项栏中的常用选项。

**模式：**可以在下拉列表中选择绘画模式，包含“变亮”“变暗”“颜色”等绘画模式。

**强度：**用于设置涂抹强度。

**手指绘画：**取消勾选该选项，可以使用单击处的颜色进行涂抹。拖曳鼠标，即可出现涂抹效果。勾选该选项，将使用前景色进行涂抹，如图4-53所示。

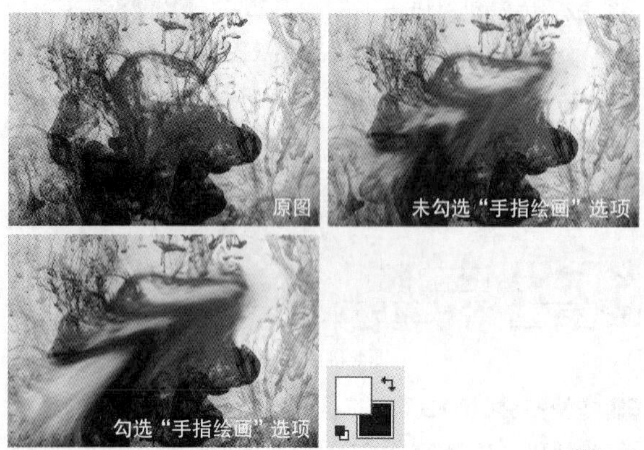


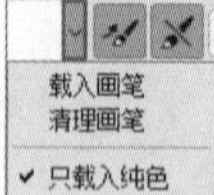

图4-53

## 4.2.6 混合器画笔工具

使用“混合器画笔工具”可以混合图像和画笔颜色，并且能模拟出不同湿度的颜料所产生的绘画痕迹。该工具的选项栏如图4-54所示。

图4-54

下面介绍“混合器画笔工具”选项栏中的常用选项。

**当前画笔载入：**单击按钮，会弹出一个下拉列表，如图4-55所示。默认勾选“只载入纯色”选项，按住Alt键并在图像中单击，会拾取单击处的颜色。取消勾选“只载入纯色”选项，按住Alt键并在图像中单击，会拾取单击处的图像，如图4-56所示。拾取后选择“载入画笔”选项，即可将颜色或图案设置为画笔样式。选择“清理画笔”选项，可以清除储槽（按钮左侧的色块）中的颜色。

载入画笔
清理画笔
✓ 只载入纯色

图4-55

图4-56

**每次描边后载入画笔：**单击该按钮，之后的每一笔均使用储槽中的颜色或图案进行涂抹。

**每次描边后清理画笔：**单击该按钮，之后涂抹每一笔后会自动清空储槽。

**预设：**在下拉列表中可选择一种预设，如图4-57所示，以模拟不同湿度颜料产生的绘画痕迹。选择不同的预设，可以绘制出不同的效果，如图4-58所示。

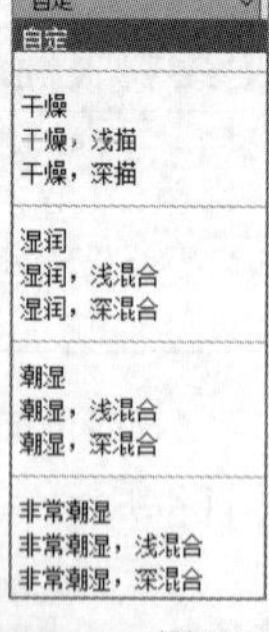


图4-57

图4-58

**潮湿：**用于设置画笔从画布中拾取的油彩量。

**载入：**用于设置画笔上的油彩量。

**混合：**用于设置颜色的混合比例。

**设置描边平滑度：**设置较大的值，可使描边更平滑。

## 4.2.7 图案图章工具

使用“图案图章工具”可以直接用Photoshop中的预设图案或自定义图案进行绘制。该工具的选项栏如图4-59所示。

图4-59

下面介绍“图案图章工具”选项栏中的常用选项。

**对齐：**勾选该选项，可以使多次绘制的图案保持连续，如图4-60所示。取消勾选该选项，则每次绘制时将重新应用图案，如图4-61所示。

图4-60

图4-61

**印象派效果：**勾选该选项，可以模拟出印象派绘画效果，如图4-62所示。

图4-62

## 4.2.8 历史记录画笔工具

“历史记录画笔工具”需结合“历史记录”面板一起使用，可以将图像恢复到编辑过程的某个状态。打开一个图像，对其进行编辑，如图4-63所示。

图4-63

打开“历史记录”面板，将“设置历史记录画笔的源”图标移到相应位置，如图4-64所示，选择“历史记录画笔工具”，对小猫进行涂抹，可以将其还原至所选历史步骤的状态，如图4-65所示。

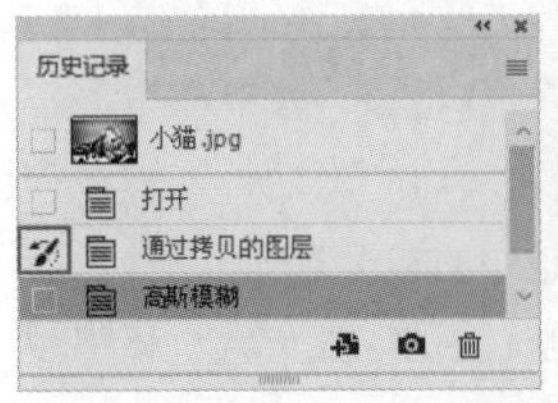

图4-64　图4-65

## 4.2.9 历史记录艺术画笔工具

“历史记录艺术画笔工具”与“历史记录画笔工具”的使用方法相同，其区别在于，使用“历史记录艺术画笔工具”修改图像时，还可以为其创建多种样式与风格。其选项栏中的“样式”下拉列表中包括“绷紧短”“松散长”“绷紧卷曲”等选项，如图4-66所示。选择不同的样式可以绘制出不同的效果，部分样式效果如图4-67所示。

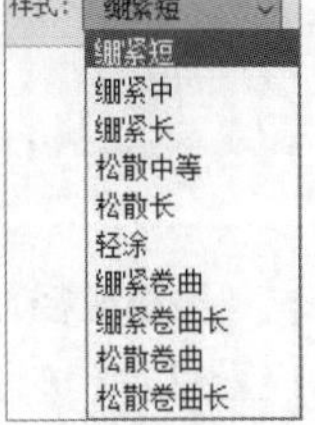


图4-66

图4-67

# 4.3 设置画笔

在绘制图像时，通过“画笔”面板和“画笔设置”面板可以设置笔尖的样式、大小和硬度等参数。

**本节重点内容**

| 重点内容 | 说明 |
|---|---|
| 画笔 | 选择画笔样式和设置笔尖大小等 |
| 画笔设置 | 设置画笔的形状、大小、硬度和间距等属性 |
| 定义画笔预设 | 自定义画笔笔尖样式 |

## 4.3.1 画笔样式

执行“窗口>画笔”菜单命令，打开“画笔”面板，在该面板中可以选择画笔样式以及设置笔尖大小等，如图4-68所示。

单击“画笔”面板右上角的按钮，打开面板菜单，执行“旧版画笔”命令，可以载入之前版本的画笔，如图4-69所示。

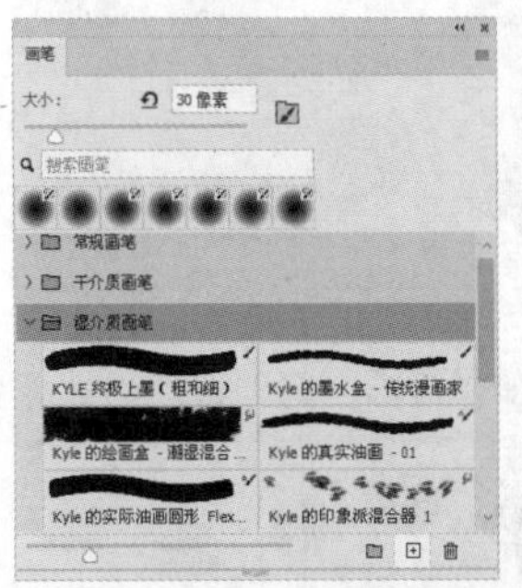


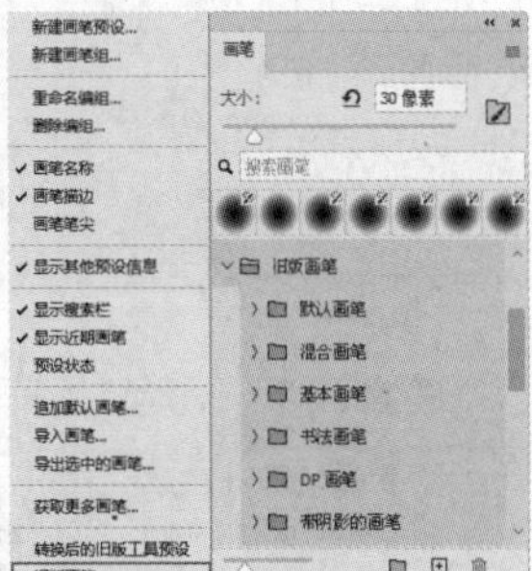


图4-68　图4-69

## 4.3.2 笔尖形状

执行“窗口>画笔设置”菜单命令（快捷键为F5），或者单击“画笔工具”选项栏中的按钮，即可打开“画笔设置”面板，如图4-70所示。

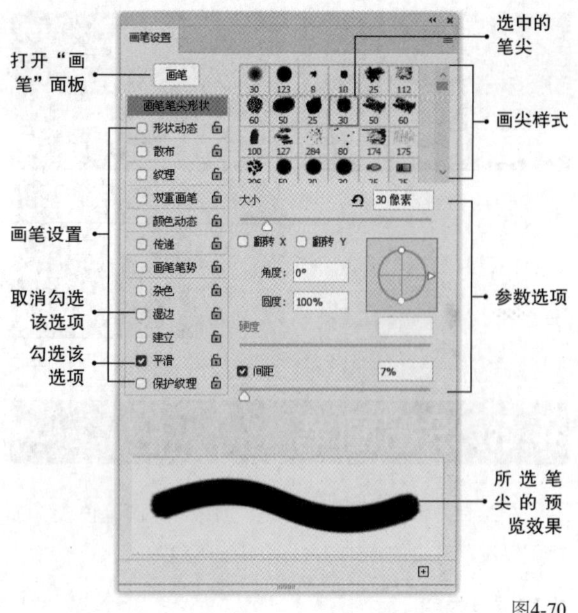


图4-70

下面介绍“画笔设置”面板中的常用选项。

**大小：** 用于设置画笔的大小，范围为1~5000像素。

**翻转X/翻转Y：** 勾选该选项，可以使笔迹沿$x$轴（水平方向）或$y$轴（垂直方向）翻转，如图4-71所示。

图4-71

**角度：** 用于设置笔迹的旋转角度。可在文本框中输入数值，或者拖曳箭头进行调整，如图4-72所示。

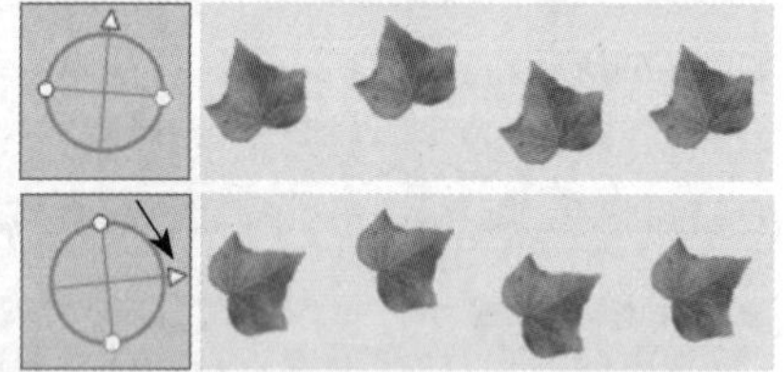

图4-72

**圆度：** 用于设置笔迹长轴和短轴之间的百分比。可在文本框中输入数值，或者拖曳控制点进行调整，如图4-73所示。

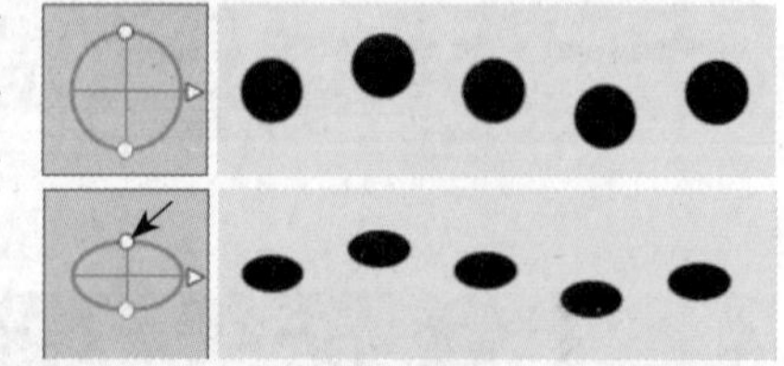

图4-73

**硬度：** 用于设置笔迹边缘的柔化程度。

**间距：** 用于设置两个笔迹之间的距离，数值越大，间距越大，如图4-74所示。

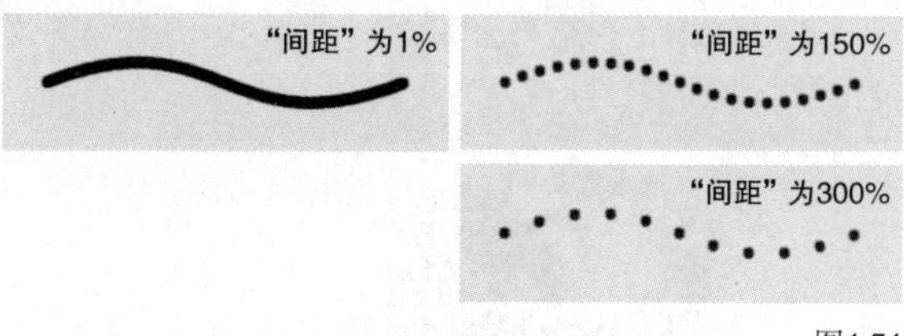


图4-74

## 4.3.3 形状动态

单击并勾选“画笔设置”面板中的“形状动态”选项，可以在其中设置画笔笔迹的动态变化，使画笔的大小、角度和圆度等产生随机变化的效果，如图4-75所示。

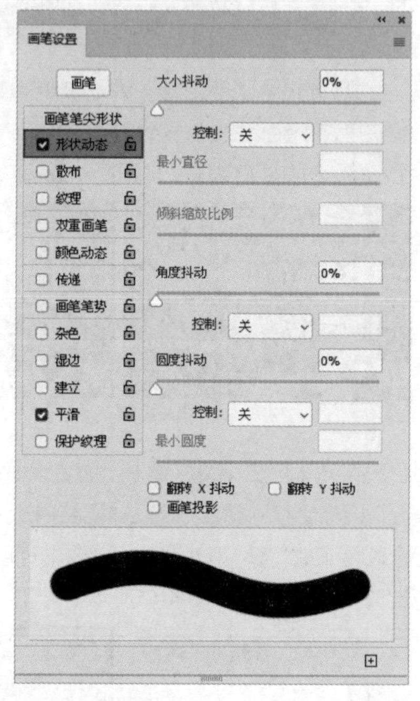


图4-75

下面介绍“形状动态”面板中的常用选项。

**大小抖动：** 用于设置画笔笔迹的改变方式。该值越大，轮廓越不规则，如图4-76所示。在“控制”下拉列表中可以更改抖动的方式，如图4-77所示。

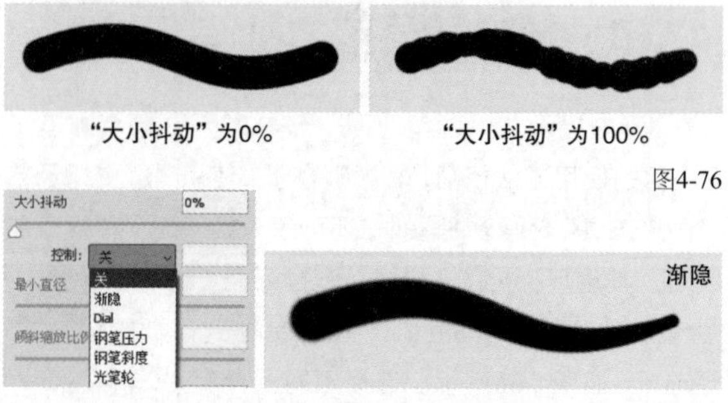


图4-76

图4-77

**最小直径：** 当设置“大小抖动”后，通过该选项可以设置画笔笔迹缩放的最小百分比。该值越大，笔迹的直径变化越小。

**角度抖动：** 用于设置画笔笔迹的角度，如图4-78所示。在“控制”下拉列表中可以更改抖动的方式，如图4-79所示。

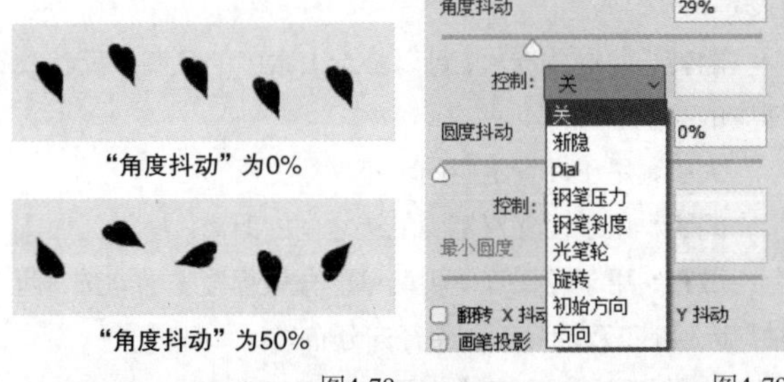


“角度抖动”为0%

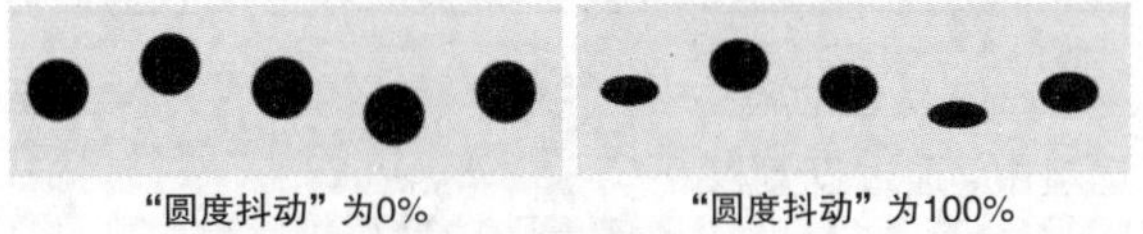

“角度抖动”为50%

图4-78 图4-79

**圆度抖动：** 用于设置画笔笔迹的圆度变化，如图4-80所示。

“圆度抖动”为0% “圆度抖动”为100%

图4-80

**最小圆度：** 用于设置画笔笔迹圆度的变化范围。

**画笔投影：** 可通过画笔的压力与角度改变笔迹效果，仅适用于用压感笔绘制时。

## 4.3.4 散布

在“散布”选项中调整笔迹的数量和位置，可使绘制的笔迹发散开，如图4-81所示。

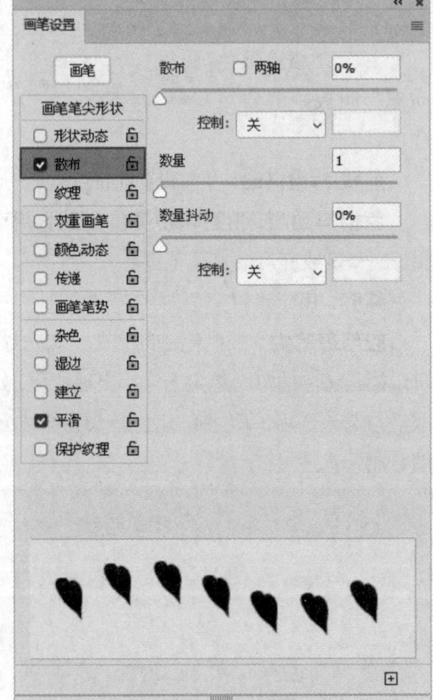


图4-81

下面介绍“散布”面板中的常用选项。

**散布：** 用于设置画笔笔迹的分散程度。当勾选“两轴”选项时，画笔笔迹将根据绘制的轨迹径向分布，如图4-82所示。

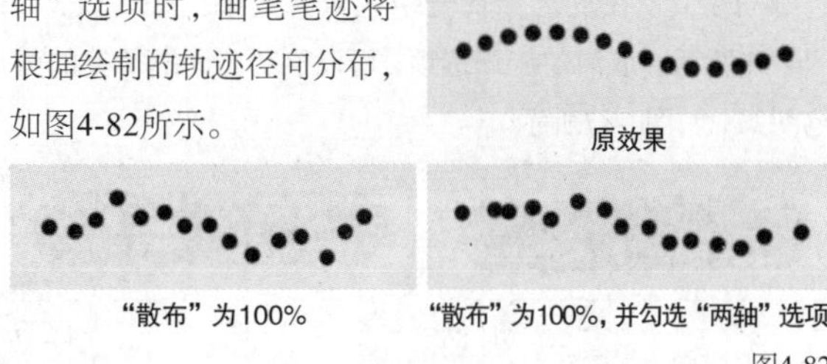

原效果

“散布”为100% “散布”为100%，并勾选“两轴”选项

图4-82

**数量：** 用于设置每个间隔应用的画笔笔迹数量，如图4-83所示。

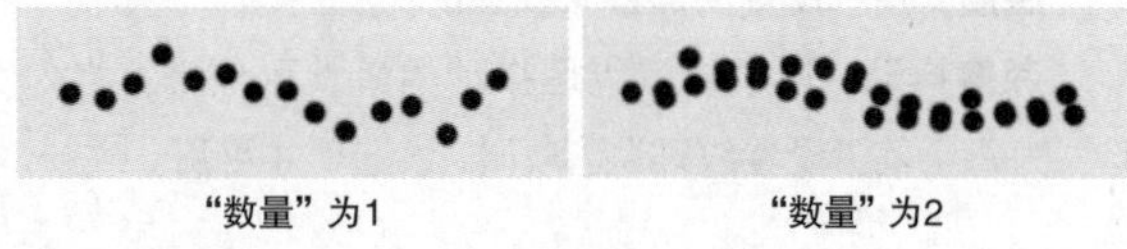

“数量”为1 “数量”为2

图4-83

**数量抖动：** 用于设置数量的随机性。

## 4.3.5 纹理

在“纹理”选项中可以为笔迹添加纹理效果，单击图案缩览图右侧的按钮，可以在打开的下拉面板中选择纹理图案，如图4-84所示。

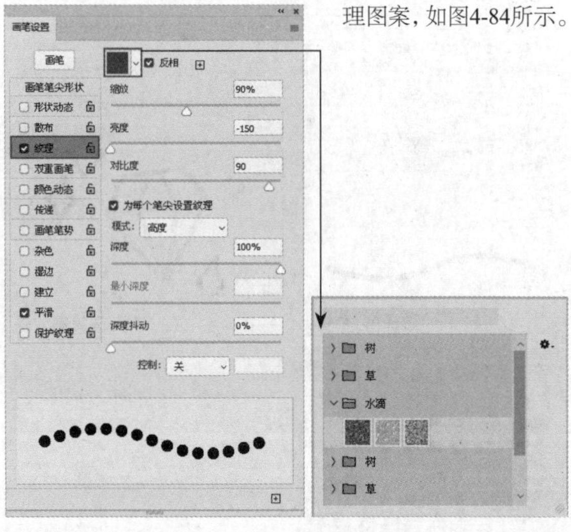


图4-84

下面介绍“纹理”面板中的常用选项。

**反相：** 在设置纹理后，勾选此选项，可以基于图案中的色调来反转纹理中的亮点和暗点。

**缩放：** 用于设置图案的缩放比例，如图4-85所示。

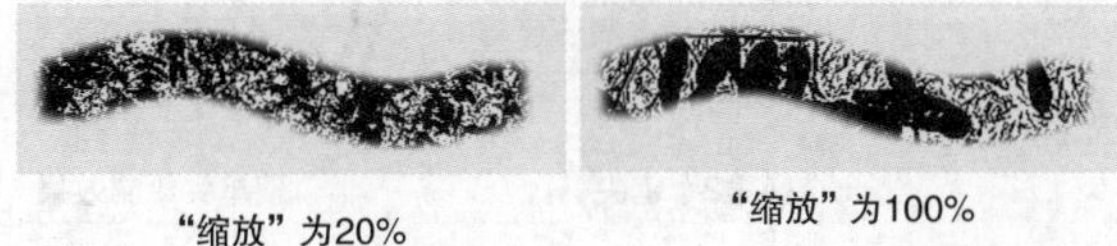

“缩放”为20% “缩放”为100%

图4-85

**亮度/对比度：** 用于设置纹理的亮度和对比度。

**为每个笔尖设置纹理：** 勾选该选项，可以让每一个笔迹都有变化，在反复涂抹一个区域时效果比较明显，如图4-86所示。取消勾选该选项，可以绘制出无缝衔接的画笔图案，如图4-87所示。

图4-86

图4-87

**模式：** 在该下拉列表中可以设置纹理与前景色的混合模式。

**深度：** 用于设置油彩渗入纹理的深度。

**深度抖动：** 用于设置纹理抖动的最大百分比。当勾选“为每个笔尖设置纹理”选项时，该选项才可用。

## 4.3.6 双重画笔

在“双重画笔”选项中，可以为画笔选择两种笔尖，以绘制出两种笔尖的混合效果。使用时需要在“画笔笔尖形状”选项中设置一个笔尖，然后在“双重画笔”选项中设置另一个笔尖，如图4-88所示。

选择第1个笔尖

单笔尖绘制效果

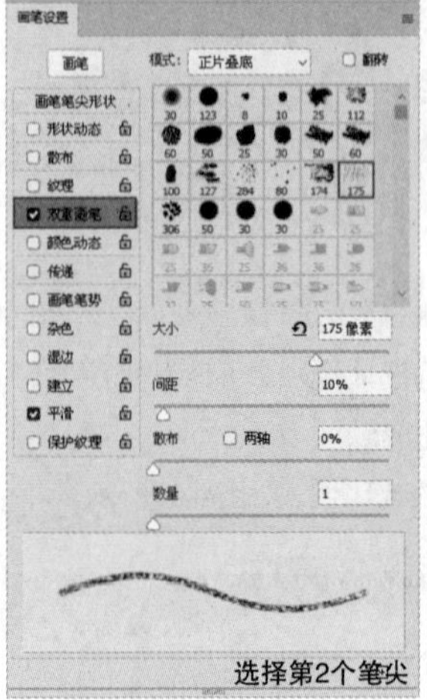

选择第2个笔尖

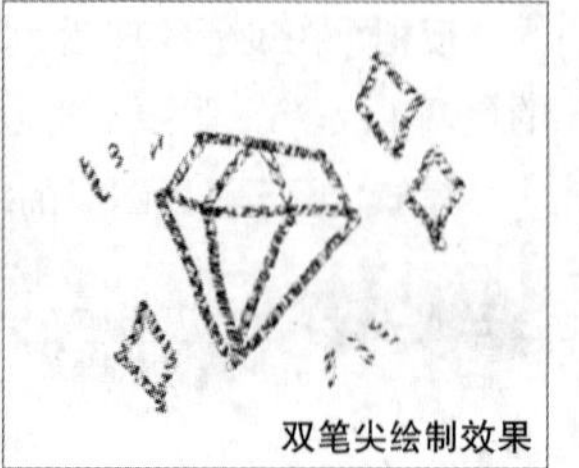

双笔尖绘制效果

图4-88

下面介绍“双重画笔”面板中的常用选项。

**模式：** 在该下拉列表中可以设置两种笔尖的混合模式。

**翻转：** 勾选此选项，可以基于图案中的色调来反转纹理中的亮点和暗点。

**大小：** 用于设置笔尖的大小。

**间距：** 用于设置双笔尖笔迹之间的距离。

**散布：** 用于设置双笔尖笔迹的分散程度。当勾选“两轴”选项时，双笔尖笔迹将径向分布。

**数量：** 用于设置每个间隔应用双笔尖笔迹的数量。

## 4.3.7 颜色动态

在“颜色动态”选项中，通过设置相关选项可以使绘制的线条产生颜色、饱和度或明度的变化，如图4-89所示。

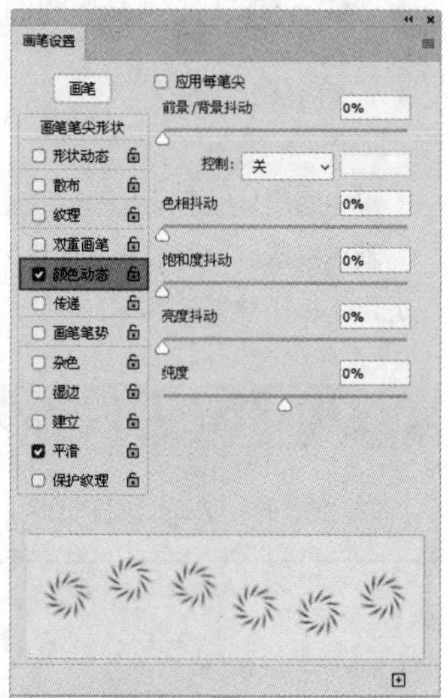

图4-89

下面介绍“颜色动态”面板中的常用选项。

**前景/背景抖动：** 用于设置前景色和背景色之间的变化。

**色相抖动/饱和度抖动/亮度抖动：** 用于设置颜色色相、饱和度或亮度的变化范围。

**纯度：** 用于设置颜色的纯度。

**应用每笔尖：** 控制笔迹的变化。勾选该选项，绘制时可以使笔迹中的每个笔尖图像都出现变化，如图4-90所示。取消勾选该选项，每绘制一次，笔尖图像才会变化一次，如图4-91所示。

图4-90

图4-91

## 4.3.8 传递

在“传递”选项中，可以通过设置相关选项控制油彩在笔迹中的改变方式，如图4-92所示。设置“传递”选项后，笔迹将发生变化，如图4-93所示。

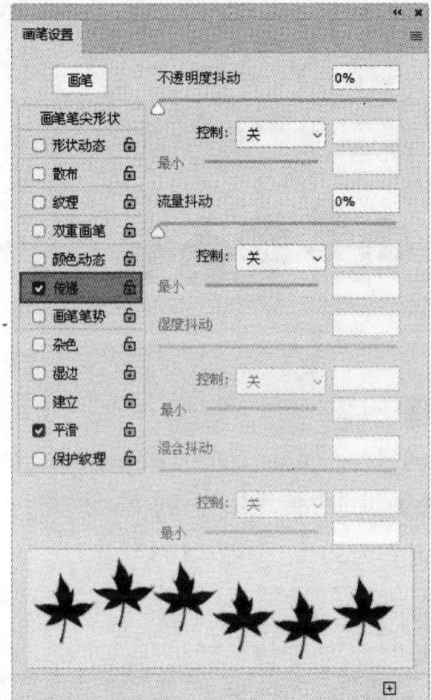


图4-92

原笔尖效果　　设置“传递”选项后

图4-93

下面介绍“传递”面板中的常用选项。

**不透明度抖动：**用于设置画笔笔迹中油彩不透明度的变化程度。

**流量抖动：**用于设置画笔笔迹中油彩流量的变化程度。

**技巧与提示**

在配置了数位板和压感笔时，可以设置“湿度抖动”和“混合抖动”两个选项。

## 4.3.9 画笔笔势

在使用特殊笔尖（如硬毛刷笔尖、侵蚀笔尖和喷枪笔尖等）时，可以通过“画笔笔势”选项控制笔尖的角度等，如图4-94所示。

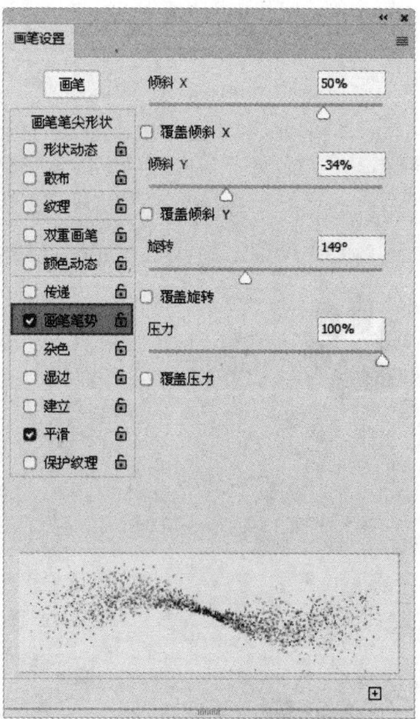


图4-94

下面介绍“画笔笔势”面板中的常用选项。

**倾斜X / 倾斜Y：**将笔尖在$x$轴或$y$轴上倾斜。

**旋转：**用于旋转笔尖。

**压力：**用于调整画笔的压力。

## 4.3.10 其他选项

“画笔设置”面板中还有“杂色”“湿边”“建立”“平滑”“保护纹理”选项，如图4-95所示。这些选项不需要调整参数，勾选某个选项即可实现相应的效果。

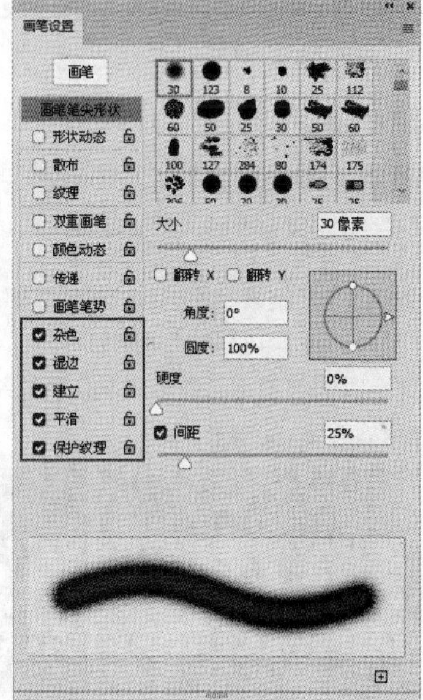


图4-95

下面介绍其他选项的功能。

**杂色：**为画笔笔尖添加杂点。画笔的硬度越低，其效果越明显。

**湿边：**沿画笔笔迹的边缘增加油彩量，从而绘制出水彩效果。

**建立：**将渐变色调应用于图像，同时模拟传统的喷绘效果。

**平滑：**使画笔笔迹的边缘更平滑。

**保护纹理：**在使用多个纹理画笔进行绘制时，可以模拟出一致的画布纹理。

## 知识点：自定义画笔预设

在Photoshop中，还可以将文字、图案等自定义为画笔预设，并将其保存于画板中，便于以后使用。打开需要定义为画笔预设的图案，如图4-96所示。执行“编辑>定义画笔预设”菜单命令，在弹出的“画笔名称”对话框中设置名称，单击“确定”按钮（确定）即可将其定义成画笔预设，如图4-97所示。

图4-96　图4-97

在“画笔”面板可以找到自定义的画笔，如图4-98所示。选择“画笔工具”，可以直接画出爪印，如图4-99所示。

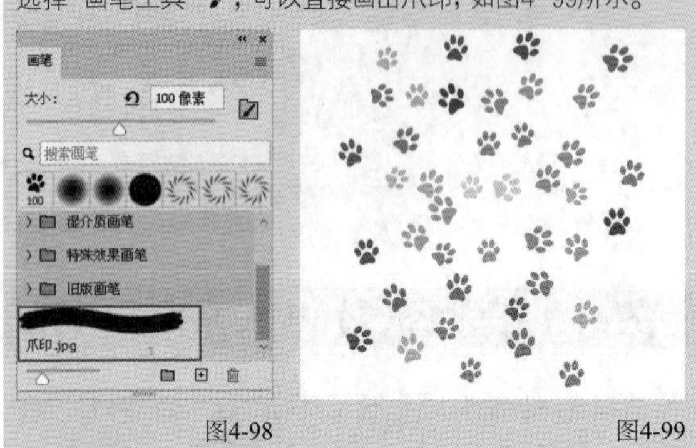

图4-98　图4-99

课堂案例

## 制作光斑效果

| | |
|---|---|
| 素材文件 | 素材文件>CH04>素材03.jpg |
| 实例文件 | 实例文件>CH04>制作光斑效果.psd |
| 视频名称 | 制作光斑效果.mp4 |
| 学习目标 | 掌握使用“画笔设置”面板修改笔尖的方法 |

本例将使用“画笔工具”绘制绚丽多彩的光斑效果，如图4-100所示。

图4-100

01 按快捷键Ctrl+O打开本书学习资源文件夹中的“素材文件>CH04>素材03.jpg”文件，如图4-101所示。

图4-101

02 选择“画笔工具”并单击选项栏中的按钮，打开“画笔设置”面板，在“画笔笔尖形状”选项中选择一个硬边圆笔尖，设置“大小”为123像素、“间距”为109%，如图4-102所示。

03 勾选“形状动态”选项，设置“大小抖动”为100%、“最小直径”为26%、“角度抖动”和“圆度抖动”为0%，如图4-103所示。

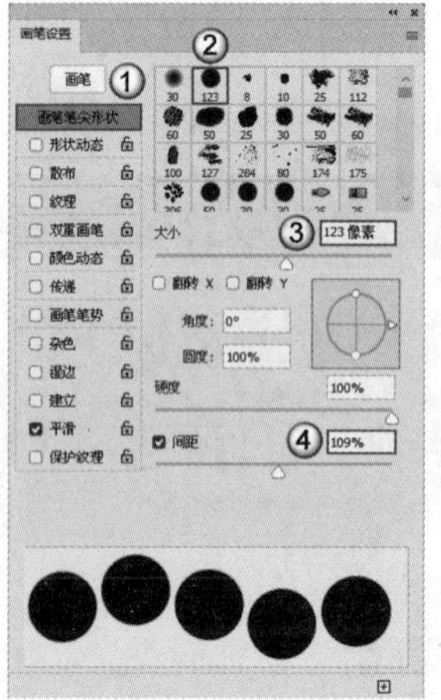

图4-102　图4-103

04 勾选“散布”选项，勾选“两轴”选项，并设置“散布”为605%、“数量”为2、“数量抖动”为60%，如图4-104所示。

05 勾选“传递”选项，设置“不透明度抖动”和“流量抖动”为50%，如图4-105所示。

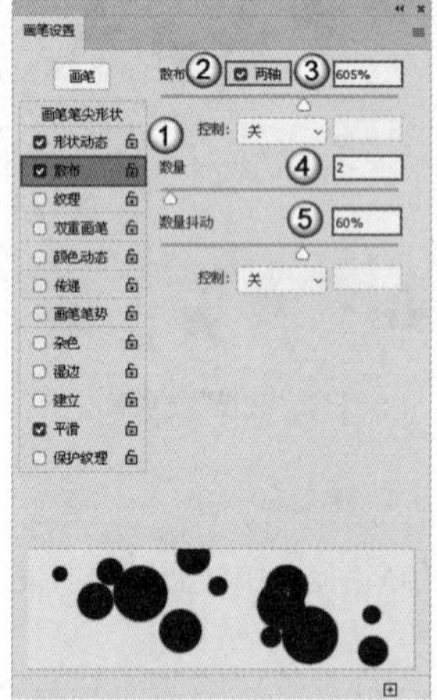

图4-104　图4-105

06 单击“图层”面板下方的“创建新图层”按钮，新建一个空白图层，然后按D键恢复默认的前景色与背景色，接着按快捷键Alt+Delete用前景色填充该图层，并设置混合模式为“颜色减淡”，如图4-106所示。

图4-106

07 按X键切换前景色与背景色，然后用"画笔工具"在人物两侧绘制一些光斑，效果如图4-107所示。

图4-107

**技巧与提示**

在绘制过程中，可通过按[键和]键调整笔尖大小；按E键切换为"橡皮擦工具"，可擦除不满意的地方；按B键切换为"画笔工具"，可继续绘制。

08 执行"滤镜>模糊>高斯模糊"菜单命令，在弹出的"高斯模糊"对话框中设置"半径"为6.0像素，单击"确定"按钮确认操作，如图4-108所示。效果如图4-109所示。

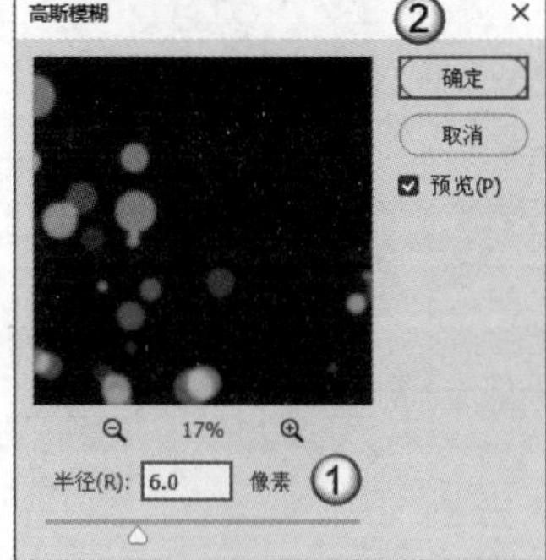


图4-108

图4-109

## 4.4 填充图案与颜色

在图像、选区、图层蒙版及通道中可以填充纯色、渐变颜色和图案。"渐变工具"、"油漆桶工具"都属于填充类工具，下面分别进行介绍。

**本节重点内容**

| 重点内容 | 说明 |
| --- | --- |
| 渐变工具 | 在画布或选区中填充渐变颜色 |
| 油漆桶工具 | 填充前景色或图案 |
| 填充 | 填充颜色或图案 |
| 定义图案 | 自定义填充图案 |
| 新建填充图层 | 可填充纯色、渐变颜色和图案的便于修改填充内容的图层 |

续表

### 4.4.1 渐变工具

"渐变工具"的应用十分广泛，使用该工具可以在画布或选区中填充渐变颜色。选择"渐变工具"（快捷键为G），其选项栏如图4-110所示。

图4-110

下面介绍"渐变工具"选项栏中的常用选项。

**点按可编辑渐变**：显示当前的渐变颜色。单击渐变颜色条，在打开的"渐变编辑器"对话框中可以编辑与保存渐变颜色等，如图4-111所示。单击右侧的按钮，可以在打开的下拉面板中选择预设的渐变颜色，如图4-112所示。

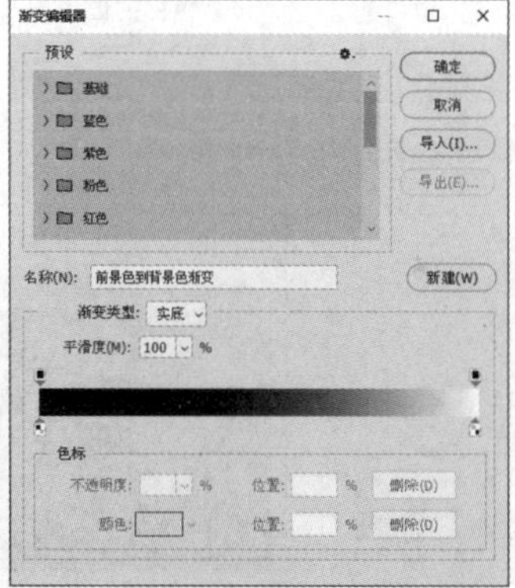


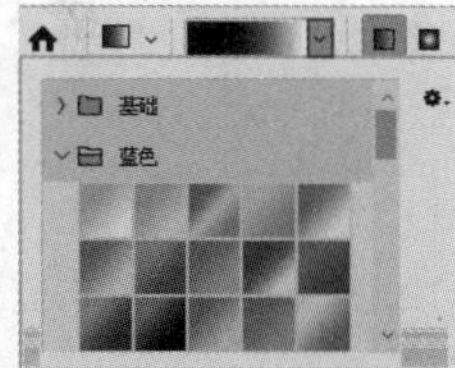


图4-111 图4-112

**渐变样式**：渐变共有5种样式，对应5个按钮，从左到右依次为"线性渐变"按钮（以线性的方式从起点渐变到终点）、"径向渐变"按钮（以径向的方式从起点渐变到终点）、"角度渐变"按钮（围绕起点以逆时针扫描方式渐变）、"对称渐变"按钮（在起点的两侧进行对称的线性渐变）和"菱形渐变"按钮（从菱形图案的中心向外渐变到角）。单击对应的按钮，即可创建该样式的渐变，5种渐变效果如图4-113所示。

线性渐变 径向渐变 角度渐变 对称渐变 菱形渐变

图4-113

**模式：**用于设置渐变颜色的混合模式。

**不透明度：**用于设置渐变颜色的不透明度。

**反向：**可以转换渐变中的颜色顺序，得到反方向的渐变结果，如图4-114所示。

**仿色：**勾选该选项，可以使渐变效果更加平滑。

**透明区域：**勾选该选项，可以创建包含透明像素的渐变。

**方法：**用于设置渐变填充的方法，包含“可感知”“线性”“古典”3个选项。

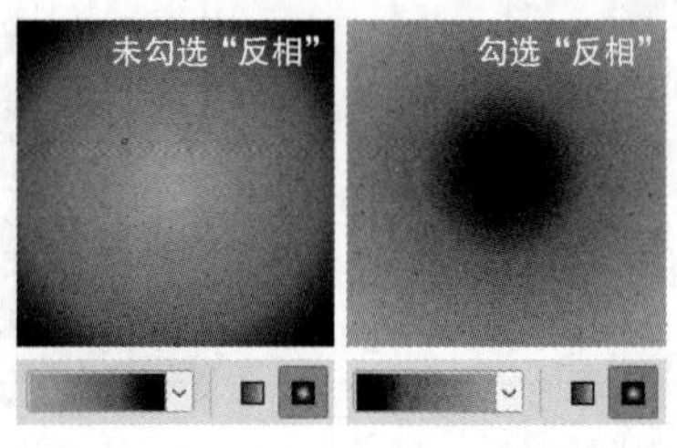


图4-114

## 知识点：渐变的编辑与绘制

单击渐变颜色条，在打开的“渐变编辑器”对话框中可以选择渐变预设，或者根据需求自定义预设，如图4-115所示。

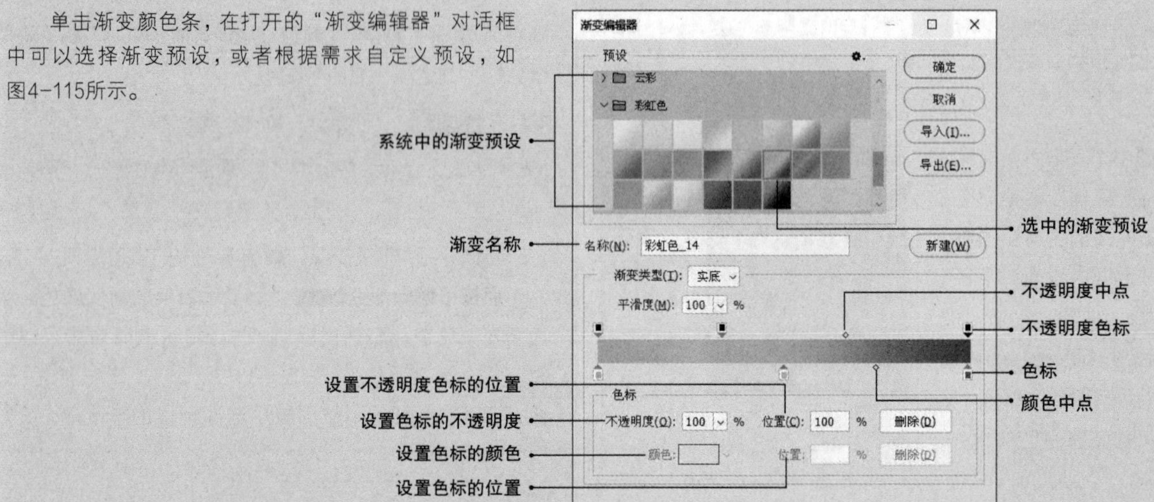


图4-115

双击色标或者单击颜色色块，如图4-116所示。在打开的“拾色器”对话框中可以修改渐变颜色，如图4-117所示。

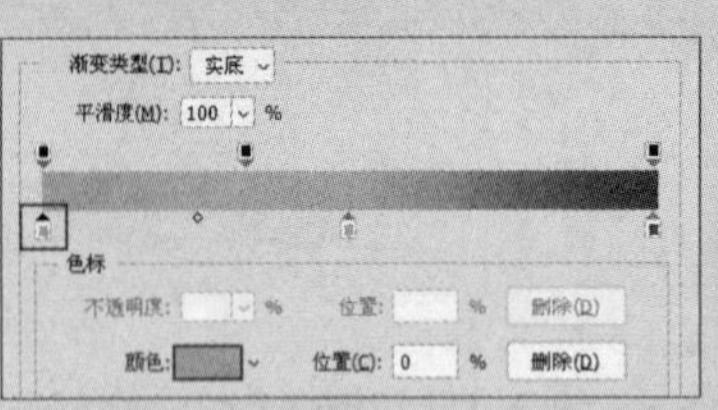

图4-116

图4-117

单击并拖曳色标，或者在“位置”文本框中输入数值，可以改变渐变颜色的混合位置，如图4-118所示。在渐变颜色条的下方单击，可以添加新色标，如图4-119所示。

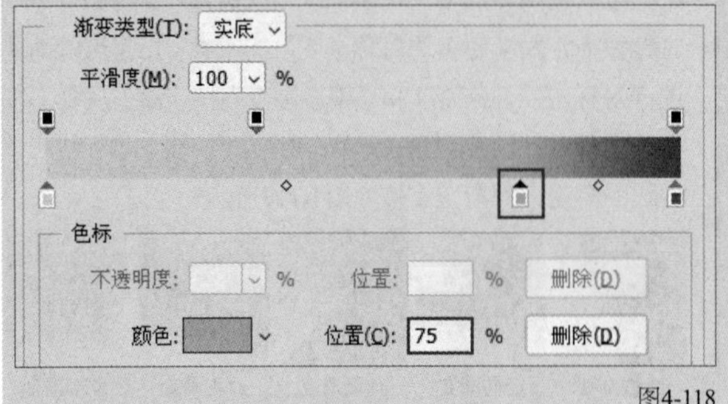


图4-118

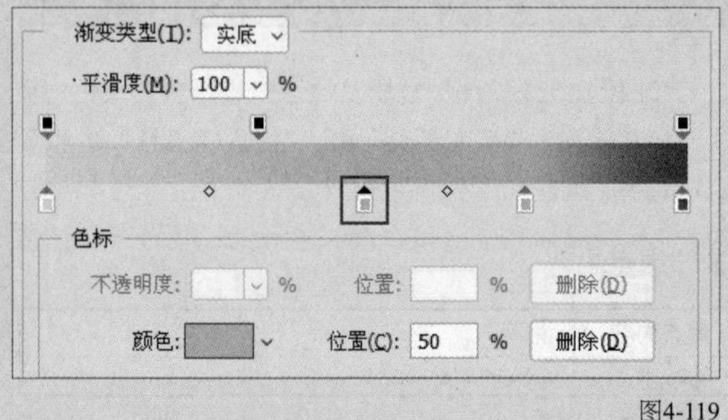


图4-119

选择不透明度色标，在“不透明度”文本框中输入数值，可以改变渐变颜色的不透明度，如图4-120所示。在渐变颜色条的上方单击，可以添加新的不透明度色标，如图4-121所示。

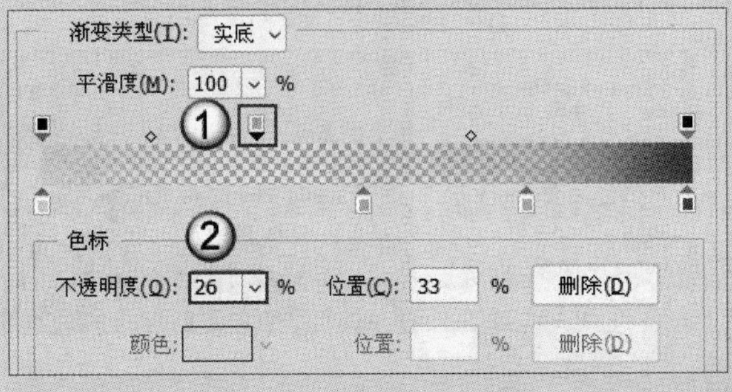


图4-120

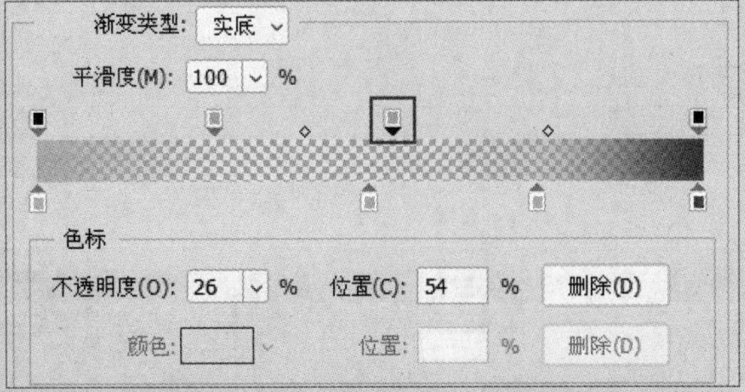


图4-121

单击并拖曳颜色中点，可以改变其位置，如图4-122所示。单击并拖曳不透明度中点，可以改变其位置，如图4-123所示。

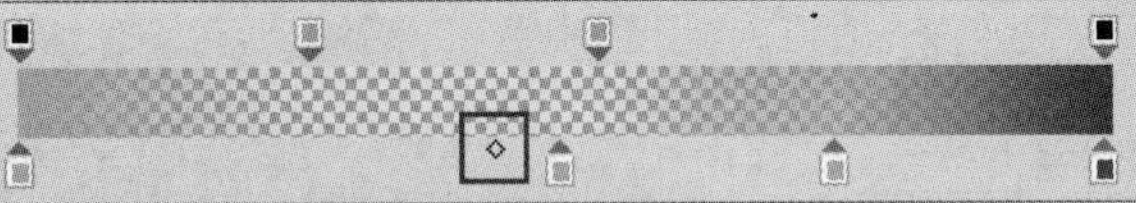

图4-122

图4-123

选择一个色标或不透明度色标，单击“删除”按钮，或者将它拖曳至渐变颜色条外，如图4-124所示，可以将其删除。

在完成设置后，单击“新建”按钮，可以将编辑好的渐变颜色保存到“预设”栏中，如图4-125所示。

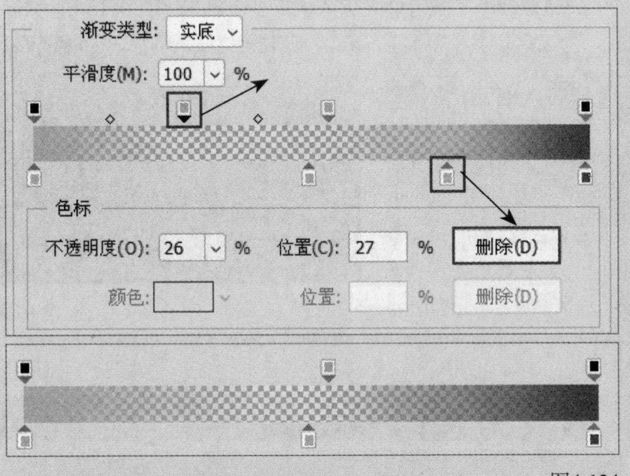


图4-124

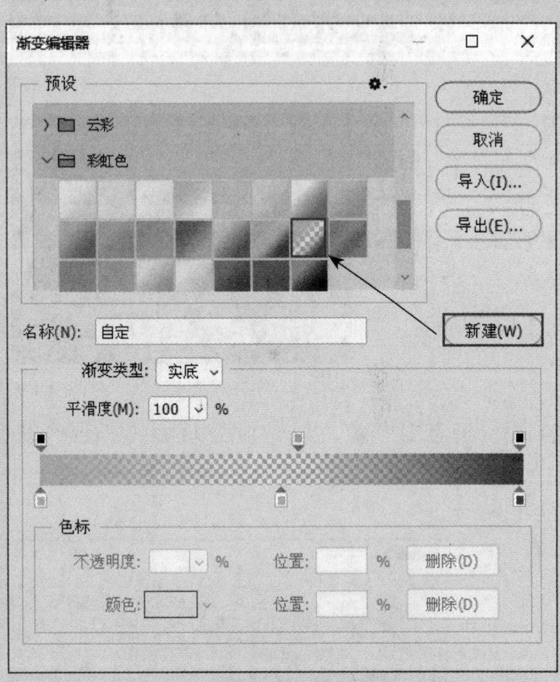


图4-125

单击“确定”按钮，可以应用当前渐变颜色进行绘制。在选项栏中，单击“径向渐变”按钮，在画布中拖曳，可以用当前渐变颜色绘制出径向渐变，如图4-126所示。

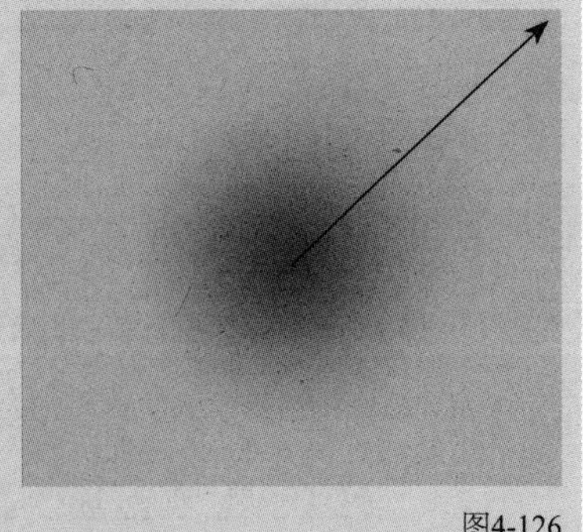

图4-126

课堂案例

## 制作光晕效果

素材文件　素材文件>CH04>素材04.jpg
实例文件　实例文件>CH04>制作光晕效果.psd
视频名称　制作光晕效果.mp4
学习目标　掌握"渐变工具"的使用方法

本例将使用"渐变工具"制作光晕效果，效果如图4-127所示。

图4-127

01 按快捷键Ctrl+O打开本书学习资源文件夹中的"素材文件>CH04>素材04.jpg"文件，如图4-128所示。

图4-128

02 选择"渐变工具"，单击选项栏中的按钮及渐变颜色条，在打开的"渐变编辑器"对话框中设置渐变颜色，如图4-129所示。

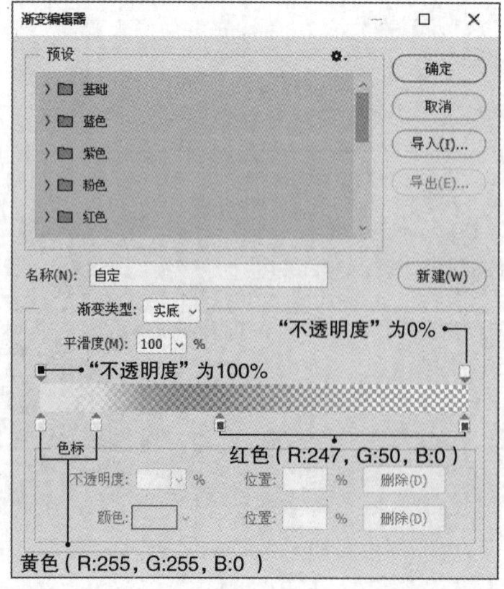

图4-129

03 单击"图层"面板下方的"创建新图层"按钮，新建一个空白图层，如图4-130所示。使用"渐变工具"在画面左上角从左到右拖曳出渐变，如图4-131所示。

图4-130

图4-131

04 设置图层的混合模式为"滤色"，然后按快捷键Ctrl+J复制"图层1"图层，效果如图4-132所示。

图4-132

05 按快捷键Ctrl+J复制"图层1拷贝"图层，设置图层的混合模式为"柔光"、"不透明度"为30%，如图4-133所示。按快捷键Ctrl+T将这个图层放大一些，效果如图4-134所示。

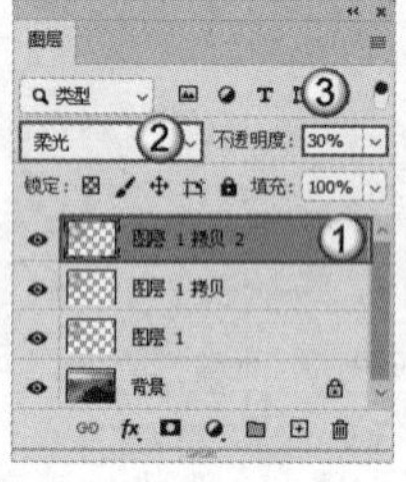

图4-133

图4-134

## 4.4.2 油漆桶工具

使用"油漆桶工具"可以自动选取"容差"范围内的图像，并为其填充前景色或图案。当画布中有选区时，填充的区域为当前选区。如果画布中没有选区，填充区域为"容差"范围内的图像。该工具的选项栏如图4-135所示。

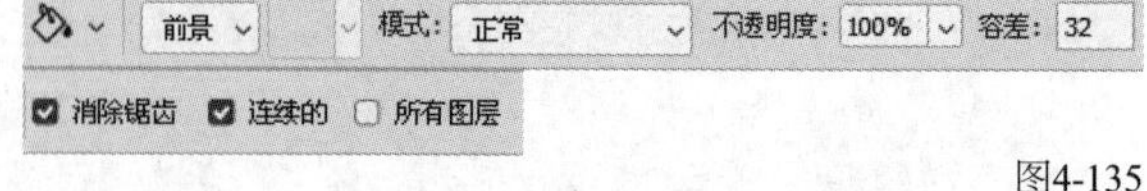

图4-135

下面介绍"油漆桶工具"选项栏中的常用选项。

**填充区域的源：**包括"前景"和"图案"两个选项。

**模式：**用于设置填充内容的混合模式。

**不透明度：**用于设置填充内容的不透明度。

**容差：**用于设置填充颜色的范围。

**消除锯齿：**勾选该选项，可以平滑填充的边缘。

**连续的：**勾选该选项，只填充图像中连续的区域；取消勾选该选项，可以填充图像中所有的相似像素。

**所有图层：**勾选该选项，将填充所有可见图层；取消勾选该选项，仅填充当前选中图层。

课堂案例

### 为卡通图填色

| | |
|---|---|
| 素材文件 | 素材文件>CH04>素材05.jpg |
| 实例文件 | 实例文件>CH04>为卡通图填色.psd |
| 视频名称 | 为卡通图填色.mp4 |
| 学习目标 | 掌握使用“油漆桶工具”填充颜色的方法 |

本例将使用“油漆桶工具”为卡通图填充颜色，效果如图4-136所示。

图4-136

01 按快捷键Ctrl+O打开本书学习资源文件夹中的“素材文件>CH04>素材05.jpg”文件，如图4-137所示。为了避免原始图像被破坏，可以按快捷键Ctrl+J复制“背景”图层，如图4-138所示。

图4-137 图4-138

02 选择“油漆桶工具”，在选项栏中设置“填充”为“前景”、“容差”为32。执行“窗口>颜色”菜单命令，在打开的“颜色”面板中调整颜色，如图4-139所示。单击小恐龙的背部、头部和四肢，为其填充颜色，效果如图4-140所示。

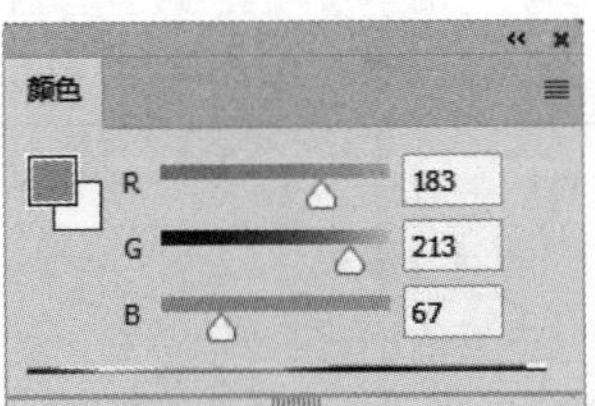


图4-139 图4-140

03 在“颜色”面板中调整颜色，如图4-141所示。单击小恐龙的棘，为其填充颜色，如图4-142所示。

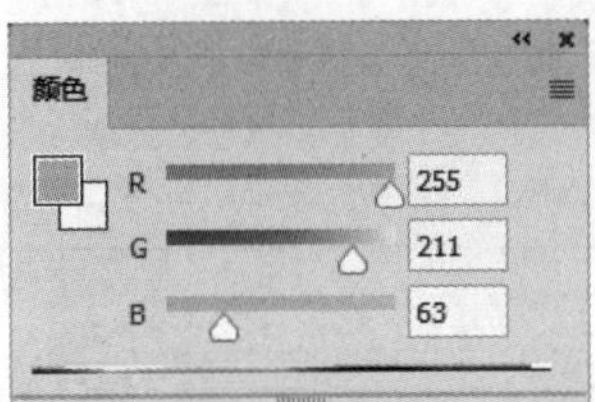


图4-141 图4-142

04 用同样的方法调整颜色，并单击小恐龙的其他部位，为其填充颜色，效果如图4-143所示。

**技巧与提示**

案例中的配色仅供参考，读者可自行选择不同的颜色进行搭配。

图4-143

## 4.4.3 填充图案

使用“填充”命令可以将颜色或图案填充到当前图层或选区中。执行“编辑>填充”菜单命令（快捷键为Shift+F5），可以在打开的“填充”对话框中进行设置，如图4-144所示。

下面介绍“填充”对话框中的常用选项。

**内容：**在下拉列表中可以选择填充的内容，包括“前景色”“图案”“内容识别”等，如图4-145所示。

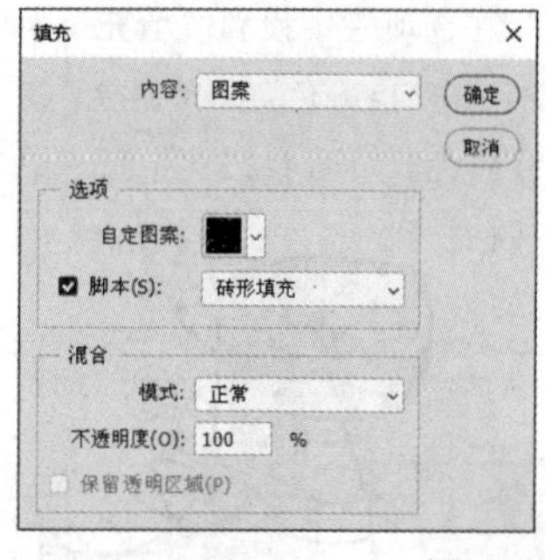


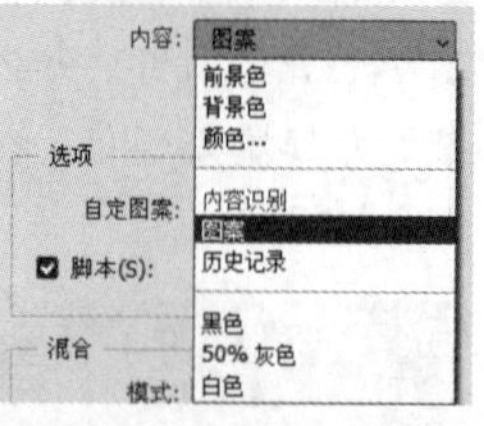


图4-144　　图4-145

**模式：**用于设置填充内容的混合模式。

**不透明度：**用于设置填充内容的不透明度。

**保留透明区域：**勾选该选项，只填充图层中的像素区域，不会影响透明区域。

## 知识点：自定义填充图案

填充时可以使用预设的图案，也可以根据需求自定义图案。在Photoshop中打开需要自定义的图案（需要去除背景，否则自定义以后图案将含有背景色），如图4-146所示。执行“编辑>定义图案”菜单命令，打开“图案名称”对话框，为图案取个名称，然后单击“确定”按钮即可自定义一个图案，如图4-147所示。

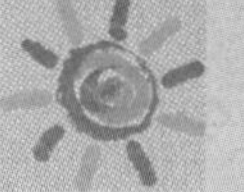

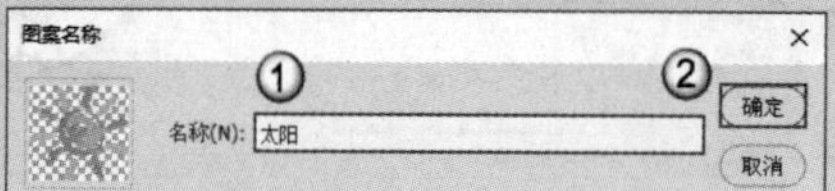


图4-146　　图4-147

执行“编辑>填充”菜单命令，打开“填充”对话框，设置“内容”为“图案”，在“自定图案”下拉列表中可以选择自定义的图案，如图4-148所示。

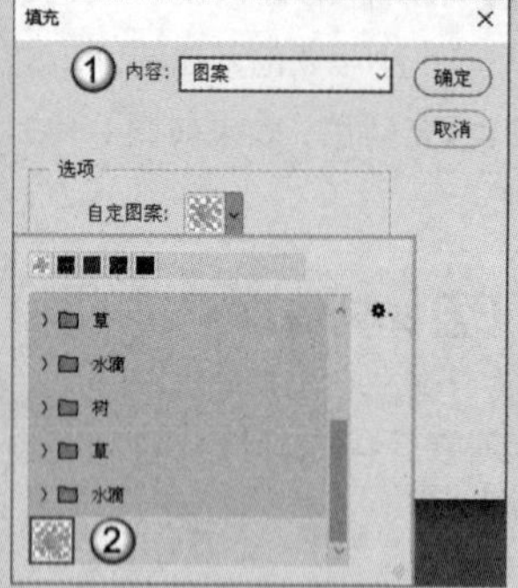


图4-148

设置“内容”为“图案”，并勾选“脚本”选项，在其右侧的下拉列表中可以选择图案的分布方式，如图4-149所示。单击“确定”按钮，在弹出的对话框中可以设置填充图案的缩放比例、间距和随机性等，如图4-150所示。

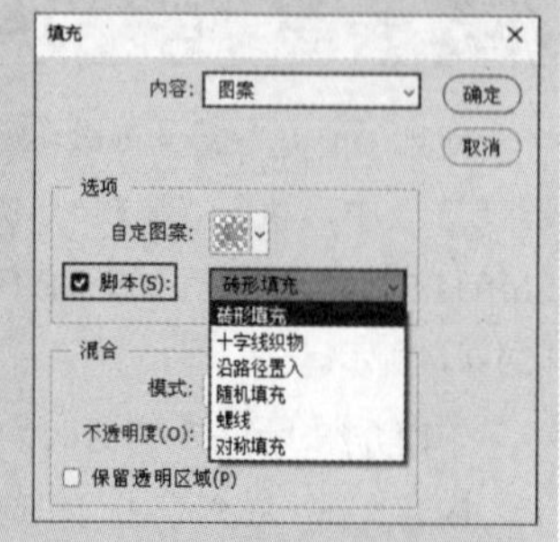


图4-149

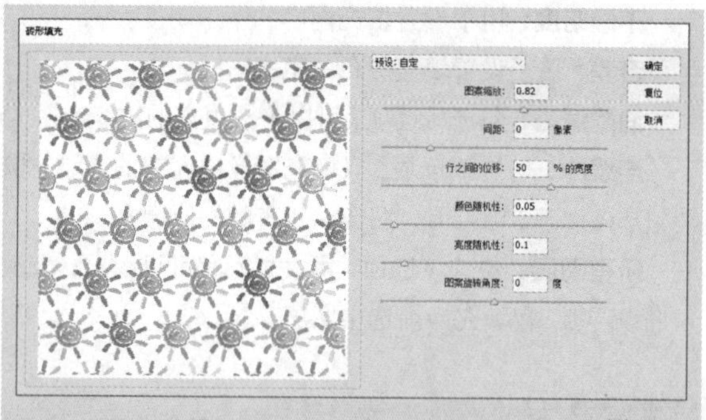

图4-150

## 4.4.4 内容识别

“填充”对话框中的“内容识别”是一种智能的填充方式，可以通过自动识别将填充颜色与周围颜色混合，使它们融合得非常自然。例如，使用“对象选择工具”选取小狗，并执行“选择>修改>扩展”菜单命令，使选区包含周围颜色，如图4-151所示。执行“编辑>填充”菜单命令，在打开的“填充”对话框的“内容”下拉列表中选择“内容识别”选项。确定操作后，选区内的图像将被自动抹除和填充，填充后的效果如图4-152所示。

图4-151　　图4-152

## 4.4.5 填充图层

填充图层是一种便于修改填充内容的特殊图层，可以填充纯色、渐变颜色和图案。它不仅兼备常规图层的属性，还自带图层蒙版。执行“图层>新建填充图层”子菜单中的命令，如图4-153所示，或者单击“图层”面板底部的按钮，可以用相应的方式对图层进行填充。

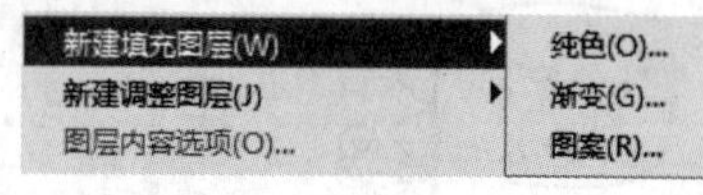


图4-153

例如，执行“图层>新建填充图层>渐变”菜单命令，在打开的“渐变填充”对话框中可以对渐变颜色的相关参数进行设置，如图4-154所示。单击“确定”按钮，会生成一个新的填充图层，如图4-155所示。之后双击填充图层的图层缩览图，可以随时对其进行调整。

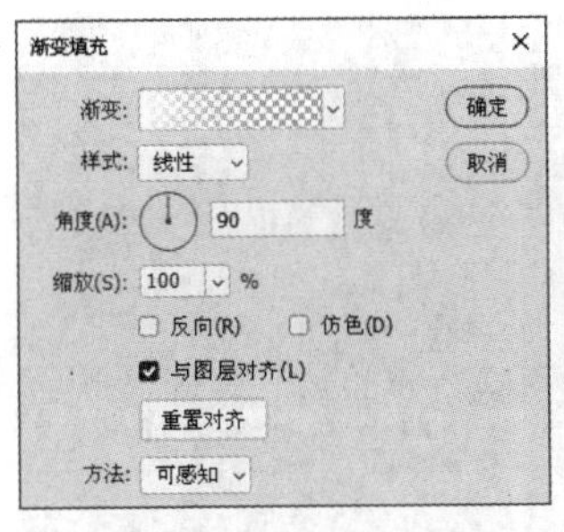


图4-154

图4-155

课堂案例

## 为衣服添加图案

| | |
|---|---|
| 素材文件 | 素材文件>CH04>素材06-1.jpg、素材06-2.jpg、 |
| 实例文件 | 实例文件>CH04>为衣服添加图案.psd |
| 视频名称 | 为衣服添加图案.mp4 |
| 学习目标 | 掌握自定义填充图案以及填充图案的方法 |

本例将自定义填充图案并为衣服贴图，如图4-156所示。

图4-156

**01** 按快捷键Ctrl+O打开本书学习资源文件夹中的“素材文件>CH04>素材06-1.jpg”文件，如图4-157所示。执行“编辑>定义图案”菜单命令，打开“图案名称”对话框，为图案取个名称，然后单击“确定”按钮，如图4-158所示。

图4-157

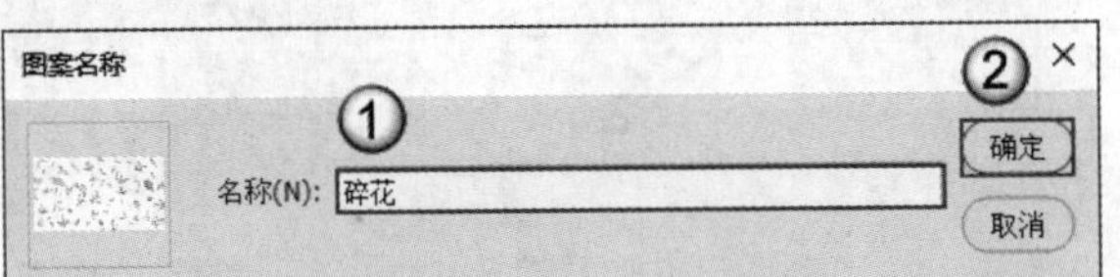


图4-158

**02** 按快捷键Ctrl+O打开本书学习资源文件夹中的“素材文件>CH04>素材06-2.jpg”文件，如图4-159所示。使用“快速选择工具”为衣服创建选区，如图4-160所示。

图4-159

图4-160

**03** 单击“图层”面板底部的按钮，在打开的下拉列表中选择“图案”选项，在打开的“图案填充”对话框中选择“碎花”图案，单击“确定”按钮，如图4-161所示。碎花会自动贴到衣服上，如图4-162所示。

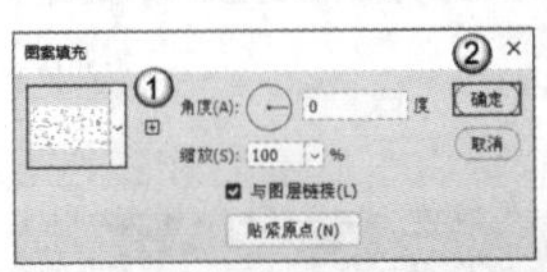


图4-161

图4-162

**04** 设置图案填充图层的混合模式为“深色”、“不透明度”为70%，如图4-163所示，效果如图4-164所示。

图4-163

图4-164

课堂练习

## 制作专属水印

| | |
|---|---|
| 素材文件 | 素材文件>CH04>素材07-1.psd、素材07-2.jpg |
| 实例文件 | 实例文件>CH04>制作专属水印.psd |
| 视频名称 | 制作专属水印.mp4 |
| 学习目标 | 掌握自定义填充图案以及填充图案的方法 |

通过自定义填充图案为图片添加水印，如图4-165所示。

图4-165

## 4.5 本章小结

本章主要讲解了常用的绘制图像的工具的使用方法，以及通过“画笔设置”面板修改笔尖的方法。此外，还讲解了填充纯色、渐变颜色和图案的方法等。通过本章的学习，读者应该全面掌握绘画类工具的使用方法，以及每一种工具的作用。

## 4.6 课后习题

根据本章的内容，本节共安排了两个课后习题供读者练习，以帮助读者对本章的知识进行综合运用。

### 课后习题：为照片增加氛围感

| | |
|---|---|
| 素材文件 | 素材文件>CH04>素材08.jpg |
| 实例文件 | 实例文件>CH04>为照片增加氛围感.psd |
| 视频名称 | 为照片增加氛围感.mp4 |
| 学习目标 | 掌握使用“画笔设置”面板修改笔尖的方法 |

本习题主要要求读者对“画笔工具”的使用及设置进行练习，如图4-166所示。

图4-166

### 课后习题：改变照片色调

| | |
|---|---|
| 素材文件 | 素材文件>CH04>素材09.jpg |
| 实例文件 | 实例文件>CH04>改变照片色调.psd |
| 视频名称 | 改变照片色调.mp4 |
| 学习目标 | 掌握“渐变工具”的使用方法 |

本习题主要要求读者对“渐变工具”的使用方法进行练习，如图4-167所示。

图4-167

第 5 章

# 路径与矢量工具

本章主要介绍矢量图形的绘制方法，包括使用形状类工具和钢笔类工具进行绘制的方法，以及通过锚点和方向点改变矢量图形形状的方法。在此基础上，读者需要了解“路径”面板的多种功能，由此可以更加便捷地编辑路径。

## 课堂学习目标

◇ 了解路径与锚点的含义
◇ 了解绘图模式
◇ 掌握形状类工具的使用方法
◇ 掌握钢笔类工具的使用方法
◇ 掌握编辑锚点和路径的方法

PHOTOSHOP 2022

# 5.1 了解矢量图形

矢量图形也被称为矢量形状或矢量对象，无论如何旋转和缩放矢量图形，它都可以保持清晰。在Photoshop中，矢量图形多指用形状类工具或钢笔类工具绘制的路径。

## 5.1.1 路径与锚点

路径是由路径段（直线段或曲线）组成的轮廓，每两段路径都由一个锚点连接，拖曳锚点可以改变路径的形状，如图5-1所示。在路径上，选中的锚点上会显示一条或两条方向线，拖曳方向点也可以改变路径的形状，如图5-2所示。

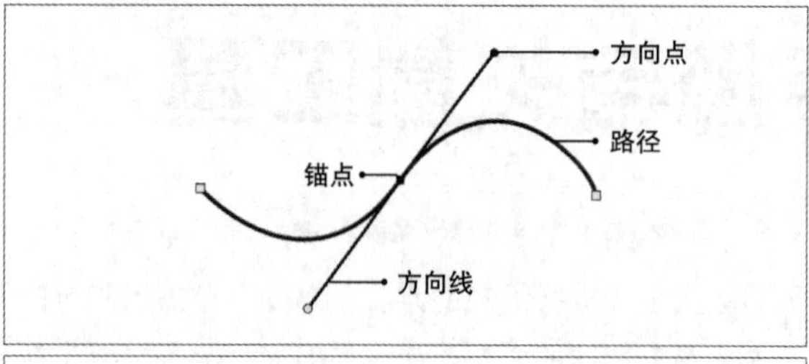


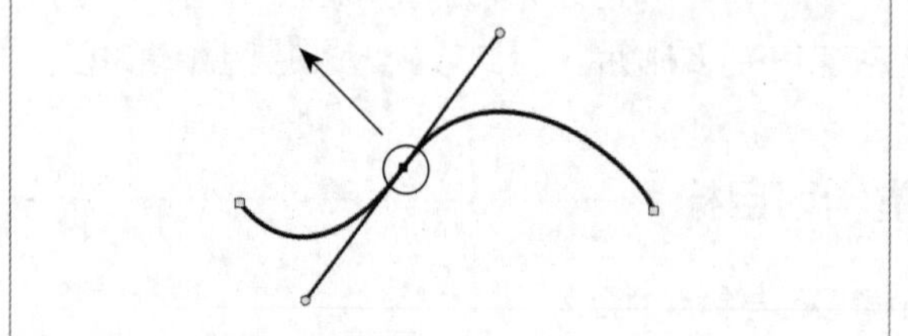

图5-1

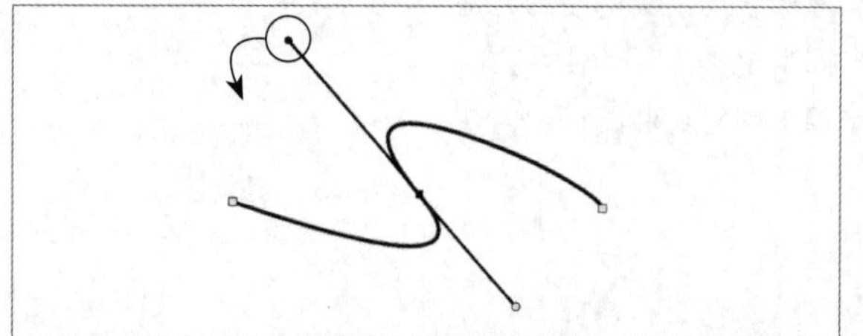

图5-2

**技巧与提示**

路径是矢量对象，其中不包含像素，只有使用颜色填充或描边后才能将其打印出来。执行“编辑>首选项>参考线、网格和切片”菜单命令，在弹出的对话框中可以修改路径的颜色和粗细等。

路径可以是开放或闭合的，也可以是由多个相互独立的路径组合而成的，如图5-3所示。锚点有平滑点和角点两种类型，它不仅连接着路径段，还可以作为开放式路径的起点和终点，如图5-4所示。

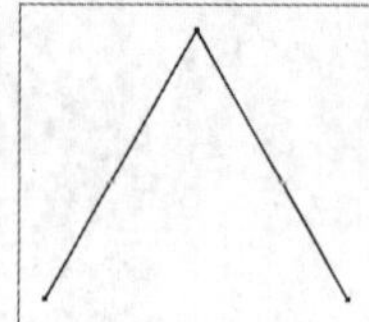

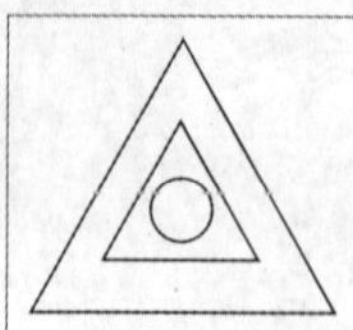

开放式路径　闭合式路径　组合式路径

图5-3

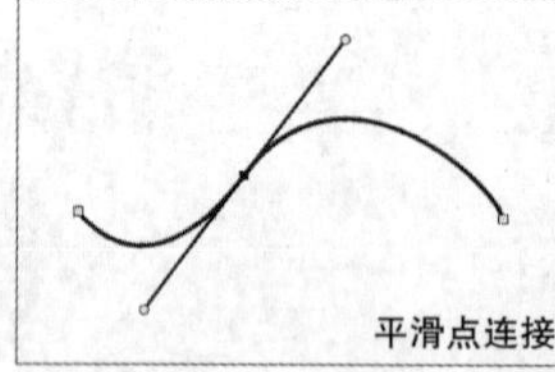

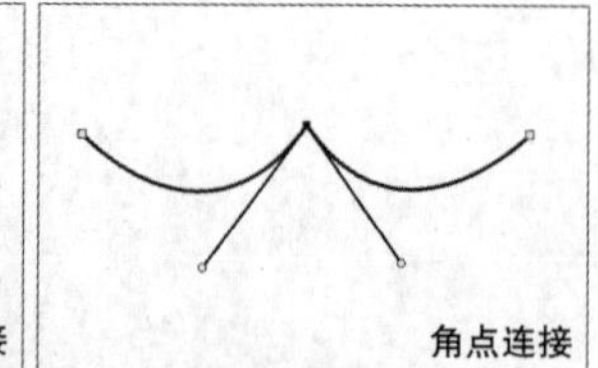

平滑点连接　角点连接

图5-4

**知识点：路径的应用范围**

路径的应用范围很广，主要为以下5种。

第1种：可以使用颜色填充或描边路径。

第2种：可以将路径保存在“路径”面板中，以备随时使用。

第3种：路径可以转换为选区或形状图层。

第4种：可以创建路径文字，如图5-5所示。

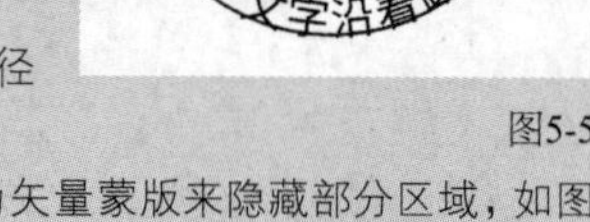


图5-5

第5种：路径可以作为矢量蒙版来隐藏部分区域，如图5-6所示。

图5-6

## 5.1.2 绘图模式

使用矢量工具不仅可以绘制出矢量图形，还可以绘制出位图。在矢量工具选项栏中选择不同的绘图模式，如图5-7所示，可以绘制出不同属性的图形。

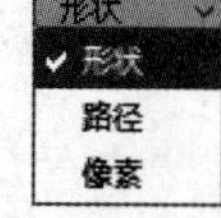


图5-7

**形状：**使用该模式可以创建形状图层，其形状轮廓是路径，它们会分别出现在“图层”面板和“路径”面板中，如图5-8所示。在选项栏中进行设置，即可用纯色、渐变颜色或图案填充图形，或者为图形描边（实线或虚线）。

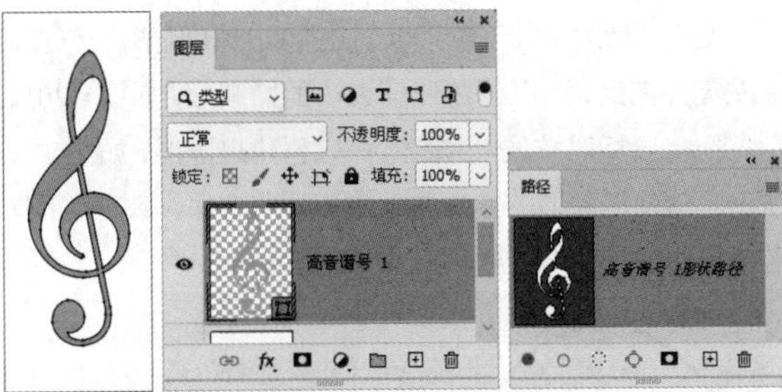


图5-8

**路径**：使用该模式可以绘制出路径轮廓，路径只出现在“路径”面板中，如图5-9所示。在操作过程中，可以将其转换为选区或形状图层，还可以将其创建为某一个图层的矢量蒙版。

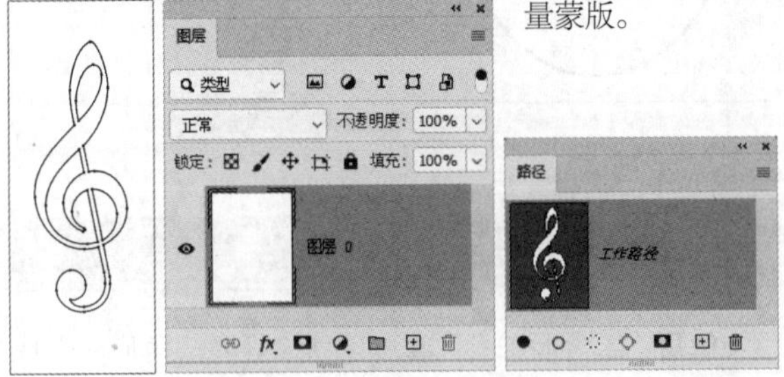


图5-9

**像素**：使用该模式可以在当前图层中绘制一个填充了前景色的图像，它不具备矢量轮廓，如图5-10所示。

图5-10

## 5.2 形状工具组

使用形状工具组中的工具可以绘制出几何图形、线段以及多种预设图形。Photoshop中共有6种形状工具，下面分别进行介绍。

**本节重点内容**

| 重点内容 | 说明 |
| --- | --- |
| 矩形工具 | 创建长方形、正方形和圆角矩形 |
| 椭圆工具 | 创建椭圆形和圆形 |
| 三角形工具 | 创建三角形 |
| 多边形工具 | 创建多边形 |
| 直线工具 | 创建线段或者带有箭头的线段 |
| 自定形状工具 | 创建多种形状 |

### 5.2.1 矩形工具

使用“矩形工具”（快捷键为U）可以创建长方形、正方形和圆角矩形。按住鼠标左键并拖曳，可以创建任意大小的矩形。拖曳鼠标时按住Alt键，将以单击点为中心创建矩形，如图5-11所示。拖曳鼠标时按住Shift键，可以创建出正方形，如图5-12所示。拖曳鼠标时按住Shift+Alt键，将以单击点为中心创建正方形，如图5-13所示。

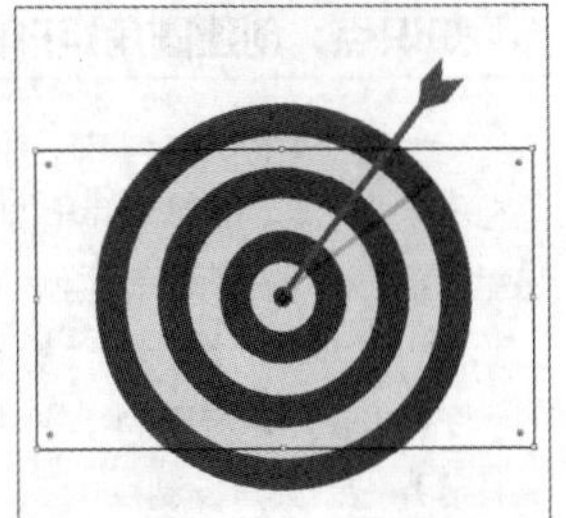

图5-11

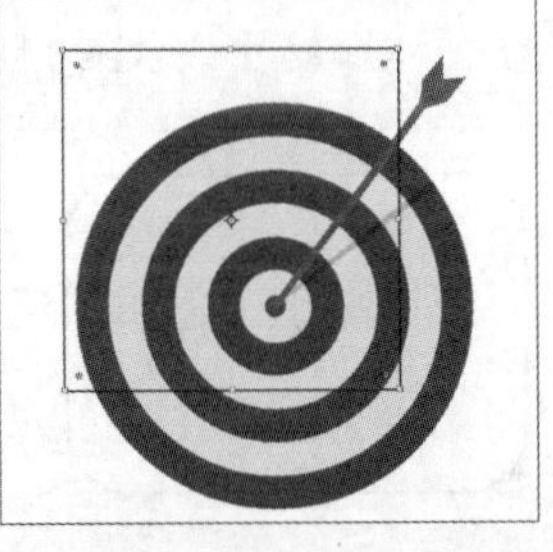

图5-12

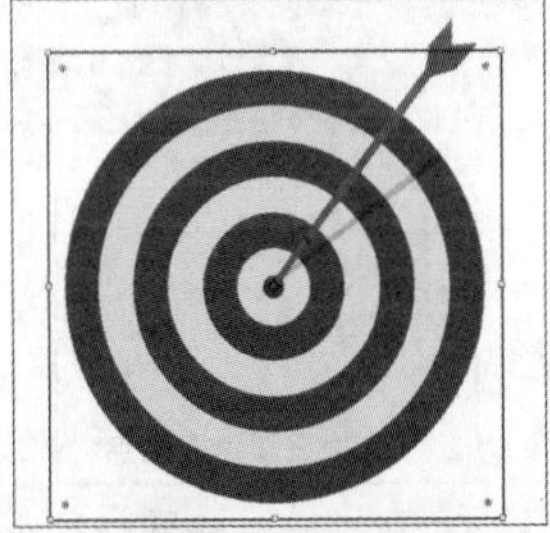

图5-13

**技巧与提示**

在创建形状的过程中，按住Space键并拖曳鼠标，可以移动它的位置。

选择“矩形工具”，其选项栏如图5-14所示。单击选项栏中的按钮，可以在打开的下拉面板中设置矩形的创建方式，如图5-15所示。

路径 建立: 选区... 蒙版 形状 0像素 对齐边缘

图5-14

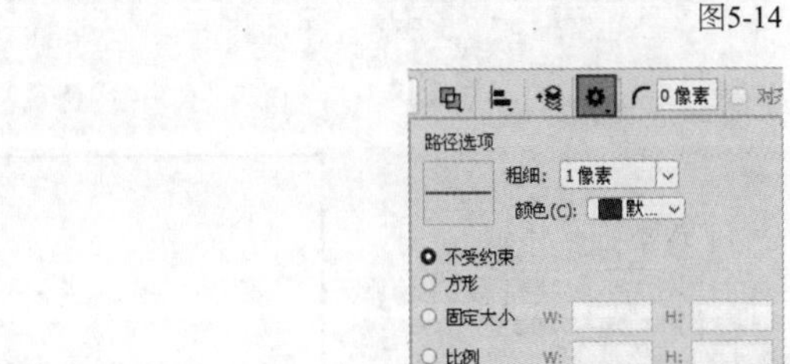


图5-15

下面介绍该下拉面板中的常用选项。

**不受约束：** 选择该选项，可以创建出任意大小的矩形。

**方形：** 选择该选项，可以创建出任意大小的正方形。

**固定大小：** 选择该选项，可在其右侧的文本框中输入W和H的数值，之后在画板上单击，即可创建出对应尺寸的矩形。

**比例：** 选择该选项，可在其右侧的文本框中输入W和H的比例，之后创建的矩形的宽度和高度会始终保持这个比例。

**从中心：** 勾选该选项，将以单击点为中心创建矩形。

### 知识点：创建圆角矩形的方法

选择“矩形工具”，在其选项栏中设置圆角半径值，在画板中拖曳，可以创建出圆角矩形，如图5-16所示。在创建的矩形中拖曳圆角控制点，也可以将其修改为圆角矩形，如图5-17所示。按住Alt键并拖曳圆角控制点，可以单独修改一个角的半径，如图5-18所示。 300像素

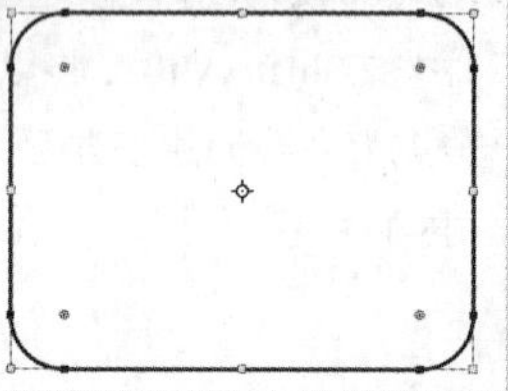

图5-16

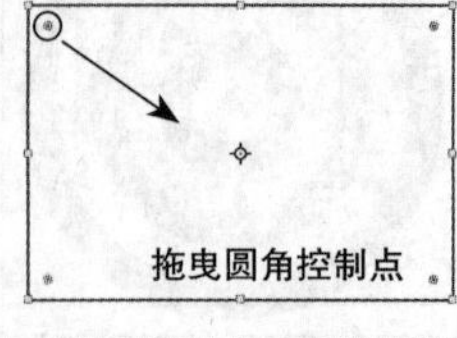


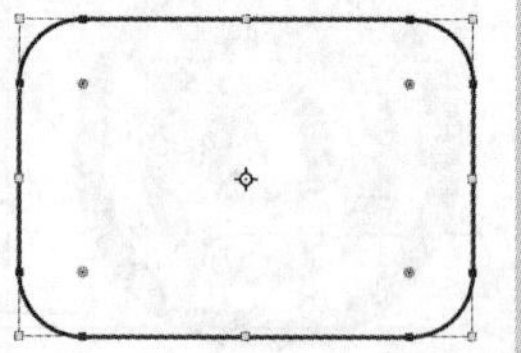

图5-17

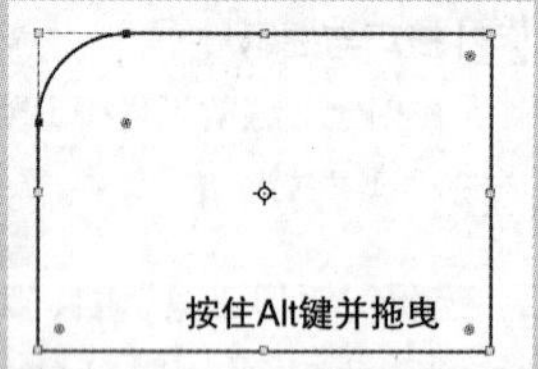


图5-18

选中已创建的圆角矩形，在“属性”面板中可以修改其圆角半径。还可以单击图标，取消圆角半径值的链接，以单独修改某个圆角的半径值，如图5-19所示。

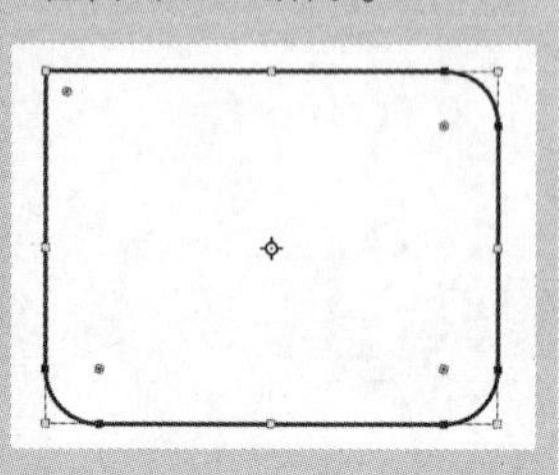

图5-19

## 5.2.2 椭圆工具

使用“椭圆工具”可以创建椭圆形和圆形。按住鼠标左键并拖曳，可以创建任意大小的椭圆形，如图5-20所示。拖曳鼠标时按住Shift键，可以创建出圆形，如图5-21所示。创建椭圆形的方法与创建矩形的方法一致，该工具选项栏中的选项与“矩形工具”基本一致。

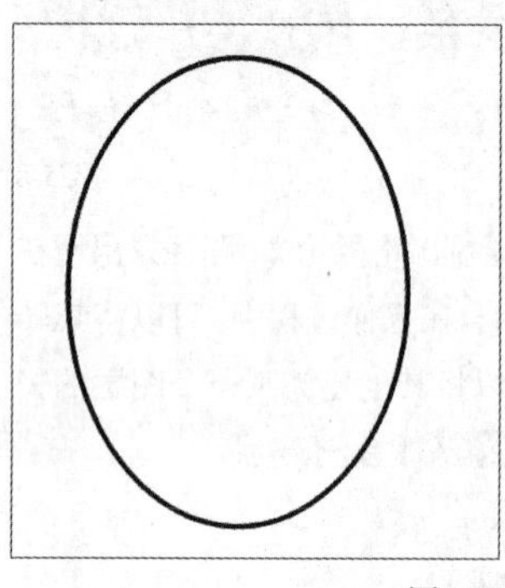

图5-20

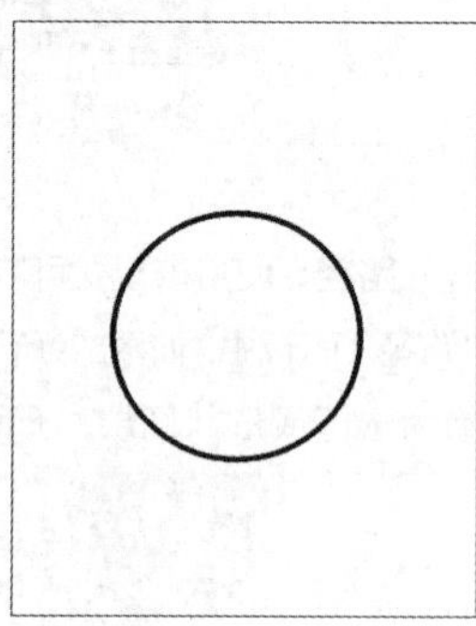

图5-21

## 5.2.3 三角形工具

使用“三角形工具”可以创建等腰三角形。按住鼠标左键并拖曳，可以创建任意大小的等腰三角形，如图5-22所示。拖曳鼠标时按住Shift键，可以创建等边三角形，如图5-23所示。创建三角形的方法与创建矩形的方法一致，该工具选项栏中的选项与“矩形工具”基本一致。

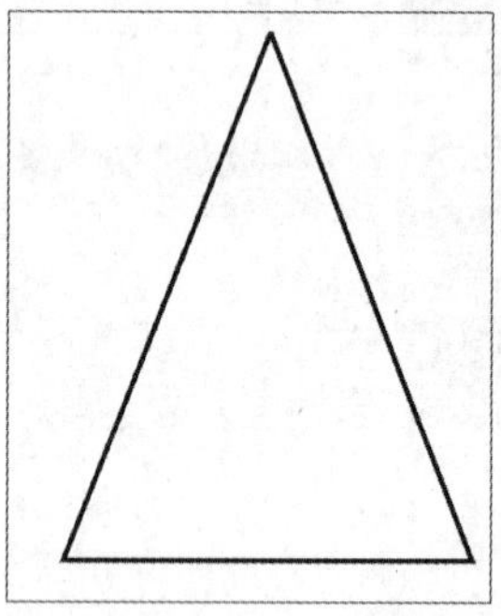

图5-22

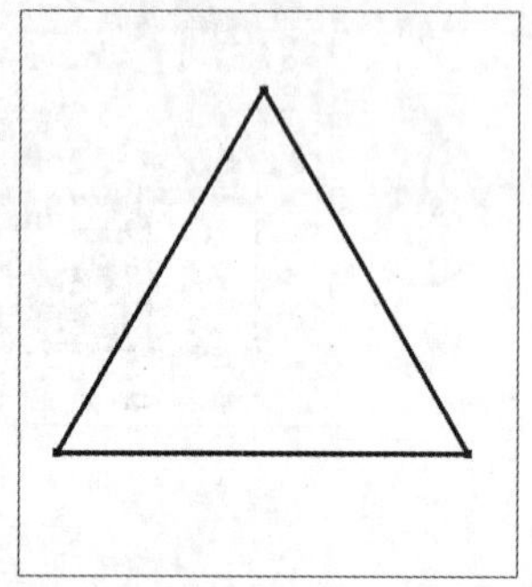

图5-23

在其选项栏中设置圆角半径值，在画板中拖曳，可以创建带有圆角的三角形。在创建的三角形中拖曳圆角控制点，也可以将其修改为带有圆角的三角形，如图5-24所示。

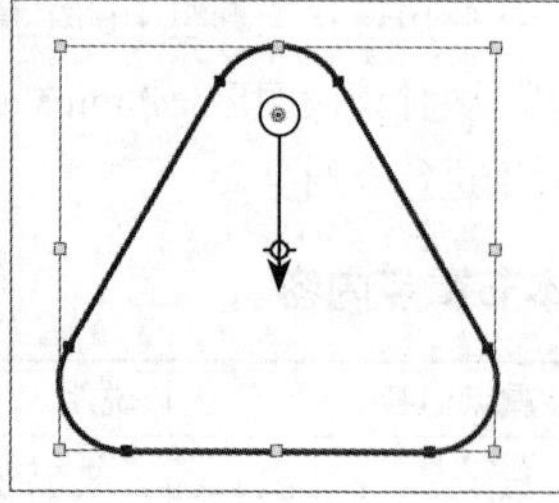

图5-24

## 5.2.4 多边形工具

使用“多边形工具”可以创建多边形，在其选项栏中的图标右侧的文本框中可以输入多边形的边数（或星形的顶点数），其取值范围为3~100。例如，默认情况下设置“边数”为8，可以创建八边形，如图5-25所示。在选项栏中设置圆角半径值，在画板中拖曳，可以创建带有圆角的多边形。在创建的多边形中拖曳圆角控制点，也可以将其修改为带有圆角的多边形，如图5-26所示。

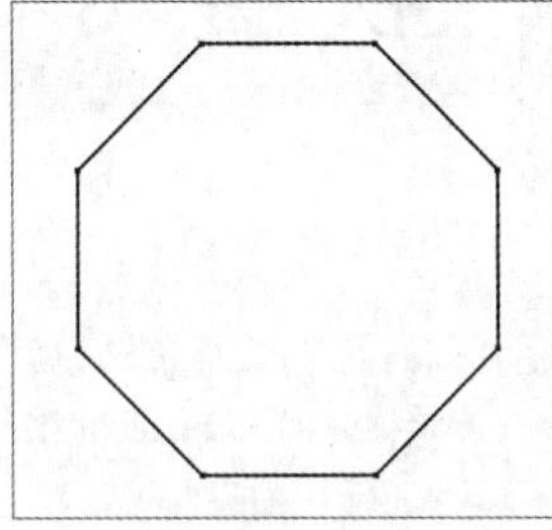

图5-25

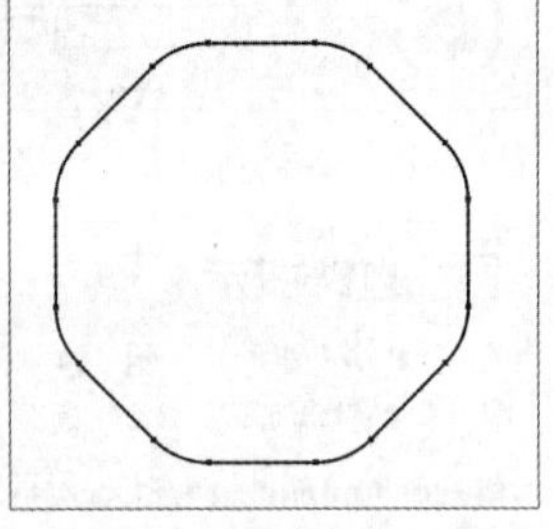

图5-26

单击选项栏中的按钮，在打开的下拉面板中可以设置其他选项，如图5-27所示。

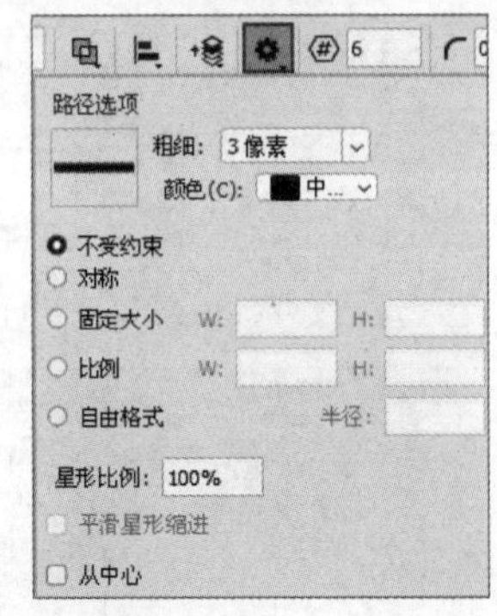


图5-27

下面介绍该下拉面板中的常用选项。

**不受约束：** 选择该选项，可以创建出任意大小的多边形。

**对称：** 选择该选项，可以创建出对称的多边形。

**固定大小：** 选择该选项，可在其右侧的文本框中输入W和H的数值，之后在画板上单击，即可创建出对应尺寸的多边形。

**比例：** 选择该选项，可在其右侧的文本框中输入W和H的比例，之后创建的多边形的宽度和高度会始终保持这个比例。

**自由格式：** 选择该选项，在其右侧的文本框中输入“半径”值，将以该半径创建多边形，之后可以进行任意变换操作。

**星形比例：** 设置不同的百分比，可以生成不同角度的星形，如图5-28所示。

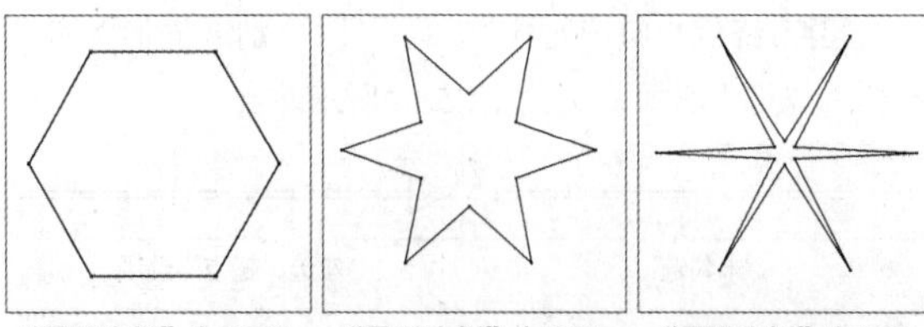

“星形比例”为100%　“星形比例”为50%　“星形比例”为10%

图5-28

**平滑星形缩进：** 勾选该选项，可以创建边缘圆滑的星形，如图5-29所示。

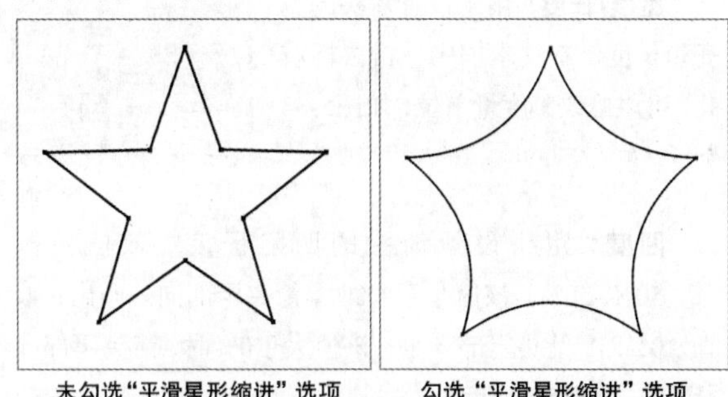

未勾选“平滑星形缩进”选项　勾选“平滑星形缩进”选项

图5-29

**从中心：** 勾选该选项，将以单击点为中心创建多边形。

## 5.2.5 直线工具

使用“直线工具”可以创建线段或者带有箭头的线段，在其选项栏中可以设置线段的粗细，如图5-30所示。

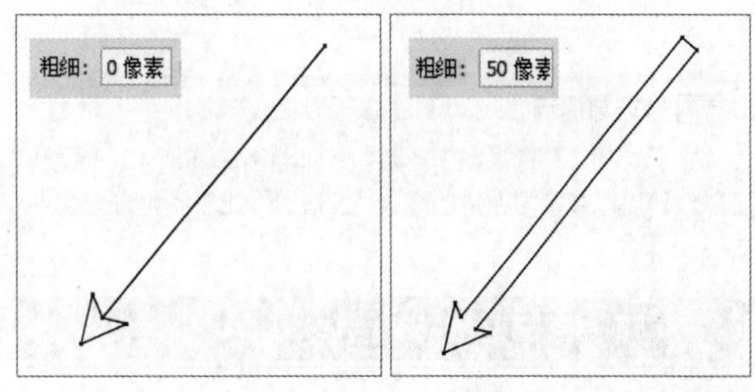


图5-30

单击选项栏中的按钮，在打开的下拉面板中可以设置其他选项，如图5-31所示。

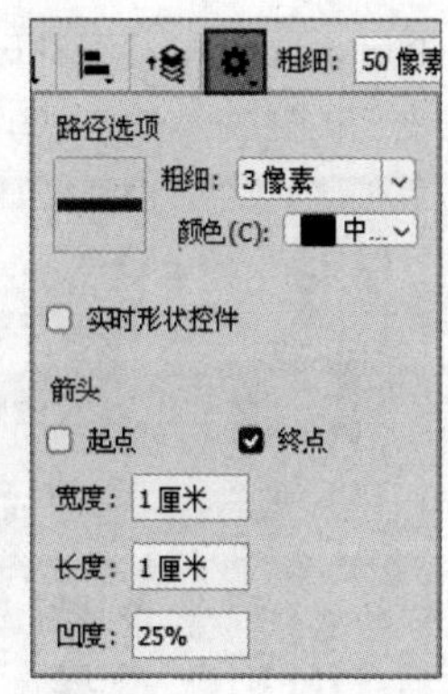


图5-31

下面介绍该下拉面板中的常用选项。

**起点/终点：**勾选对应选项，可以分别或同时为线段的起点与终点添加箭头，如图5-32所示。

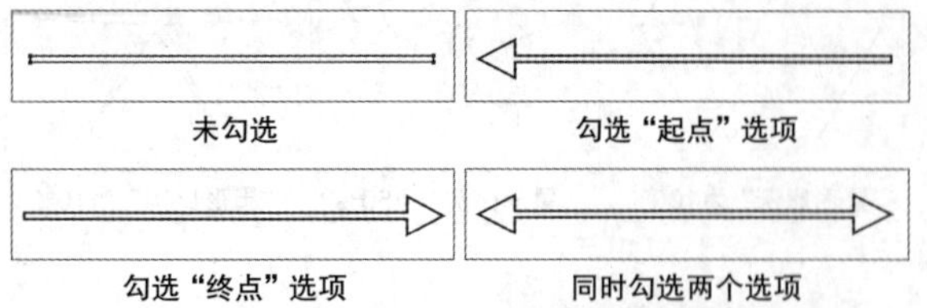


图5-32

**宽度/长度：**用于设置箭头的宽度和长度。在文本框中单击鼠标右键，可以修改其度量单位，如图5-33所示。

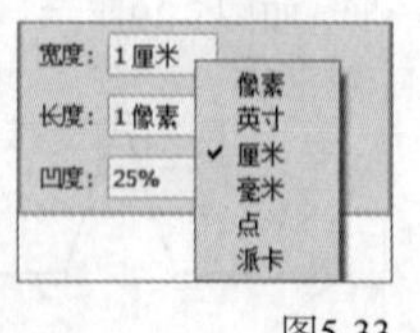


图5-33

**凹度：**用于设置箭头的凹陷程度，取值范围为－50%~50%。该值小于0%时，箭头尾部向外凸出；该值为0%时，箭头尾部齐平；该值大于0%时，箭头尾部向内凹陷，如图5-34所示。

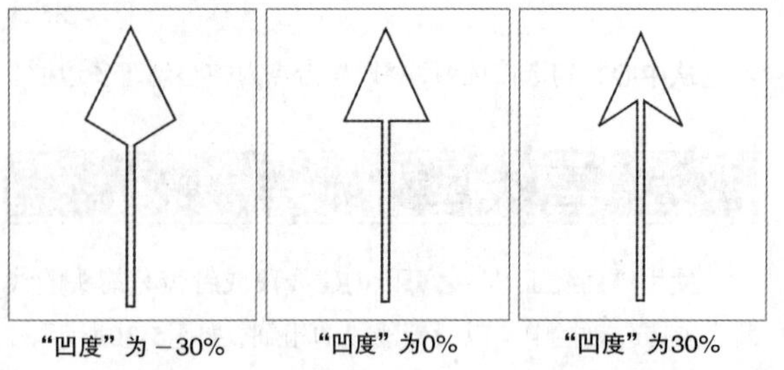


图5-34

**技巧与提示**

在使用“直线工具”／时，按住Shift键并拖曳鼠标，可以创建出以45度为增量的线段，包括水平线段和垂直线段。

## 5.2.6 自定形状工具

使用“自定形状工具”可以创建出多种形状。Photoshop中包含多种形状预设，单击选项栏中“形状”右侧的按钮，在打开的下拉面板中选择一种形状后，可以创建该形状的图形，如图5-35所示。

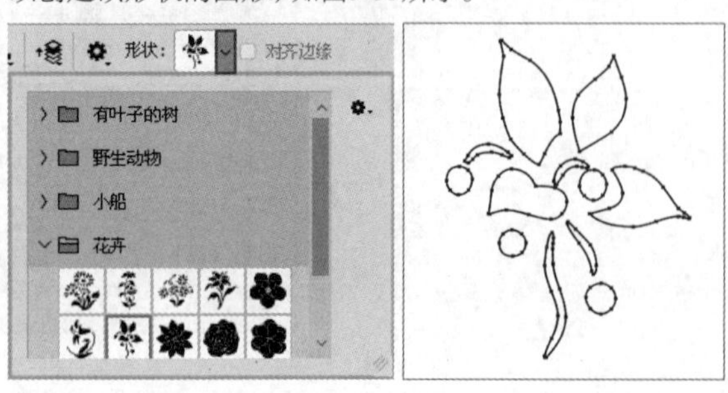


图5-35

此外，还可以加载外部形状库或者自定义形状。绘制图形后，执行“编辑>定义自定形状”菜单命令，打开“形状名称”对话框，输入形状名称后，单击“确定”按钮，如图5-36所示，即可将其定义为形状预设。创建完成后，该预设将出现在“形状”面板的底部，如图5-37所示。

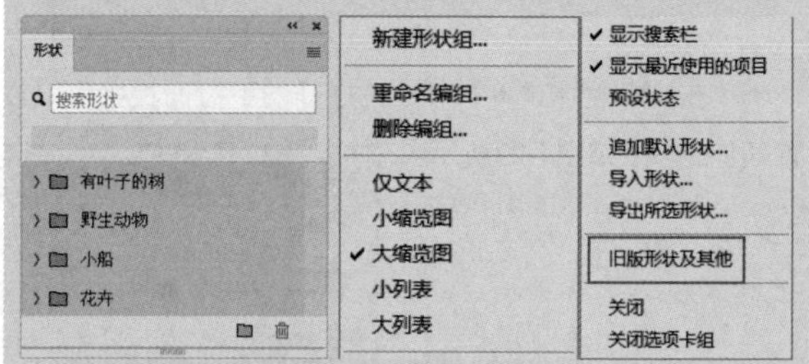


图5-36

图5-37

**技巧与提示**

单击“形状”面板右上角的按钮，打开面板菜单，执行“旧版形状及其他”命令，如图5-38所示，即可将Photoshop的旧版形状预设导入“形状”面板中，如图5-39所示。

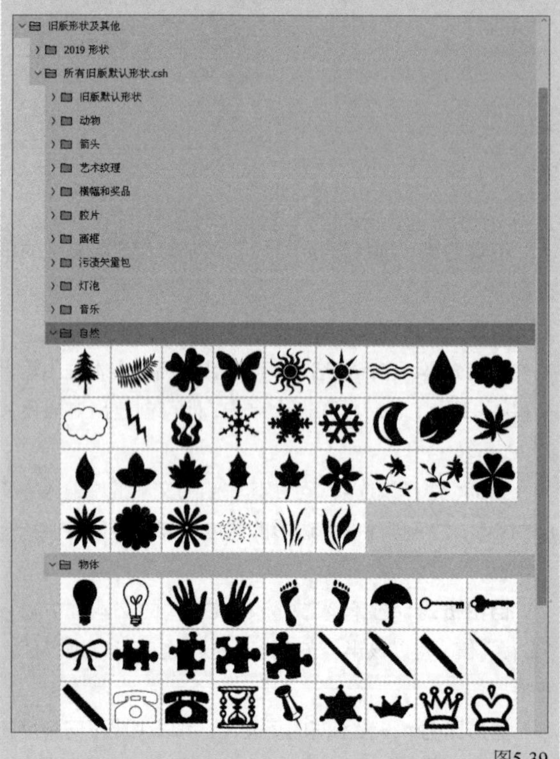


图5-38



图5-39

# 5.3 钢笔工具组

钢笔工具组中的工具不仅可以用来绘图，还可以用来抠图，其功能十分强大，下面对它们进行介绍。

**本节重点内容**

| 重点内容 | 说明 |
|---|---|
| 钢笔工具 | 绘制任意形状的线段或曲线 |
| 自由钢笔工具 | 绘制任意形状并自动生成锚点 |
| 弯度钢笔工具 | 根据添加的锚点的位置自动生成平滑的曲线 |
| 添加锚点工具 | 在路径中添加锚点 |
| 删除锚点工具 | 删除路径中的锚点 |
| 转换点工具 | 转换锚点的类型 |

## 5.3.1 钢笔工具

使用“钢笔工具”（快捷键为P）可以绘制任意形状的线段或曲线。该工具是常用绘图工具。当鼠标指针变为形状时，在画布中单击即可确定路径的起点，继续在另一处单击即可创建一段直线路径。确定起点后，在另一处拖曳鼠标，锚点上会出现方向线，可创建一段曲线路径，如图5-40所示。

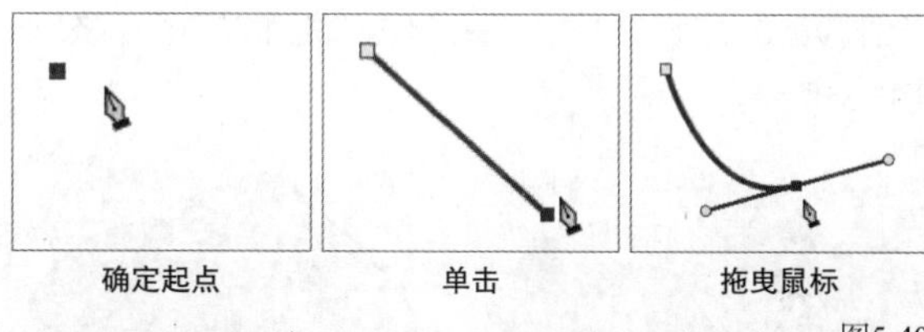

确定起点　　单击　　拖曳鼠标

图5-40

**技巧与提示**

确定起点后，按住Shift键并在另一处单击，将在水平、垂直方向或者以45度为增量创建直线路径。

继续单击可以绘制线段或曲线。鼠标指针位于路径起点处时会变为形状，单击即可闭合路径，如图5-41所示。

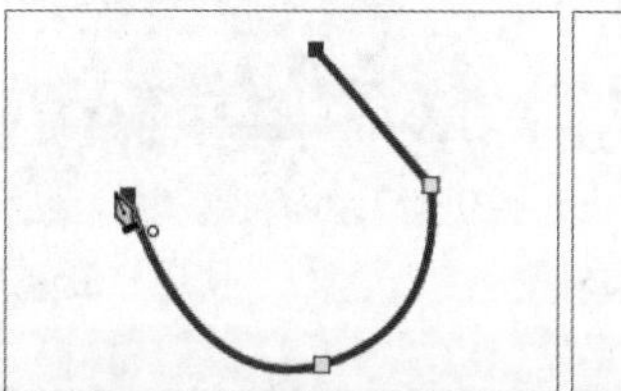

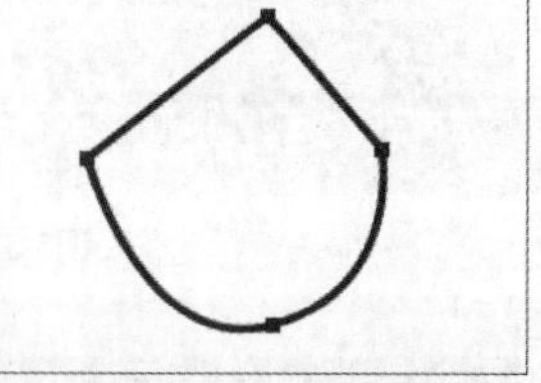

图5-41

**技巧与提示**

鼠标指针位于路径上时会变为形状，单击可添加锚点；鼠标指针位于锚点上时会变为形状，单击可删除该锚点。添加或删除锚点后可继续绘制路径。

在绘制过程中或者闭合路径后，按住Alt键切换为“转换点工具”，鼠标指针会变为形状。此时拖曳锚点会出现方向线，可以改变方向线的长度和位置，如图5-42所示。松开Alt键后，再按住Alt键，拖曳方向点可以单独改变一条方向线的长度和位置，如图5-43所示。

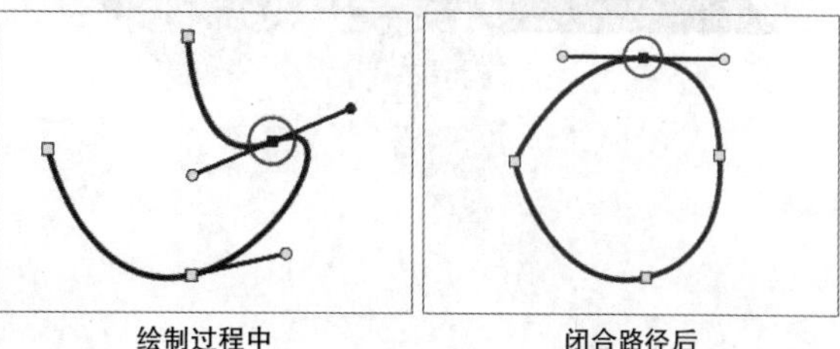

绘制过程中　　闭合路径后

图5-42

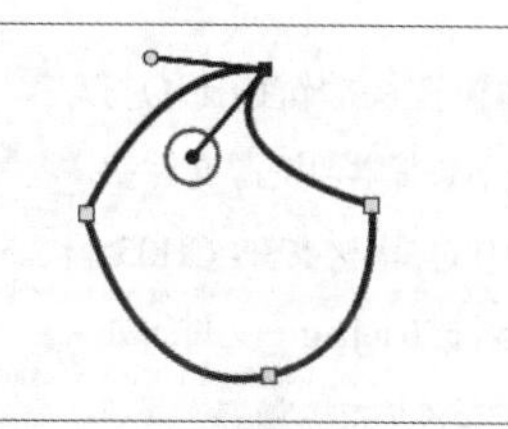

绘制过程中　　闭合路径后

图5-43

如果要创建一段开放式路径，那么在绘制路径后可以按Esc键或者单击其他工具，还可以按住Ctrl键（将临时转换为“直接选择工具”）并单击画布空白处，如图5-44所示。

在已创建的开放式路径中，先使用“直接选择工具”选择该路径，然后用“钢笔工具”单击起点或终点处的锚点，可以继续绘制，如图5-45所示。

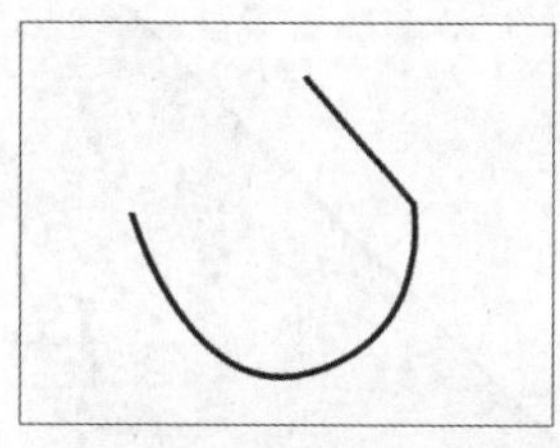

图5-44

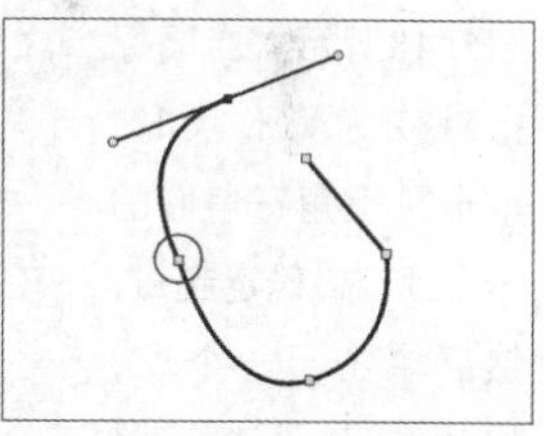

图5-45

**技巧与提示**

单击“钢笔工具”选项栏中的按钮，在打开的下拉面板中勾选“橡皮带”选项，此后绘制路径时可以预先看到要创建的路径段，以判断路径的走势。

课堂案例

### 绘制七巧板

| | |
|---|---|
| 素材文件 | 素材文件>CH05>素材01.jpg |
| 实例文件 | 实例文件>CH05>绘制七巧板.psd |
| 视频名称 | 绘制七巧板.mp4 |
| 学习目标 | 掌握用“钢笔工具”绘图的方法 |

本例将使用“钢笔工具”绘制七巧板，效果如图5-46所示。

图5-46

01 按快捷键Ctrl+O打开本书学习资源文件夹中的“素材文件>CH05>素材01.jpg”文件，如图5-47所示。

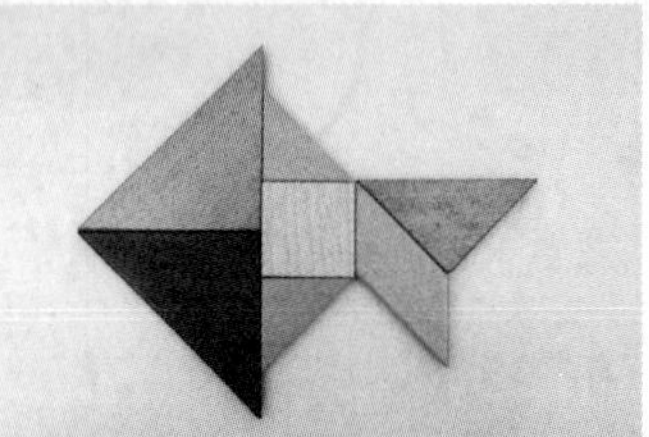

图5-47

02 在工具箱中选择“钢笔工具”，在选项栏中设置绘图模式为“形状”、“填充”为紫色（R:216，G:120，B:253）、“描边”为无颜色，如图5-48所示。当鼠标指针变为形状时，单击左上角三角形的一个顶点以确定起点，然后单击另一个点，将生成一段直线路径，如图5-49所示。

形状 填充： 描边：

图5-48

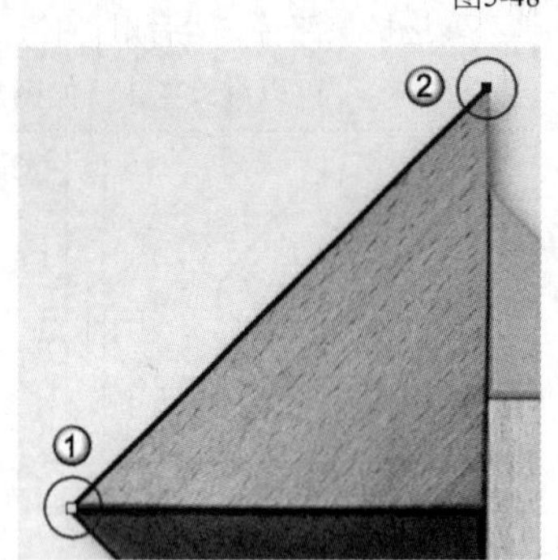

图5-49

03 单击左上角三角形的另一个顶点，将自动填充颜色，如图5-50所示。将鼠标指针置于路径起点处，鼠标指针变为形状时单击，即可闭合路径，如图5-51所示。

图5-50

图5-51

04 用同样的方法继续绘制出其他图形，可以任意搭配颜色，效果如图5-52所示。

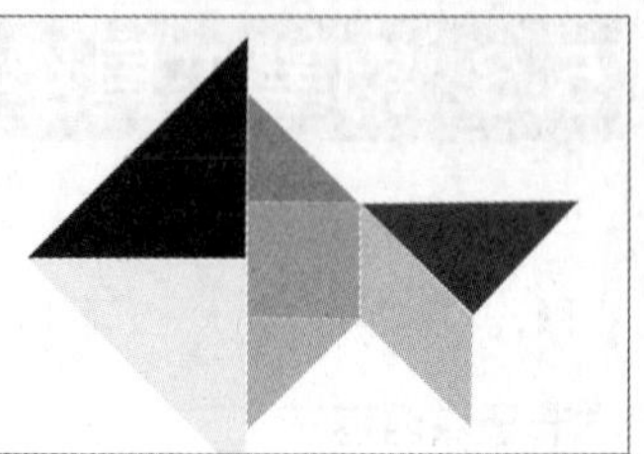

图5-52

## 5.3.2 自由钢笔工具

“自由钢笔工具”与“套索工具”的用法类似，使用该工具可以绘制出任意形状，绘制完成后将自动生成锚点，如图5-53所示。在绘制时，鼠标指针位于路径起点处时会变为形状，单击即可创建闭合路径。

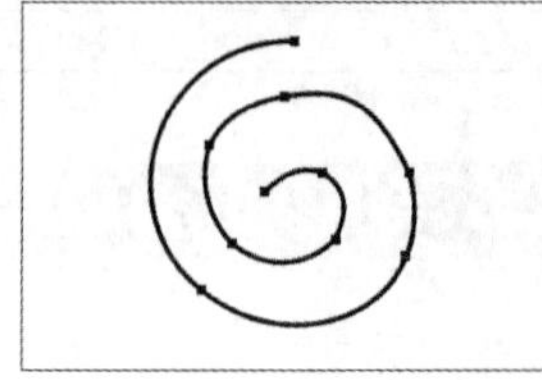

图5-53

在该工具的选项栏中勾选“磁性的”选项，鼠标指针会变为形状，此时该工具的用法与“磁性套索工具”相同，可以用该工具创建路径并抠图。单击确定起点，拖曳鼠标会自动生成带有锚点的路径，如图5-54所示。将鼠标指针移至起点处，它会变为形状，单击即可闭合路径，如图5-55所示。

图5-54

图5-55

按快捷键Ctrl+Enter，将路径转换为选区，如图5-56所示。按快捷键Ctrl+J完成抠图，如图5-57所示。

图5-56

图5-57

## 5.3.3 弯度钢笔工具

“弯度钢笔工具”适用于绘制曲线，并且在绘制过程中可直接编辑路径。在使用“钢笔工具”绘制时，需拖曳锚点才能绘制曲线，而使用“弯度钢笔工具”会根据添加的锚点的位置自动生成平滑的曲线。

下面分别使用“钢笔工具”和“弯度钢笔工具”在画布中绘制路径（无须拖曳锚点），如图5-58所示。使用“弯度钢笔工具”绘制时拖曳鼠标，可以改变曲线的形状，如图5-59所示。按Esc键可以结束绘制。

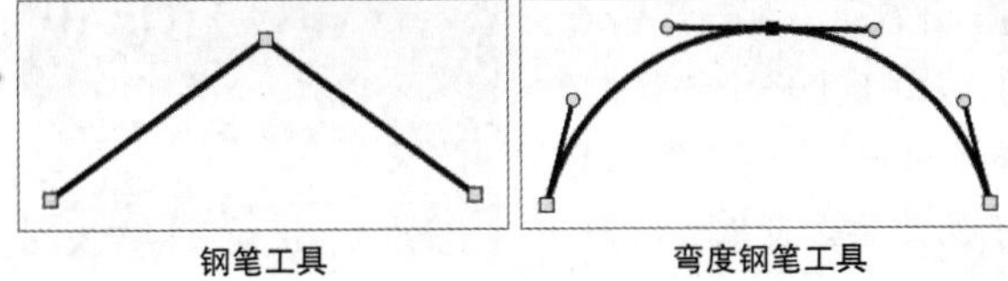


图5-58

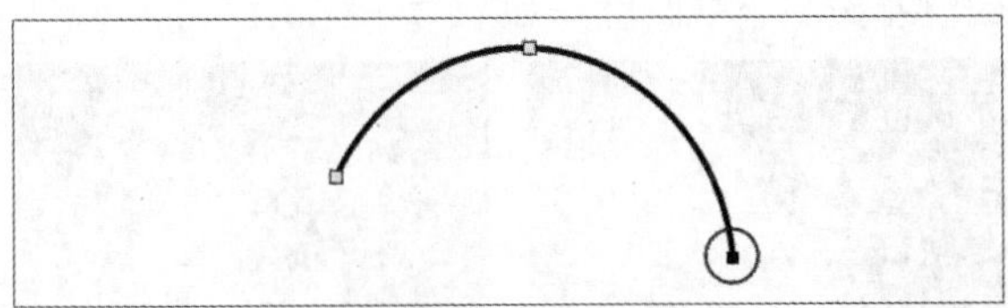


图5-59

使用“弯度钢笔工具”时，确定起点后，在另一处双击，然后在下一处单击，可以绘制线段，如图5-60所示。

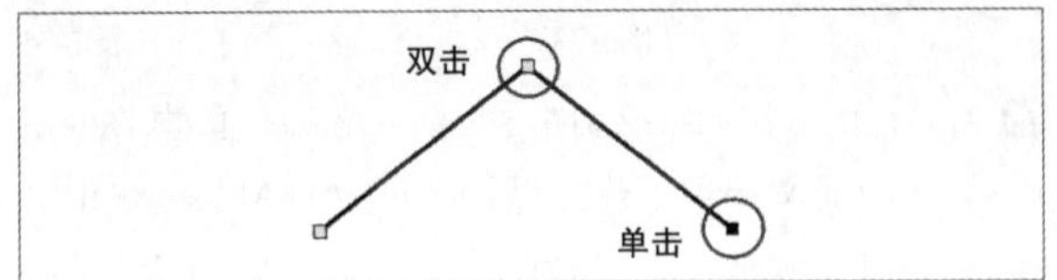


图5-60

在路径上单击，可以增加锚点；单击锚点并按Delete键，可以删除锚点；双击锚点，可以将其转换其类型，即角点和平滑点的相互转换。

## 5.3.4 添加/删除锚点工具

使用“添加锚点工具”可以在路径中添加锚点。选择该工具，将鼠标指针置于路径上，它会变为形状，单击即可添加一个锚点，如图5-61所示。添加锚点后，鼠标指针会变为形状，这时可直接调节锚点和方向线。

图5-61

使用“删除锚点工具”可以删除路径中的锚点。选择该工具，将鼠标指针置于锚点上，它会变为形状，单击可将该锚点删除，如图5-62所示。

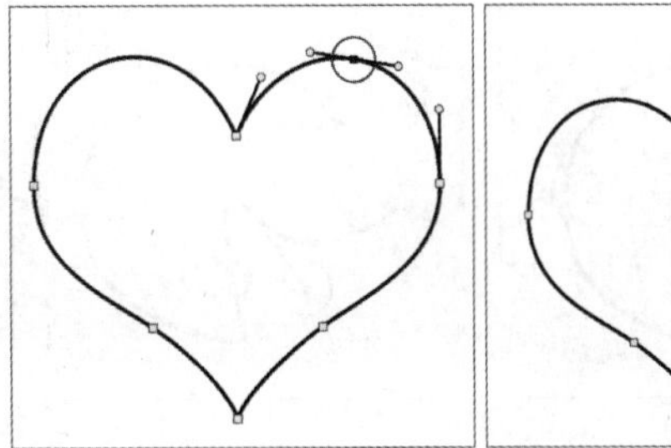
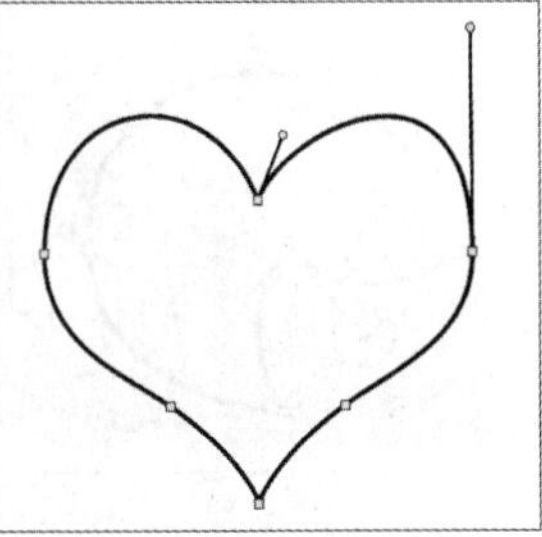

图5-62

按住Ctrl键（将临时转换为“直接选择工具”）并选中锚点，按Delete键也可删除该锚点，此时路径将变为开放式路径，如图5-63所示。

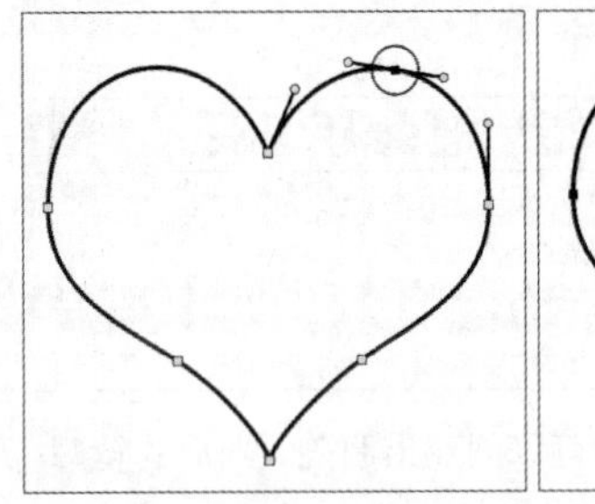
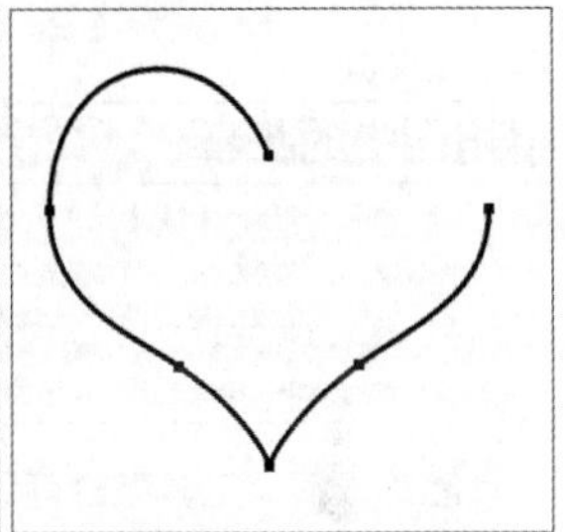

图5-63

## 5.3.5 转换点工具

使用“转换点工具”可以转换锚点的类型。单击平滑点，可以将其转换为角点，如图5-64所示。单击并拖曳角点，可以将其转换为平滑点，如图5-65所示。

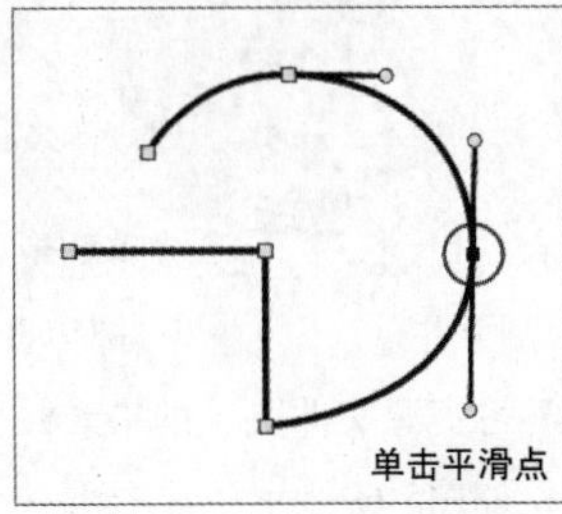

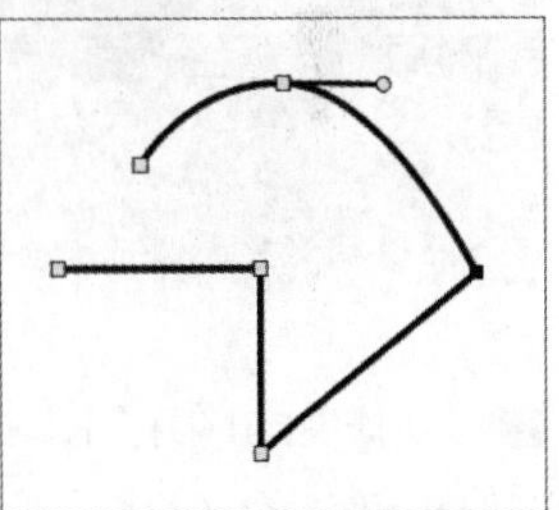

图5-64

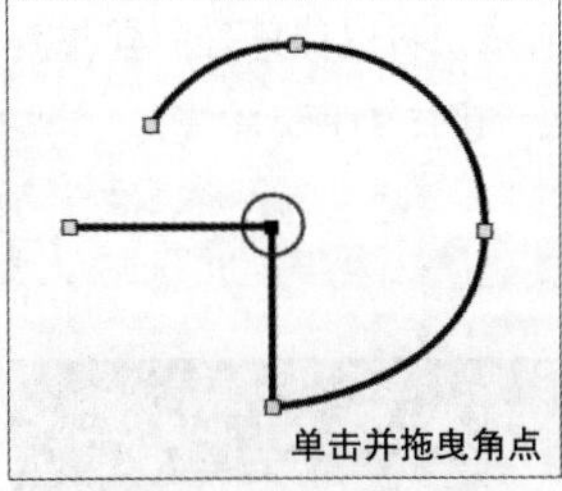

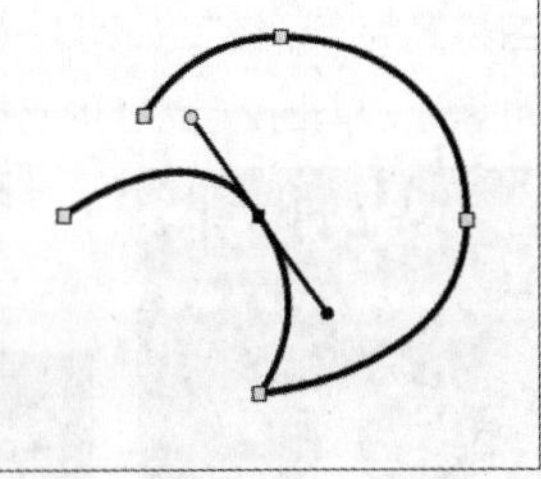

图5-65

单击并拖曳方向点，可以单独调整一条方向线的方向和长度，如图5-66所示。按住Ctrl键，单击并拖曳方向点，可以同时调整两条方向线，如图5-67所示。

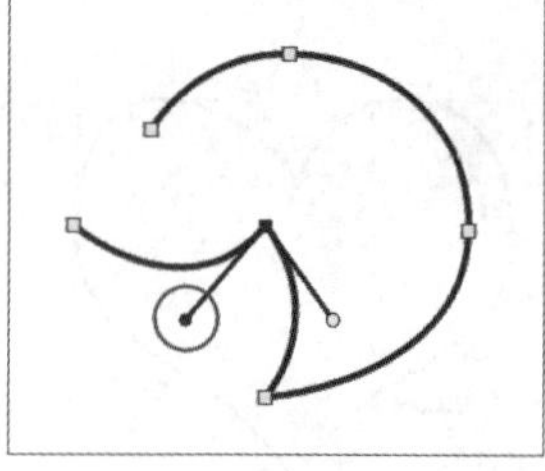
图5-66

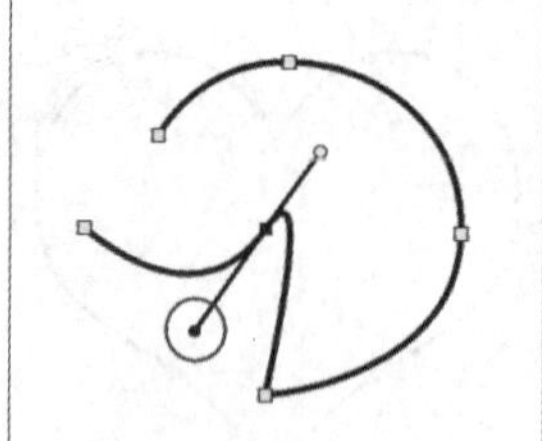
图5-67

**技巧与提示**

在使用“钢笔工具”绘制时，按住Alt键可临时转换为“转换点工具”。

课堂案例

## 抠出图中的花瓶

| | |
|---|---|
| 素材文件 | 素材文件>CH05>素材02.jpg |
| 实例文件 | 实例文件>CH05>抠出图中的花瓶.psd |
| 视频名称 | 抠出图中的花瓶.mp4 |
| 学习目标 | 掌握使用“钢笔工具”抠图的方法 |

使用“钢笔工具”可以创建出明确、光滑的轮廓。本例将用“钢笔工具”抠出图中的花瓶，如图5-68所示。

图5-68

01 按快捷键Ctrl+O打开本书学习资源文件夹中的“素材文件>CH05>素材02.jpg”文件，如图5-69所示。

02 在工具箱中选择“钢笔工具”，在选项栏中设置绘图模式为“路径”，如图5-70所示。将鼠标指针放到花瓶边缘处，单击设定路径的起点，如图5-71所示。

路径

图5-70

图5-69

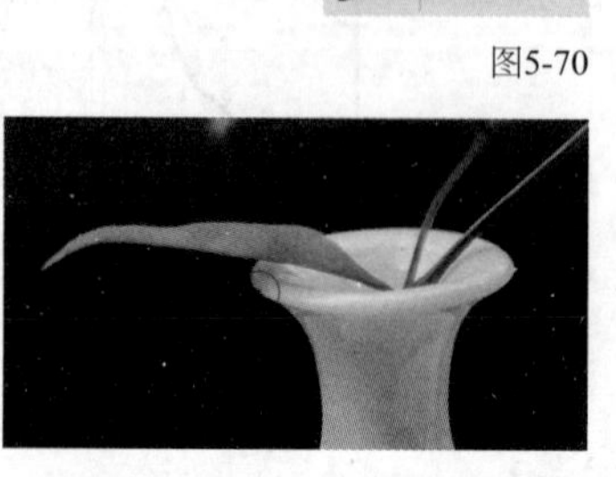
图5-71

03 按快捷键Ctrl++放大图像，在瓶口下方拖曳鼠标，创建一个半滑点，如图5-72所示。

04 沿着瓶身创建平滑点，但是由于上一个锚点的方向线过长，出现了图5-73所示的效果。此时，需按住Ctrl键调整两个锚点的方向线，使路径贴合花瓶边缘，如图5-74所示。

图5-72

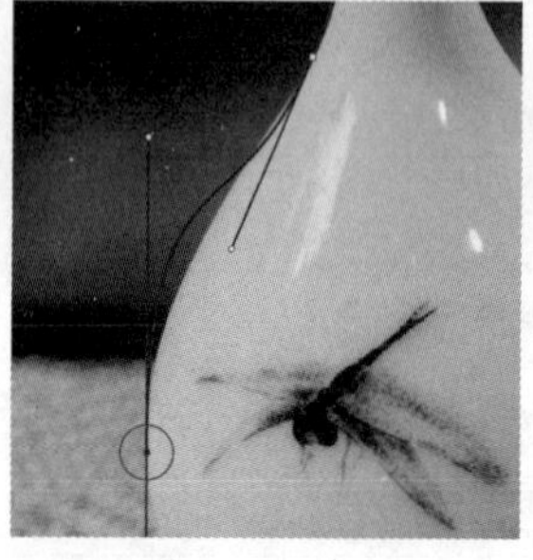
图5-73

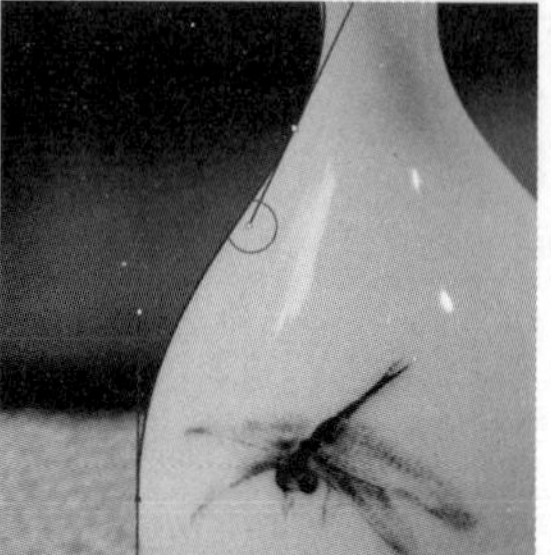
图5-74

05 用同样的方法继续绘制路径，直至花瓶底部，如图5-75所示。由于此处出现了转折，所以需要按住Alt键并单击该锚点，将其转换为只有一条方向线的角点，如图5-76所示。

图5-75

图5-76

06 外轮廓绘制完成后，单击路径起点，即可闭合路径，如图5-77所示。按快捷键Ctrl+Enter将路径转换为选区，按Ctrl+J键抠出花瓶，效果如图5-78所示。

图5-77

图5-78

课堂练习

## 抠出图中的小提琴

素材文件 素材文件>CH05>素材03.jpg
实例文件 实例文件>CH05>抠出图中的小提琴.psd
视频名称 抠出图中的小提琴.mp4
学习目标 掌握使用“钢笔工具”抠图的方法

用“钢笔工具”抠出图中的小提琴，如图5-79所示。

图5-79

# 5.4 编辑锚点与路径

在使用形状类工具或钢笔类工具绘图后，可以对锚点和路径进行编辑，以满足不同的需求。此外，还可以变换路径、描边路径和创建选区等。

### 本节重点内容

| 重点内容 | 说明 |
|---|---|
| 路径选择工具 | 选择一个或多个路径 |
| 直接选择工具 | 选择路径段和锚点 |
| 变换路径/自由变换路径 | 对路径进行变换和变形操作 |
| 变换点/自由变换点 | 对锚点进行变换和变形操作 |
| 拷贝/粘贴 | 复制路径 |
| 描边路径 | 用纯色、渐变颜色和图案等为路径描边 |
| 填充路径 | 用纯色、渐变颜色和图案等填充路径 |

## 5.4.1 “路径”面板

执行“窗口>路径”菜单命令，打开“路径”面板，如图5-80所示，在该面板中可以存储和管理路径。

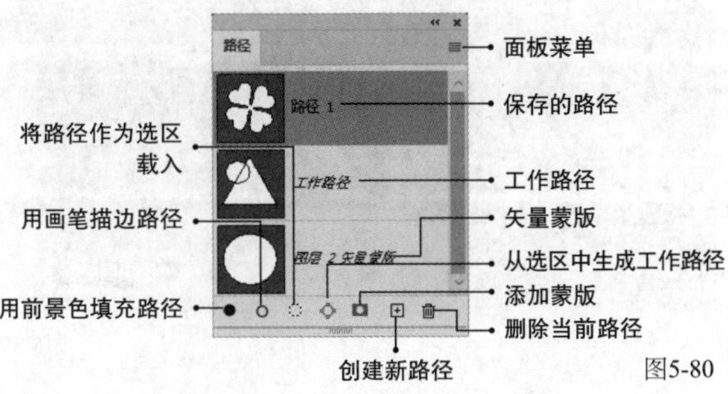


图5-80

下面介绍“路径”面板中的常用选项。

**用前景色填充路径●**：单击该按钮，可用前景色填充路径区域。

**用画笔描边路径○**：单击该按钮，可用“画笔工具”对路径进行描边。

**将路径作为选区载入**：单击该按钮，可将当前选择的路径转换为选区。

**从选区生成工作路径**：单击该按钮，可将当前选区转换为工作路径。

**添加图层蒙版**：单击该按钮，可以为所选图层添加图层蒙版，再次单击可基于路径生成矢量蒙版。

**创建新路径**：单击该按钮，可以创建一个新的路径。双击路径名称，可以对路径进行重命名。

**删除当前路径**：单击该按钮，可以删除当前选择的路径。

**知识点：管理工作路径**

工作路径属于临时路径。绘制完成后取消选择工作路径，再使用形状类工具或钢笔类工具进行绘制，原有的路径将被当前路径所替换，并生成新的工作路径，如图5-81所示。

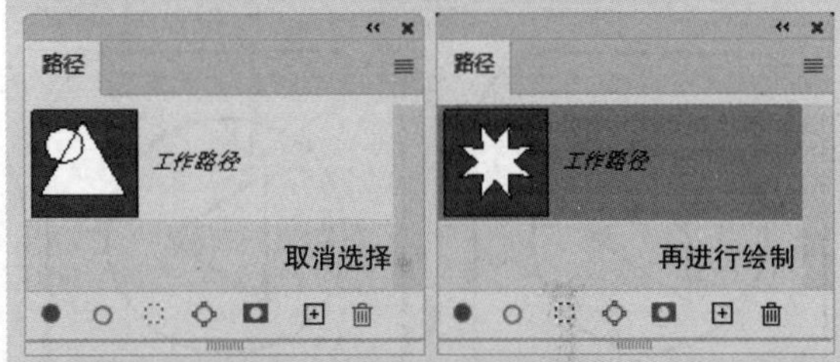


图5-81

如果不想工作路径被替换掉，可以双击工作路径缩览图或者将其拖曳至“创建新路径”按钮上，将工作路径存储到面板中，如图5-82所示。

图5-82

## 5.4.2 选择与移动路径

使用“路径选择工具”（快捷键为A）可以选择一个或多个路径。单击路径，即可将其选取；按住Shift键并单击其他路径，即可同时选取多个路径；拖曳出一个选框，即可选取选框范围内的所有路径，如图5-83所示。

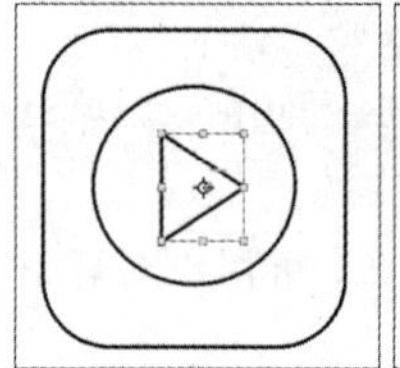
单击路径

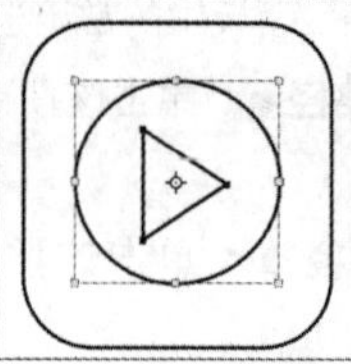
按住Shift键并单击

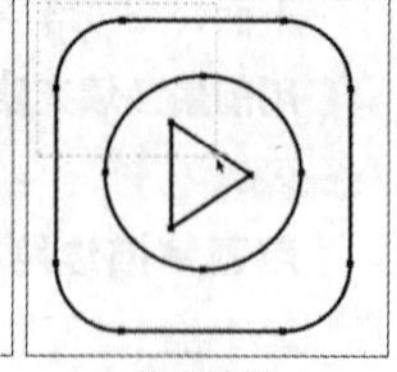
拖曳选取

图5-83

在选择一个或多个路径后，将鼠标指针置于路径上，拖曳路径即可移动路径，如图5-84所示。

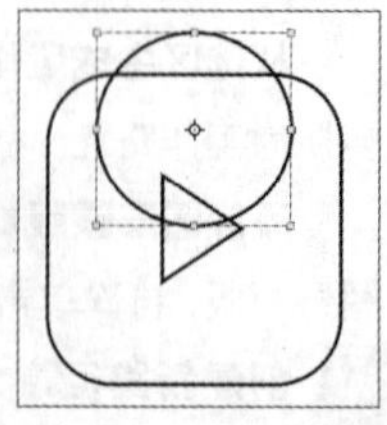

图5-84

## 5.4.3 选择与移动锚点

使用“直接选择工具”单击路径，将选择路径段并显示出其两端的锚点；单击锚点，将选择锚点（被选取的锚点为实心方块）并显示其方向线，如图5-85所示。此时，拖曳路径段或锚点，可以将其移动，如图5-86所示。

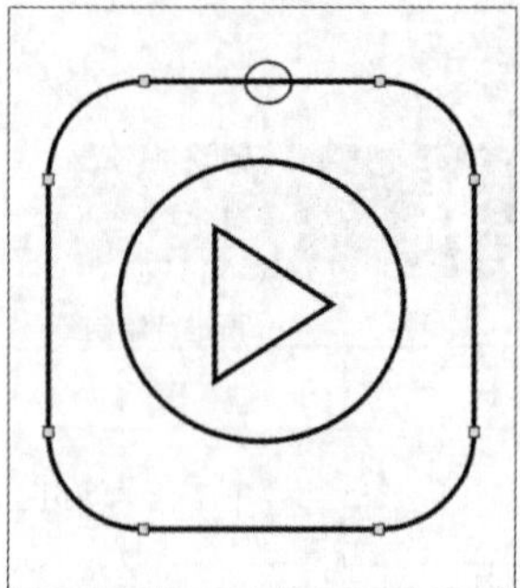
单击路径段

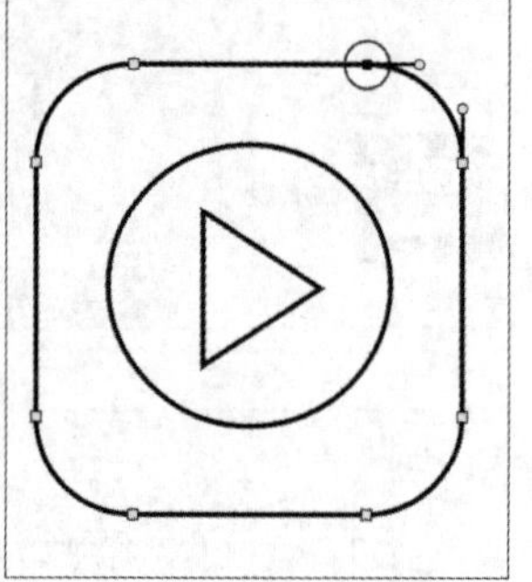
单击锚点

图5-85

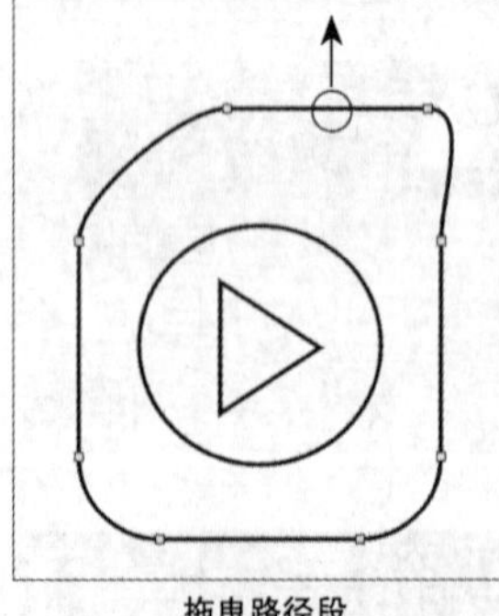
拖曳路径段

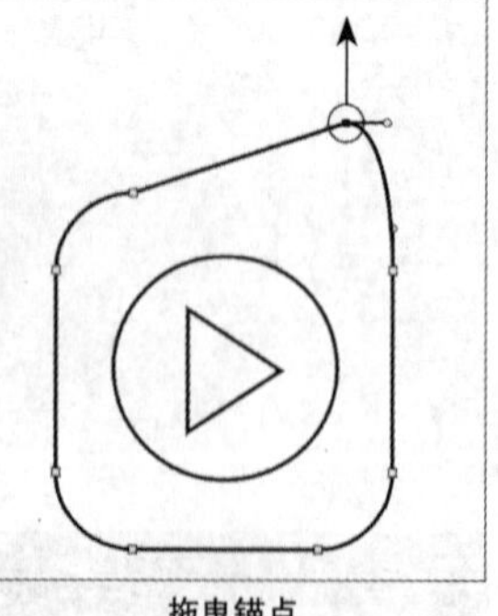
拖曳锚点

图5-86

按住Shift键并单击其他路径段或锚点，即可将其一同选取；拖曳出一个选框，即可选取选框范围内的所有路径段及锚点。

### 知识点：路径的变换与变形

使用“路径选择工具”选择路径后，执行“编辑>变换路径”子菜单中的命令，可以对路径进行变换操作。执行“编辑>自由变换路径”菜单命令（快捷键为Ctrl+T），可以对路径进行自由变换。其操作方法与图像的变换方法相似。

不同的是，选择路径后将自动出现定界框。拖曳定界框或控制点，可以拉伸路径；按住Shift键并拖曳定界框或控制点，可以等比例缩放路径，如图5-87所示。

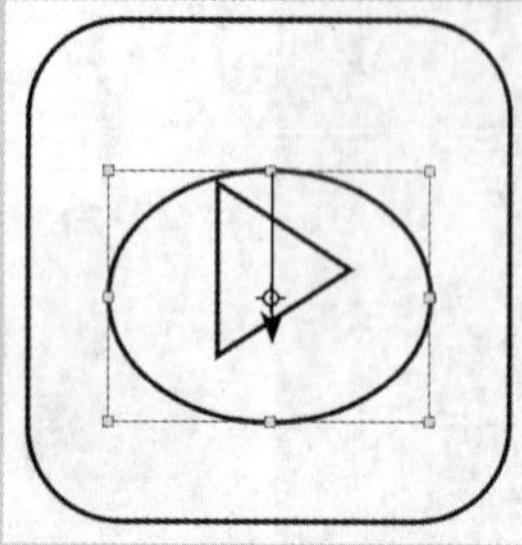
拖曳定界框或控制点

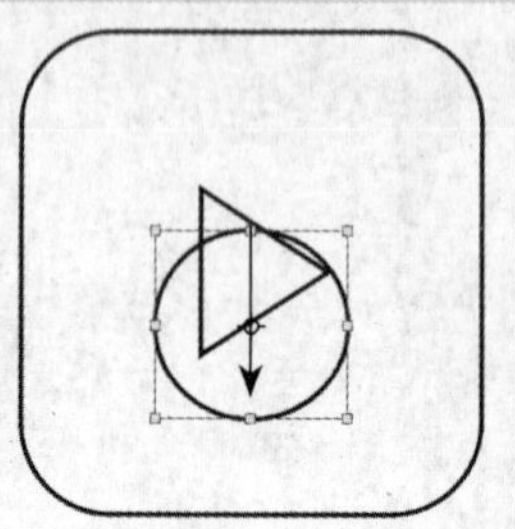
按住Shift键并拖曳定界框或控制点

图5-87

使用“直接选择工具”选择锚点，执行“编辑>变换点”子菜单中的命令，可以对锚点进行变换操作。执行“编辑>自由变换点”菜单命令（快捷键为Ctrl+T），可以对锚点进行自由变换，如图5-88所示。

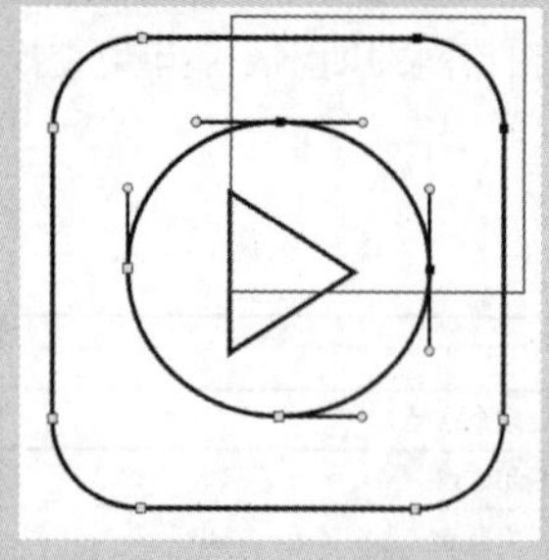

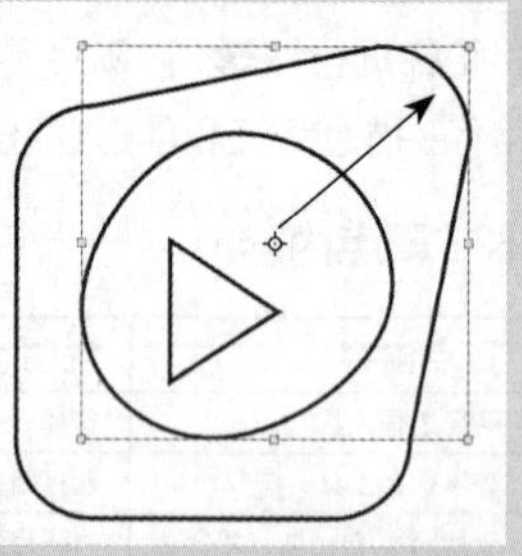

图5-88

## 5.4.4 显示与隐藏路径

在“路径”面板中单击路径，可以选择并显示该路径，如图5-89所示。单击“路径”面板的空白处，可以取消选择并隐藏该路径，如图5-90所示。

图5-89

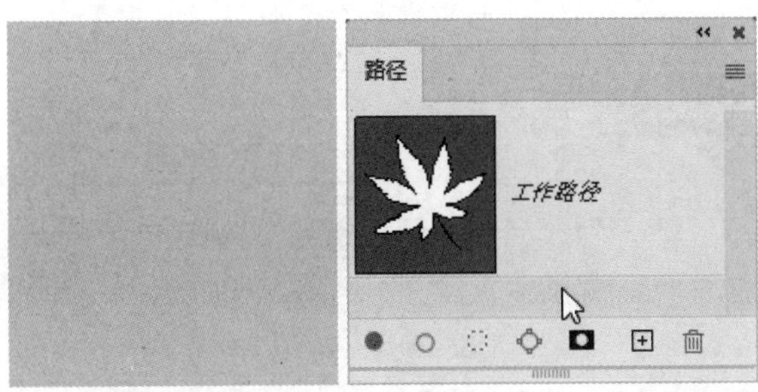

图5-90

**技巧与提示**

此外，按快捷键Ctrl+H也可以隐藏路径，但是路径仍然处于被选择状态，再次按快捷键Ctrl+H可以显示路径。

## 5.4.5 复制与粘贴路径

复制路径主要有3种方式，分别是复制到同一路径层、复制到新路径层、复制到另一个文档。

**复制到同一路径层：**选择路径，执行"编辑>拷贝"菜单命令（快捷键为Ctrl+C），然后执行"编辑>粘贴"菜单命令（快捷键为Ctrl+V），即可对路径进行同位复制；选择"路径选择工具"，按住Alt键，单击并拖曳路径，也可将路径复制到同一路径层，如图5-91所示。

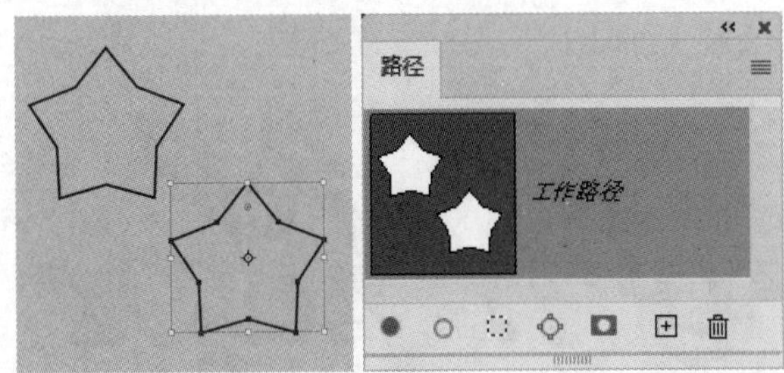

图5-91

**复制到新路径层：**将路径层拖曳至"创建新路径"按钮上，或者按住Alt键并拖曳路径层，即可将路径复制到新的路径层中（需先保存工作路径）。

**复制到另一个文档：**使用"路径选择工具"拖曳路径至另一个文档中；或者先按快捷键Ctrl+C复制路径，然后切换到目标文档，按快捷键Ctrl+V粘贴路径。

## 5.4.6 对齐与分布路径

使用"路径选择工具"选择画布中的多个路径，或者同一形状图层中的多个形状，然后单击其选项栏中的按钮，在打开的下拉面板中选择一种路径的对齐和分布方式，如图5-92所示，即可对齐与分布路径。

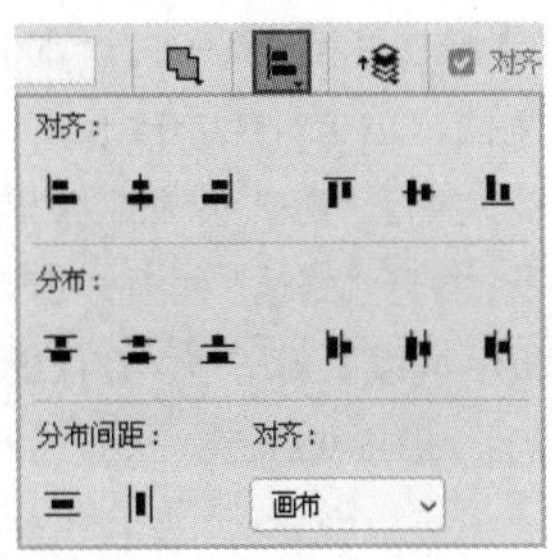

图5-92

## 5.4.7 描边路径

使用绘画类工具和修饰类工具均可以对路径进行描边，使路径变为可见图像。以"画笔工具"为例，先设置好前景色、笔尖样式及笔尖大小，然后在"路径"面板中选择路径并单击鼠标右键，在打开的菜单中执行"描边路径"命令，或者单击"路径"面板中的"用画笔描边路径"按钮，即可为路径描边，如图5-93所示。

执行"描边路径"命令，将打开"描边路径"对话框，在其中可以设置描边的工具，如图5-94所示。

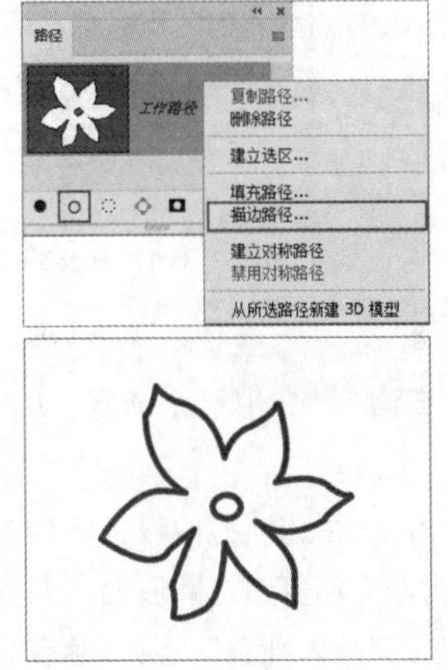

图5-93

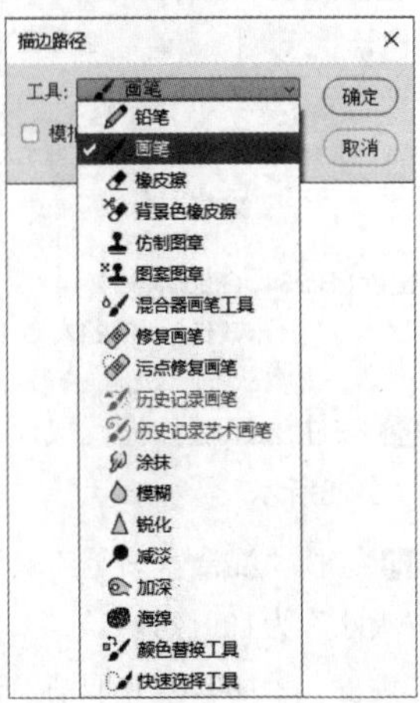

图5-94

**课堂案例**

### 制作渐变文字

| | |
|---|---|
| 素材文件 | 素材文件>CH05>素材04.psd |
| 实例文件 | 实例文件>CH05>制作渐变文字.psd |
| 视频名称 | 制作渐变文字.mp4 |
| 学习目标 | 掌握"描边路径"命令的使用方法 |

本例将用"描边路径"命令制作渐变文字，效果如图5-95所示。

图5-95

01 按快捷键Ctrl+O打开本书学习资源文件夹中的“素材文件>CH05>素材04.psd”文件，执行“窗口>路径”菜单命令，打开“路径”面板，在该面板中可以看到文档中存储的路径，如图5-96所示。

图5-96

02 在工具箱中选择“椭圆工具”，在选项栏中设置绘图模式为“形状”、“填充”为渐变、“描边”为无颜色，然后设置渐变颜色，并设置“渐变样式”为“线性”、“角度”为120度，如图5-97所示。

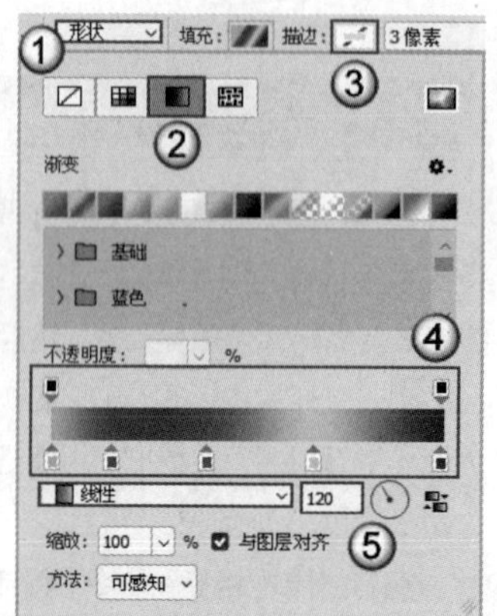


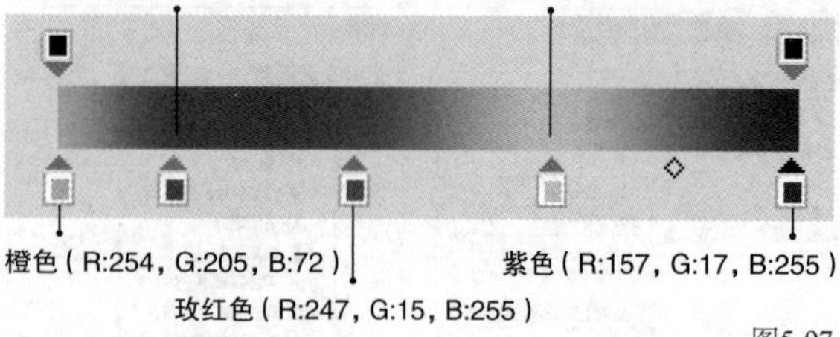


图5-97

03 按住Shift键并拖曳鼠标，在画布中绘制一个圆形，如图5-98所示。

04 选择“混合器画笔工具”，在选项栏中设置笔尖“大小”为100像素（笔尖“大小”不要超过圆形大小）、“硬度”为100%，并取消勾选“只载入纯色”选项，然后设置画笔预设为“干燥，深描”，如图5-99所示。新建一个空白图层，按住Alt键吸取渐变颜色。

图5-98

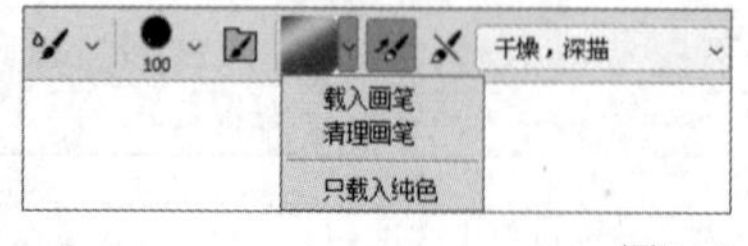


图5-99

05 吸取渐变颜色后，设置笔尖“大小”为35像素。在“路径”面板中选择“路径1”，然后单击鼠标右键，在打开的菜单中执行“描边路径”命令，如图5-100所示。在弹出的“描边路径”对话框中选择“混合器画笔工具”选项，单击“确定”按钮，如图5-101所示。

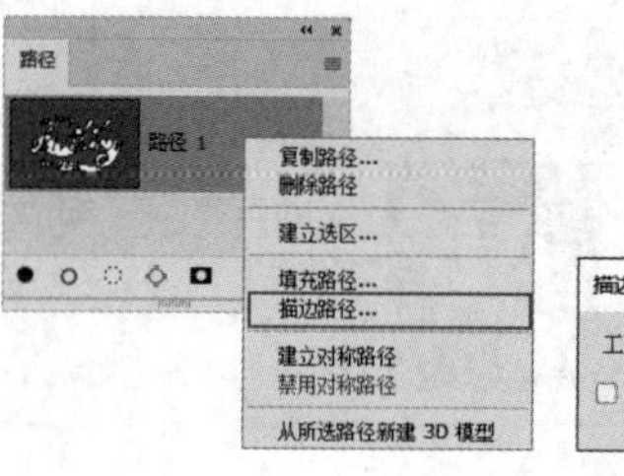


图5-100

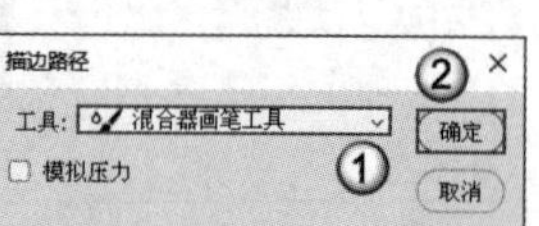


图5-101

06 此时，路径将自动被描边，如图5-102所示。隐藏“椭圆1”图层，单击“路径”面板的空白处，取消选择路径，即可得到最终效果，如图5-103所示。

图5-102

图5-103

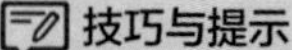

**技巧与提示**

使用不同的笔尖及渐变颜色，可以制作出不同的文字效果，如图5-104所示，读者可自行尝试。

图5-104

## 5.4.8 填充路径

在“路径”面板中选择路径并单击鼠标右键，在打开的菜单中执行“填充路径”命令，或者单击“路径”面板中的“用前景色填充路径”按钮●，即可填充路径，如图5-105所示。

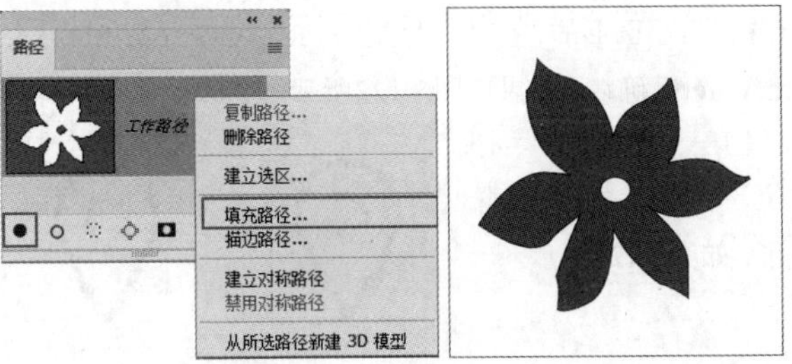


图5-105

执行“填充路径”命令，将弹出“填充路径”对话框，在其中可以设置填充的内容（如颜色和图案等）、模式和不透明度等选项，如图5-106所示。

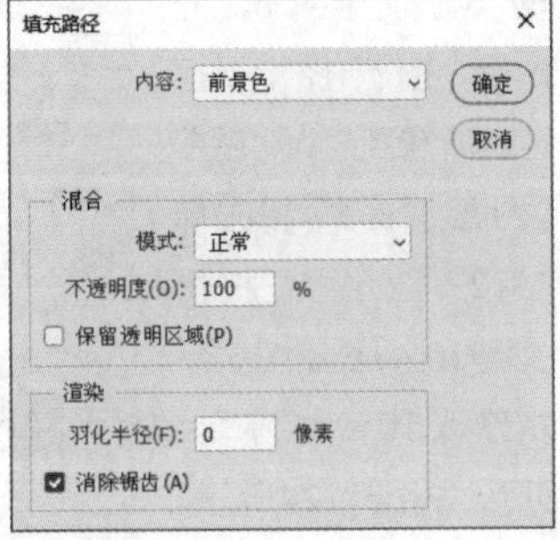


图5-106

### 知识点：将路径转换为选区

路径和选区是可以相互转换的，在“路径”面板中选择路径并单击鼠标右键，在打开的菜单中执行“建立选区”命令，或者单击“路径”面板中的“将路径作为选区载入”按钮⁛，即可将路径转换为选区，如图5-107所示。此外，按快捷键Ctrl+Enter，或者按住Ctrl键并单击路径缩览图，也可以将路径转换为选区。

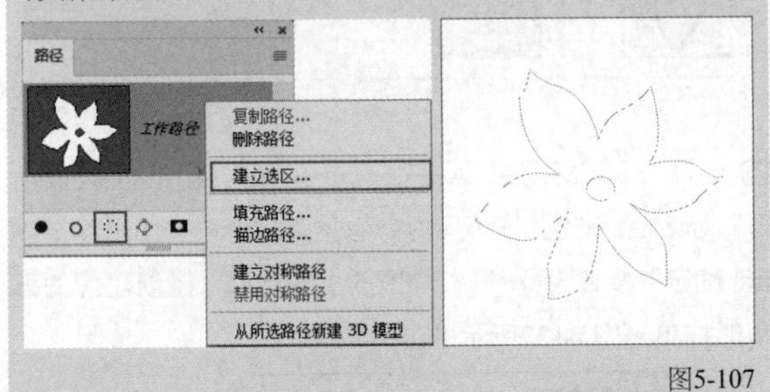


图5-107

课堂案例

### 绘制功能图标

| | |
|---|---|
| 素材文件 | 素材文件>CH05>素材05.psd |
| 实例文件 | 实例文件>CH05>绘制功能图标.psd |
| 视频名称 | 绘制功能图标.mp4 |
| 学习目标 | 掌握使用矢量工具绘制图标的方法 |

本例将用“钢笔工具”和形状工具绘制矢量图形，效果如图5-108所示。

图5-108

01 按快捷键Ctrl+O打开本书学习资源文件夹中的“素材文件>CH05>素材05.psd”文件，如图5-109所示。这是一个iOS图标制作模板，其中圆角矩形和圆形的尺寸是相同的，这样可以保持视觉的统一性。图5-110所示为规范背景的尺寸。

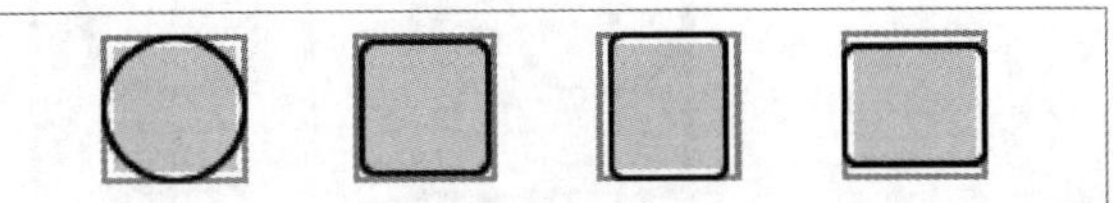

图5-109

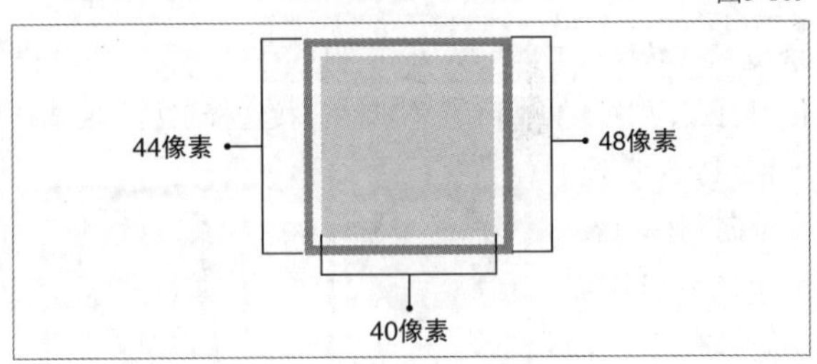


图5-110

02 在“图层”面板中选择“组1”图层组，按快捷键Ctrl+J复制图层组并修改其名称为“定位”，如图5-111所示。按↓键将“定位”图层组移至图5-112所示的位置。

图5-111

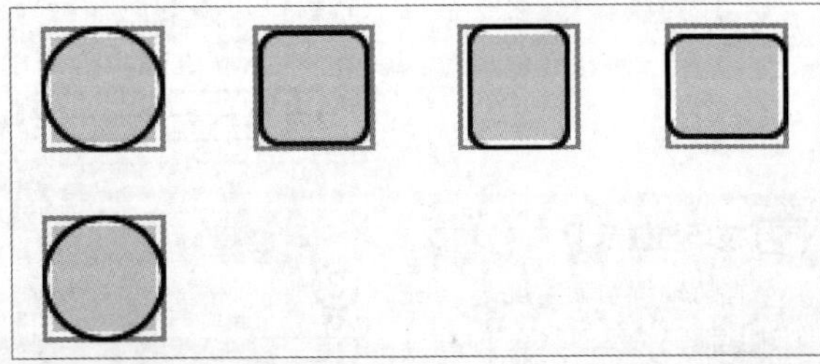

图5-112

03 在工具箱中选择“路径选择工具”，单击“定位”图层组中的黑色圆形图层，效果如图5-113所示。在选项栏中单击按钮，并设置W为32像素，圆形将等比缩小，如图5-114所示。

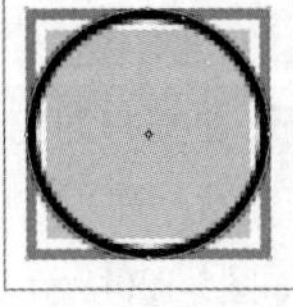

图5-113

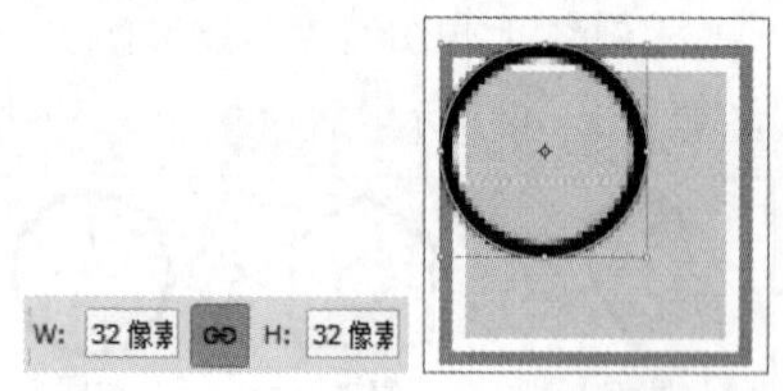


图5-114

04 按住Shift键并向右拖曳圆形，界面中会出现智能参考线以指示水平居中对齐的位置，将圆形拖曳到该位置即可，如图5-115所示。

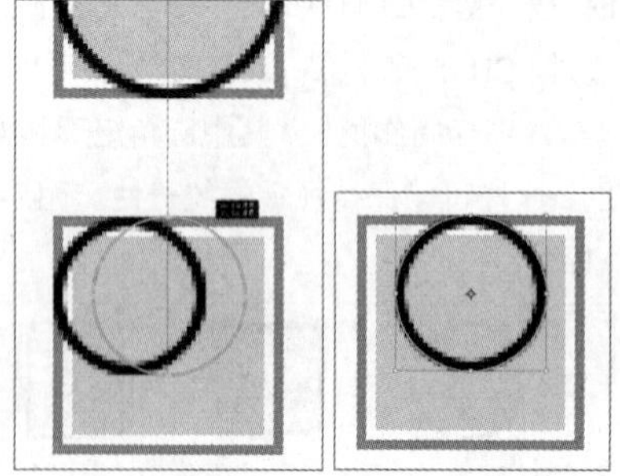

图5-115

05 选择“转换点工具”，单击圆形下方的锚点，将其转化为角点，如图5-116所示。使用“直接选择工具”选中该锚点，然后按↓键向下移动锚点至图5-117所示的位置。

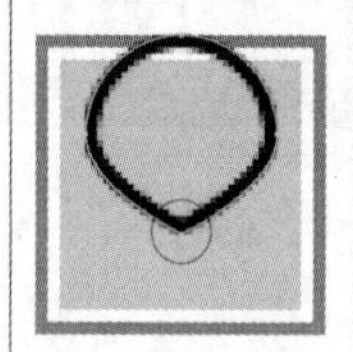

图5-116

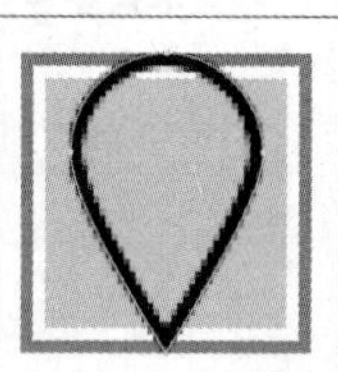

图5-117

06 选择“椭圆工具”，设置绘图模式为“形状”、“填充”为无颜色、“描边”为黑色、描边宽度为2像素，如图5-118所示。在描边类型的下拉面板中选择实线，设置“对齐”为向内，如图5-119所示。

图5-118

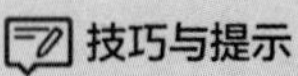

**技巧与提示**

不特别说明的情况下，在创建其他矢量图形时均使用以上参数。

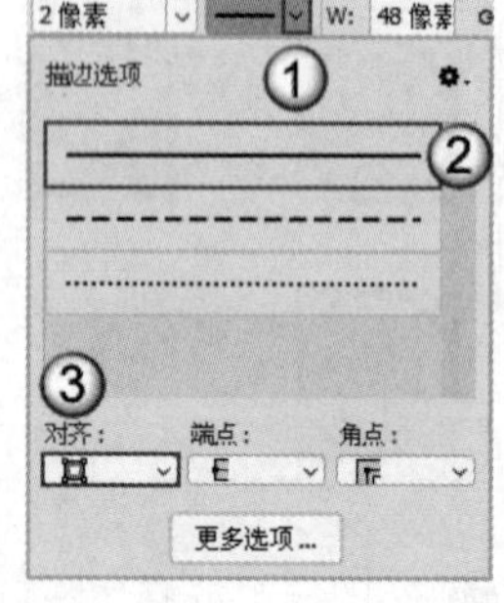


图5-119

07 在画布的空白处单击，打开“创建椭圆”对话框，设置“宽度”和“高度”为14像素，单击“确定”按钮，如图5-120所示。将创建的圆形拖曳至图5-121所示的位置。

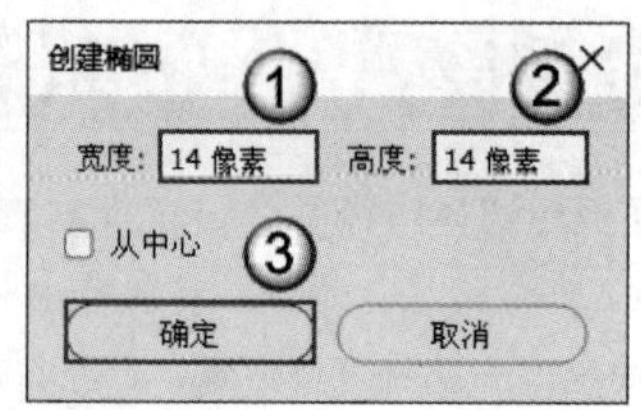


图5-120

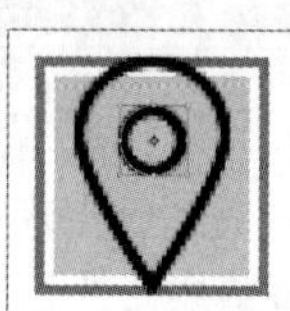

图5-121

08 设置小圆形的“描边”为蓝色（R:28，G:162，B:255），按Enter键确认，效果如图5-122所示。隐藏规范背景所在的图层，这样一个“定位”图标就制作完成了，如图5-123所示。

图5-122

图5-123

09 为了便于对齐，先显示“定位”图标规范背景所在图层，然后在“图层”面板中选择“组2”图层组，按快捷键Ctrl+J复制图层组并修改其名称为“首页”，如图5-124所示。将“首页”图层组移至图5-125所示的位置。

图5-124

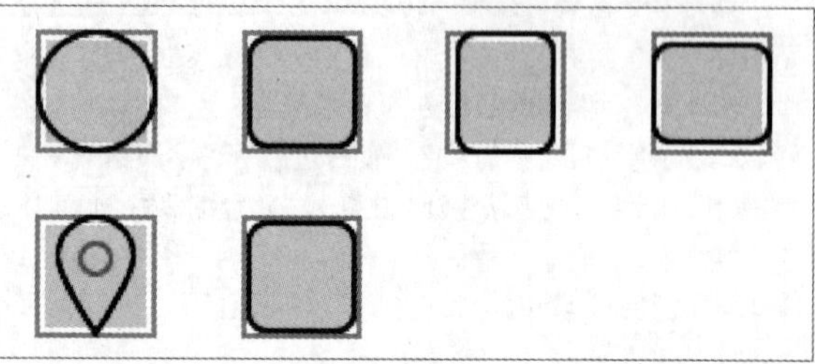

图5-125

10 选择“三角形工具”并在画布中单击，打开“创建三角形”对话框，设置“宽度”为48像素、“高度”为16像素，单击“确定”按钮，如图5-126所示。将创建好的三角形拖曳至图5-127所示的位置。

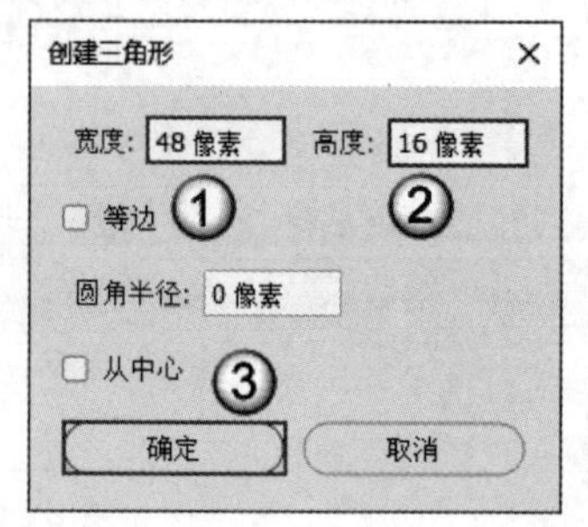


图5-126

图5-127

⓫ 选择"添加锚点工具"，在三角形路径中添加锚点，如图5-128所示。按Delete键删除该锚点，如图5-129所示。用同样的方法添加锚点并删除圆角矩形的部分路径段，如图5-130所示。

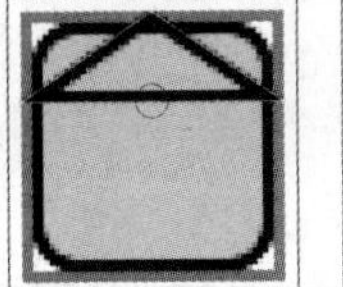

图5-128

图5-129

添加锚点

删除路径段

图5-130

⓬ 选择"椭圆工具"，创建一个16像素×16像素的圆形，并将其置于图标中间，然后设置"描边"为蓝色（R:28，G:162，B:255），如图5-131所示。隐藏规范背景所在的图层，这样一个"首页"图标就制作完成了，如图5-132所示。

图5-131

图5-132

⓭ 用同样的方法制作其他图标。"时间"图标与"任务"图标的指针与对号的创建方法是，先使用"矩形工具"创建一个矩形，然后按Delete删除矩形的一个锚点，如图5-133所示。

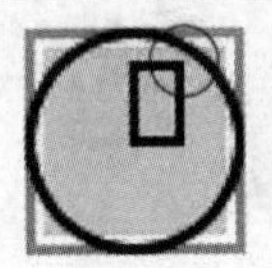

"时间"图标

"任务"图标

图5-133

⓮ 隐藏所有规范背景所在的图层，效果如图5-134所示。

图5-134

## 5.4.9 路径运算

路径运算的原理与选区类似，运算时至少需选择两个路径，单击选项栏中的按钮，在打开的下拉列表中可以进行不同的运算，如图5-135所示。

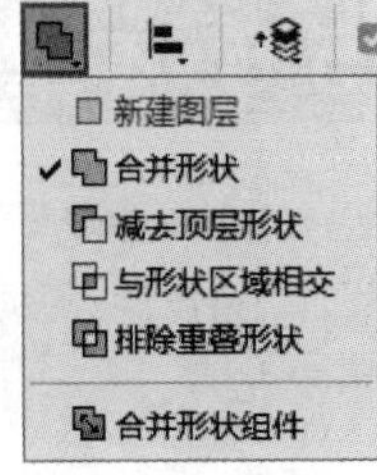



图5-135

使用形状类工具先创建一个矩形（底层），然后创建一个雪花图形（顶层），通过不同的运算方式可以得到多种效果，如图5-136所示。

图5-136

**技巧与提示**

在进行路径的相减运算时，其运算方式为用下层路径减去上层路径，因此，操作时需要调整路径的顺序。单击选项栏中的按钮，在打开的下拉列表中可以对路径的顺序进行调整，如图5-137所示。

图5-137

# 5.5 本章小结

本章主要讲解了使用形状类工具和钢笔类工具绘制矢量图形的方法，以及编辑锚点和路径的方法。矢量工具在UI设计、VI设计、网页制作和图像合成等领域中的应用是至关重要的。通过本章的学习，读者应该熟练掌握矢量工具的使用方法。

# 5.6 课后习题

根据本章的内容，本节共安排了两个课后习题供读者练习，以帮助读者对本章的知识进行综合运用。

## 课后习题：抠出图中的布偶

| 素材文件 | 素材文件>CH05>素材06.jpg |
| --- | --- |
| 实例文件 | 实例文件>CH05>抠出图中的布偶.psd |
| 视频名称 | 抠出图中的布偶.mp4 |
| 学习目标 | 掌握使用“钢笔工具”抠图的方法 |

本习题主要要求读者对使用“钢笔工具”抠图的操作进行练习，如图5-138所示。

图5-138

## 课后习题：绘制渐变图标

| 素材文件 | 无 |
| --- | --- |
| 实例文件 | 实例文件>CH05>绘制渐变图标.psd |
| 视频名称 | 绘制渐变图标.mp4 |
| 学习目标 | 掌握使用矢量工具绘制图标的方法 |

本习题主要要求读者对使用钢笔类工具和形状类工具绘制图标的操作进行练习，效果如图5-139 所示。

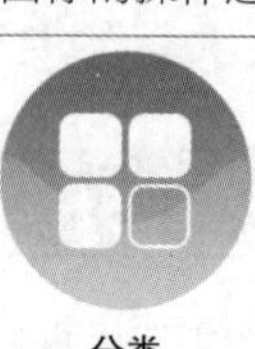

图5-139

Photoshop 2022

第 6 章

# 图像的修饰

本章主要介绍修复图像瑕疵和处理局部图像的主要工具，使用这些工具可修复图像中的缺陷、去除多余内容和复制局部图像。此外，还可以使图像的局部变模糊或变清晰，以及改变图像的亮度及颜色的饱和度等。

## 课堂学习目标

◇ 掌握去除图像瑕疵的方法
◇ 掌握复制或移动局部图像的方法
◇ 掌握局部图像的修饰方法

# 6.1 去除图像瑕疵

使用Photoshop中的图像修复类工具可以轻松地修复图像，掩盖其缺陷和瑕疵，并使修复区域与其他区域的光影匹配，更好地融入画面中。下面对图像修复类工具进行介绍。

**本节重点内容**

| 重点内容 | 说明 |
| --- | --- |
| 污点修复画笔工具 | 通过自动识别快速地去除图像中的瑕疵 |
| 修复画笔工具 | 通过取样修复图像中的瑕疵 |
| 修补工具 | 使用图像中的像素替换选区中的内容 |
| 内容感知移动工具 | 移动或复制图像中的内容 |
| 红眼工具 | 消除红眼 |
| 仿制图章工具 | 复制局部图像 |

## 6.1.1 污点修复画笔工具

“污点修复画笔工具”（快捷键为J）在修复图像时会自动从所修复区域的周围取样。使用该工具可以快速地去除图像中的污点、划痕等瑕疵，在污点处单击或拖曳即可将其去除，如图6-1所示。

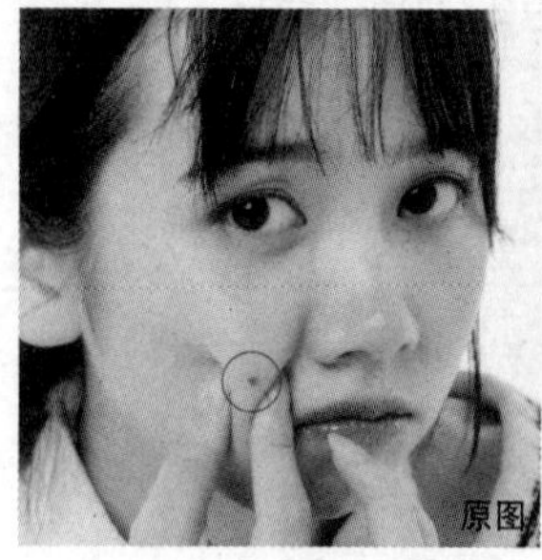

图6-1

选择“污点修复画笔工具”，其选项栏如图6-2所示。

模式：替换 类型：内容识别 创建纹理 近似匹配
对所有图层取样 0°

图6-2

下面介绍“污点修复画笔工具”选项栏中的常用选项。

**模式：**用于设置修复图像时的混合模式。除了常用的混合模式，还包含一个“替换”模式，使用该模式可以保留画笔边缘的杂色和纹理。

**类型：**用于设置源取样的类型。一般默认选择“内容识别”选项，选择该选项可以用画笔边缘的像素进行修复；选择“创建纹理”选项，可以使用画笔绘制范围内的所有像素创建一个用于修复该区域的纹理；选择“近似匹配”选项，可以用画笔边缘的像素来查找用于修补选定区域的图像区域。

课堂案例

### 去除地毯上的污渍

| | |
| --- | --- |
| 素材文件 | 素材文件>CH06>素材01.jpg |
| 实例文件 | 实例文件>CH06>去除地毯上的污渍.psd |
| 视频名称 | 去除地毯上的污渍.mp4 |
| 学习目标 | 掌握使用“污点修复画笔工具”去除瑕疵的方法 |

本例将使用“污点修复画笔工具”去除地毯上的污渍，如图6-3所示。

图6-3

01 按快捷键Ctrl+O打开本书学习资源文件夹中的“素材文件>CH06>素材01.jpg”文件，如图6-4所示。单击“图层”面板下方的“创建新图层”按钮，新建图层。在新建的图层中修复图像，可以保护原始图像，并且便于调整修改痕迹。

图6-4

02 在工具箱中选择“污点修复画笔工具”，设置笔尖“硬度”为40%、“模式”为“正常”、“类型”为“内容识别”，勾选“对所有图层取样”选项。根据污渍的大小，按[键和]键调整笔尖大小，在污渍上绘制即可，如图6-5所示。

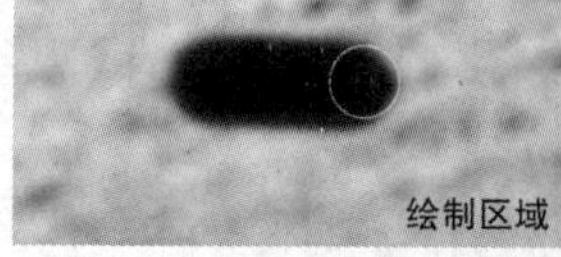


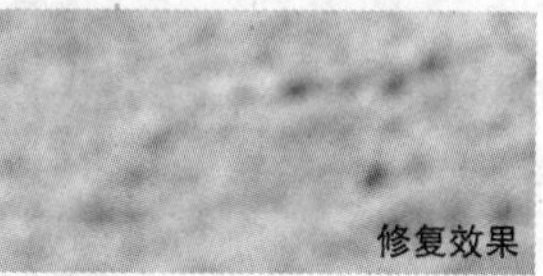


图6-5

**技巧与提示**

绘制的区域不宜过大或过小，以刚遮住污渍为宜。如果对修复效果不满意，可以在按快捷键Ctrl+Z撤销操作后重新绘制，或者在已有修复痕迹上继续绘制。

03 用同样的方法修复地毯近处的其他几处污渍，在修复过程中需根据污渍大小调整笔尖大小；对于点状的污渍，直接在污渍上单击即可，如图6-6所示。

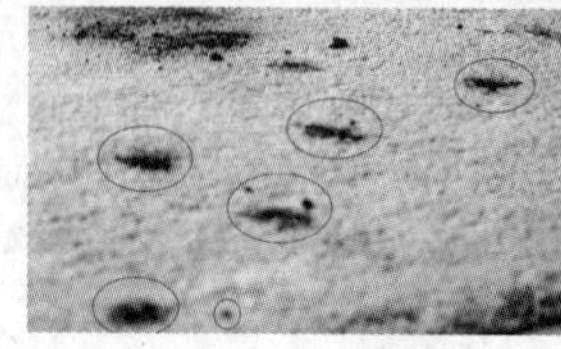

图6-6

04 由于远处污渍的范围较大且有较明显的地毯纹理，因此设置"类型"为"近似匹配"，然后用相同的方法进行绘制，修复后可以生成有较明显地毯纹理的修复图像，如图6-7所示。

图6-7

**技巧与提示**

如果使用"内容识别"这一源取样类型进行修复，将根据画笔边缘生成虚实结合的效果，其效果不是很理想，如图6-8所示。

图6-8

05 用同样的方法去除其他污渍，完成修复，效果如图6-9所示。

图6-9

## 6.1.2 修复画笔工具

"修复画笔工具"与"污点修复画笔工具"的工作原理是相同的，但是它们的使用方法略有不同。在使用"修复画笔工具"之前，需要按住Alt键并单击图像，以设置用于修复像素的源（取样），然后在瑕疵上单击或拖曳即可将其修复。使用该工具可以很好地将取样对象的纹理、光影等与所修复的像素进行匹配，从而使修复后的像素不留痕迹地融入图像，如图6-10所示。

图6-10

选择"修复画笔工具"，其选项栏如图6-11所示。

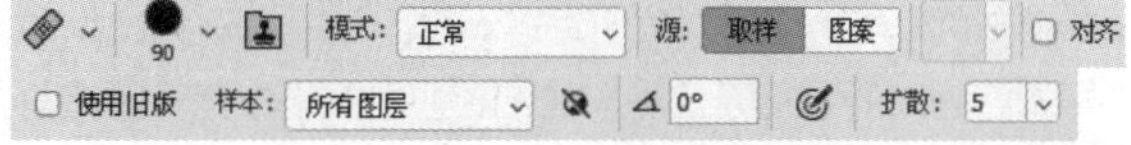


图6-11

下面介绍"修复画笔工具"选项栏中的常用选项。

**仿制源**：单击该按钮，将打开"仿制源"面板，如图6-12所示。在该面板中可以设置多个仿制源（最多5个），还可以移动、翻转、缩放和旋转新生成的图像。

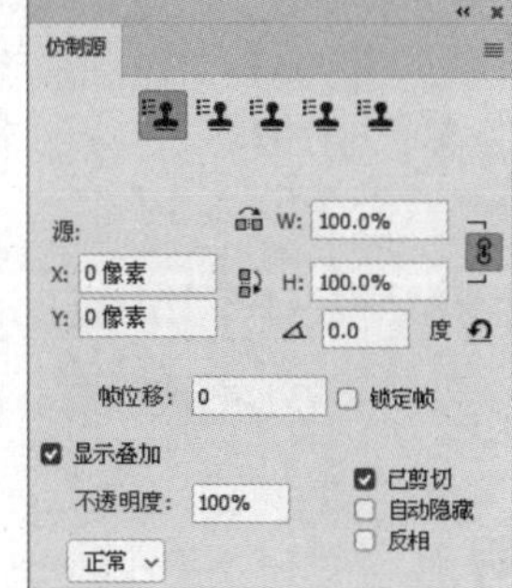


图6-12

**源**：用于设置修复像素的来源。选择"取样"选项，可以从图像中进行取样，适用于修复瑕疵、瘢痕和复制图像等。选择"图案"选项，可以选择一种图案进行绘制。

**对齐**：勾选该选项，将进行连续取样，取样点会随着修复的位置变化而变化。取消勾选该选项，将始终以初始取样点为起点。

**样本**：用于选择取样的图层。

课堂案例

### 修补地面上的裂缝

| | |
|---|---|
| 素材文件 | 素材文件>CH06>素材02.jpg |
| 实例文件 | 实例文件>CH06>修补地面上的裂缝.psd |
| 视频名称 | 修补地面上的裂缝.mp4 |
| 学习目标 | 掌握使用"修复画笔工具"修复图像的方法 |

本例将使用"修复画笔工具"修补地面上的裂缝，如图6-13所示。

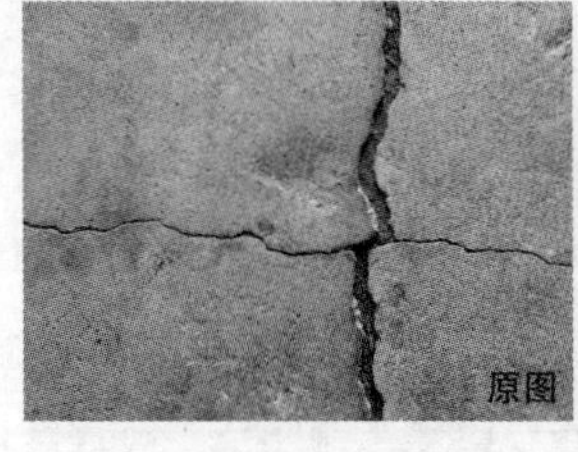

图6-13

01 按快捷键Ctrl+O打开本书学习资源文件夹中的"素材文件>CH06>素材02.jpg"文件，如图6-14所示。单击"图层"面板下方的"创建新图层"按钮，新建图层。

图6-14

02 在工具箱中选择“修复画笔工具”，设置笔尖“硬度”为40%、“模式”为“正常”、“源”为“取样”，设置“样本”为“所有图层”。按住Alt键并单击裂缝周围完好的地面区域，如图6-15所示。松开Alt键，根据裂缝的大小调整笔尖大小，在裂缝处涂抹即可修补裂缝，如图6-16所示。

图6-15

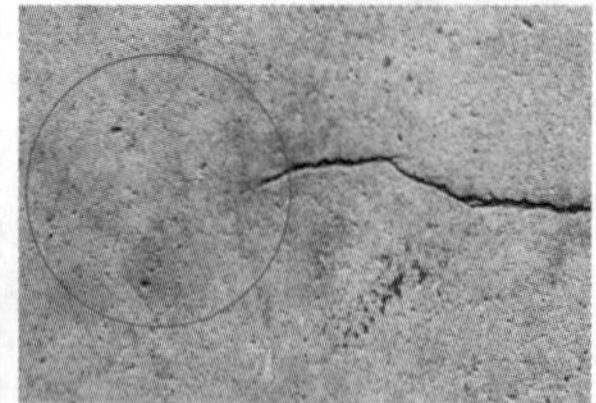

图6-16

03 为了使修复效果更好，可以在修复的过程中继续取样，取样的方法是相同的，如图6-17所示。这样可以使修复的画面更加自然，如图6-18所示。

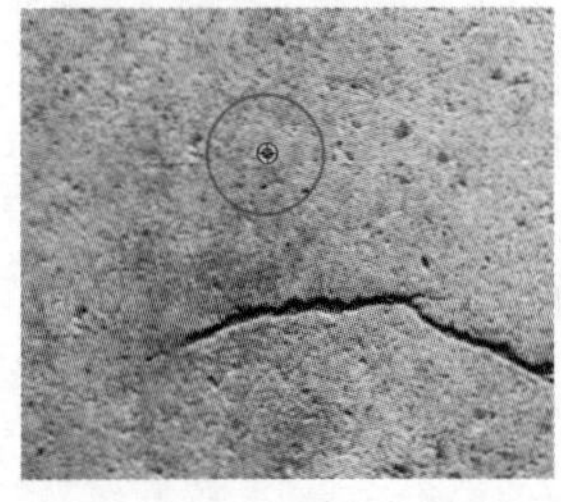

图6-17

图6-18

04 用同样的方法完成其他区域的修复，在修复过程中可以反复涂抹和取样，直至满意，效果如图6-19所示。

图6-19

课堂练习

## 去除脸上的雀斑

| | |
|---|---|
| 素材文件 | 素材文件>CH06>素材03.jpg |
| 实例文件 | 实例文件>CH06>去除脸上的雀斑.psd |
| 视频名称 | 去除脸上的雀斑.mp4 |
| 学习目标 | 掌握使用“修复画笔工具”去除瑕疵的方法 |

使用“修复画笔工具”去除人物脸上的雀斑，如图6-20所示。

图6-20

## 6.1.3 修补工具

使用“修补工具”需要用选区（创建选区的方法与使用“套索工具”时创建选区的方法相同）来限定修补范围，拖曳选区内的图像至合适的位置，即可用该位置的像素替换图像中的内容，如图6-21所示。

图6-21

选择“修补工具”，其选项栏如图6-22所示。

图6-22

下面介绍“修补工具”选项栏中的常用选项。

**修补：**选择修补模式，包含“正常”模式和“内容识别”模式。

**源/目标：**选择“源”选项，将选区内的图像拖曳到目标区域后，原选区中的图像将被目标区域的内容所替换，如图6-23所示。选择“目标”选项，将选区内的图像拖曳到目标区域后，目标区域将生成原选区中的内容，如图6-24所示。

图6-23

图6-24

**透明：** 勾选该选项，可以使修补后的图像与原图产生透明的叠加效果。

## 6.1.4 内容感知移动工具

“内容感知移动工具”的功能与“修补工具”相同，但是其复制图像的效果更好，可以使图像与较简单的背景融合得更好，如图6-25所示。

图6-25

选择“内容感知移动工具”，其选项栏如图6-26所示。

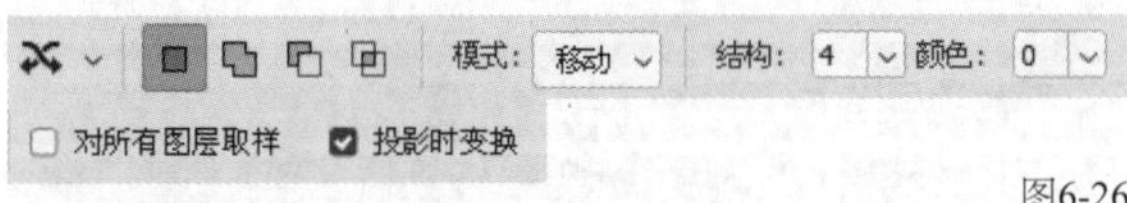


图6-26

下面介绍“内容感知移动工具”选项栏中的常用选项。

**模式：** 有“移动”和“扩展”两种模式。当选择“移动”模式时，将创建的选区内的图像拖曳到其他位置后，会切换到自由变换模式（可以对其进行自由变换调整）。调整后按Enter键确认操作，如图6-27所示。当选择“扩展”模式时，将创建的选区内的图像拖曳到其他位置，可以复制图像，如图6-28所示。操作完成后，按快捷键Ctrl+D取消选区。

图6-27

图6-28

**结构：** 取值范围为1~7。该值越大，修补结果与现有图像的近似程度越高。

**颜色：** 取值范围为1~10。该值越大，则应用的颜色混合得越好。

**投影时变换：** 勾选该选项，可以在拖曳选区时对图像进行变换。

## 6.1.5 红眼工具

使用“红眼工具”可以去除由闪光灯导致的人眼红光效果，在其选项栏中可以修改瞳孔的大小及暗度，如图6-29所示。该工具的使用方法很简单，在瞳孔上单击或者框选出红眼区域，就可以自动消除红眼，如图6-30所示。

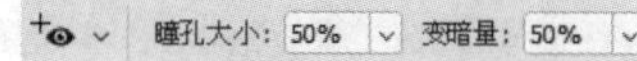


图6-29

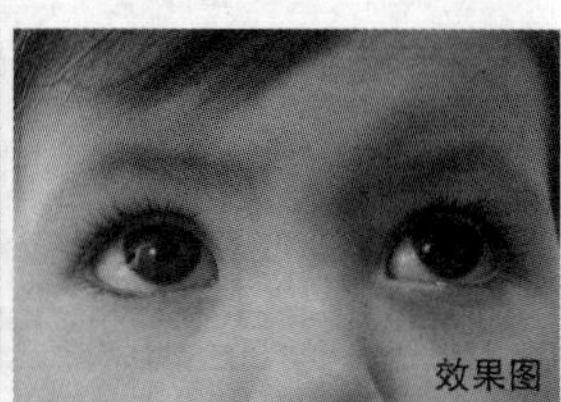


图6-30

**技巧与提示**

如果对去除的效果不满意，可以按快捷键Ctrl+Z撤销操作，然后调整“瞳孔大小”和“变暗量”的数值再次尝试。

## 6.1.6 仿制图章工具

使用“仿制图章工具”（快捷键为S）可以复制局部图像，然后将其粘贴到相同图层或其他图层中，也可以将其粘贴到其他文档中。通过这个功能，可以修复图像中的瑕疵或者复制图像，如图6-31所示。该工具的使用方法与“修复画笔工具”相同，但是新生成的图像不会与原图像自动融合。

图6-31

在使用“仿制图章工具”之前，需要按住Alt键并单击图像进行取样。完成取样后松开Alt键，在需要修改的位置拖曳鼠标。此时，画面中会出现一个十字形的标记，该标记所对应的图像即要涂抹出的图像，如图6-32所示。

图6-32

## 知识点：保护原始图像

在使用“污点修复画笔工具”、“修复画笔工具”、“内容感知移动工具”和“仿制图章工具”时，均可以对所有图层进行取样。修复图像时可以创建新图层，这样便可以将复制的图像粘贴在新图层中，以达到保护原始图像的目的。

“修补工具”只支持在当前图层中绘制，操作之前可以先复制图层，以避免原始图像被破坏。

# 6.2 处理局部图像

使用“模糊工具”和“锐化工具”可以对局部图像进行模糊和锐化处理，使用“减淡工具”、“加深工具”和“海绵工具”可以改变局部图像的亮度和颜色的饱和度等。

### 本节重点内容

| 重点内容 | 说明 |
| --- | --- |
| 模糊工具 | 使图像中的某个区域变模糊 |
| 锐化工具 | 使图像中的某个区域变清晰 |
| 减淡工具 | 使图像中的某个区域变亮 |
| 加深工具 | 使图像中的某个区域变暗 |
| 海绵工具 | 改变图像中某个区域颜色的饱和度 |
| 内容识别填充 | 去除图像中的内容，并进行自动填充 |

## 6.2.1 模糊工具与锐化工具

使用“模糊工具”可以柔化硬边缘或者减少图像中的细节。在某个区域上涂抹的次数越多，该区域就越模糊，如图6-33所示。

图6-33

选择“模糊工具”，其选项栏如图6-34所示。

图6-34

下面介绍“模糊工具”选项栏中的常用选项。

**模式：**用于设置涂抹的混合模式。

**强度：**用于设置涂抹的模糊程度，数值越大，模糊程度越大，反之则越小。

“锐化工具”与“模糊工具”的作用相反，使用该工具进行绘制可以增强图像中相邻像素的对比度，从而提升图像的清晰度，如图6-35所示。

图6-35

**技巧与提示**

按住Alt键，可以在“锐化工具”与“模糊工具”之间进行切换。

## 6.2.2 减淡工具与加深工具

使用“减淡工具”可以快速提亮图像中的某个区域。按住鼠标左键，在图像中需要提亮的区域反复涂抹，即可得到所需的效果。该工具的选项栏如图6-36所示。

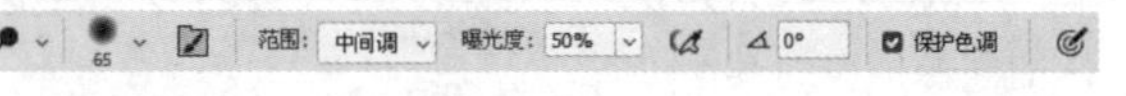

图6-36

下面介绍“减淡工具”选项栏中的常用选项。

**范围：**用于设置要修改的色调，包含“阴影”“中间调”“高光”这3个选项。设置不同的“范围”并涂抹图像中相同的区域，会得到不同的效果，如图6-37所示。

图6-37

**曝光度：**用于设置涂抹强度。数值越大，效果越明显。

**保护色调：**勾选该选项，可以使图像的色调不受影响。

“加深工具”的作用与“减淡工具”相反，使用该工具可以快速降低图像中某个区域的亮度，如图6-38所示。这两个工具的选项栏中的选项与使用方法是相同的。按住Alt键，可以在这两个工具之间进行切换。

图6-38

> **技巧与提示**
>
> 在Photoshop中可以将图像分为阴影、中间调和高光3个部分。通俗来讲，阴影就是画面中的暗部，即较黑的区域；中间调就是画面中不太亮也不太暗的区域；高光就是画面中的亮部，即较亮的区域。

课堂案例

## 提亮人物面部

| | |
|---|---|
| 素材文件 | 素材文件>CH06>素材04.jpg |
| 实例文件 | 实例文件>CH06>提亮人物面部.psd |
| 视频名称 | 提亮人物面部.mp4 |
| 学习目标 | 掌握使用“减淡工具”提亮局部图像的方法 |

本例将使用“减淡工具”提亮人物面部，如图6-39所示。

图6-39

01 按快捷键Ctrl+O打开本书学习资源文件夹中的“素材文件>CH06>素材04.jpg”文件，如图6-40所示。按快捷键Ctrl+J复制图层。

02 在工具箱中选择“减淡工具”，设置笔尖“硬度”为0%、“范围”为“阴影”、“曝光度”为25%，并勾选“保护色调”选项。在人物面部的皮肤上单击并拖曳鼠标进行涂抹，提亮该区域，效果如图6-41所示。

图6-40

图6-41

> **技巧与提示**
>
> 涂抹时需要避开人物的五官，可根据不同区域的大小按[键或]键调整笔尖大小和“曝光度”的数值。如果修改后的区域过亮，可以按住Alt键切换为“加深工具”，将其变暗一些，使效果更加自然。

03 用同样的方法提亮人物的脖子，效果如图6-42所示。

图6-42

## 6.2.3 海绵工具

使用“海绵工具”可以改变图像中某个区域颜色的饱和度，其选项栏如图6-43所示。



图6-43

下面介绍“海绵工具”选项栏中的常用选项。

**模式：**包含“加色”和“去色”两种模式，分别用于提高或降低图像中颜色的饱和度，如图6-44所示。

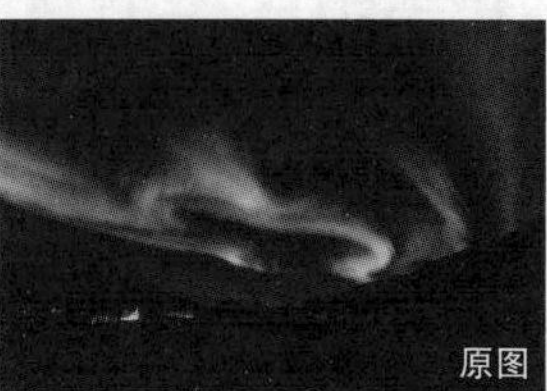

图6-44

**流量：**用于设置涂抹的强度。

**自然饱和度：**勾选该选项，在增加饱和度时，可以有效地避免溢色现象。

## 6.2.4 内容识别填充

使用“内容识别填充”功能也可以对局部图像进行处理，如去除多余的内容，如图6-45所示。

图6-45

该功能的原理与“填充”对话框中的“内容识别”功能是相同的，但是使用“内容识别填充”功能可以用指定的像素对选区进行修复。两个功能的操作方法是相似的，先创建多余内容的选区，如图6-46所示，执行“编辑>内容识别填充”菜单命令，进入内容识别填充工作区，在“预览”面板中可以观察填充后的效果，如图6-47所示。

图6-46

图6-47

工作区中显示的绿色区域为取样区域，使用“取样画笔工具”可以添加或减去取样区域，如图6-48所示。“预览”面板中会实时显示填充后的效果。

图6-48

在“内容识别填充”面板中可以设置取样的区域、填充颜色和输出位置等，如图6-49所示。

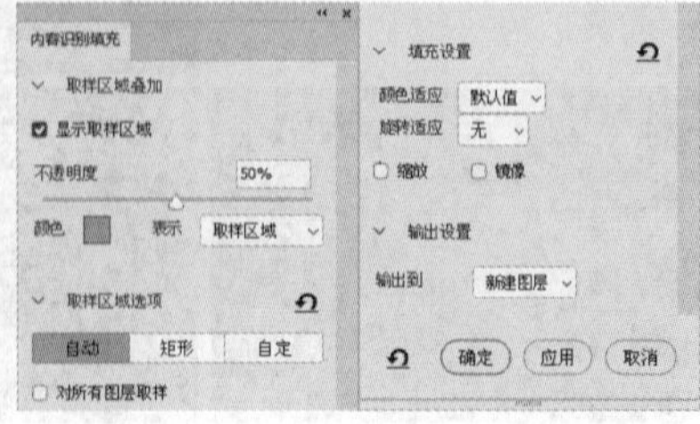


图6-49

下面介绍“内容识别填充”面板中的常用选项。

**取样区域叠加：**在该选项组中可以设置取样区域的颜色与不透明度，一般保持默认设置即可。

**取样区域选项：**在该选项组中可以设置取样区域。选择“自动”选项，Photoshop将进行自动取样；选择“矩形”选项，取样区域为矩形；选择“自定”选项，取样区域将自动被清除，可用“取样画笔工具”手动绘制取样区域，如图6-50所示。

图6-50

**填充设置：**在该选项组中可以设置填充的颜色精度和方向等。

**输出设置：**在该选项组中可以设置输出位置。

课堂案例

### 去除图中的女孩

| | |
|---|---|
| 素材文件 | 素材文件>CH06>素材05.jpg |
| 实例文件 | 实例文件>CH06>去除图中的女孩.psd |
| 视频名称 | 去除图中的女孩.mp4 |
| 学习目标 | 掌握使用“内容识别填充”功能去除图中多余内容的方法 |

本例将使用“内容识别填充”功能去除图中的女孩，如图6-51所示。

图6-51

**01** 按快捷键Ctrl+O打开本书学习资源文件夹中的“素材文件>CH06>素材05.jpg”文件，如图6-52所示。按快捷键Ctrl+J复制图层。

图6-52

**02** 使用“套索工具”为人物创建选区，注意选区需包含人物脚部右侧的海面（因为这个区域较小，所以建议去除），如图6-53所示。

图6-53

**技巧与提示**

在使用“套索工具”时，可以按住Shift键增加选区范围，或者按住Alt键减少选区范围。

03 执行“编辑>内容识别填充”菜单命令，进入内容识别填充工作区。在“预览”面板中看到填充后的效果较为生硬，如图6-54所示。

图6-54

04 在“内容识别填充”面板中设置“颜色适应”为“非常高”，如图6-55所示。填充后的效果如图6-56所示。

填充设置
颜色适应 非常高
旋转适应 无

图6-55

图6-56

05 选择“取样画笔工具”，单击按钮，在脚部附近减去一些区域，如图6-57所示。此时，填充后的效果更加自然，如图6-58所示。

图6-57

图6-58

06 在“内容识别填充”面板中设置“输出到”为“新建图层”，单击“确定”按钮退出工作区，如图6-59所示。此时修复的效果会自动输出到一个新的图层中，按快捷键Ctrl+D取消选区，效果如图6-60所示。

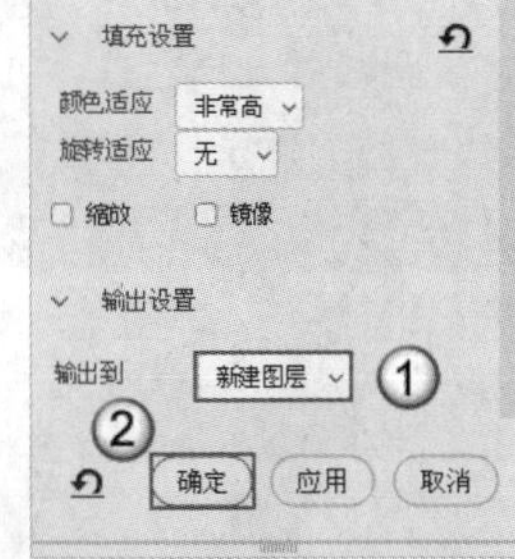


图6-59

图6-60

## 6.3 本章小结

本章主要讲解了图像的修饰方法和常用的局部处理工具的使用方法，以及通过“内容识别填充”功能去除图像中多余内容的方法。通过本章的学习，读者应该将实践与理论相结合，在实践中不断地巩固每一种工具的使用方法。

## 6.4 课后习题

根据本章的内容，本节共安排了两个课后习题供读者练习，以帮助读者对本章的知识进行综合运用。

### 课后习题：去除脸上的痘痘和细纹

| | |
|---|---|
| 素材文件 | 素材文件>CH06>素材06.jpg |
| 实例文件 | 实例文件>CH06>去除脸上的痘痘和细纹.psd |
| 视频名称 | 去除脸上的痘痘和细纹.mp4 |
| 学习目标 | 掌握使用“修复画笔工具”修复图像的方法 |

本习题主要要求读者对“修复画笔工具”的使用方法进行练习，效果如图6-61所示。

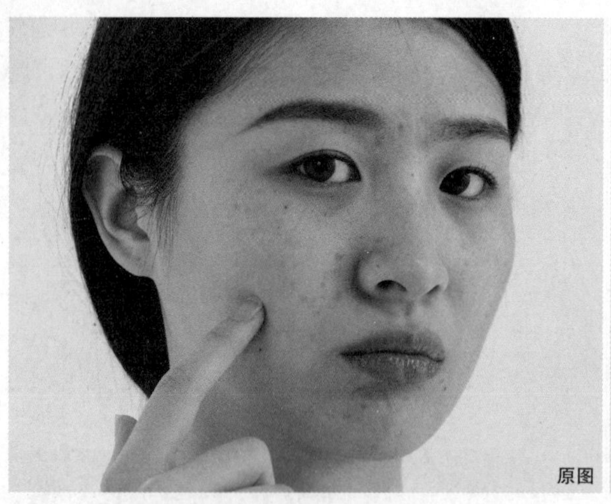
原图

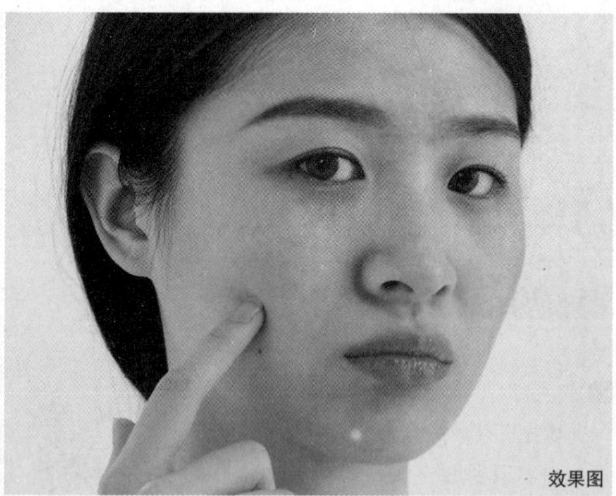
效果图

图6-61

## 课后习题：去除图中的牌子

素材文件 素材文件>CH06>素材07.jpg
实例文件 实例文件>CH06>去除图中的牌子.psd
视频名称 去除图中的牌子.mp4
学习目标 掌握使用“内容识别填充”功能处理局部图像的方法

本习题主要要求读者对“内容识别填充”功能的使用方法进行练习，如图6-62所示。

原图

效果图

图6-62

第 7 章

# 调整色调与颜色

本章主要介绍调整图像色调与颜色的命令，以及这些命令的具体使用方法。使用这些命令可以调整图像的亮度、对比度和细节等，使图像的光感更加自然。此外，使用这些命令还可以制作出特殊的光影效果。

## 课堂学习目标

◇ 掌握调整图像色调的命令的使用方法
◇ 掌握调整图像颜色的命令的使用方法
◇ 了解调整特殊色调和颜色的命令

Photoshop 2022

# 7.1 色调调整

Photoshop中有多个可以用于调整图像色调的命令，使用这些命令可以改善过曝和曝光不足等现象，或者制作出多种光影效果。

### 本节重点内容

| 重点内容 | 说明 |
| --- | --- |
| 自动色调 | 自动校正图像的色调 |
| 自动对比度 | 自动校正图像的对比度 |
| 亮度/对比度 | 调整图像整体的亮度与对比度 |
| 色阶 | 分别调整图像的阴影、中间调和高光区域的强度 |
| 曲线 | 精准调整图像的色调 |
| 阴影/高光 | 分别调整图像的高光和阴影 |
| 曝光度 | 提高或降低图像整体的亮度与对比度 |
| 色调匀化 | 更改图像总体颜色的混合程度 |

## 7.1.1 自动色调/对比度

使用“图像”菜单中的“自动色调”与“自动对比度”命令可以自动校正图像的色调与对比度。对于曝光不足或者色调不清晰的照片，可以执行“图像>自动色调”菜单命令进行调整，如图7-1所示。对于色彩和明暗对比不足的照片，可以执行“图像>自动对比度”菜单命令进行调整，如图7-2所示。

图7-1

图7-2

## 7.1.2 亮度/对比度

执行“图像>调整>亮度/对比度”菜单命令，打开“亮度/对比度”对话框，如图7-3所示。在该对话框中可以提高（向右拖曳滑块）或降低（向左拖曳滑块）图像整体的亮度与对比度。

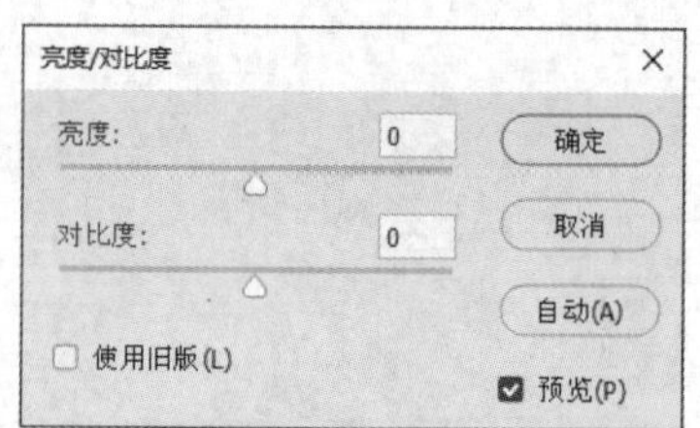


图7-3

下面介绍“亮度/对比度”对话框中的常用选项。

**亮度：**用于设置图像的整体亮度。当数值为正值时，图像整体变亮，如图7-4所示。当数值为负值时，图像整体变暗，如图7-5所示。

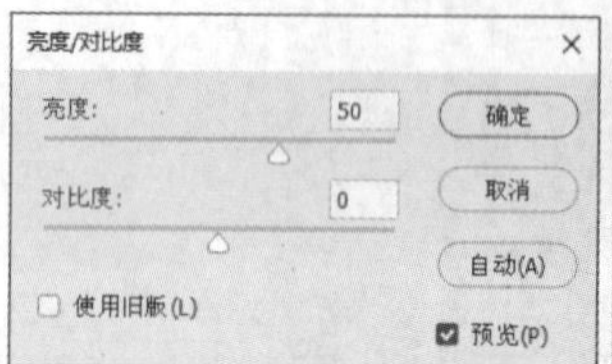

图7-4

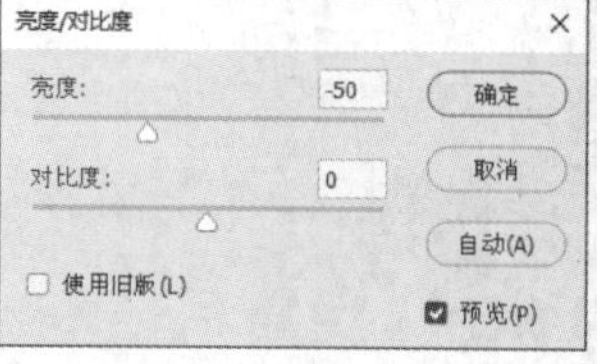

图7-5

**对比度：**用于设置图像明暗对比的强烈程度。当数值为正值时，图像的明暗对比变强，如图7-6所示。当数值为负值时，图像的明暗对比变弱，如图7-7所示。

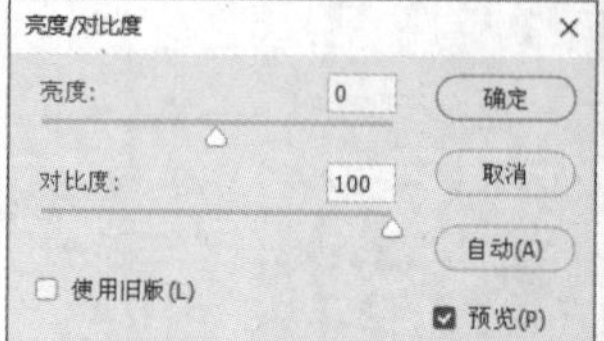

图7-6

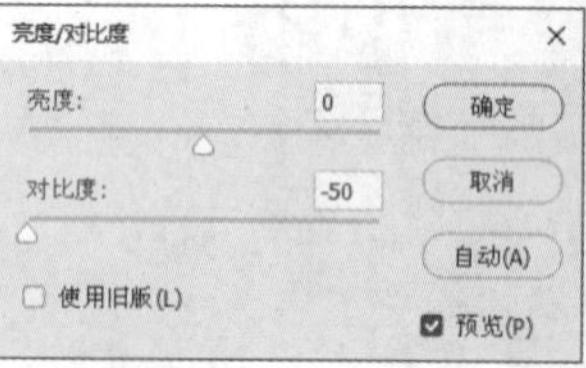

图7-7

**自动** 自动(A)：单击该按钮，可以对图像的亮度和对比度进行自动调整。

**使用旧版：**勾选该选项，将使用Photoshop CS3以前版本的调整方式，其调整强度较大。

## 7.1.3 色阶

“色阶”命令的功能十分强大，不仅可以分别调整图像阴影、中间调和高光区域的强度，以校正图像的色调范围和色彩平衡，还可以分别调整各个通道，从而校正图像的色彩。执行“图像>调整>色阶”菜单命令（快捷键为Ctrl+L），打开“色阶”对话框，如图7-8所示。

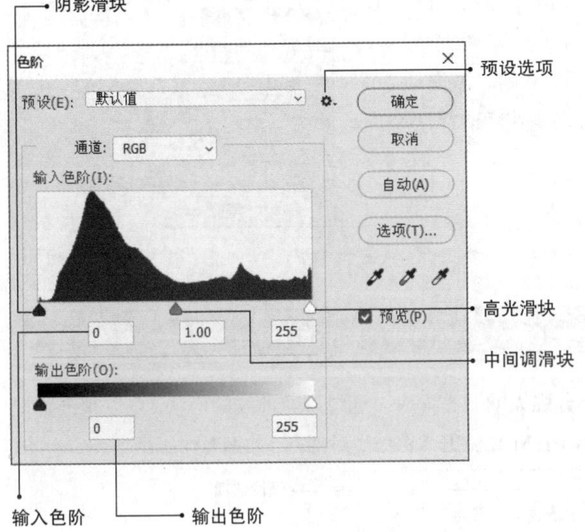


图7-8

下面介绍“色阶”对话框中的常用选项。

**预设：**在下拉列表中可以选择预设色阶来调整图像，如图7-9所示。例如，选择“增加对比度2”选项，可以自动调整图像的对比度，如图7-10所示。

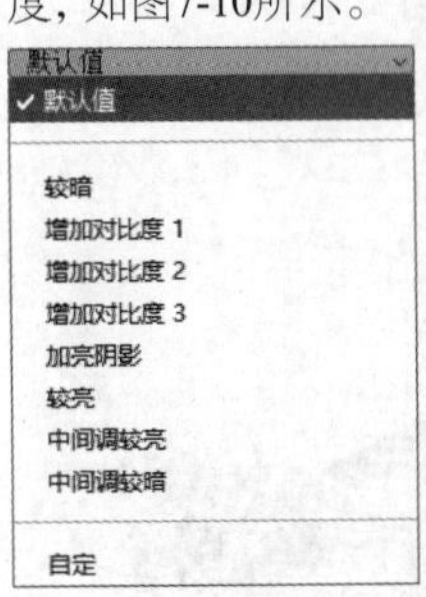


图7-9

图7-10

**预设选项 ⚙.：**单击该按钮，可以保存当前设置的参数，或者载入外部的预设文件。

**通道：**可以选择一个通道来调整图像，以改变图像的颜色，如图7-11所示。

图7-11

### 知识点：同时调整多个颜色通道

如果要同时调整多个颜色通道，可以先按住Shift键在“通道”面板中选择需要调整的通道，如“红”“绿”通道，如图7-12所示；接着按快捷键Ctrl+L打开“色阶”对话框，这时“通道”下拉列表框中显示的为RG，代表红色与绿色通道，如图7-13所示。

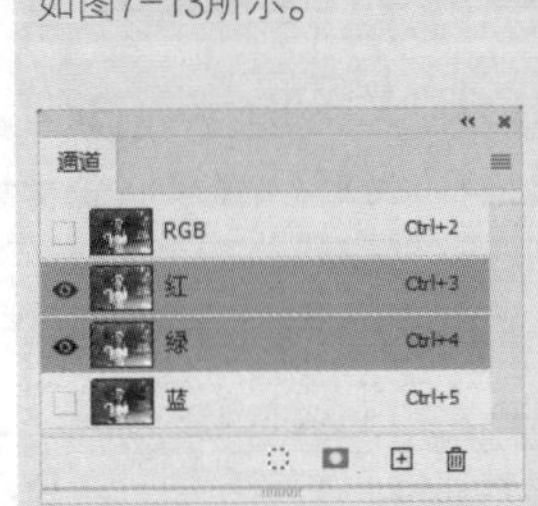


图7-12

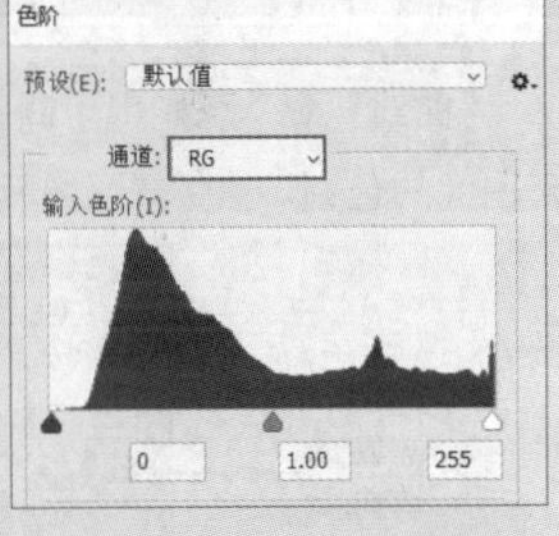


图7-13

**输入色阶：**通过拖曳滑块或者输入数值，可以调整图像的阴影、中间调和高光。向左拖曳中间调滑块，可以使图像变亮，如图7-14所示。向右拖曳中间调滑块，可以使图像变暗，如图7-15所示。

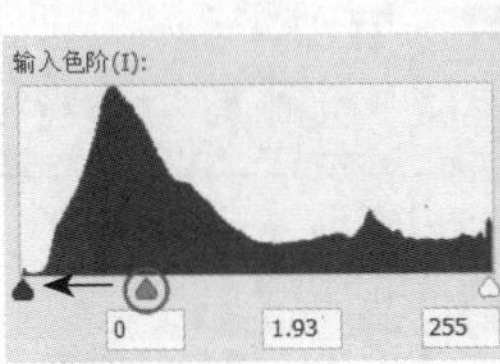

图7-14

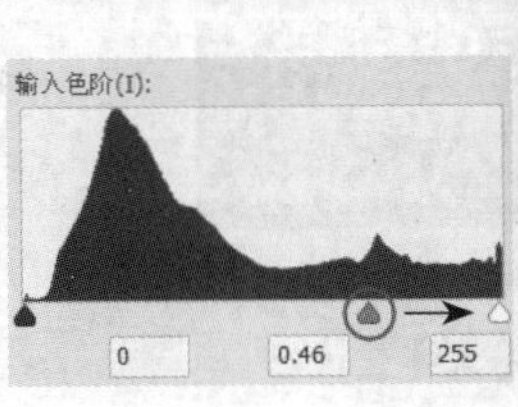

图7-15

**输出色阶：**用于设置图像的亮度范围，减小亮度范围，对比度就降低了，图像颜色会发灰，如图7-16所示。

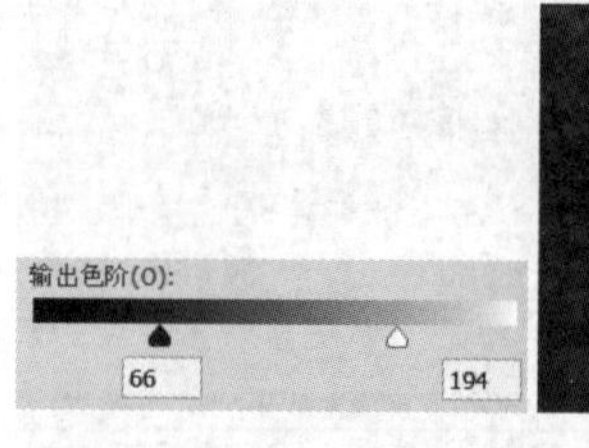

图7-16

**技巧与提示**

色阶的取值范围是0~255，0表示黑色，255表示白色。因此，色阶值越大，图像就越亮。

**设置黑场**：使用该吸管在图像中单击取样，可以将单击点处以及比其暗的像素变为黑色。

**设置灰场**：使用该吸管在图像中单击取样，可以根据单击点处像素的亮度调整其他中间调的平均亮度。

**设置白场**：使用该吸管在图像中单击取样，可以将单击点处以及比其亮的像素变为白色。

**自动**：单击该按钮，可以自动调整图像的色阶，从而校正图像的颜色。

**选项**：单击该按钮，打开“自动颜色校正选项”对话框，如图7-17所示。在该对话框中可以设置单色、每通道、深色与浅色的算法等。

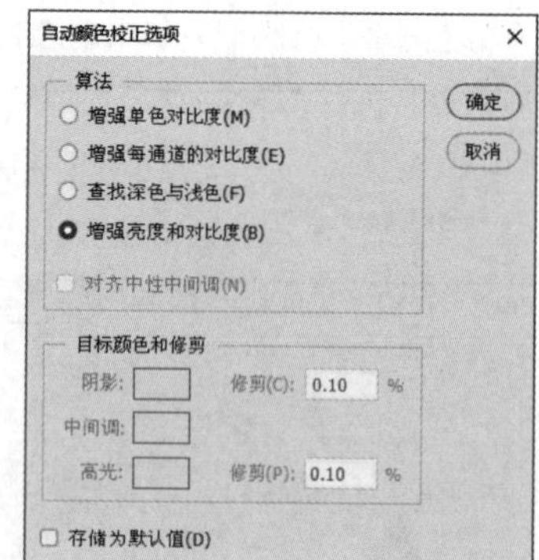


图7-17

## 7.1.4 曲线

“曲线”命令既能用于调整色调，又能用于调整色彩，是十分强大的调整命令。通过调整曲线的形状，可以精准地调整图像的色调。执行“图像>调整>曲线”菜单命令（快捷键为Ctrl+M），打开“曲线”对话框，如图7-18所示。

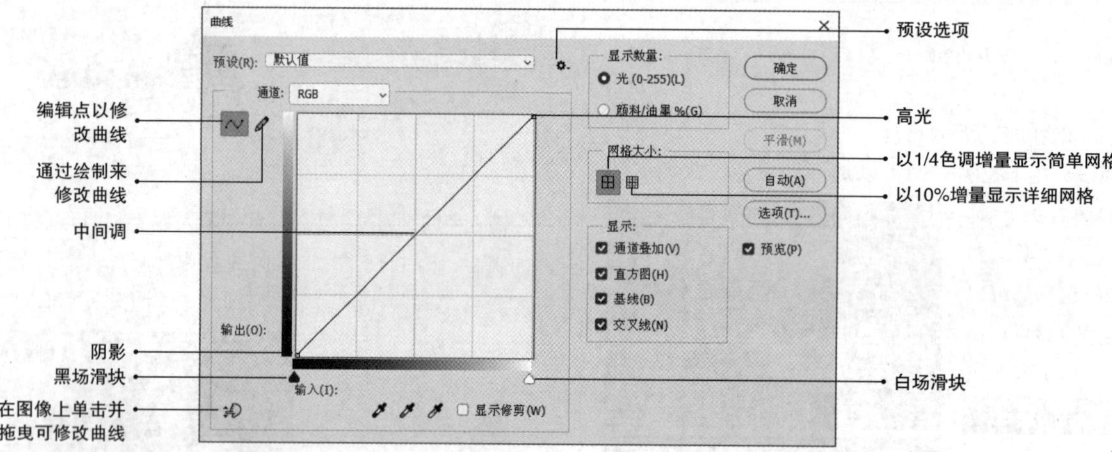


图7-18

下面介绍“曲线”对话框中的常用选项。

**预设**：在下拉列表中可以选择预设选项来调整图像，共有9种预设选项，效果如图7-19所示。

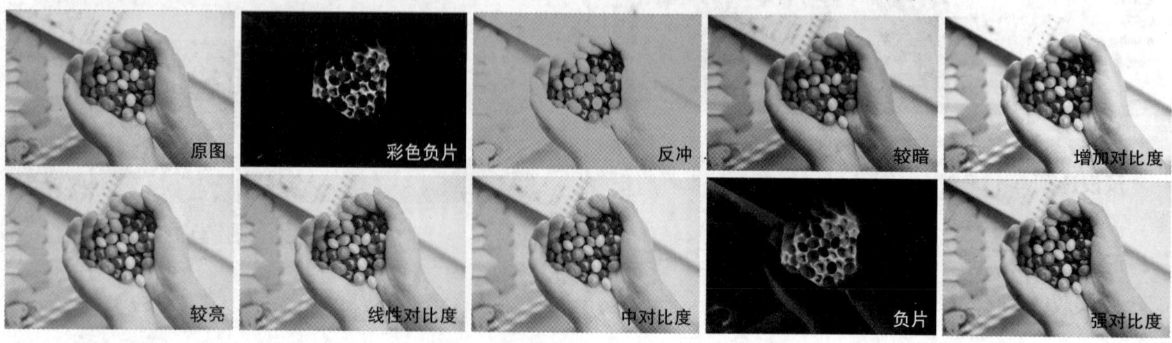


图7-19

**通道：**可以选择一个通道来调整图像。

**输入/输出：**"输入"显示所选控制点的当前强度，"输出"显示所选控制点的新强度。

**设置黑场/设置灰场/设置白场/自动(自动(A))/选项(选项(T)...)：**与"色阶"对话框中对应的工具或选项的功能相同。

**显示修剪：**用于控制是否显示图像中发生修剪的位置。

**编辑点以修改曲线：**单击该按钮，在曲线上单击可以添加控制点，拖曳控制点可以改变曲线的形状，从而达到调整图像的目的，如图7-20所示。

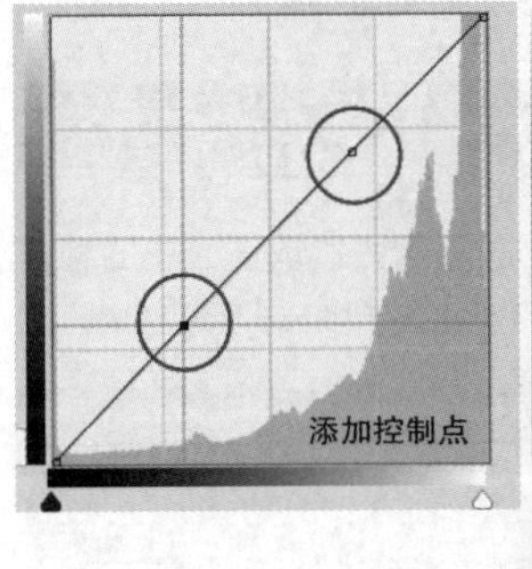


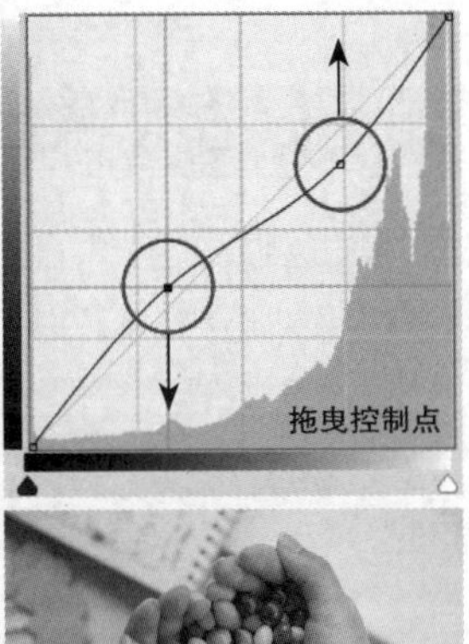

图7-20

### 技巧与提示

单击控制点即可将其选中，按住Shift键可以同时选中多个控制点；按↑键或↓键可以向上或向下微调控制点；将控制点拖曳至曲线外，或者选中控制点并按Delete键，可以删除控制点。

**通过绘制来修改曲线：**单击该按钮，可以拖曳鼠标绘制曲线，如图7-21所示。单击"平滑"按钮(平滑(M))，可以将曲线变得平滑，如图7-22所示。单击按钮，曲线上会显示控制点。

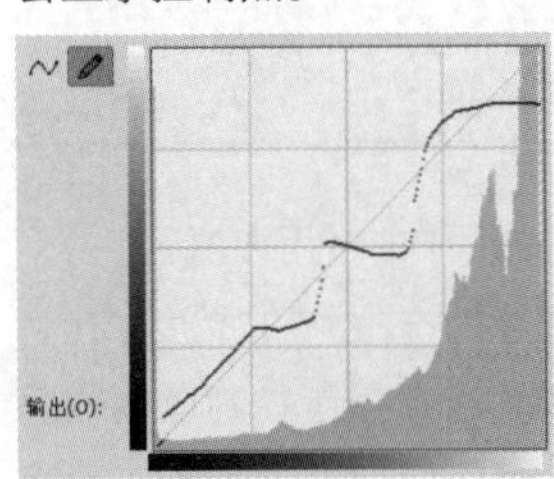


图7-21

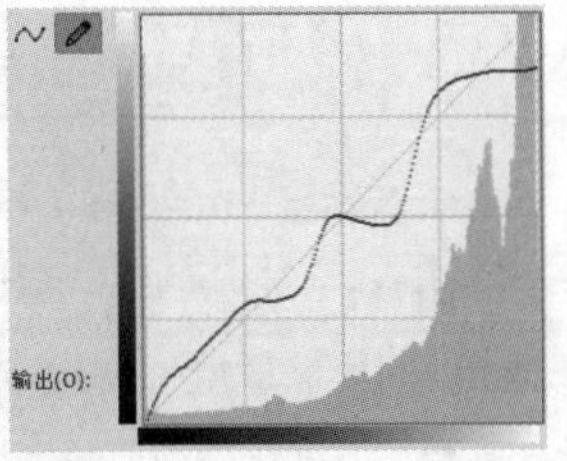


图7-22

**显示数量：**包含"光（0-255）"和"颜料/油墨%"两种显示方式。

**以1/4色调增量显示简单网格：**默认的网格显示状态，此状态下的网格较为简单、稀疏。

**以10%增量显示详细网格：**单击该按钮，显示的网格会变得更为精细。

### 知识点：调整图层

在调整图像的色调和颜色时，执行"图像>调整"子菜单中的命令会破坏原始图像。而执行"图层>新建调整图层"子菜单中的命令，或者单击"图层"面板底部的按钮，在弹出菜单中选择相应的命令，如图7-23所示，在当前图层上方创建调整图层，在调整图层上调整不会破坏原始图像，而且还可以随时对相关参数进行修改。在不需要调整图层时，还可以将其关闭或者删除。

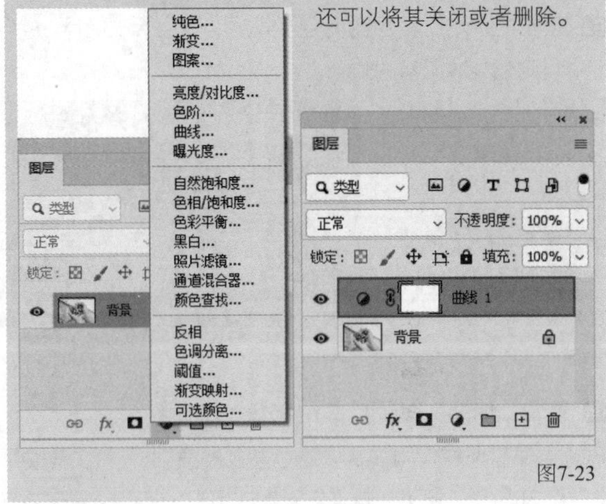


图7-23

课堂案例

## 打造朦胧光感

| | |
|---|---|
| 素材文件 | 素材文件>CH07>素材01.jpg |
| 实例文件 | 实例文件>CH07>打造朦胧光感.psd |
| 视频名称 | 打造朦胧光感.mp4 |
| 学习目标 | 掌握使用"曲线"命令调整图像的方法 |

本例将使用"曲线"命令为图像打造朦胧光感，如图7-24所示。

图7-24

01 按快捷键Ctrl+O打开本书学习资源文件夹中的"素材文件>CH07>素材01.jpg"文件，如图7-25所示。按快捷键Ctrl+J复制图层。

图7-25

02 执行"滤镜>模糊>高斯模糊"菜单命令，打开"高斯模糊"对话框，设置"半径"为10.0像素，单击"确定"按钮（确定），如图7-26所示，得到模糊的图像，如图7-27所示。

图7-26

图7-27

03 设置“图层1”图层的混合模式为“滤色”，如图7-28所示，得到图7-29所示的效果。

图7-28

图7-29

04 单击“图层”面板底部的按钮，添加“曲线”调整图层，结果如图7-30所示。打开“属性”面板，在曲线上添加两个控制点并向下拖曳后3个控制点，如图7-31所示。调整图像暗部和亮部的色调，效果如图7-32所示。

图7-30

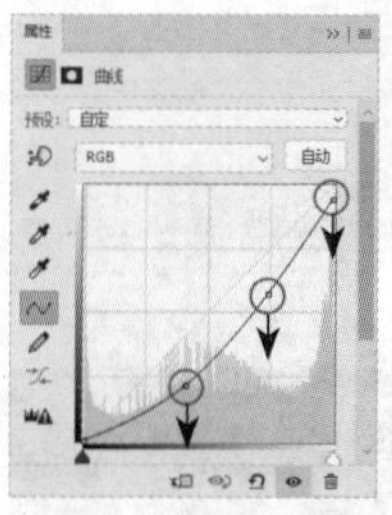
图7-31

图7-32

05 新建“曲线”调整图层，在“通道”下拉列表中选择“蓝”通道，在曲线的下半部分添加一个控制点，并适当向上移动，如图7-33所示，在阴影中增加蓝色。

06 在“通道”下拉列表中选择“绿”通道，在曲线上添加两个控制点并向下移动，如图7-34所示，在高光和阴影中减少绿色。

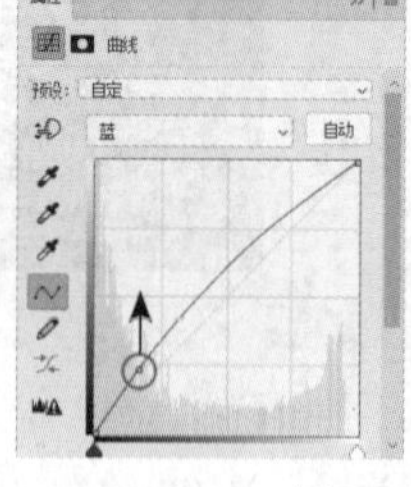
图7-33

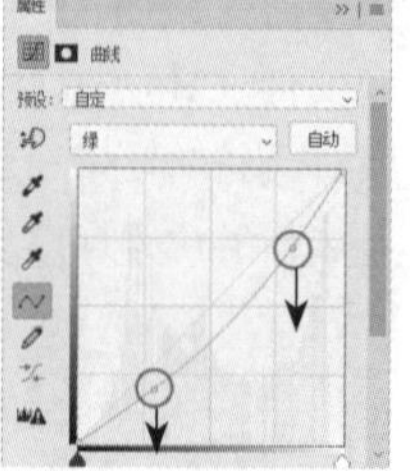
图7-34

07 在“通道”下拉列表中选择“红”通道，在曲线上添加一个控制点并向下移动，如图7-35所示。在阴影中减少红色，效果如图7-36所示。

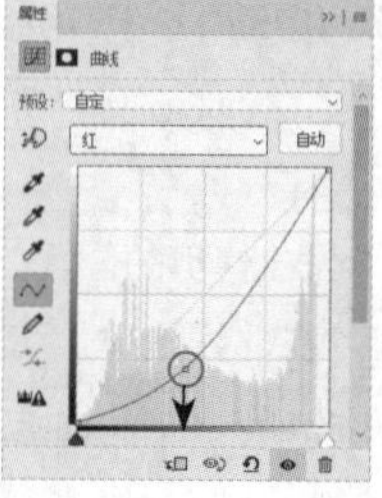
图7-35

图7-36

## 7.1.5 阴影/高光

使用“阴影/高光”命令能基于阴影或高光中的相邻像素来校正图像，还能分别对高光和阴影进行调整，其作用范围很明确。该命令适用于调整逆光拍摄的照片和因闪光灯产生的发白焦点。执行“图像>调整>阴影/高光”菜单命令，打开“阴影/高光”对话框，如图7-37所示。勾选“显示更多选项”选项，可以完整地显示该对话框，如图7-38所示。

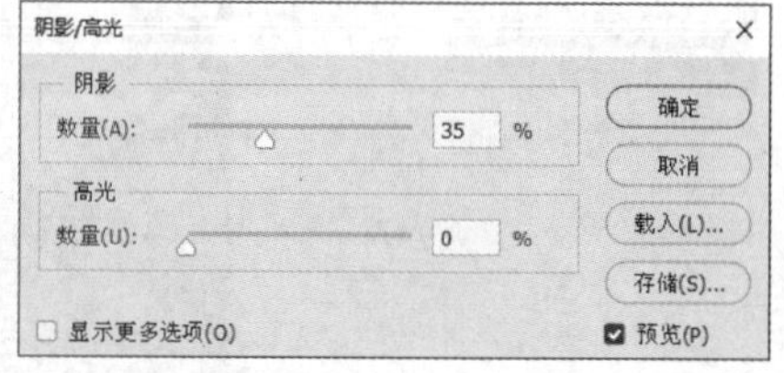

图7-37

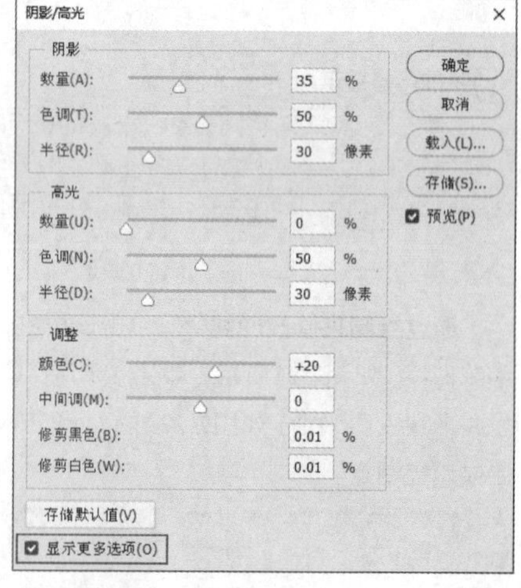

图7-38

下面介绍“阴影/高光”对话框中的常用选项。

**阴影：**“数量”选项用于控制阴影区域的亮度，其值越大，阴影区域就越亮；“色调”选项用于控制色调范围的宽度，设置较小的值将会限制调整区域，只对较暗的区域进行校正；“半径”选项用于控制像素是在阴影中还是在高光中。对于阴影区域过暗而看不清内容的图像，可以通过调整“阴影”选项组中的选项进行改善，如图7-39所示。

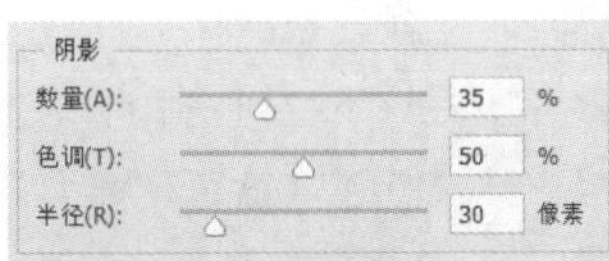

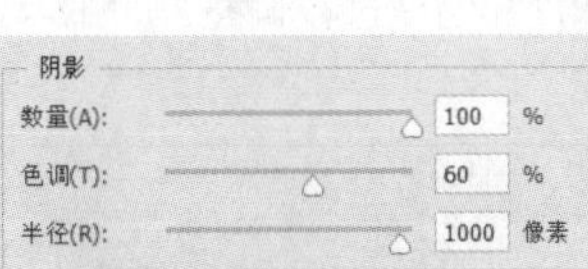

图7-39

**高光：**“数量”选项用于控制高光区域的暗度，其值越大，高光区域就越暗；“色调”选项用于控制色调范围的宽度，设置较小的值将会限制调整区域，只对较亮的区域进行校正；“半径”选项用于控制像素是在阴影中还是在高光中。

**调整：**“颜色”选项用于调整已修改区域的颜色，“中间调”选项用于调整中间调的对比度，“修剪黑色”和“修剪白色”的数值决定了在图像中将多少阴影和高光修剪到新的阴影中。

**存储默认值** 存储默认值(V) **：**单击该按钮，可以将当前设置存储为默认值。按住Shift键，该按钮会变为“复位默认值”按钮 复位默认值 ，单击即可恢复为初始状态。

## 7.1.6 曝光度

执行“图像>调整>曝光度”菜单命令，打开“曝光度”对话框，如图7-40所示。向右或向左拖曳滑块，可以提高或降低图像整体的亮度与对比度。

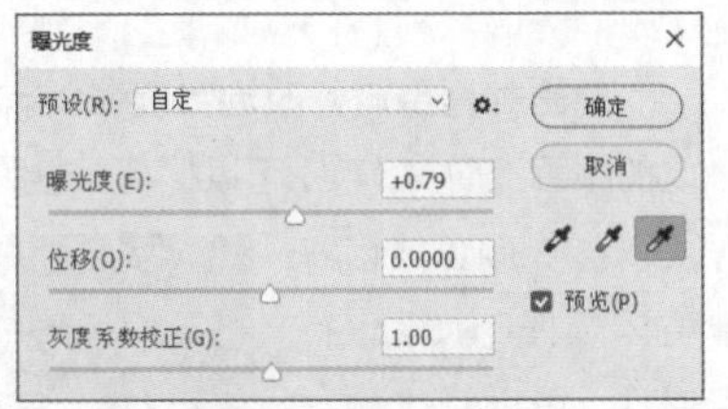


图7-40

下面介绍“曝光度”对话框中的常用选项。

**曝光度：**用于调整高光区域的色调。向左拖曳滑块，减少曝光；向右拖曳滑块，增加曝光，如图7-41所示。

图7-41

**位移：**用于调整图像中的阴影和中间调区域，减小该数值可以使对应区域变暗，对高光区域基本没有影响，如图7-42所示。

图7-42

**灰度系数校正：**用于调整图像中的中间调区域，如图7-43所示。

图7-43

## 7.1.7 色调匀化

执行“图像>调整>色调均化”菜单命令，可以重新分布图像中像素的亮度值，均匀地呈现所有范围的亮度级（即0~255）。图像中最亮的像素将变成白色，最暗的像素将变成黑色，中间亮度的像素将分布在灰度范围内，如图7-44所示。

图7-44

# 7.2 颜色调整

Photoshop中有多个可以用于调整图像颜色的命令，使用这些命令可以改变图像的颜色，从而制作出不同质感的图像。

### 本节重点内容

| 重点内容 | 说明 |
| --- | --- |
| 自动颜色 | 自动校正图像的颜色 |
| 色相/饱和度 | 调整整个图像或选区内图像的色相、饱和度和明度 |
| 自然饱和度 | 调整饱和度并控制颜色，防止出现溢色现象 |
| 色彩平衡 | 调整图像颜色，以改善偏色现象 |
| 照片滤镜 | 模仿在相机镜头前面添加彩色滤镜的效果 |
| 通道混合器 | 混合图像的颜色通道 |
| 可选颜色 | 更改图像中主要原色成分的印刷色含量 |
| 匹配颜色 | 将源图像中的颜色与目标图像中的颜色进行匹配 |
| 替换颜色 | 将选取的颜色替换为其他颜色 |

## 7.2.1 自动颜色

对于偏色的照片，可以执行“图像>自动颜色”菜单命令进行自动校正，如图7-45所示。

图7-45

## 7.2.2 色相/饱和度

执行“图像>调整>色相/饱和度”菜单命令（快捷键为Ctrl+U），打开“色相/饱和度”对话框，如图7-46所示。通过该对话框不仅可以调整整个图像或选区内图像的色相、饱和度和明度，还可以调整单个通道。

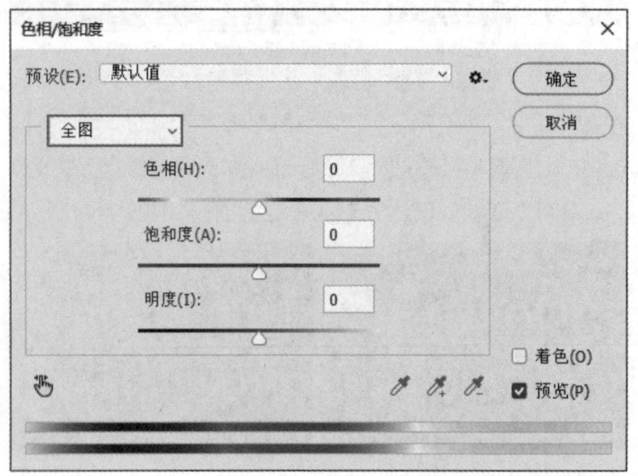


图7-46

下面介绍“色相/饱和度”对话框中的常用选项。

**预设：**在下拉列表中可以选择预设选项来调整图像，如图7-47所示。例如，选择“深褐”选项，可以将图像调整为复古风格，如图7-48所示。

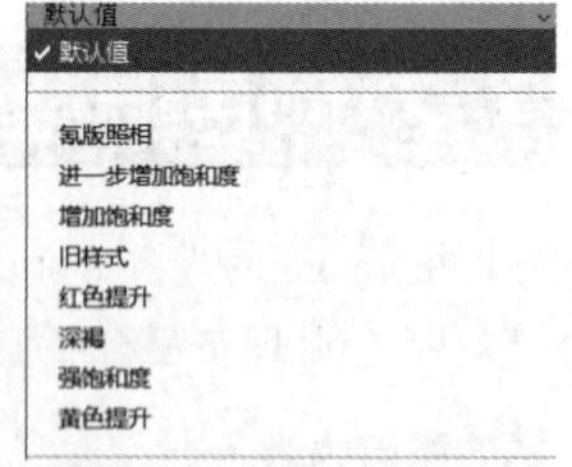


图7-47

图7-48

**预设选项：**单击该按钮，可以保存当前设置的参数，或者载入外部的预设文件。

**“通道”下拉列表：**在该下拉列表中可以选择“全图”“红色”“黄色”“绿色”“青色”“蓝色”“洋红”通道进行调整。选择好通道以后，拖曳下方的滑块，可以分别对该通道的色相、饱和度和明度进行调整，如图7-49所示。

图7-49

**单击并拖曳可修改饱和度：**单击该按钮，在需要修改的颜色上向右拖曳，可以提高颜色的饱和度；向左拖曳，可以降低颜色的饱和度。按住Ctrl键进行操作，可以修改颜色的色相。

**着色：**勾选该选项，图像会变为单一色调，如图7-50所示。

图7-50

## 7.2.3 自然饱和度

执行“图像>调整>自然饱和度”菜单命令，打开“自然饱和度”对话框，如图7-51所示。使用该对话框可以在调整饱和度的同时，有效地防止颜色过于饱和而出现溢色现象。

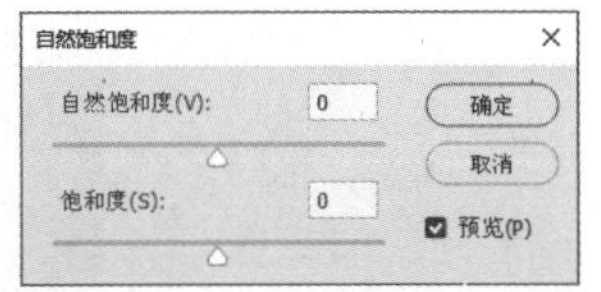


图7-51

下面介绍“自然饱和度”对话框中的常用选项。

**自然饱和度：**向左拖曳滑块，可以降低颜色的饱和度；向右拖曳滑块，可以提高颜色的饱和度。使用该选项可以给饱和度设置上限，使调整出的图像色彩更加自然。使用该选项改善人物肤色可以得到十分自然的效果，如图7-52所示。

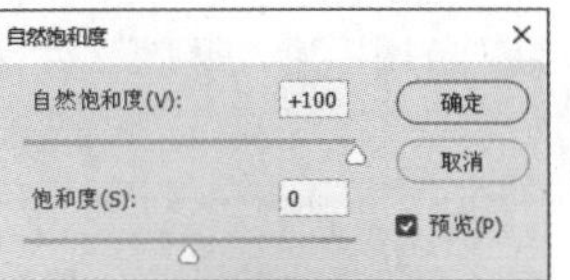

图7-52

**饱和度：**向左拖曳滑块，可以减少所有颜色的饱和度；向右拖曳滑块，可以增加所有颜色的饱和度。该选项的颜色调整更加强烈，如图7-53所示。

图7-53

## 7.2.4 色彩平衡

执行“图像>调整>色彩平衡”菜单命令（快捷键为Ctrl+B），打开“色彩平衡”对话框，如图7-54所示。该对话框常用于调整图像颜色，以改善偏色现象。

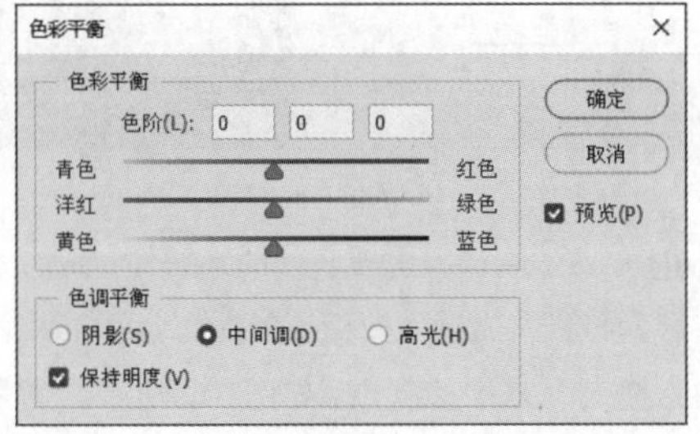


图7-54

下面介绍“色彩平衡”对话框中的常用选项。

**色彩平衡：**用于调整“青色-红色”“洋红-绿色”“黄色-蓝色”在图像中所占的百分比，可以通过手动输入数值或者拖曳滑块的方式进行调整。例如，向右拖曳“青色-红色”滑块，可以增加红色在图像中所占的百分比，同时减少其补色青色所占的百分比，如图7-55所示。向左拖曳“青色-红色”滑块，可以增加青色在图像中所占的百分比，同时减少其补色红色所占的百分比，如图7-56所示。

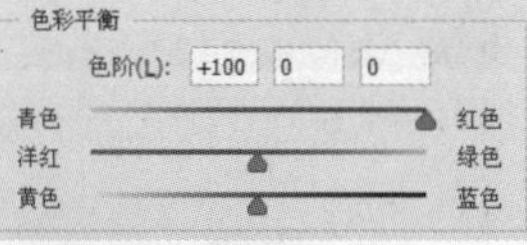

图7-55

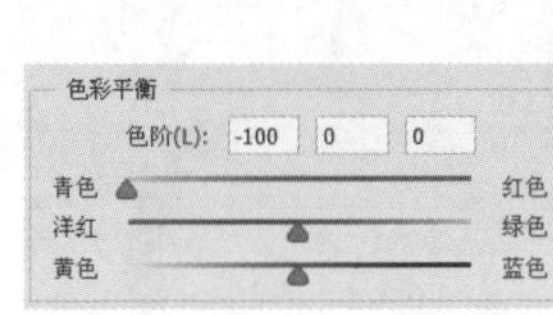

图7-56

**色调平衡：**用于设置调整的色彩范围，包含“阴影”“中间调”“高光”3个选项。例如，选择不同的色彩范围，同时向左拖曳“洋红-绿色”滑块，效果如图7-57所示。

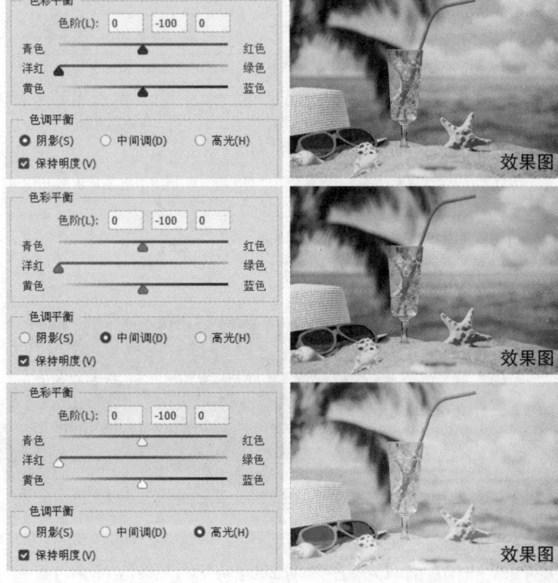


图7-57

**保持明度：**勾选该选项，可以保持图像的亮度不变。

### 知识点：三原色与互补色

三原色指色彩中不能再分解的3种基本颜色，通常分为光学三原色和颜料三原色。

光学三原色指的是红色、绿色和蓝色，将它们混合可以生成多种颜色。其中，青色由蓝色和绿色混合而成、黄色由红色和绿色混合而成、洋红色由红色和蓝色混合而成，如图7-58所示。

颜料三原色指的是青色、洋红色和黄色。其中，红色由洋红色和黄色混合而成、绿色由青色和黄色混合而成、蓝色由青色和洋红色混合而成，如图7-59所示。

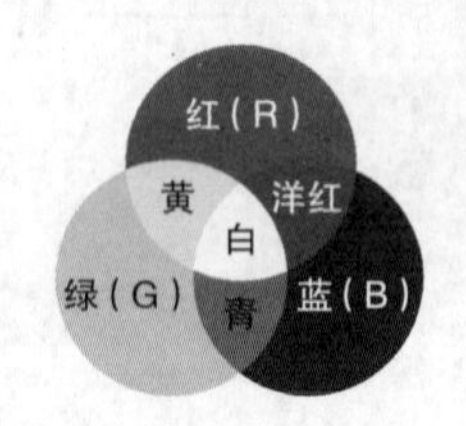


图7-58

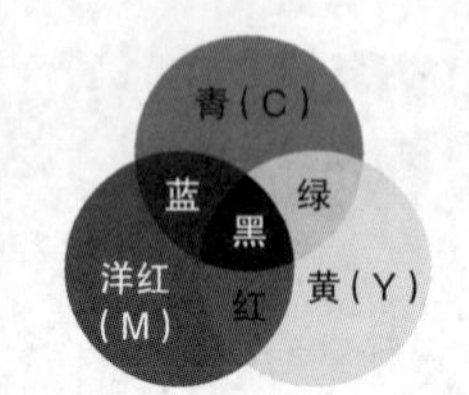


图7-59

为了便于研究，科学家将可见光谱制成了一个环，即色轮。在光学中，如果两种色光以适当的比例混合可以产生白光，那么就称它们为互补色。在色轮中，处于对角线两端的颜色就是互补色，如图7-60所示。由此可以得出，光学三原色对应的互补色为颜料三原色。

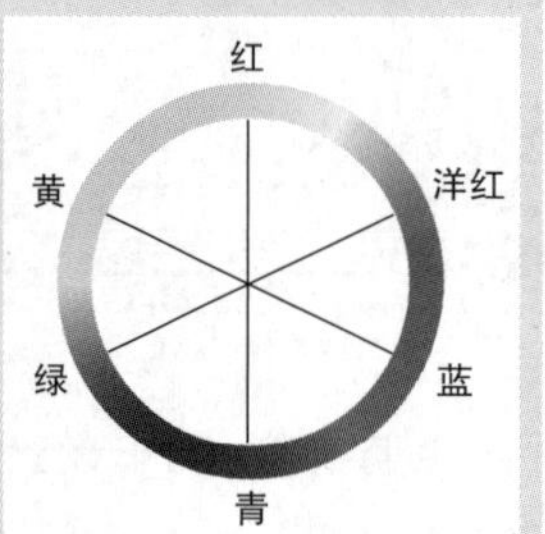


图7-60

课堂案例

## 打造清新自然感

素材文件　素材文件>CH07>素材02.jpg

实例文件　实例文件>CH07>打造清新自然感.psd

视频名称　打造清新自然感.mp4

学习目标　掌握使用“色彩平衡”命令和“曲线”命令调整图像的方法

本例将使用“色彩平衡”命令和“曲线”命令为图像营造清新自然感，如图7-61所示。

图7-61

01 按快捷键Ctrl+O打开本书学习资源文件夹中的“素材文件>CH07>素材02.jpg”文件，如图7-62所示。按快捷键Ctrl+J复制图层。

图7-62

02 单击“图层”面板底部的按钮，添加“色彩平衡”调整图层。打开“属性”面板，勾选“保留明度”选项，设置“色调”为“阴影”，然后设置“青色-红色”为-35、“洋红-绿色”为-6、“黄色-蓝色”为+7，如图7-63所示。让阴影区域的色彩偏蓝色，同时减少黄绿色，如图7-64所示。

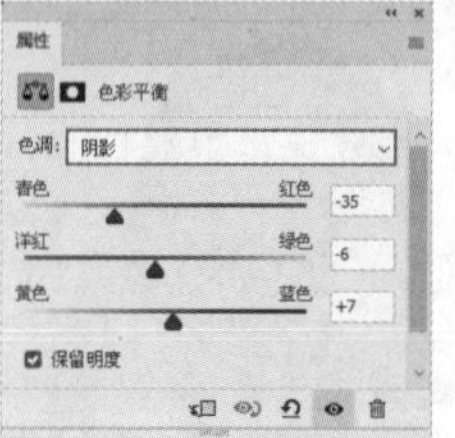


图7-63

图7-64

03 设置“色调”为“中间调”，然后设置“青色-红色”为-35、“洋红-绿色”为-6、“黄色-蓝色”为+27，如图7-65所示。让中间调区域的色彩偏蓝色，同时减少黄绿色，如图7-66所示。

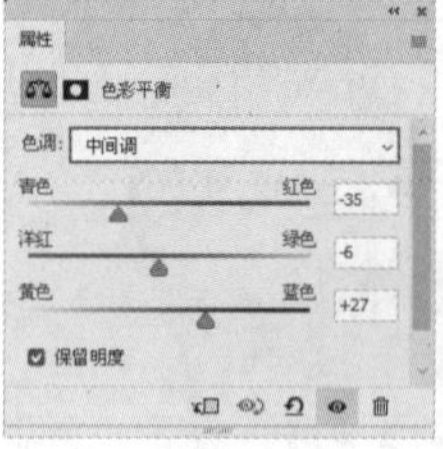


图7-65

图7-66

04 设置“色调”为“高光”，然后设置“青色-红色”为-17、“洋红-绿色”为-4、“黄色-蓝色”为+12，如图7-67所示。让高光区域的色彩偏蓝色，同时减少黄绿色，如图7-68所示。

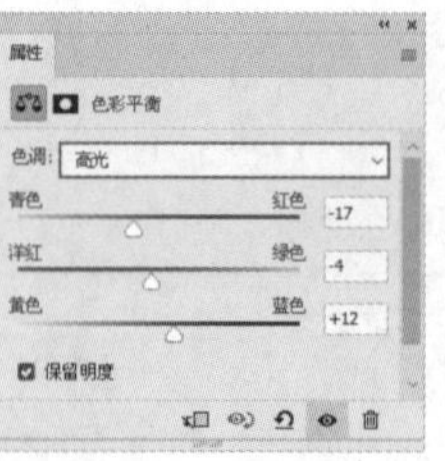


图7-67

图7-68

05 单击“图层”面板底部的按钮，添加“曲线”调整图层。打开“属性”面板，在曲线上添加两个控制点，并向上拖曳上方的控制点，如图7-69所示。调整亮部的色调，效果如图7-70所示。

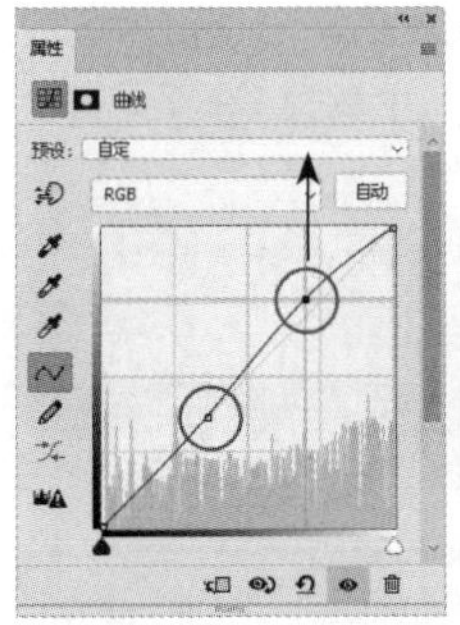
图7-69

图7-70

**06** 在“通道”下拉列表中选择“蓝”通道，在曲线上添加两个控制点，并向上拖曳上方的控制点，如图7-71所示。在高光中增加蓝色，效果如图7-72所示。

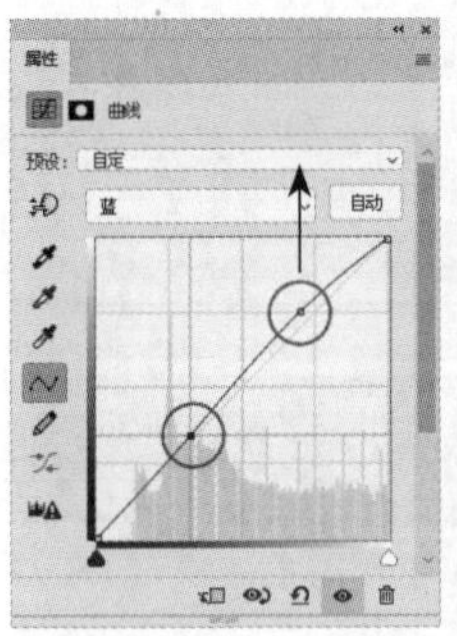
图7-71

图7-72

**技巧与提示**

案例中的参数设置仅供参考，读者可按照自己的想法进行调整。

## 7.2.5 照片滤镜

执行“图像>调整>照片滤镜”菜单命令，打开“照片滤镜”对话框，如图7-73所示。使用该对话框可以校正照片的颜色，或者模拟在相机镜头前面添加彩色滤镜的效果。

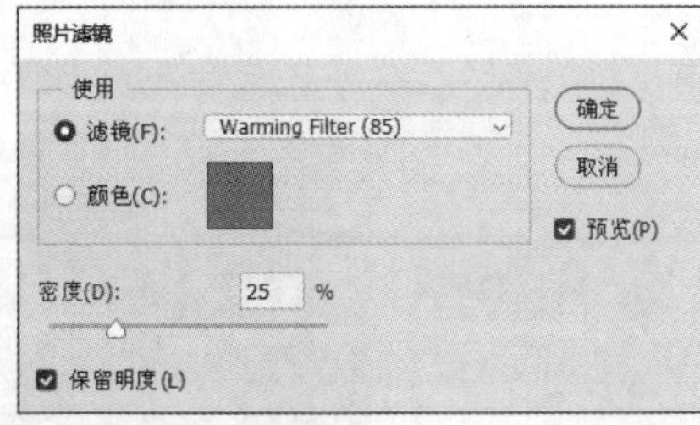

图7-73

下面介绍“照片滤镜”对话框中的常用选项。

**滤镜：**该下拉列表中有系统自带的多种滤镜，可以选择其中一种滤镜来调整图像的颜色。例如，选择一种冷色调滤镜，可以将暖色调的图像调整为冷色调，如图7-74所示。

图7-74

**颜色：**单击该选项右侧的色块，可以打开“拾色器”对话框，在其中可以自定义滤镜颜色。例如，日落时人脸颜色会偏红，为其添加补色滤镜，即青色滤镜，可以校正图像颜色，使人物皮肤颜色更自然，如图7-75所示。

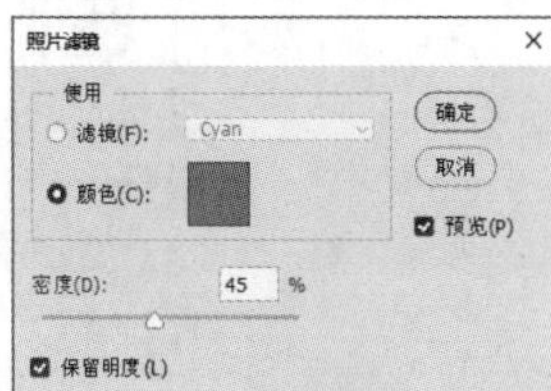

图7-75

**密度：**拖曳滑块可以控制着色的强度，数值越大，滤镜效果越明显。

**保留明度：**勾选该选项，可以使图像与滤镜颜色过渡得更自然。

## 7.2.6 通道混合器

执行“图像>调整>通道混合器”菜单命令，打开“通道混和器”对话框，如图7-76所示。使用该对话框可以混合图像的颜色通道，创建出多种色调的图像，还可以创建灰度图像。

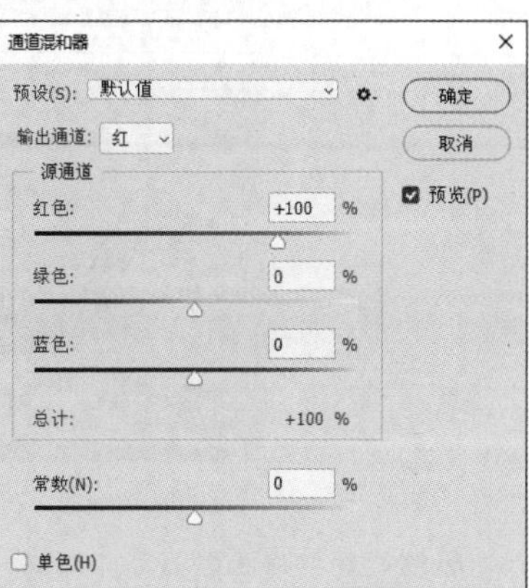

图7-76

下面介绍“通道混和器”对话框中的常用选项。

**预设：**其中提供了6种用于制作黑白图像的预设选项，如图7-77所示。

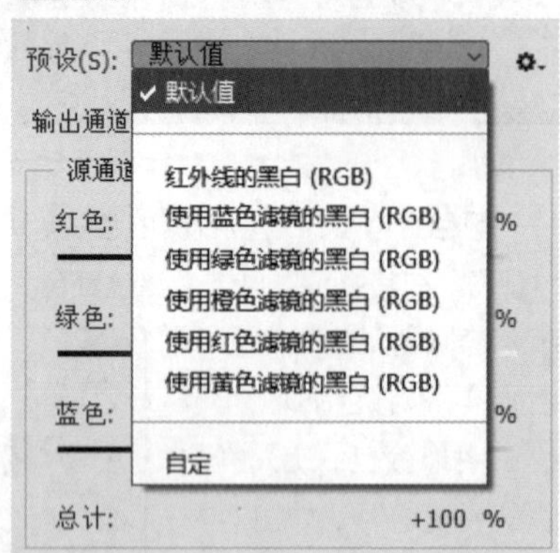


图7-77

**输出通道：**用于设置要调整的通道。

**源通道：**用于设置源通道在输出通道中所占的百分比。将一个源通道的滑块向左拖曳，可以减小该通道在输出通道中所占的百分比；向右拖曳滑块，则可以增大该通道在输出通道中所占的百分比，如图7-78所示。

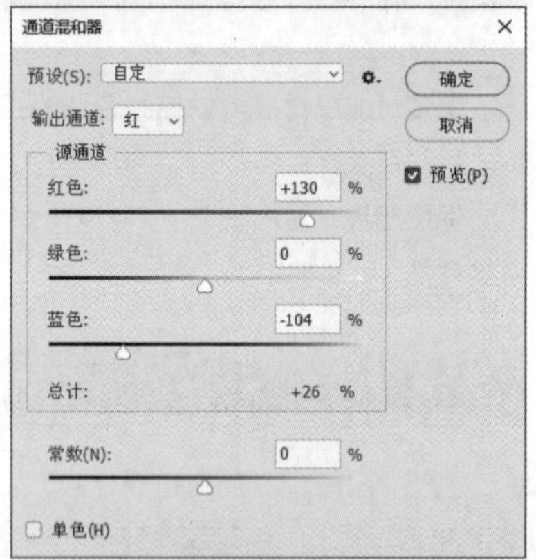

图7-78

**总计：**显示源通道的总计数值。当该值大于100%时，可能会丢失一些阴影和高光细节。

**常数：**用于设置输出通道的灰度值。当该值为负数时，会在通道中增加黑色；当该值为正数时，会在通道中增加白色。

**单色：**勾选该选项，图像将转换为黑白效果。

## 7.2.7 可选颜色

执行“图像>调整>可选颜色”菜单命令，打开“可选颜色”对话框，如图7-79所示。该对话框可以用于更改图像中主要原色成分的印刷色含量，并且不会影响其他主要颜色。

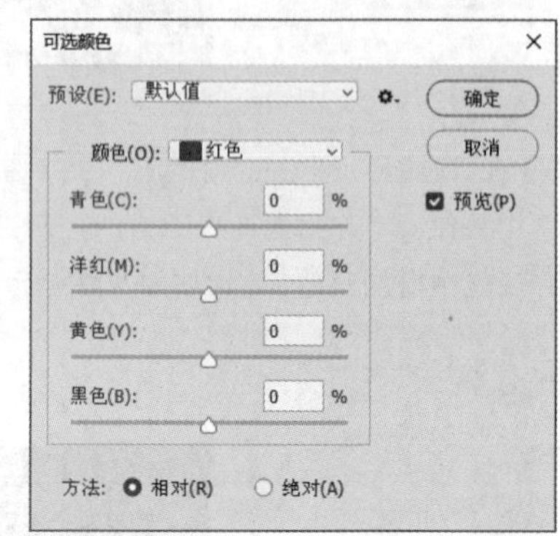


图7-79

下面介绍“可选颜色”对话框中的常用选项。

**颜色：**在下拉列表中可以选择要修改的颜色，如图7-80所示。选择颜色后，在下方可以调整该颜色中青色、洋红色、黄色和黑色的百分比，如图7-81所示。

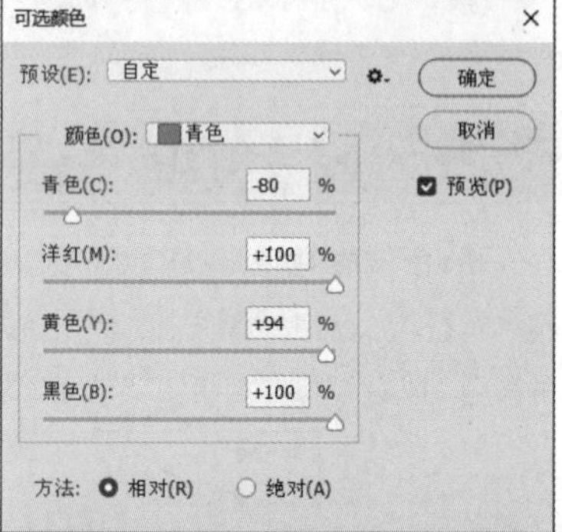


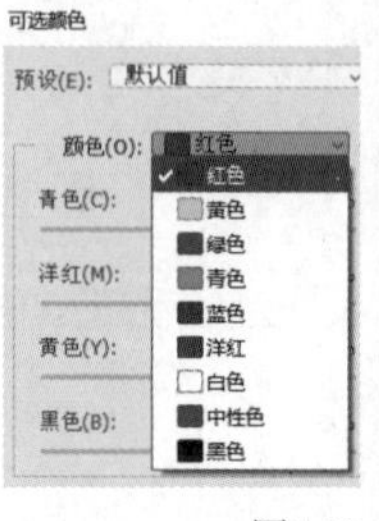

图7-80

图7-81

**方法：**选择“相对”选项，可以根据颜色总量的百分比来修改青色、洋红色、黄色和黑色的含量；选择“绝对”选项，可以用绝对值来调整颜色。

课堂案例

## 打造秋日景色

| | |
|---|---|
| 素材文件 | 素材文件>CH07>素材03.jpg |
| 实例文件 | 实例文件>CH07>打造秋日景色.psd |
| 视频名称 | 打造秋日景色.mp4 |
| 学习目标 | 掌握使用"可选颜色"命令和"曲线"命令调整图像的方法 |

本例将使用"可选颜色"命令和"曲线"命令打造秋日景色，如图7-82所示。

图7-82

01 按快捷键Ctrl+O打开本书学习资源文件夹中的"素材文件>CH07>素材03.jpg"文件，如图7-83所示。按快捷键Ctrl+J复制图层。

图7-83

02 单击"图层"面板底部的◐按钮，添加"可选颜色"调整图层。打开"属性"面板，设置"颜色"为"黄色"，然后调整4种颜色所占的百分比，如图7-84所示，得到图7-85所示的效果。

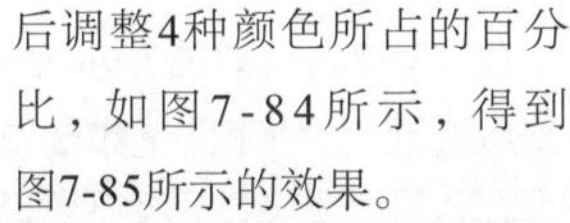

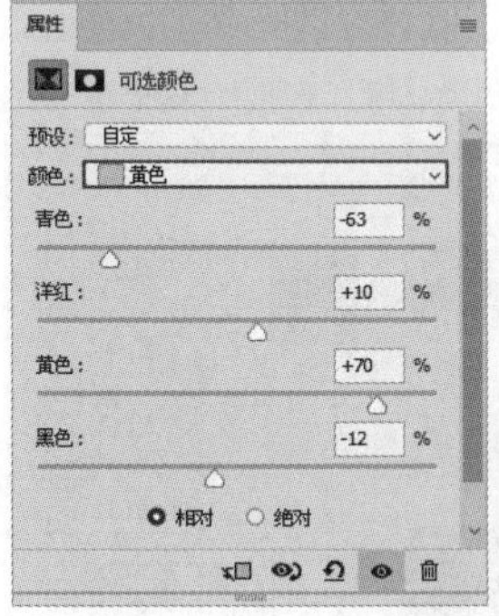


图7-84

图7-85

03 设置"颜色"为"绿色"，然后调整4种颜色所占的百分比，如图7-86所示，得到图7-87所示的效果。

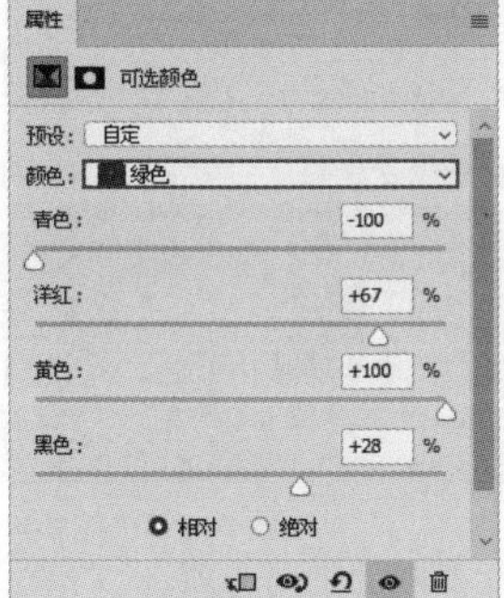


图7-86

图7-87

04 按快捷键Ctrl+J复制"选取颜色1"图层，并设置"选取颜色1 拷贝"图层的"不透明度"为70%，如图7-88所示，得到图7-89所示的效果。

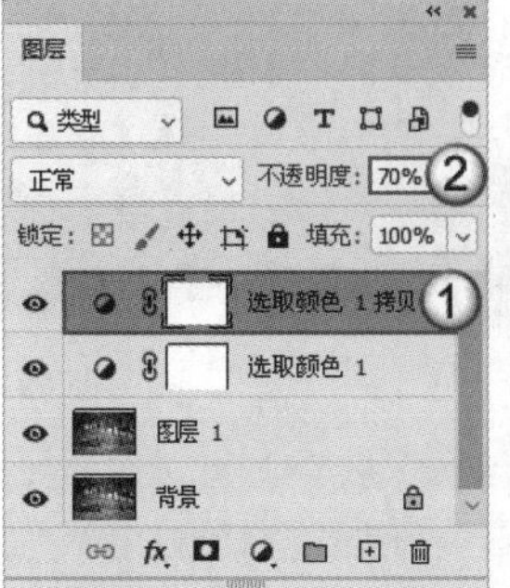


图7-88

图7-89

05 单击"图层"面板底部的◐按钮，添加"曲线"调整图层。打开"属性"面板，在曲线上添加两个控制点并微调，如图7-90所示。调整亮部与暗部的色调，效果如图7-91所示。

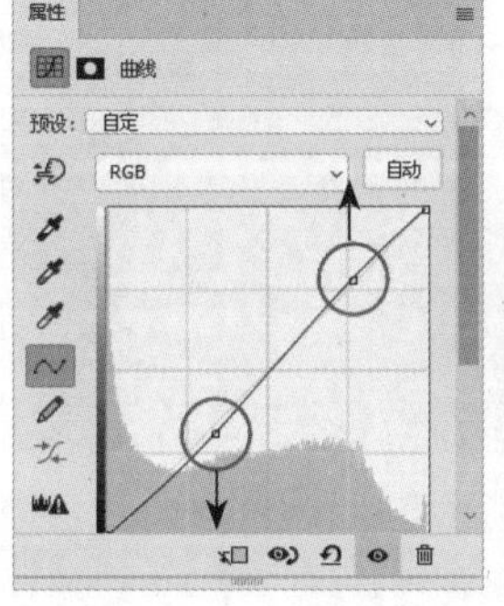


图7-90

图7-91

课堂练习

## 打造淡雅唯美感

| | |
|---|---|
| 素材文件 | 素材文件>CH07>素材04.jpg |
| 实例文件 | 实例文件>CH07>打造淡雅唯美感.psd |
| 视频名称 | 打造淡雅唯美感.mp4 |
| 学习目标 | 掌握使用"可选颜色"命令和"曲线"命令调整图像的方法 |

使用"可选颜色"命令和"曲线"命令为图像营造淡雅唯美感，如图7-92所示。

图7-92

## 7.2.8 匹配颜色

使用"匹配颜色"命令可以将源图像中的颜色与目标图像中的颜色进行匹配，也可以匹配同一个图像中不同图层之间的颜色。打开目标图像与源图像，如图7-93所示。

图7-93

执行“图像>调整>匹配颜色”菜单命令，打开“匹配颜色”对话框。在“源”下拉列表中选择源图像，如图7-94所示。这样目标图像的颜色就会与源图像中的颜色进行匹配了，如图7-95所示。

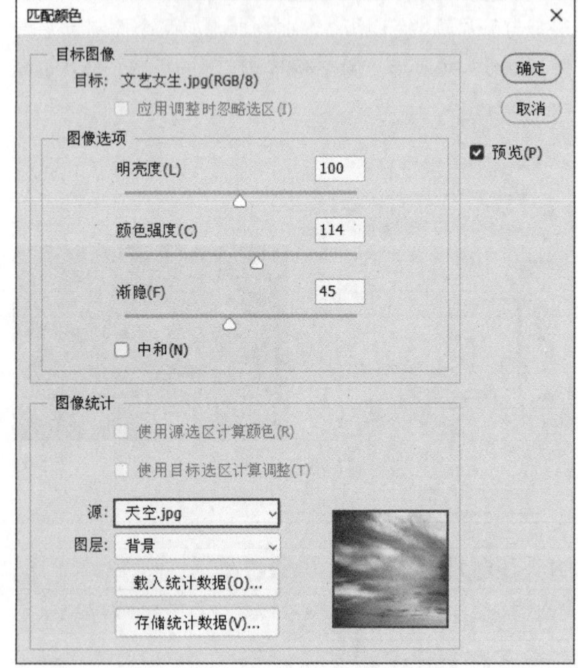


图7-94

图7-95

下面介绍“匹配颜色”对话框中的常用选项。

**目标：**显示要调整的目标图像的名称和颜色模式。

**应用调整时忽略选区：**勾选该选项将忽视选区，对整个图像进行调整，如图7-96所示。取消勾选该选项，将调整选区内的图像，如图7-97所示。

图7-96

图7-97

**明亮度：**用于调整图像的明亮度。

**颜色强度：**用于调整图像颜色的饱和度。当数值为1时，即可生成灰度图像。

**中和：**勾选该选项，可以改善图像中的偏色现象。

**源：**设置源图像，即要将颜色匹配到目标图像的图像。

**图层：**设置需要用来匹配颜色的图层。

**技巧与提示**

图像为RGB颜色模式时才可以使用“匹配颜色”命令。如果图像为其他颜色模式，需要先将图像转为RGB颜色模式，才可以使用该命令。

## 7.2.9 替换颜色

执行“图像>调整>替换颜色”菜单命令，打开“替换颜色”对话框，如图7-98所示。在该对话框中可以通过调整所选颜色的色相、饱和度和明度，将其替换为其他颜色。

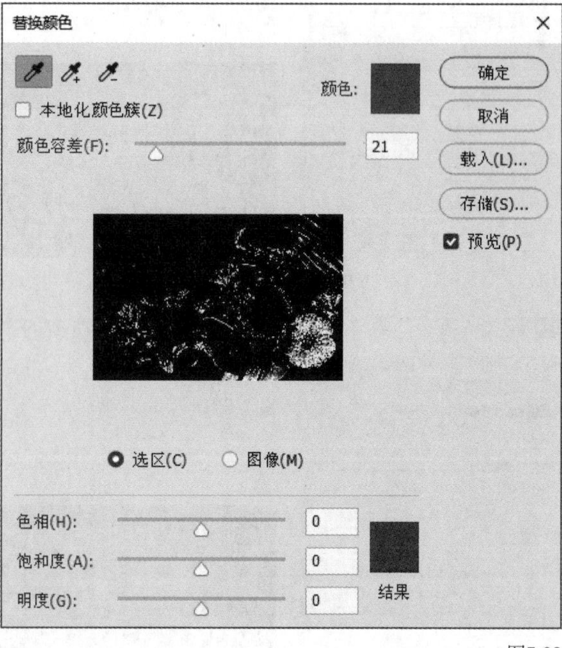


图7-98

下面介绍“替换颜色”对话框中的常用选项。

**吸管工具**：使用该工具单击图像可以选中单击点

处的颜色，“选区”缩览图中会显示选中的颜色区域（白色代表选中的颜色，黑色代表未选中的颜色），如图7-99所示。

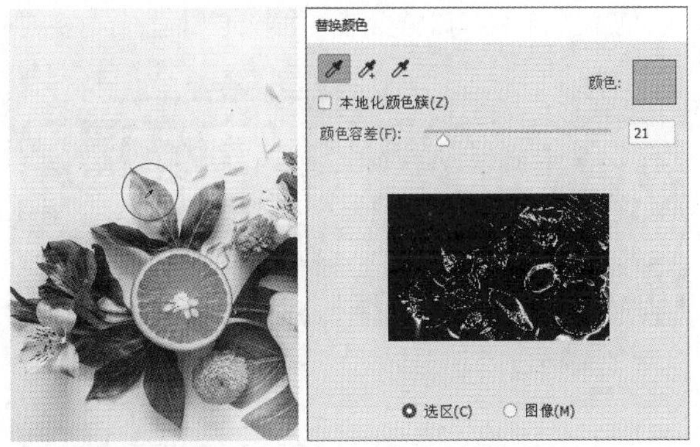


图7-99

### 技巧与提示

使用“添加到取样”工具单击图像，可以将单击点处的颜色添加到选中的颜色中，如图7-100所示。使用“从取样中减去”工具单击图像，可以将单击点处的颜色从选中的颜色中减去，如图7-101所示。

图7-100

图7-101

**本地化颜色簇/颜色：**主要用于在图像上选择多种颜色。

**颜色容差：**用于控制选中颜色的范围。数值越大，选中的颜色范围越广。

**选区/图像：**用于设置缩览图的显示方式。选择“选区”选项，将以蒙版的方式显示，其中白色表示选中的颜色，黑色表示未选中的颜色，灰色表示只选中了部分的颜色；选择“图像”选项，则只显示图像。

**色相/饱和度/明度：**用于调整选中颜色的色相、饱和度和明度。

**结果：**用于显示替换或调整之后的颜色，如图7-102所示。

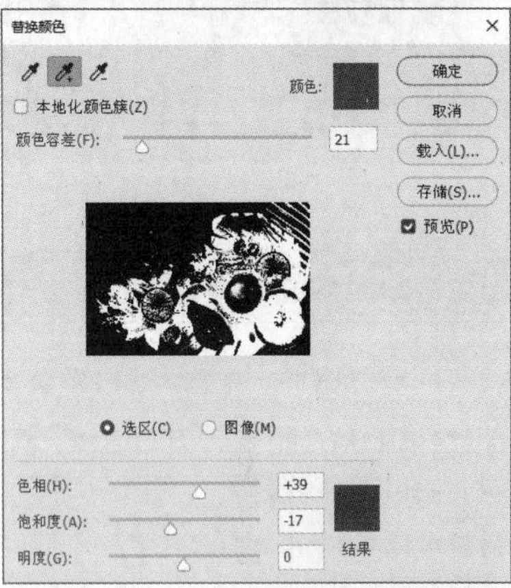

图7-102

## 7.3 特殊调整

Photoshop中有多个命令可以用于调整出特殊的色调与颜色，使用这些命令可以制作出黑白图像或具有特殊质感的图像。

### 本节重点内容

| 重点内容 | 说明 |
|---|---|
| 去色 | 去掉图像中的颜色，使其成为灰度图像 |
| 黑白 | 将彩色图像转换为黑色或单色图像 |
| 反相 | 创建负片效果 |
| 阈值 | 将图像转换为高对比度的黑白图像 |
| 色调分离 | 减少图像中的色阶数，以减少图像的颜色数量 |
| 渐变映射 | 将渐变颜色映射到图像上 |
| 颜色查找 | 使颜色在不同设备之间精确地传递和再现 |
| HDR色调 | 调整太亮或太暗的图像 |
| Camera Raw滤镜 | 编辑RAW格式的图像 |

## 7.3.1 去色

执行“图像>调整>去色”菜单命令（快捷键为Shift+Ctrl+U），可以去掉图像中的颜色，使其成为灰度图像。此操作相当于将图像的“饱和度”调整为 -100，但去色效果的可控性较弱，如图7-103所示。

图7-103

## 7.3.2 黑白

执行“图像>调整>黑白”菜单命令（快捷键为Alt+Shift+Ctrl+B），打开“黑白”对话框，如图7-104所示。使用该对话框可以将彩色图像转换为黑色图像，并且可以控制每一种颜色的量。此外，还可以为黑白图像着色，以创建单色图像。

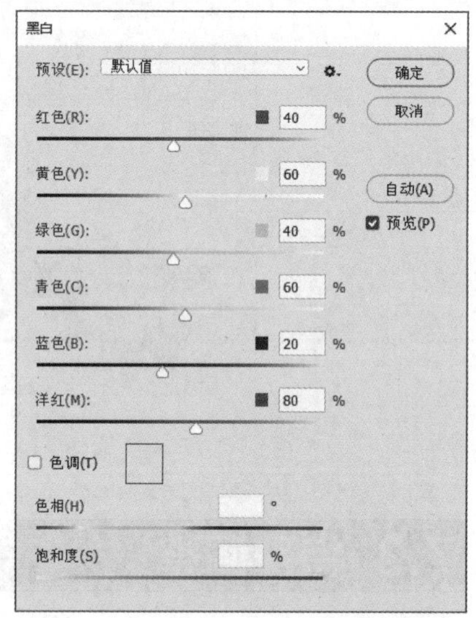


图7-104

下面介绍“黑白”对话框中的常用选项。

**预设：** 在下拉列表中可以选择预设选项来调整图像，如图7-105所示。

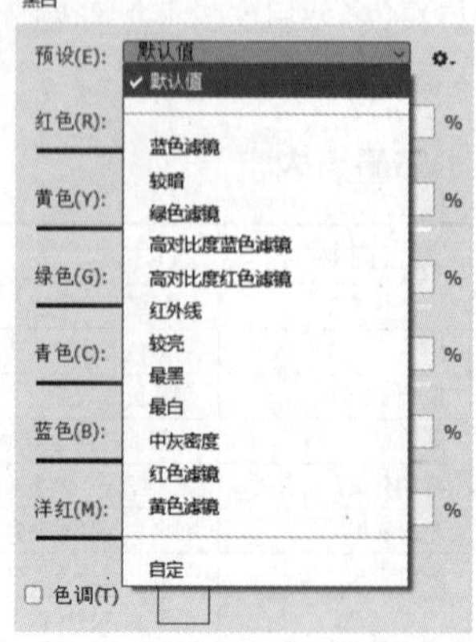


图7-105

**颜色滑块：** 拖曳不同的颜色滑块，可以调整图像中特定颜色的灰色调。例如，向左拖曳“蓝色”滑块，可以使由蓝色转换而来的灰度色变暗，如图7-106所示；向右拖曳“蓝色”滑块，可以使由蓝色转换而来的灰度色变亮，如图7-107所示。

图7-106

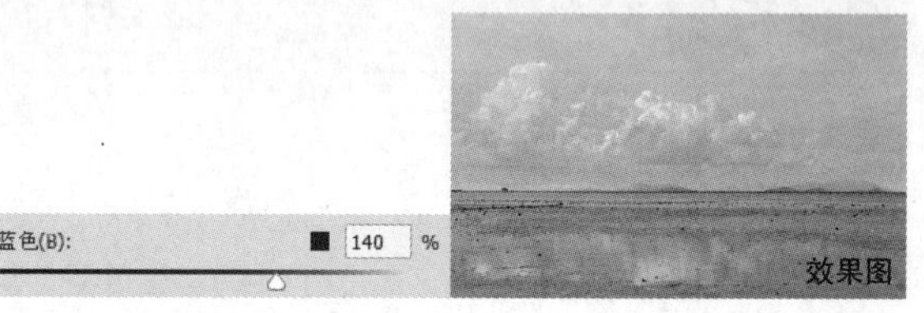


图7-107

**技巧与提示**

按住Alt键并单击某个颜色右侧的色块，可以使该颜色的滑块复位。此外，按住Alt键，对话框中的“取消”按钮（取消）会变为“复位”按钮（复位），单击该按钮可以复位所有颜色滑块。

**色调：** 勾选该选项，可以用单色为黑色图像着色，并且可以调整单色图像的色相和饱和度，如图7-108所示。

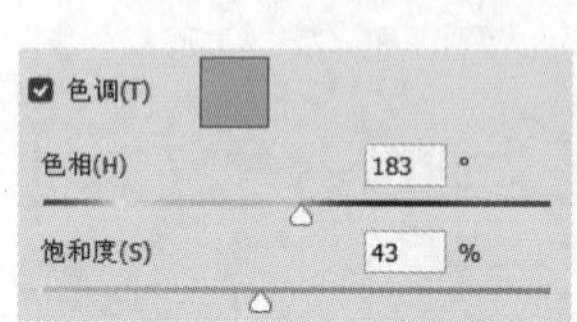

图7-108

## 7.3.3 反相

执行“图层>调整>反相”菜单命令（快捷键为Ctrl+I），可以将图像中的颜色转换为它的补色（黑色与白色相互转换，这两种颜色较为特殊），从而创建出彩色负片效果，如图7-109所示。

图7-109

执行“图像>调整>黑白”菜单命令，即可得到黑白负片，效果如图7-110所示。

图7-110

**技巧与提示**

“反相”操作是一种可逆的操作。将图像转换为负片效果后，再次执行“图层>调整>反相”菜单命令，可以将其转换回原有颜色。

## 7.3.4 阈值

使用“阈值”命令可以删除图像中的色彩信息，将其转换为高对比度的黑白图像。执行“图像>调整>阈值”菜单命令，打开“阈值”对话框，如图7-111所示。在“阈值色阶”文本框中输入数值，或者拖曳直方图下面的滑块，可以指定一个色阶作为阈值，比该阈值亮的像素将转换为白色，比该阈值暗的像素将转换为黑色，如图7-112所示。

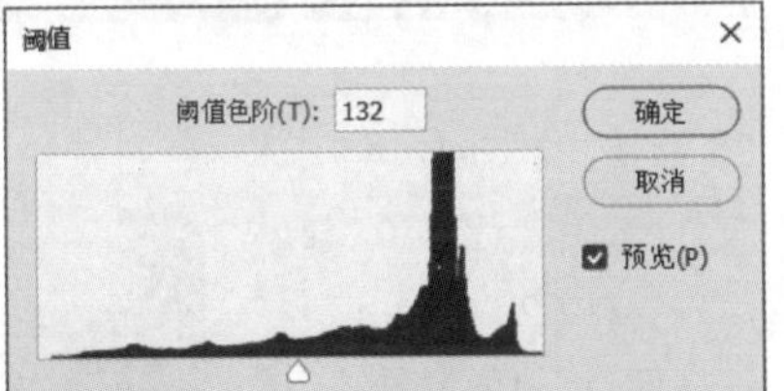


图7-111

图7-112

## 7.3.5 色调分离

执行“图像>调整>色调分离”菜单命令，打开“色调分离”对话框，如图7-113所示。使用该对话框可以减少图像中的色阶数，使图像中的颜色数量减少。“色阶”值越小，图像细节越少；“色阶”值越大，图像细节越多，如图7-114所示。

图7-113

图7-114

## 7.3.6 渐变映射

执行“图像>调整>渐变映射”菜单命令，打开“渐变映射”对话框，如图7-115所示。使用该对话框可以将渐变颜色映射到图像上。默认状态下，Photoshop会基于前景色与背景色生成渐变颜色，如图7-116所示。

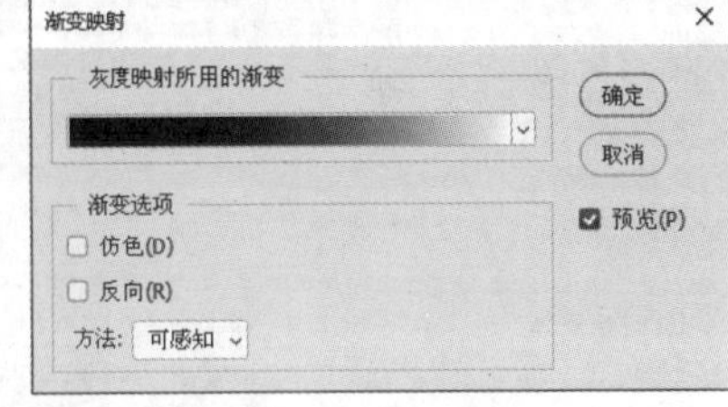


图7-115

图7-116

下面介绍“渐变映射”对话框中的常用选项。

**点按可编辑渐变**：显示当前的渐变颜色。单击渐变颜色条，在打开的“渐变编辑器”对话框中可以编辑渐变颜色，如图7-117所示。单击右侧的按钮，可以在打开的下拉面板中选择系统预设的渐变颜色，如图7-118所示。

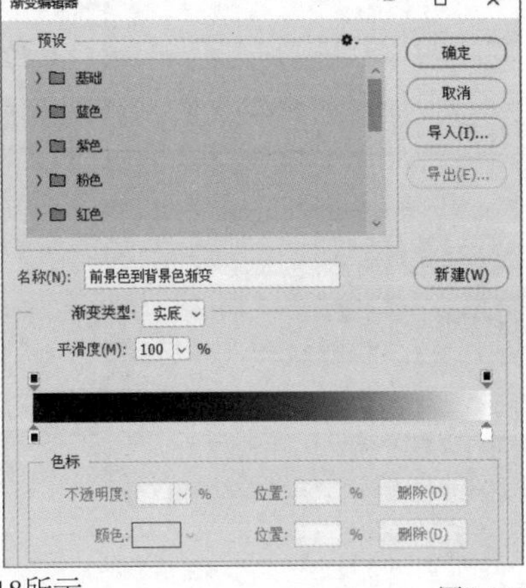


图7-117

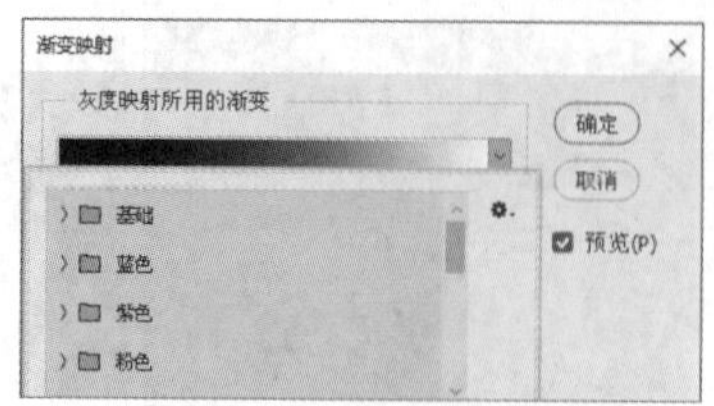

图7-118

**仿色：** 勾选该选项，Photoshop会添加一些杂色来平滑渐变效果。

**反向：** 勾选该选项，可以反转渐变的填充方向。

**技巧与提示**

一般情况下，渐变映射会改变图像的对比度，如图7-119所示。如果想要解决这个问题，可以使用"渐变映射"调整图层，并设置其混合模式为"颜色"，这样就只改变图像的颜色了，如图7-120所示。

图7-119

图7-120

## 7.3.7 颜色查找

不同显示设备在输入和输出图像时可能会出现颜色偏差。使用"颜色查找"命令可以使颜色在不同设备之间精确地传递和再现，可以说它是一个校准颜色的命令。执行"图像>调整>颜色查找"菜单命令，打开"颜色查找"对话框，如图7-121所示。例如，设置"3DLUT文件"为TealOrangePlusContrast.3DL，可以得到复古的色彩效果，如图7-122所示。

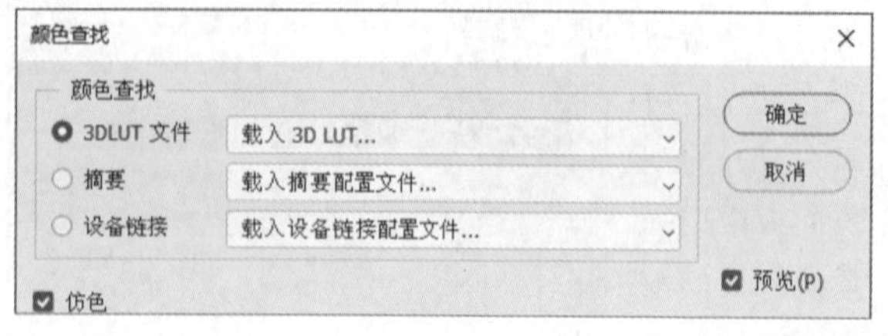

图7-121

图7-122

**课堂案例**

### 打造电影感

| | |
|---|---|
| 素材文件 | 素材文件>CH07>素材05.jpg |
| 实例文件 | 实例文件>CH07>打造电影感.psd |
| 视频名称 | 打造电影感.mp4 |
| 学习目标 | 掌握使用"颜色查找"命令和"曲线"命令调整图像的方法 |

本例将使用"颜色查找"命令和"曲线"命令为图像打造电影感，如图7-123所示。

图7-123

01 按快捷键Ctrl+O打开本书学习资源文件夹中的"素材文件>CH07>素材05.jpg"文件，如图7-124所示。按快捷键Ctrl+J复制图层。

图7-124

02 单击"图层"面板底部的按钮，添加"颜色查找"调整图层。打开"属性"面板，设置"3DLUT文件"为TensionGreen.3DL，如图7-125所示，得到图7-126所示的效果。

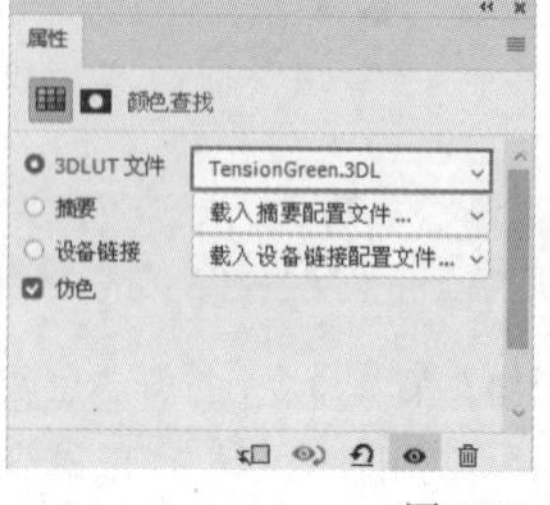

图7-125

图7-126

03 单击"图层"面板底部的按钮，添加"曲线"调整图层，设置混合模式为"变亮"。打开"属性"面板，在"通道"下拉列表中选择"绿"通道，在曲线中添加两个控制点，并向上拖曳下方的控制点，如图7-127所示。在阴影中增加绿色，效果如图7-128所示。

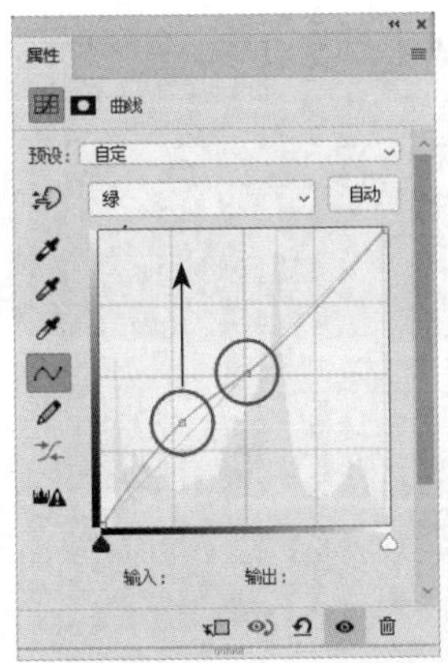


图7-127

图7-128

04 在“通道”下拉列表中选择“蓝”通道，在曲线中添加一个控制点，并向上拖曳左边的控制点，如图7-129所示。在阴影中增加蓝色，效果如图7-130所示。

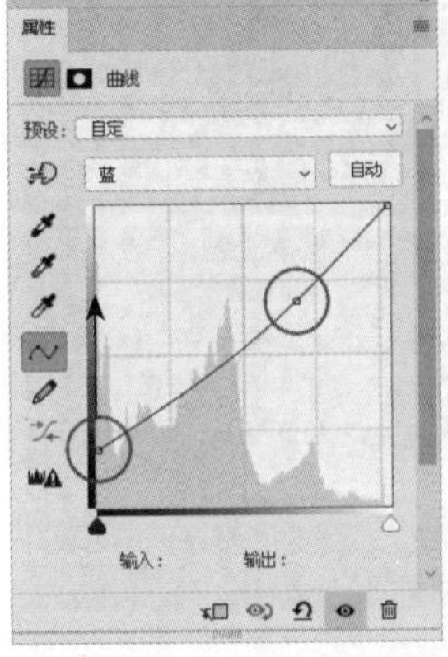


图7-129

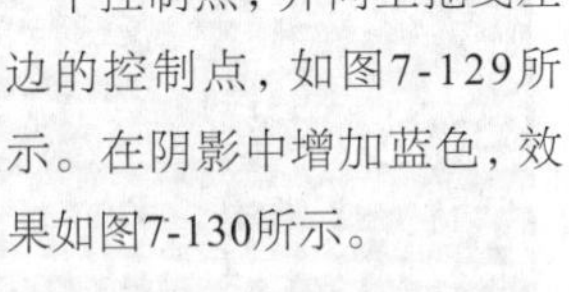

图7-130

## 7.3.8 HDR色调

执行“图像>调整>HDR色调”菜单命令，打开“HDR色调”对话框，如图7-131所示。使用该对话框可以调整太亮或太暗的图像，从而模拟高动态范围（HDR）图像的效果。

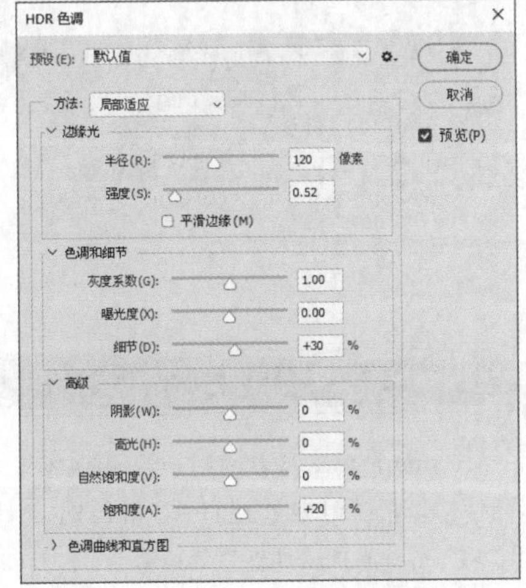


图7-131

下面介绍“HDR色调”对话框中的常用选项。

**预设：**在下拉列表中可以选择预设选项来调整图像。图7-132所示为部分预设选项的效果。

图7-132

**方法：**用于选择调整图像时采用的方法。

**边缘光：**用于控制图像边缘光的范围与强度。

**色调和细节：**用于调整图像的曝光度和细节。

**高级：**用于调整图像色彩的亮度和饱和度。

## 7.3.9 Lab通道调色

Lab颜色模式的色域很广，包含RGB颜色模式和CMYK颜色模式的色域。与其他颜色模式相比，Lab颜色模式可以分离明度信息和颜色信息。执行“图像>模式>Lab颜色”菜单命令，可以将图像转换为Lab颜色模式，如图7-133所示。

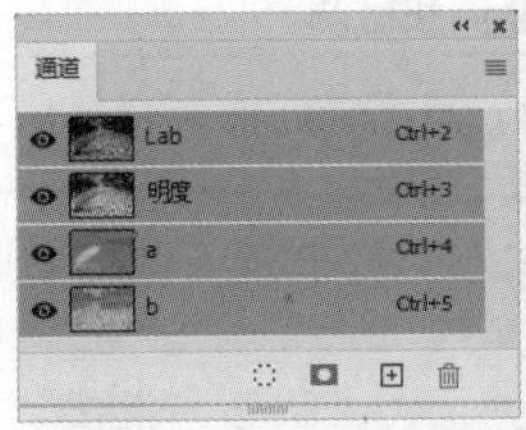

图7-133

在“通道”面板中单击通道缩览图，可以选择该通道。其中“明度”（L）通道没有色彩，保存的是图像的明度信息，如图7-134所示。a通道包含从绿色到洋红色的光谱颜色，如图7-135所示。b通道包含从蓝色到黄色的光谱颜色，如图7-136所示。

图7-134

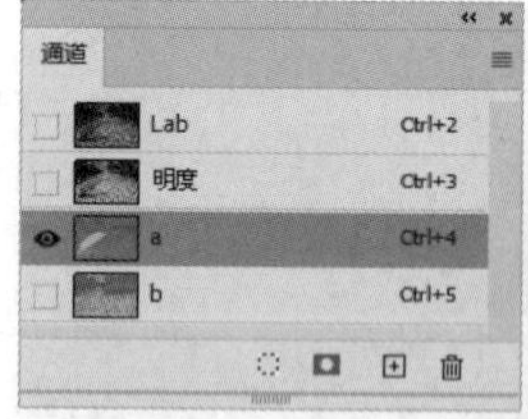

图7-135

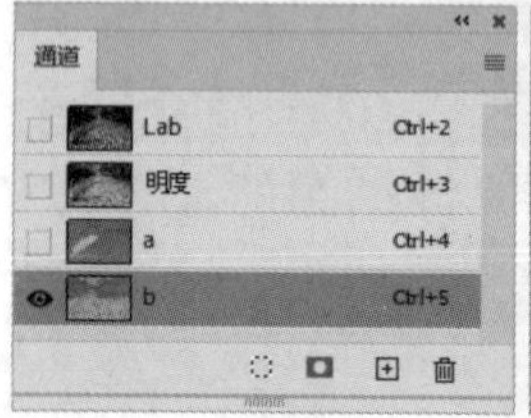

图7-136

分别调整a通道或b通道的亮度，可以得到不同的色彩效果，如图7-137所示。

图7-137

## 知识点：用Lab通道调出蓝调和橙调

单击a通道，如图7-138所示。按快捷键Ctrl+A全选内容，然后按快捷键Ctrl+C复制通道，接着选择b通道，再按快捷键Ctrl+V粘贴通道，如图7-139所示。可以得到蓝调效果，如图7-140所示。

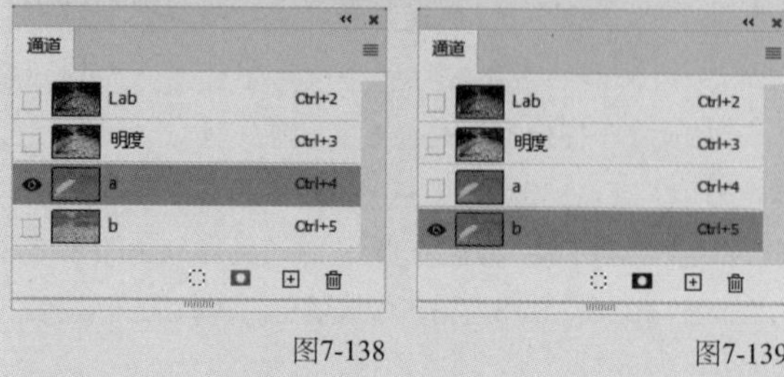


图7-138　　图7-139

图7-140

用同样的方法复制b通道，将其粘贴到a通道中，可以得到橙调效果，如图7-141所示。

图7-141

用这个方法调整人像，可以得到惊艳的效果，如图7-142所示。

图7-142

## 7.3.10 Camera Raw滤镜

Camera Raw是专门用于编辑RAW格式图像的特殊插件，也可以用来处理JPEG和TIFF文件。执行“滤镜>Camera Raw滤镜”菜单命令，打开Camera Raw操作界面，如图7-143所示。下面介绍 Camera Raw操作界面中的常用工具。

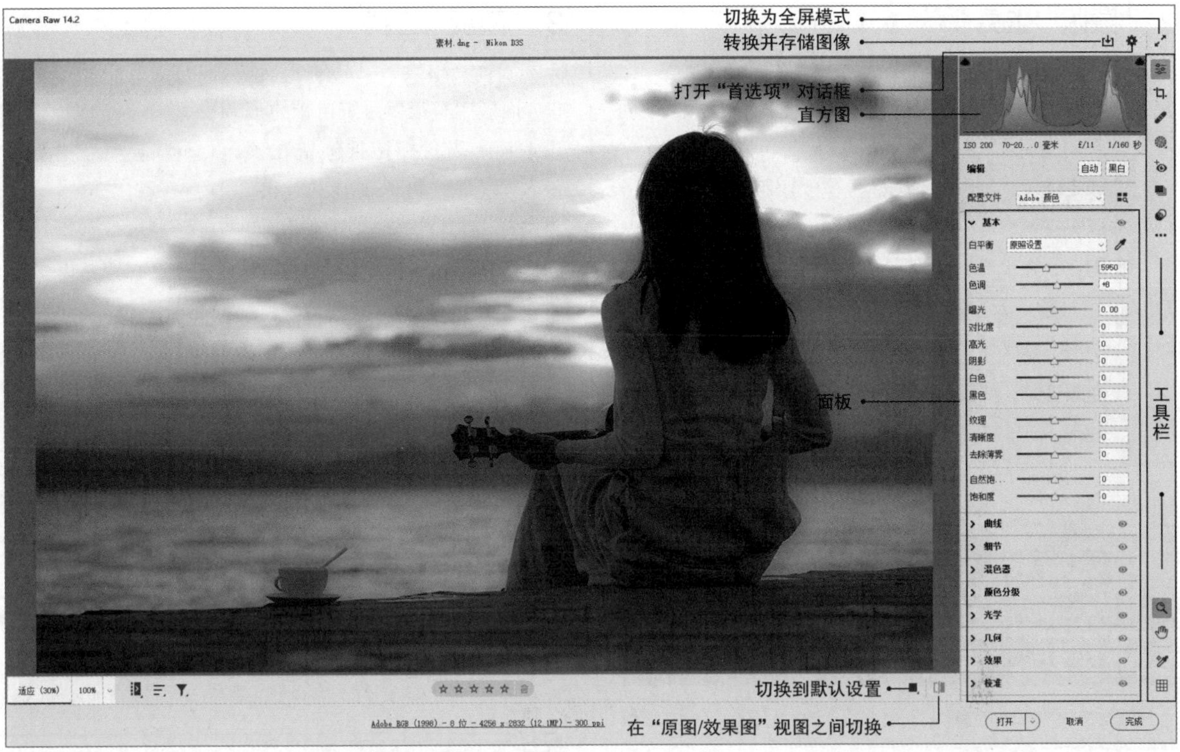

Camera Raw 14.2

素材.dng - Nikon D3S

切换为全屏模式
转换并存储图像
打开“首选项”对话框
直方图
面板
工具栏
切换到默认设置
在“原图/效果图”视图之间切换

图7-143

## 1. “编辑”工具

选择“编辑”工具（快捷键为E），切换到“编辑”面板。下面介绍“编辑”面板中的常用选项。

**自动** 自动 **：** 单击该按钮，可以自动调整图像。

**黑白** 黑白 **：** 单击该按钮，可以生成黑白图像。

**基本：** 可以调整图像的白平衡、色温、色调、高光和阴影等，如图7-144所示。

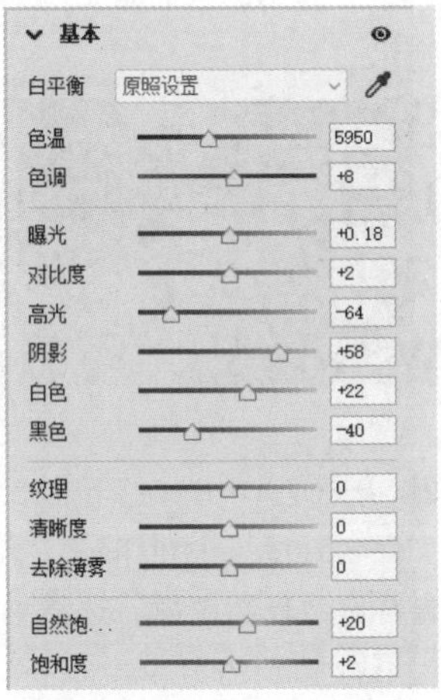

| 基本 | |
|---|---|
| 白平衡 | 原照设置 |
| 色温 | 5950 |
| 色调 | +8 |
| 曝光 | +0.18 |
| 对比度 | +2 |
| 高光 | -64 |
| 阴影 | +58 |
| 白色 | +22 |
| 黑色 | -40 |
| 纹理 | 0 |
| 清晰度 | 0 |
| 去除薄雾 | 0 |
| 自然饱... | +20 |
| 饱和度 | +2 |

图7-144

**曲线：** 可以控制图像的色调范围和对比度。

**细节：** 可以锐化细节和减少杂色等。

**混色器：** 可以分别调整不同颜色的色相、饱和度和明亮度，以更好地控制图像中的颜色。

**颜色分级：** 可以使用色轮调整阴影、中色调和高光中的色相。该选项组适合在亮度对比明显时使用。例如，将图中的黄色光源调整为绿色，如图7-145所示。

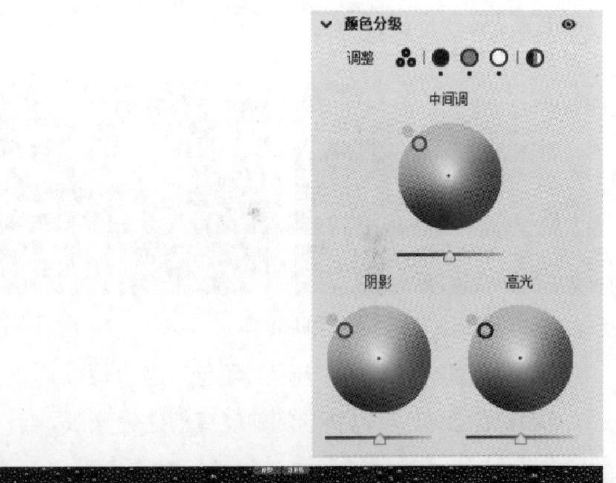

图7-145

**几何：** 可以校正使用广角镜头拍摄的照片中的畸变现象。

**效果：** 可以添加颗粒或晕影效果。

### 2. “蒙版”工具

使用“蒙版”工具可以定义编辑区域。“蒙版”面板中包含多种可以划定调整范围的工具。下面介绍该面板中常用的选项。

**选择主体**：可以自动创建主体的蒙版。

**选择天空**：可以自动创建天空的蒙版。

**画笔**：拖曳鼠标即可绘制蒙版区域，如图7-146所示。此外，还可以调整画笔的“大小”“羽化”“浓度”等属性。使用“橡皮擦”工具可以优化所选区域。

**线性渐变**：拖曳鼠标即可绘制蒙版区域，如图7-147所示。使用该工具绘制的蒙版区域可以形成柔和的过渡效果。

图7-146

图7-147

**径向渐变**：拖曳鼠标即可绘制蒙版区域，如图7-148所示。单击“反相”按钮，可以将调整区域变为蒙版区域的外部区域，如图7-149所示。

图7-148

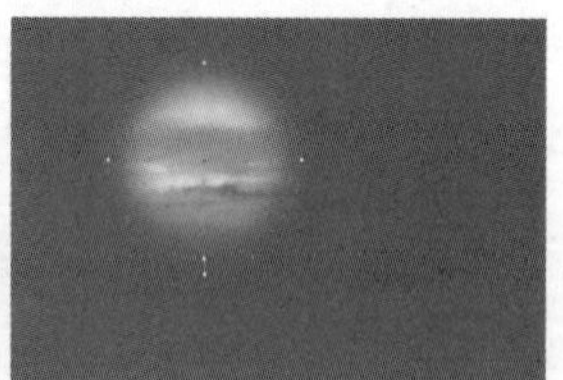

图7-149

**色彩范围**：可以将选定的颜色创建为蒙版。

**亮度范围**：可以将选定的亮度创建为蒙版。

**技巧与提示**

如果需要在一个蒙版中增加或减少调整区域，可以单击“添加”按钮或“减去”按钮，如图7-150所示。

在已添加的蒙版组件上单击鼠标右键，在打开的菜单中可以进行删除、复制蒙版等操作，如图7-151所示。此外，执行“蒙版交叉对象”子菜单中的命令，还可以与其他蒙版组件生成交集区域。

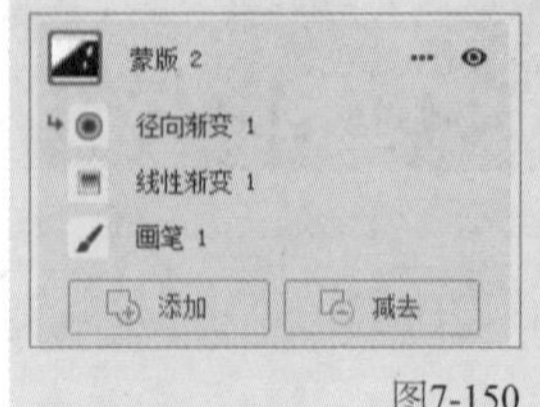


图7-150

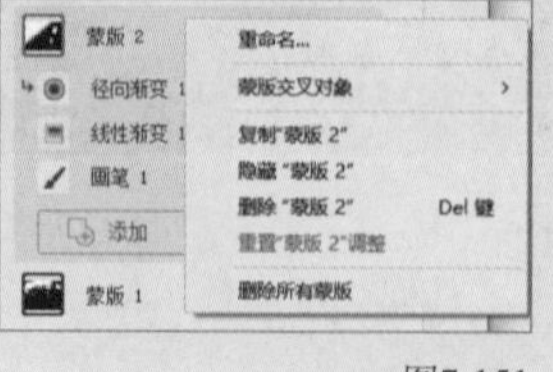


图7-151

### 3. “预设”工具

选择“预设”工具，“预设”面板中有很多系统自带的预设选项。当鼠标指针停留在预设名称上时，可以预览其效果。单击预设名称即可应用预设，如图7-152所示。

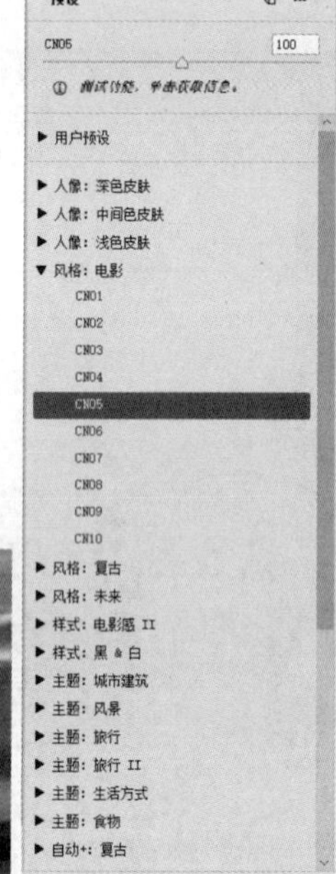


图7-152

**课堂案例**

## 打造怀旧感

| | |
|---|---|
| 素材文件 | 素材文件>CH07>素材06.jpg |
| 实例文件 | 实例文件>CH07>打造怀旧感.psd |
| 视频名称 | 打造怀旧感.mp4 |
| 学习目标 | 掌握使用Camera Raw滤镜调整图像的方法 |

本例将使用Camera Raw滤镜打造怀旧感，如图7-153所示。

图7-153

01 按快捷键Ctrl+O打开本书学习资源文件夹中的“素材文件>CH07>素材06.jpg”文件，如图7-154所示。按快捷键Ctrl+J复制图层。选择“图层1”图层，单击鼠标右键，在打开的菜单中执行“转换为智能对象”命令，如图7-155所示。

图7-154

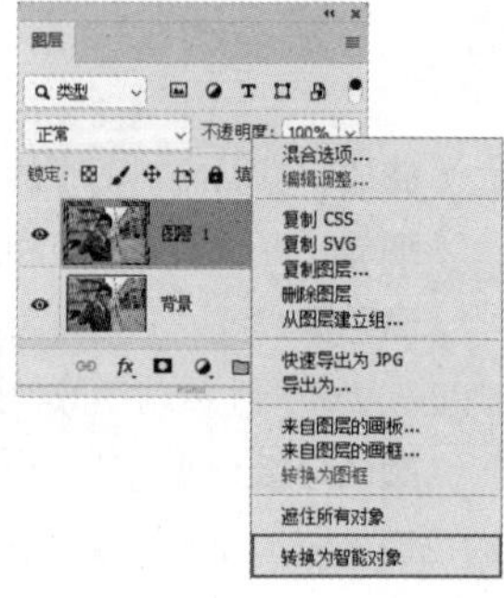


图7-155

02 执行"滤镜>Camera Raw滤镜"菜单命令，打开Camera Raw操作界面。选择"编辑"工具，在"编辑"面板中展开"基本"选项组，设置"色温"为+30、"色调"为+14、"曝光"为-0.15、"高光"为+12、"阴影"为-17、"白色"为+10、"黑色"为-8、"自然饱和度"为+24，如图7-156所示，得到图7-157所示的效果。

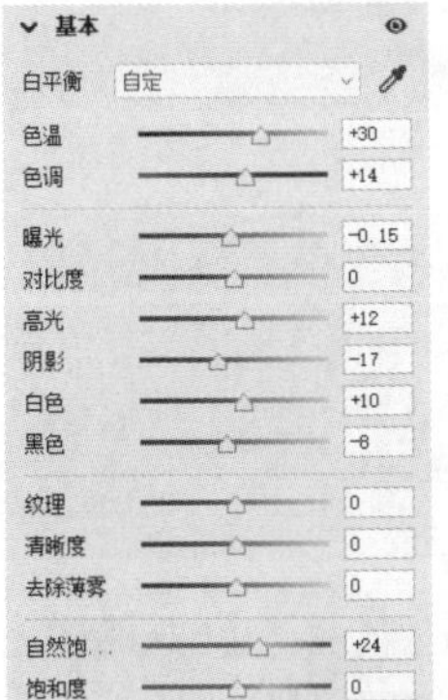

图7-156

图7-157

03 展开"混色器"选项组，设置"明亮度/橙色"与"明亮度/黄色"为+12，如图7-158所示。提亮人物的面部，效果如图7-159所示。

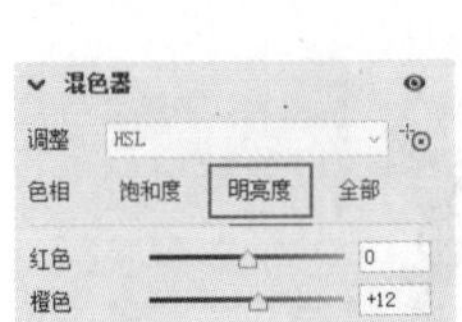

图7-158

图7-159

04 选择"蒙版"工具，使用"径向渐变"工具绘制一个径向渐变（"羽化"值为50），效果如图7-160所示。单击"反相"按钮，效果如图7-161所示。

图7-160

图7-161

05 在面板中设置"曝光"为-1.40、对比度为-23、"高光"为-37、"阴影"为-39、"色温"和"色调"为+28，如图7-162所示。压暗图像四周，效果如图7-163所示。

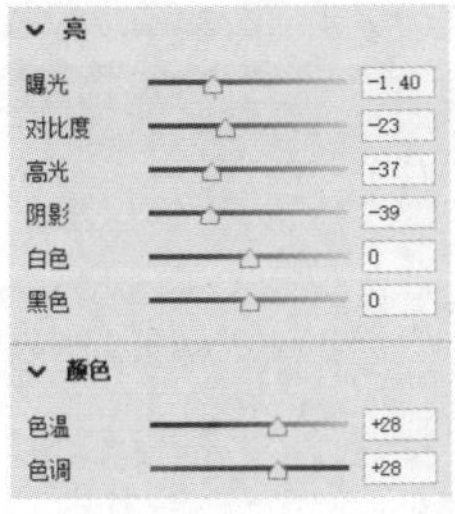

图7-162

图7-163

06 单击界面右下角的"确认"按钮（确定），保存设置并退出Camera Raw操作界面，效果如图7-164所示。

图7-164

**技巧与提示**

完成操作后，"图层1"图层下方会显示"智能滤镜"，如图7-165所示，单击滤镜名称可以进入Camera Raw操作界面对其进行修改。如果没有将"图层1"图层转换为智能对象，那么滤镜效果将直接应用到该图层上，且之后无法修改其参数设置。

图7-165

## 7.4 本章小结

本章主要讲解了调整图像色调与颜色的命令，使用这些调整命令可以改善图像的缺陷，或者打造多种色彩风格。通过本章的学习，读者应该对图像的调整方法有一个整体的了解，并且对各个调色命令及其操作方法有全面的认知。

## 7.5 课后习题

根据本章的内容，本节共安排了两个课后习题供读者练习，以帮助读者对本章的知识进行综合运用。

### 课后习题：打造清透自然感

| | |
|---|---|
| 素材文件 | 素材文件>CH07>素材07.jpg |
| 实例文件 | 实例文件>CH07>打造清透自然感.psd |
| 视频名称 | 打造清透自然感.mp4 |
| 学习目标 | 掌握使用"曲线"命令和"亮度/对比度"命令调整图像的方法 |

本习题主要要求读者对"曲线"命令和"亮度/对比度"命令的使用方法进行练习，如图7-166所示。

原图

效果图

图7-166

## 课后习题：打造冷调复古感

| 素材文件 | 素材文件>CH07>素材08.jpg |
| --- | --- |
| 实例文件 | 实例文件>CH07>打造冷调复古感.psd |
| 视频名称 | 打造冷调复古感.mp4 |
| 学习目标 | 掌握使用"可选颜色"命令和"曲线"命令调整图像的方法 |

本习题主要要求读者对"可选颜色"命令和"曲线"命令的使用方法进行练习，如图7-167所示。

原图

效果图

图7-167

第8章

# 混合模式与图层样式

本章主要介绍混合模式与图层样式的使用方法。通过改变图层的不透明度和混合模式，可以制作出多种特殊效果。此外，通过对图层应用图层样式，可以为图层添加投影、发光和浮雕等多种效果。

## 课堂学习目标

◇ 了解混合模式的原理
◇ 掌握混合模式的使用方法
◇ 掌握图层样式的使用方法

# 8.1 混合模式

使用混合模式可以通过某种算法混合当前图层与其下方图层的像素，生成的混合效果非常丰富。这种操作常用于创建特效和合成图像，且不会破坏原始图像。在绘画类工具和修饰类工具的选项栏中，以及在“渐隐”“填充”“描边”“图层样式”命令的对话框中都可以设置混合模式。

## 8.1.1 设置混合模式

在“图层”面板中选择一个图层，然后单击面板上方“正常”选项右侧的按钮，打开下拉列表，可以为该图层设置一种混合模式。

**技巧与提示**

当鼠标指针移动到某个模式的名称上时，文档窗口中会实时地显示其应用效果。双击混合模式的任意选项，然后滚动鼠标滚轮，或者按↑键与↓键，可以切换混合模式。

图层默认的混合模式为“正常”，图层组默认的混合模式为“穿透”，相当于普通图层的“正常”模式。混合模式共有27种，可分为6组，如图8-1所示。

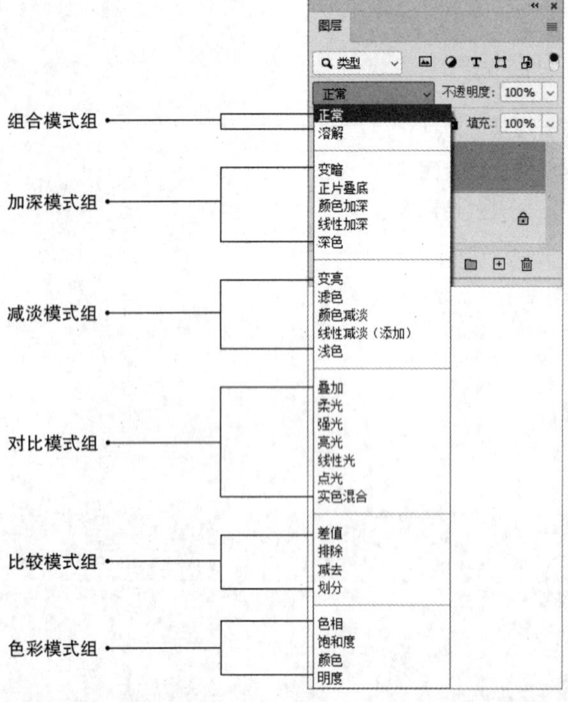


图8-1

**知识点：混合模式的原理**

混合模式是通过改变当前图层与下方所有图层的关系而产生的混合效果，共存在3种颜色。下方图层中的颜色为基础色，上方图层中的颜色为混合色，它们混合的结果称为结果色，如图8-2所示。

图8-2

同一种混合模式的效果可能会随着图层“不透明度”的改变而产生变化。例如，将上方图层的混合模式设置为“溶解”，不同的图层“不透明度”产生的效果如图8-3所示。

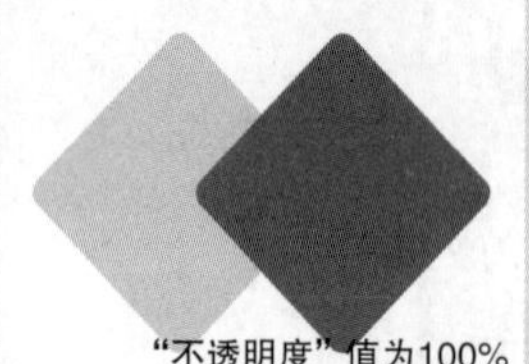


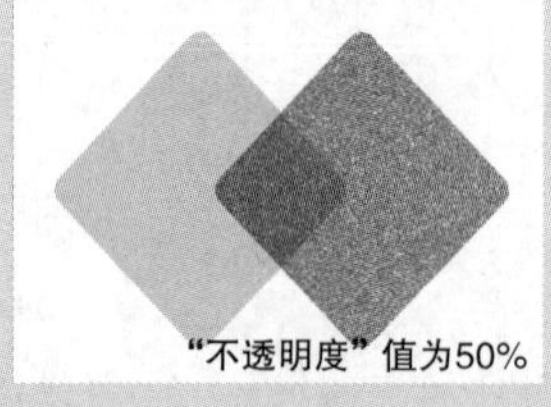


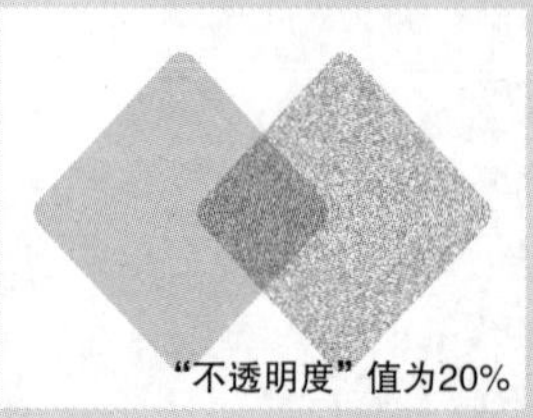


图8-3

## 8.1.2 详解混合模式

下面将用一个包含两个图层的文档来演示各种混合模式的效果，如图8-4所示。其中，“背景”图层为一个风景图像，如图8-5所示。“图层1”图层由6个不同颜色的色块和一个图像组成，如图8-6所示。

图8-4

图8-5

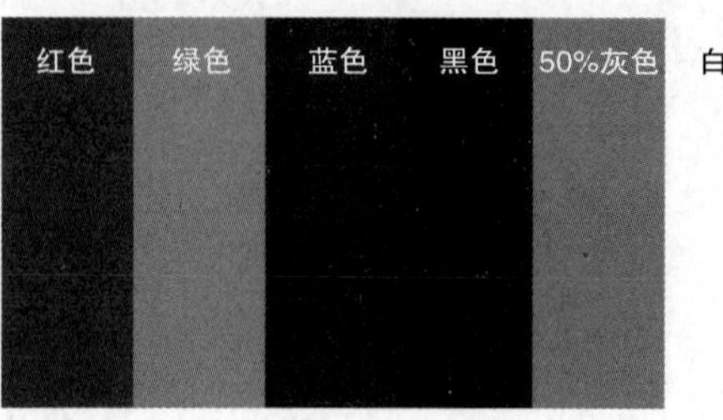

图8-6

## 1.组合模式组

在使用组合模式组中的模式时，需要减小图层的“不透明度”或“填充”值才会产生效果。

**正常：**图层默认的混合模式，图层“不透明度”为100%，会完全遮挡下层图像。设置“不透明度”为50%，会产生图8-7所示的效果。

**溶解：**减小图层的“不透明度”或“填充”值，可以使透明区域产生点状颗粒。设置“不透明度”为50%，会产生图8-8所示的效果。

图8-7

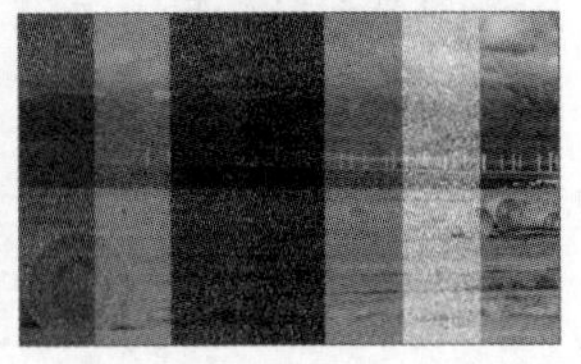
图8-8

## 2.加深模式组

加深模式组中的模式可以使图像变暗，并且当前图层中的白色像素会被下层较暗的像素代替。

**变暗：**比较两个图层，当前图层中较亮的像素将被下层较暗的像素替换，较暗的像素保持不变，如图8-9所示。

**正片叠底：**根据亮度将两个图层中的内容均等地显示出来，任何颜色与黑色混合会都变为黑色，与白色混合后则保持不变，如图8-10所示。

图8-9

图8-10

**颜色加深：**通过增加对比度使像素变暗，与白色像素混合后保持不变，如图8-11所示。

**线性加深：**通过减小亮度使像素变暗，与白色像素混合后保持不变，如图8-12所示。

图8-11

图8-12

**技巧与提示**

“线性加深”与“正片叠底”模式产生的效果相似，但是“线性加深”模式可以保留更多下层图像的颜色信息。

**深色：**比较两个图层所有通道的数值总和，并显示数值较小的颜色（即更暗的颜色），如图8-13所示。

图8-13

## 3.减淡模式组

减淡模式组与加深模式组中的模式产生的混合效果是相反的，这些模式可以使图像变亮，并且当前图层中的黑色像素会被下层较亮的像素代替。

**变亮：**与“变暗”模式的效果相反，当前图层中较亮的像素会替换下层较暗的像素，较亮的像素保持不变，如图8-14所示。

**滤色：**与“正片叠底”模式的效果相反，结果色为较亮的颜色，使图像产生漂白的效果，如图8-15所示。

图8-14

图8-15

**颜色减淡：**与“颜色加深”模式的效果相反，通过降低对比度来提亮下层图像，如图8-16所示。

**线性减淡（添加）：**与“线性加深”模式的效果相反，通过增加亮度来减淡颜色，与黑色像素混合后保持不变，如图8-17所示。

图8-16

图8-17

**技巧与提示**

“线性减淡（添加）”模式的提亮效果比“滤色”和“颜色减淡”模式更加明显。

**浅色：**比较两个图层所有通道的数值总和，并显示数值较大的颜色（即更亮的颜色），如图8-18所示。

图8-18

## 4.对比模式组

对比模式组中的模式可以增大图像的反差。在混合时,50%灰色的像素会完全消失,亮度值高于50%灰色的像素会提亮下层的像素,亮度值低于50%灰色的像素会使下层像素变暗。

**叠加:** 可以增强图像的颜色,同时保持下层图像中的高光和暗部色调,如图8-19所示。

**柔光:** 当前图层的颜色决定图像是变暗还是变亮。如果当前图层中的像素比50%灰色的像素亮,则图像变亮;如果当前图层中的像素比50%灰色的像素暗,则图像变暗,如图8-20所示。

图8-19

图8-20

**强光:** 将产生一种强烈的光线照射效果。如果当前图层中的像素比50%灰色的像素亮,则图像变亮;如果当前图层中的像素比50%灰色的像素暗,则图像变暗,如图8-21所示。

**亮光:** 通过增加或减小对比度的方式来改变图像颜色,混合后的颜色更加饱和。如果当前图层中的像素比50%灰色的像素亮,则图像变亮;如果当前图层中的像素比50%灰色的像素暗,则图像变暗,如图8-22所示。

图8-21

图8-22

**线性光:** 通过增加或减小亮度的方式来改变图像颜色,混合方式取决于当前图层的颜色。如果当前图层中的像素比50%灰色的像素亮,则图像变亮;如果当前图层中的像素比50%灰色的像素暗,则图像变暗,如图8-23所示。

图8-23

**技巧与提示**

与"强光"模式相比,"线性光"模式可以使图像产生更大的对比度。

**点光:** 根据当前图层的颜色来替换颜色。如果当前图层中的像素比50%灰色的像素亮,则替换较暗的像素;如果当前图层中的像素比50%灰色的像素暗,则替换较亮的像素,如图8-24所示。

**实色混合:** 如果当前图层中的像素比50%灰色的像素亮,则使下层图像变亮;如果当前图层中的像素比50%灰色的像素暗,则使下层图像变暗,使图像产生类似于色调分离的效果,如图8-25所示。

图8-24

图8-25

## 5.比较模式组

比较模式组中的模式会比较当前图层与下方图层,将相同的区域变为黑色,将不同的区域变为灰色或彩色。如果当前图层中包含白色区域,那么白色区域会使下层像素反相,而黑色区域不会对下层像素产生影响。

**差值:** 当前图层的白色区域会使下层图像产生反相效果,而黑色区域不会对下层图像产生影响,如图8-26所示。

**排除:** 与"差值"模式的原理相似,可以创建对比度更小的混合效果,如图8-27所示。

图8-26

图8-27

**减去:** 从基础色中减去混合色,如图8-28所示。

**划分:** 从基础色中分割出混合色,如图8-29所示。

图8-28

图8-29

## 6.色彩模式组

色彩模式组中的模式会将色彩分为色相、饱和度和亮度3种成分,然后将其中的一种或两种成分应用在混合后的图像中。

**色相:** 将当前图层的色相应用到下层图层中,并保持下层图层的亮度与饱和度不变,如图8-30所示。

**饱和度:** 将当前图层的饱和度应用到下层图层中,并保持下层图层的色相与亮度不变,如图8-31所示。

图8-30

图8-31

**颜色：**将当前图层的色相与饱和度应用到下层图层中，并保持下层图层的亮度不变，如图8-32所示。

**明度：**将当前图层的亮度应用到下层图层中，并保持下层图层的色相与饱和度不变，如图8-33所示。

图8-32

图8-33

课堂案例

## 改变口红颜色

| | |
|---|---|
| 素材文件 | 素材文件>CH08>素材01.jpg |
| 实例文件 | 实例文件>CH08>改变口红颜色.psd |
| 视频名称 | 改变口红颜色.mp4 |
| 学习目标 | 掌握使用混合模式调整图像的方法 |

本例将使用混合模式改变人物的口红颜色，效果如图8-34所示。

01 按快捷键Ctrl+O打开本书学习资源文件夹中的“素材文件>CH08>素材01.jpg”文件，如图8-35所示。单击“图层”面板下方的“创建新图层”按钮，新建图层。

图8-34

图8-35

02 选择“画笔工具”，设置笔尖为“柔边圆”、“大小”为70像素，并设置“前景色”为红色（R:255，G:0，B:42）。使用“画笔工具”在人物的唇部涂抹，如果涂抹到其他区域，可以用“橡皮擦工具”擦除，如图8-36所示。

图8-36

**技巧与提示**

在涂抹过程中，可以降低图层的不透明度，以便观察涂抹效果，如图8-37所示。

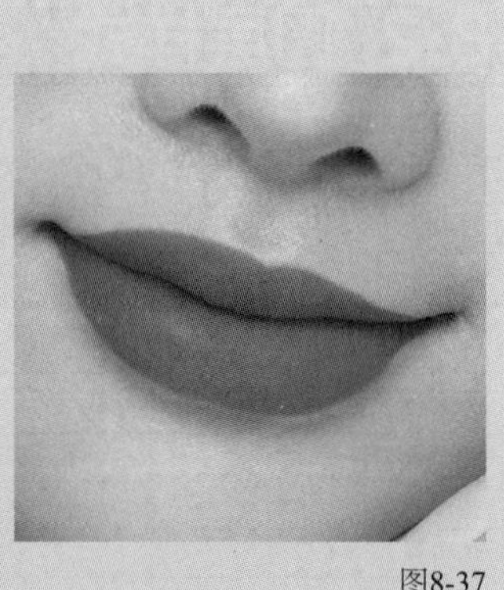
图8-37

03 设置“图层1”图层的混合模式为“柔光”、“不透明度”为60%，如图8-38所示。这样可以得到自然的口红效果，效果如图8-39所示。

图8-38

图8-39

**技巧与提示**

使用不同颜色的笔尖，可以得到多种口红颜色，使用“渐变工具”还可以画出渐变颜色，读者可以自行尝试。

课堂练习

## 制作雨窗

| | |
|---|---|
| 素材文件 | 素材文件>CH08>素材02-1.jpg、素材02-2.jpg |
| 实例文件 | 实例文件>CH08>制作雨窗.psd |
| 视频名称 | 制作雨窗.mp4 |
| 学习目标 | 掌握使用混合模式调整图像的方法 |

使用混合模式制作雨窗，效果如图8-40所示。

图8-40

# 8.2 图层样式

图层样式也指图层效果，它既可以为图像添加阴影、发光和描边等效果，又可以创建金属和玻璃等质感。为图层添加的效果不仅不会破坏原始图像，还可以对其进行修改、停用或删除等操作。

**本节重点内容**

| 重点内容 | 说明 |
|---|---|
| 斜面和浮雕 | 为图层添加高光和阴影，使其产生立体的浮雕效果 |
| 描边 | 用纯色、渐变颜色或图案为图层添加描边效果 |
| 内阴影 | 沿图层内容的边缘向内添加阴影，使图层产生凹陷效果 |
| 投影 | 为图层添加投影效果，使其产生立体感 |
| 内发光 | 沿图层内容的边缘向内创建发光效果 |
| 外发光 | 沿图层内容的边缘向外创建发光效果 |
| 光泽 | 生成光滑的内部阴影 |
| 颜色叠加 | 在图像上叠加纯色 |
| 渐变叠加 | 在图像上叠加渐变颜色 |
| 图案叠加 | 在图像上叠加图案 |

## 8.2.1 添加图层样式

先选择图层或图层组，然后打开“图层样式”对话框，即可进行相应的设置，为图层或图层组添加图层样式或修改已存在的图层样式。打开“图层样式”对话框的方法有以下3种。

**第1种：**执行“图层>图层样式”子菜单中的命令，可以打开“图层样式”对话框。

**第2种：**双击需要添加效果的图层或图层组，可以打开“图层样式”对话框。

**第3种：**选择图层或图层组，单击“图层”面板底部的fx按钮，如图8-41所示，在弹出的菜单中选择一个样式，可以打开“图层样式”对话框。

“图层样式”对话框的左侧共有10种样式，如图8-42所示。单击样式名称（右侧复选框处于勾选状态），即可添加该样式。取消勾选某个样式，可以停用该样式，但是其参数设置会保留。

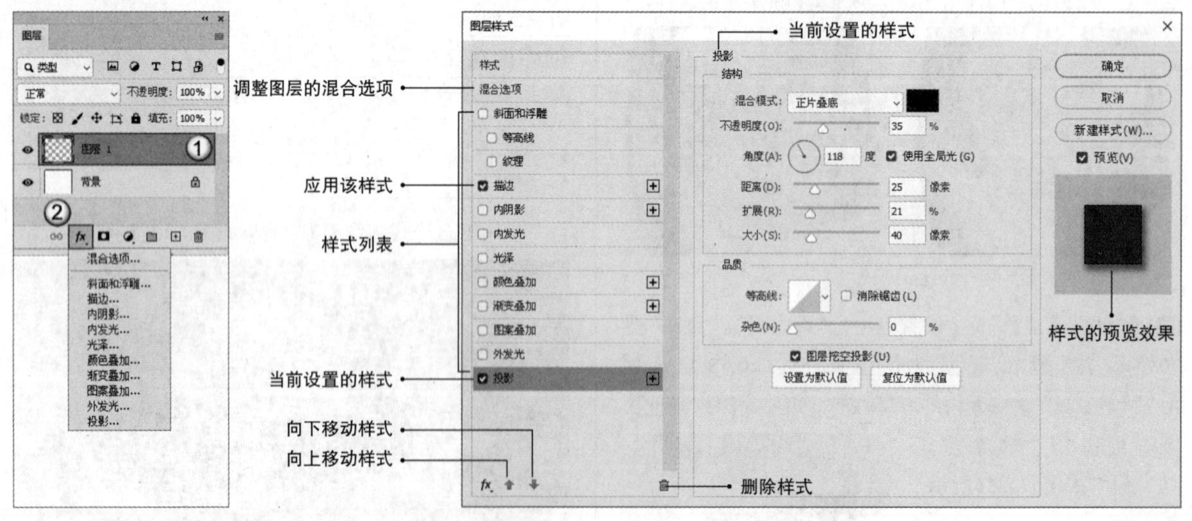


图8-41

图8-42

“图层样式”对话框中的部分样式可以应用多次。例如，添加一个“描边”样式，如图8-43所示；单击其名称右侧的⊞按钮，可以再添加一个“描边”样式，如图8-44所示。

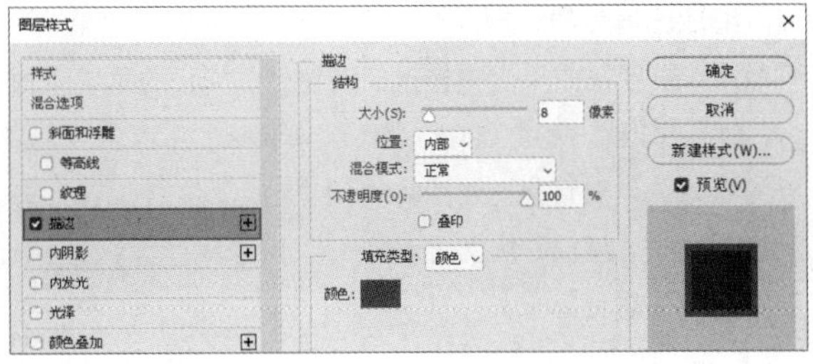

图8-43

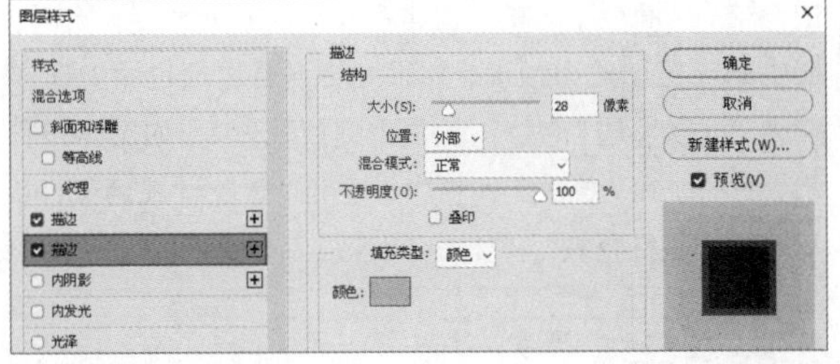

图8-44

完成设置并关闭对话框之后，图层的右侧会显示fx图标，图层下方会显示已添加的效果，如图8-45所示。单击（或）图标，可以展开（或折叠）效果列表，如图8-46所示。

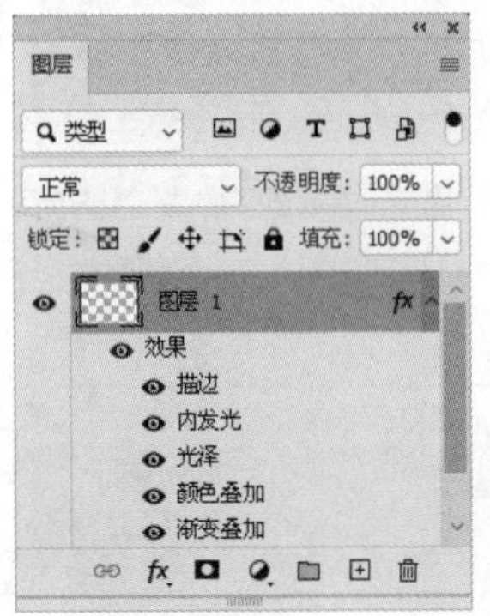

图8-45

图8-46

## 知识点：使用“样式”面板添加样式

执行“窗口>样式”菜单命令，打开“样式”面板，该面板中有多种预设的样式，如图8-47所示。

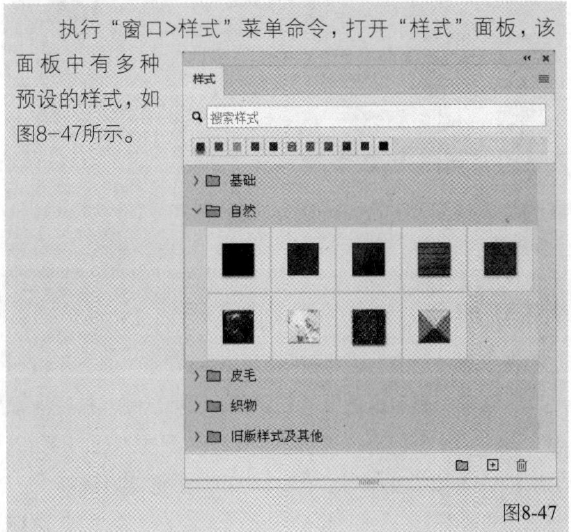

图8-47

选择一个图层，如图8-48所示。单击“样式”面板中的某个样式，即可将该样式应用到选择的图层上，并且新效果会替换之前的效果，如图8-49所示。

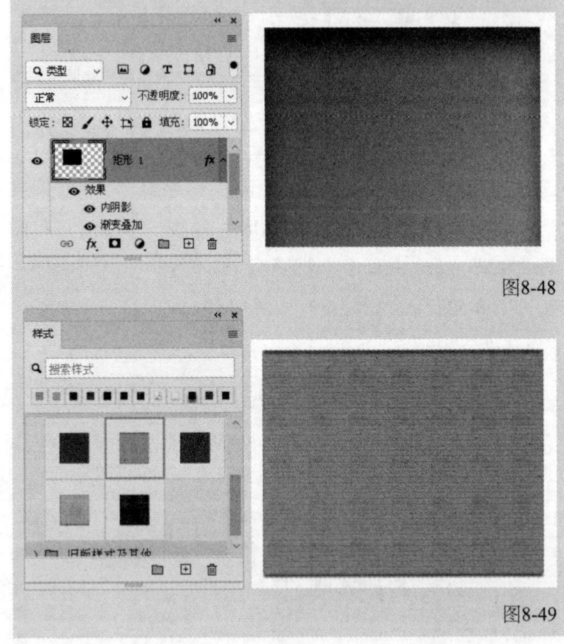

图8-48

图8-49

## 8.2.2 编辑图层样式

在为图层添加样式后，可以随时根据需求对其进行编辑，不仅可以修改其参数，还可以对其进行隐藏、删除、移动、复制等。

**显示/隐藏图层效果：**单击“效果”左侧的图标，可以隐藏这一图层中的所有效果。单击某个效果左侧的图标，可以隐藏该效果，如图8-50所示。执行“图层>图层样式>隐藏所有效果”菜单命令，可以隐藏文件中的所有效果。如果要将隐藏的效果显示出来，可以在原图标处单击。

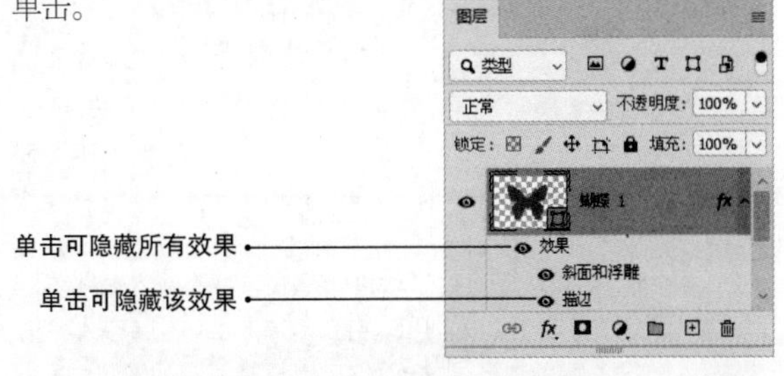


图8-50

**删除图层效果：**在“图层”面板中，将某一个效果拖曳至“删除图层”按钮上，可以删除该效果；将“效果”或fx图标拖曳至“删除图层”按钮上，可以删除该图层的所有效果，如图8-51所示。此外，执行“图层>图层样式>清除图层样式”菜单命令，也可以删除选中图层的所有效果。

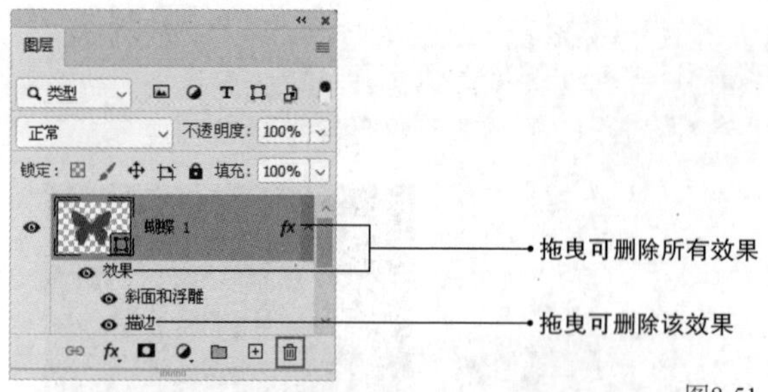


图8-51

**复制/移动图层效果：**按住Alt键，拖曳一个或所有效果（即"效果"或fx图标）至目标图层，即可复制一个或所有效果，如图8-52所示。如果没有按住Alt键，可以将一个或所有效果转移至目标图层，原图层不再有效果，如图8-53所示。

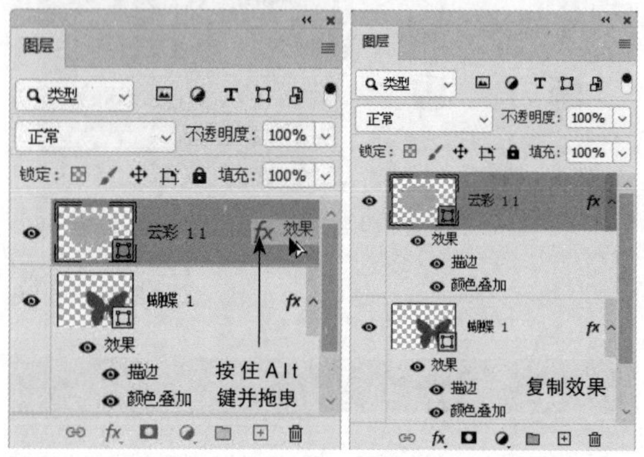


图8-52

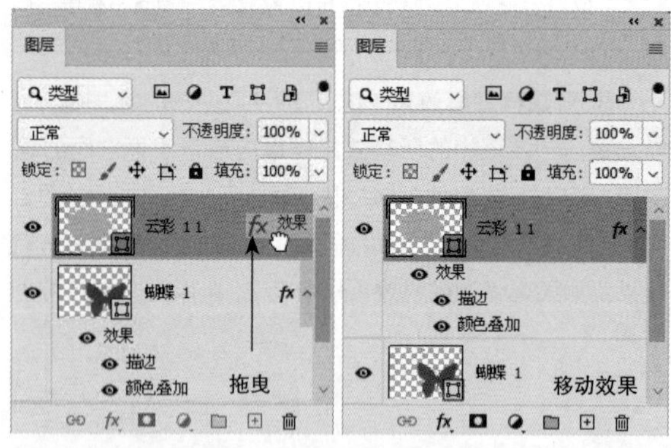


图8-53

**技巧与提示**

选择图层，然后执行"图层>图层样式>拷贝图层样式"菜单命令，接着选择目标图层，再执行"图层>图层样式>粘贴图层样式"菜单命令，这样不仅可以复制所有的图层样式，还可以复制源图层的"不透明度""填充"设置和混合模式。

**栅格化图层样式：**执行"图层>栅格化>图层样式"菜单命令，或者在图层缩览图右侧单击鼠标右键，在打开的菜单中执行"栅格化图层样式"命令，可以栅格化图层样式，原图层的效果会直接应用到图层中。

**缩放图层效果：**执行"图层>图层样式>缩放效果"菜单命令，或者在效果上单击鼠标右键，在打开的菜单中执行"缩放效果"命令，打开"缩放图层效果"对话框，如图8-54所示。调整"缩放"值就可对图层中的效果进行缩放。

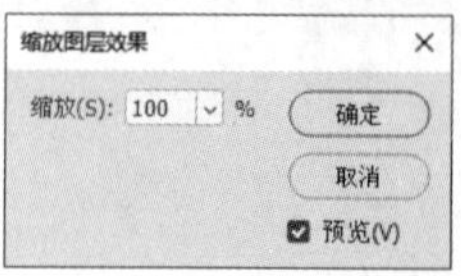

图8-54

**自定义图层样式：**如果要保存设置好的样式，可以单击"样式"面板下方的"创建新样式"按钮⊞，将选定图层中的样式创建为预设；如果要将混合选项也添加到样式中，可以勾选"包含图层混合选项"选项，如图8-55所示。此外，在"样式"面板中，还可以删除样式预设，以及对样式进行分组。

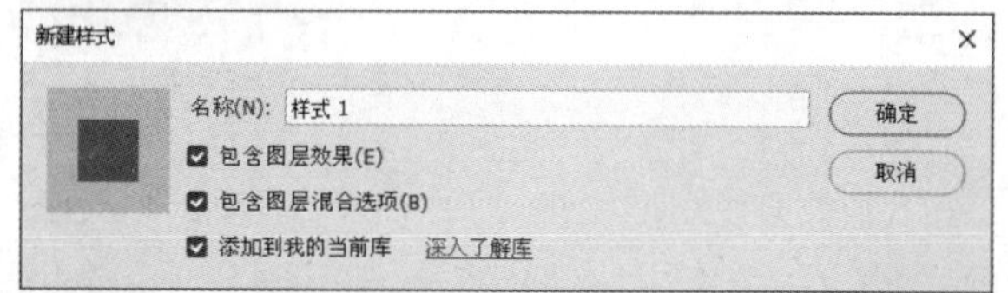

图8-55

## 8.2.3 混合选项

打开"图层样式"对话框，默认显示的为"混合选项"面板，其中的"混合模式""不透明度""填充不透明度"与"图层"面板中的选项是一一对应的，功能相同，如图8-56所示。

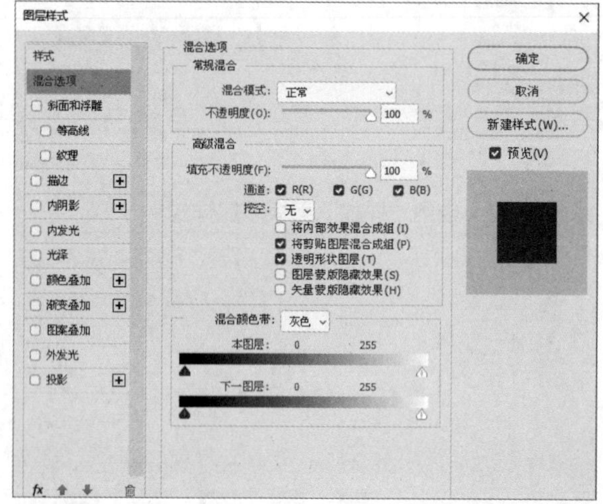

图8-56

### 1.高级混合

在"高级混合"选项组中可以通过调整"填充不透明度"的值来控制通道的显示与隐藏，还可以制作挖空效果等。其中"挖空"下拉列表用于改变图层的不透明度，以呈现挖空效果，包含"无""浅""深"3个选项。选择"无"选项，表示不挖空，如图8-57所示。无论是选择"浅"选项还是选择“深”选项，只要减小“填充不透明度”值，都会挖空到“背景”图层，如图8-58所示。如果没有“背景”图层，则会挖空到透明区域。

图8-57

图8-58

如果图层添加了“内发光”“光泽”效果和叠加效果，勾选“将内部效果混合成组”选项，这些效果不会显示。取消勾选该选项，这些效果会显示。“透明形状图层”选项可以限制图层样式或挖空效果的应用范围。“将剪贴图层混合成组”“图层蒙版隐藏效果”“矢量蒙版隐藏效果”选项主要用于控制图层样式是否作用于蒙版所定义的范围。

## 2.颜色混合带

在“颜色混合带”选项组中可以根据像素的亮度信息将其显示或隐藏，包括“灰色”“红”“绿”“蓝”4种模式，默认为“灰色”模式。“本图层”和“下一图层”下方均有一个渐变颜色条。拖曳“本图层”滑块，可以隐藏当前图层中的像素；拖曳“下一图层”滑块，可以让下一图层中的像素穿透当前图层显示出来。

例如，选择“图层1”图层，如图8-59所示；接着向右拖曳“本图层”的黑色滑块，并向左拖曳“本图层”的白色滑块，如图8-60所示；那么，亮度值在0~40和185~255的像素将被隐藏，效果如图8-61所示。

图8-59

被隐藏的像素
混合颜色带：灰色
本图层：40 185
下一图层：0 255

图8-60 图8-61

将“本图层”滑块恢复到初始位置，然后向右拖曳“下一图层”的黑色滑块，并向左拖曳“下一图层”的白色滑块，如图8-62所示；那么，亮度值在0~90和190~255的像素将穿透当前图层显示出来，效果如图8-63所示。

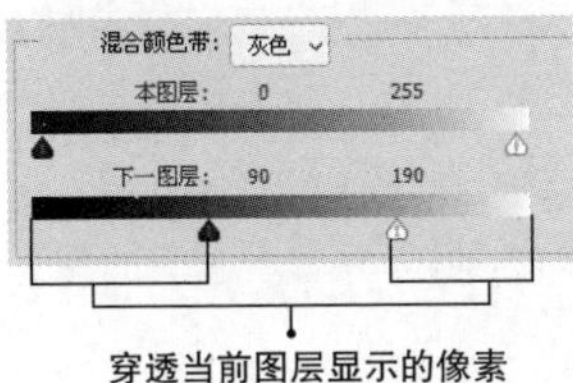


图8-62 图8-63

按住Alt键单击滑块，可以将其一分为二，如图8-64所示。增加两个分离后的滑块之间的距离，可以使透明区域与非透明区域之间的过渡效果更加柔和，如图8-65所示。

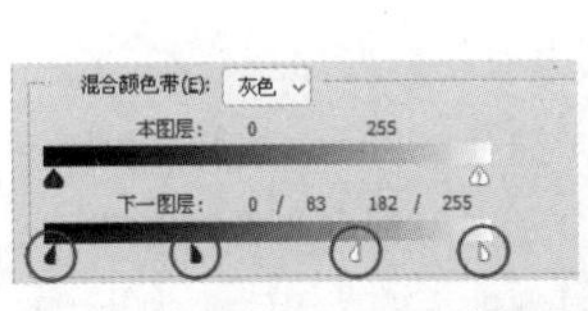

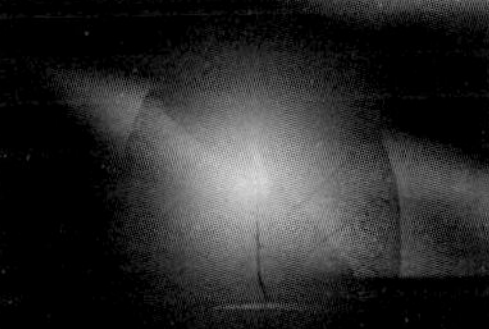

图8-64 图8-65

### 知识点：使用“颜色混合带”抠图

“颜色混合带”可以区分图像中的明暗部分，以便抠出图像的暗部或亮部。不过，其可控性较差，只能对与背景色调差异较大的图像很好地发挥作用，并且背景不能过于复杂。在操作过程中，一旦改变“本图层”或“下一图层”的颜色信息，显示的效果也会随之发生改变。在操作完成后，将其转换为智能对象，可以保存设置。

课堂案例

### 在夜空中加入烟花

| | |
|---|---|
| 素材文件 | 素材文件>CH08>素材03-1.jpg、素材03-2.jpg |
| 实例文件 | 实例文件>CH08>在夜空中加入烟花.psd |
| 视频名称 | 在夜空中加入烟花.mp4 |
| 学习目标 | 掌握使用“颜色混合带”融合图像的方法 |

本例将使用“颜色混合带”在夜空中加入烟花，效果如图8-66所示。

图8-66

01 按快捷键Ctrl+O打开本书学习资源文件夹中的“素材文件>CH08>素材03-1.jpg”文件，如图8-67所示。将“素材03-2.jpg”文件拖曳至文档窗口中，并置于画面的左上角，如图8-68所示。

图8-67

图8-68

02 执行“图层>图层样式>混合选项”菜单命令，打开“图层样式”对话框，按住Alt键并单击“本图层”的黑色滑块，将其一分为二，然后分别向右拖曳半个黑色滑块，如图8-69所示。观察画面，直到烟花的背景消失为止，如图8-70所示。按Enter键确认操作。

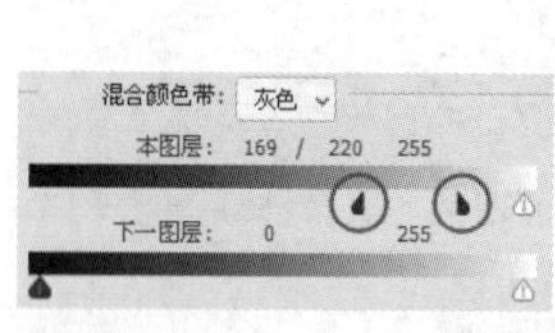



图8-69

图8-70

03 在“素材03-2”图层上单击鼠标右键，在打开的菜单中执行“转换为智能对象”命令，如图8-71所示。这样可以保存烟花所在图层的参数设置，如图8-72所示。

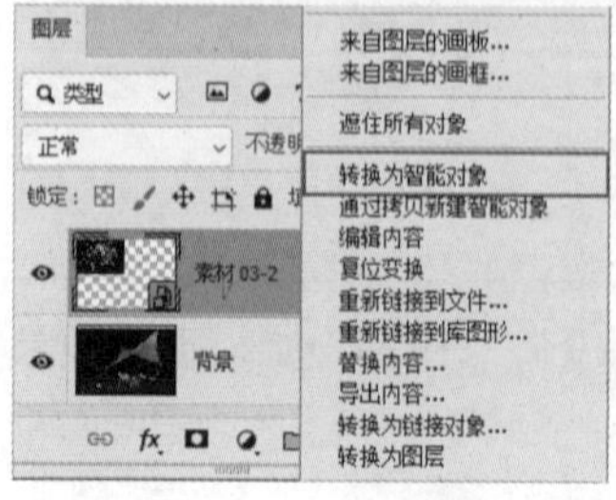



图8-71

图8-72

**技巧与提示**

将“素材03-2”图层转换为智能对象后，双击图层缩览图，可以显示“素材03-2”的原图像，如图8-73所示。执行“图层>图层样式>混合选项”菜单命令，可以在打开的“图层样式”对话框中对其进行修改。

图8-73

04 按快捷键Ctrl+J将“素材03-2”复制4层，使烟花变得更亮，效果如图8-74所示。

图8-74

## 8.2.4 斜面和浮雕

使用“斜面和浮雕”样式可以为图层添加高光和阴影，使其产生立体的浮雕效果。打开“图层样式”对话框，选择“斜面和浮雕”样式即可进入设置界面，如图8-75所示。

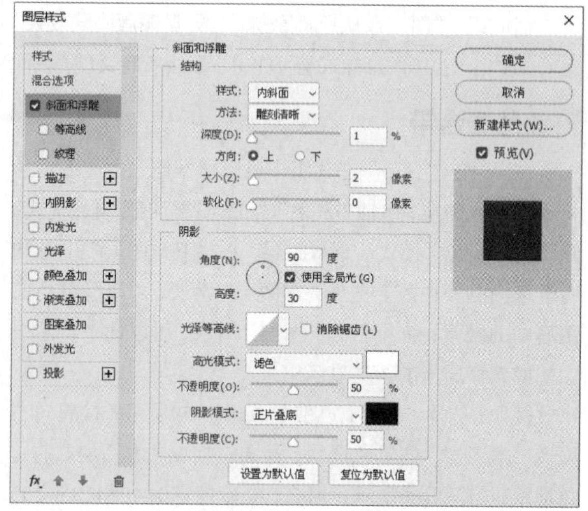



图8-75

下面介绍“斜面和浮雕”面板中的常用选项。

**样式：**用于设置斜面和浮雕的样式，如图8-76所示。选择“外斜面”选项，在图层内容的边缘外侧创建斜面，其范围较大；选择“内斜面”选项，在图层内容的边缘内侧创建斜面；选择“浮雕效果”选项，斜面一半在边缘内侧，一半在边缘外侧；选择“枕状浮雕”选项，可以模拟图层内容的边缘嵌到下层图层中的效果；选择“描边浮雕”选项，可以在描边上创建浮雕效果，需要添加“描边”样式才会起作用。

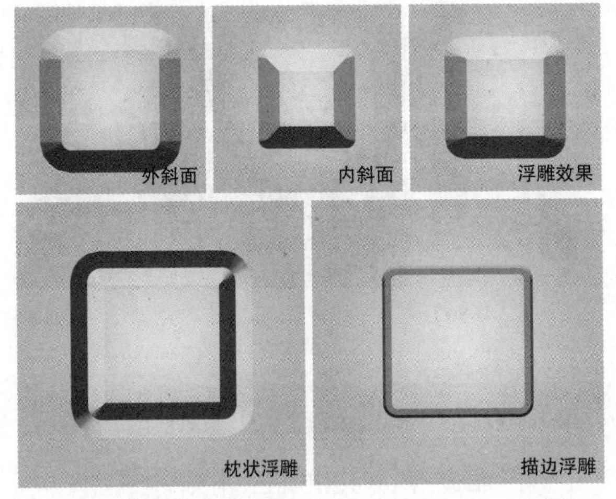


图8-76

**方法：**用于设置浮雕的边缘效果。选择“平滑”选项，可以创建平滑、柔和的边缘；选择“雕刻清晰”和“雕刻柔和”选项，可以创建清晰的浮雕边缘。相较之下，选择“雕刻柔和”选项的效果更柔和。

**深度：**用于设置阴影强度。该值越大，浮雕的立体感越强。

**方向：**用于设置高光和阴影的位置。

**大小：**用于设置斜面的大小。

**软化：**用于设置斜面的柔和度。

**角度/高度：**用于设置光源的发光角度和高度。

**使用全局光：**勾选该选项，所有的光源都将保持在同一个方向，可使光照效果更加自然和真实。

**光泽等高线：**选择不同的等高线样式，可以为斜面和浮雕的表面添加不同的光泽质感。

**消除锯齿：**勾选该选项，可以消除因添加光泽等高线而产生的锯齿。

**高光模式/阴影模式：**用于设置高光和阴影的混合模式，其下方的“不透明度”用于设置高光和阴影的透明程度，其右侧的色块用于设置高光和阴影的颜色。

**设置为默认值：**单击该按钮，可以将当前设置设为默认值，将此样式作为默认样式。

**复位为默认值：**单击该按钮，可以恢复此样式的默认设置。

勾选“斜面和浮雕”样式下方的“等高线”选项，进入“等高线”设置界面。单击“等高线”右侧的按钮，在打开的下拉面板中选择一种等高线样式，如图8-77所示；可以为浮雕创建凹凸起伏的效果，如图8-78所示。

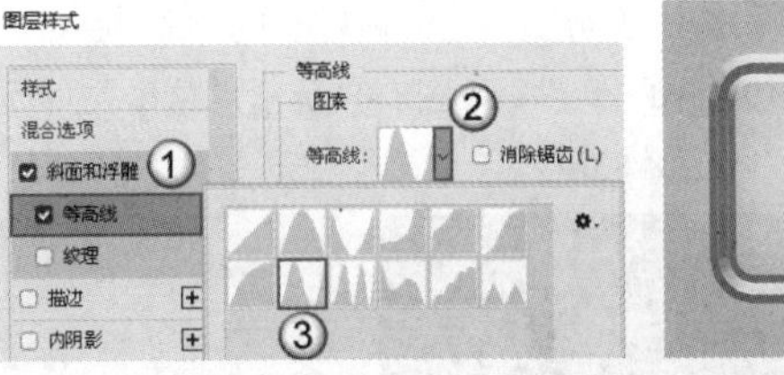


图8-77

图8-78

勾选“斜面和浮雕”样式下方的“纹理”选项，进入“纹理”设置界面。单击“图案”右侧的按钮，在打开的下拉面板中选择一种图案，然后设置图案的“缩放”和“深度”，如图8-79所示；可以为浮雕添加不同的纹理效果，如图8-80所示。

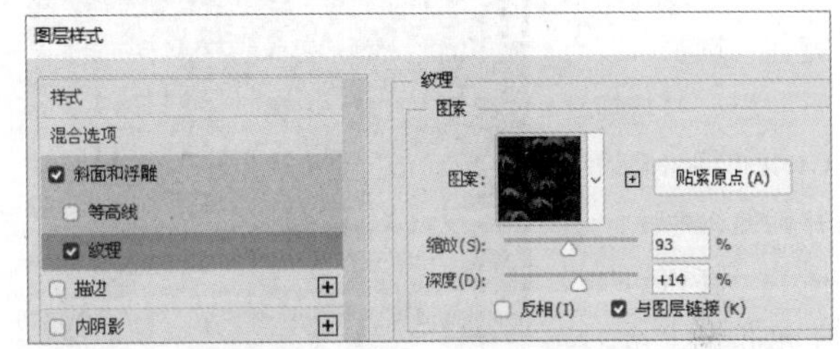


图8-79

图8-80

**技巧与提示**

勾选“与图层链接”选项，可以将图案与图层链接在一起，对图层进行变换等操作时图案也会一同变换。

课堂案例

## 在钱包上压印图案

素材文件　素材文件>CH08>素材04.psd

实例文件　实例文件>CH08>在钱包上压印图案.psd

视频名称　在钱包上压印图案.mp4

学习目标　掌握“斜面和浮雕”样式的使用方法

本例将使用“斜面和浮雕”样式在钱包上压印图案，效果如图8-81所示。

图8-81

01 双击打开本书学习资源文件夹中的“素材文件>CH08>素材04.psd”文件，如图8-82所示。这个文件中包含3个图层，如图8-83所示。

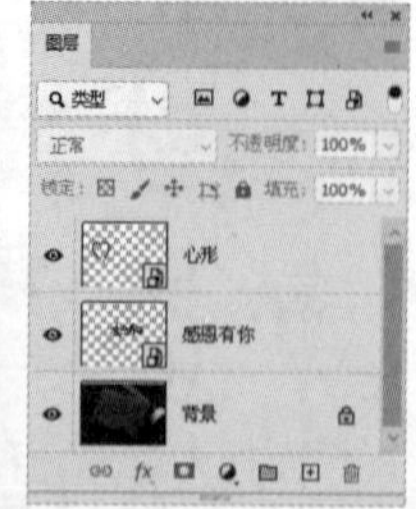


图8-82　　图8-83

02 分别选择“感恩有你”图层和“心形”图层，按快捷键Ctrl+T将它们缩小并旋转，然后分别拖曳至钱包的右下角和左上角，如图8-84所示。

图8-84

03 选择“感恩有你”图层，设置“填充”为0%。双击该图层，打开“图层样式”对话框，为其添加“斜面和浮雕”样式，设置“高光模式”的颜色为白色、“阴影模式”的颜色为黑色，其余选项的设置如图8-85所示。按Enter键确认操作，得到图8-86所示的效果。

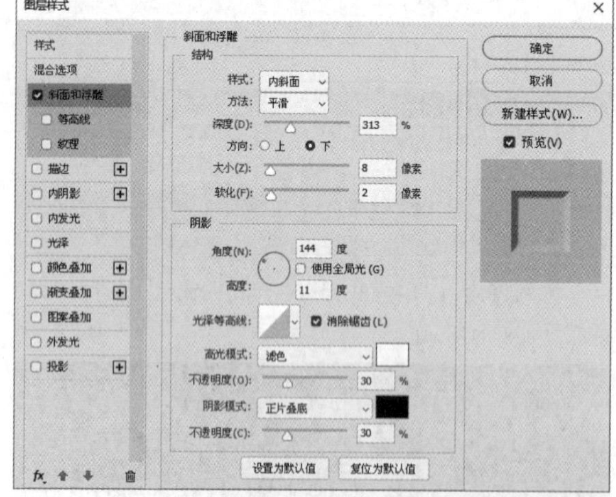


图8-85

图8-86

04 选择“心形”图层，设置“填充”为0%。按住Alt键，将“感恩有你”图层的fx图标拖曳至“心形”图层，如图8-87所示。复制压印效果，效果如图8-88所示。

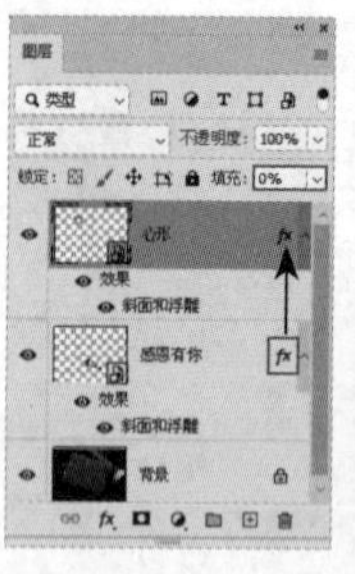

图8-87　　图8-88

## 8.2.5 描边

使用“描边”样式可以用纯色、渐变颜色或图案为图层添加描边效果，其设置界面如图8-89所示。

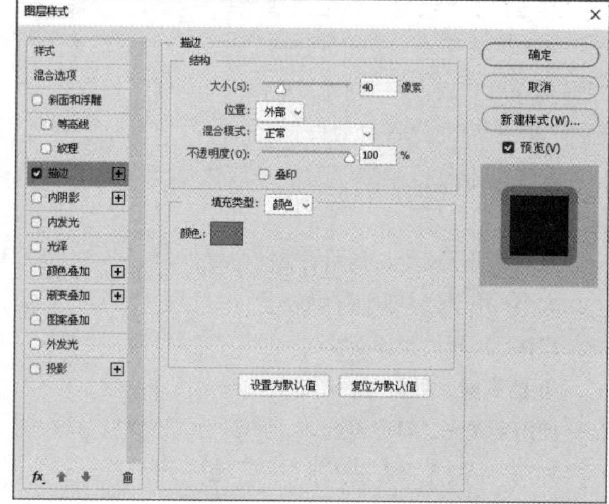


图8-89

下面介绍“描边”面板中的常用选项。

**大小：**用于设置描边的粗细。

**位置：**用于设置描边的位置，包括“外部”“内部”“居中”3个选项。

**混合模式：**用于设置描边效果与下层图像的混合模式。

**不透明度：**用于设置描边的不透明度。

**填充类型：**用于设置描边的填充类型，包含“颜色”“渐变”“图案”3种类型，如图8-90所示。

图8-90

## 8.2.6 内阴影

使用“内阴影”样式可以沿图层内容的边缘向内添加阴影，使图层产生凹陷效果，其设置界面如图8-91所示。

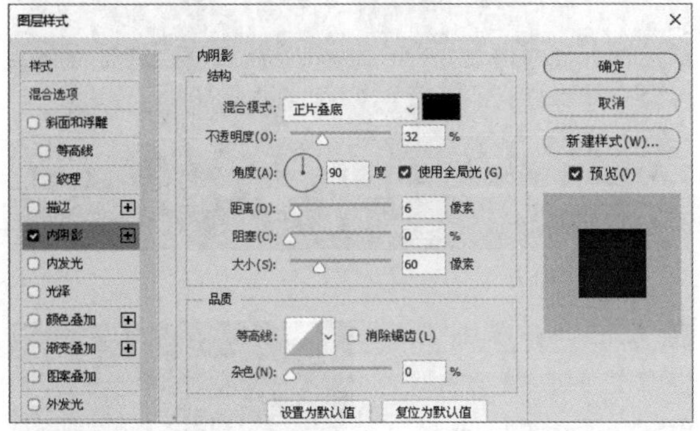


图8-91

下面介绍“内阴影”面板中的常用选项。

**距离：**用于设置内阴影偏离图层内容的距离。

**阻塞：**可以在模糊之前收缩内阴影的边界。当“大小”为60像素时，不同“阻塞”值的效果如图8-92所示。该选项与“大小”相关联，“大小”值越大，“阻塞”范围越大。

“阻塞”值为0%　“阻塞”值为50%　“阻塞”值为100%

图8-92

**大小：**用于设置内阴影的模糊范围。该值越小，内阴影越清晰，反之则内阴影的模糊范围越广。

**杂色：**可以在内阴影中添加杂色。

## 8.2.7 投影

使用“投影”样式可以为图层添加投影效果，使其产生立体感，其设置界面如图8-93所示。

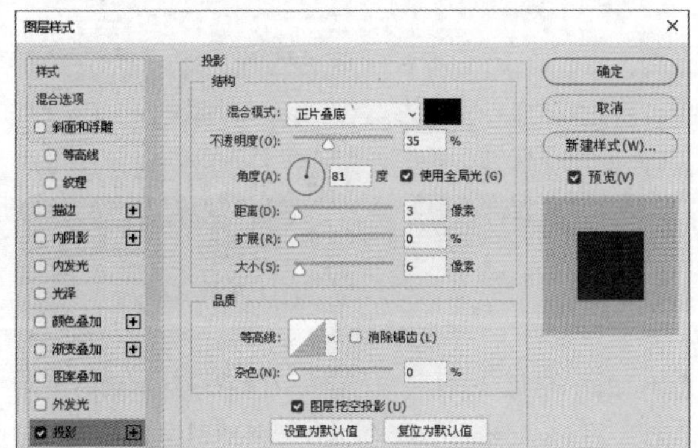


图8-93

下面介绍“投影”面板中的常用选项。

**角度：**用于设置光照方向，以决定投影的偏移方向。

**距离：**用于设置投影与原图像间的距离，该值越大，距离越远，如图8-94所示。

“距离”值为20像素　“距离”值为80像素

图8-94

**大小：**用于设置投影的模糊程度，该值越大，投影越模糊。

**扩展：**用于设置投影的扩展范围，该值会受到“大小”值的影响。

**等高线：**用于增加投影不透明度的变化。

## 8.2.8 内发光

使用“内发光”样式可以沿图层内容的边缘向内创建发光效果，其设置界面如图8-95所示。

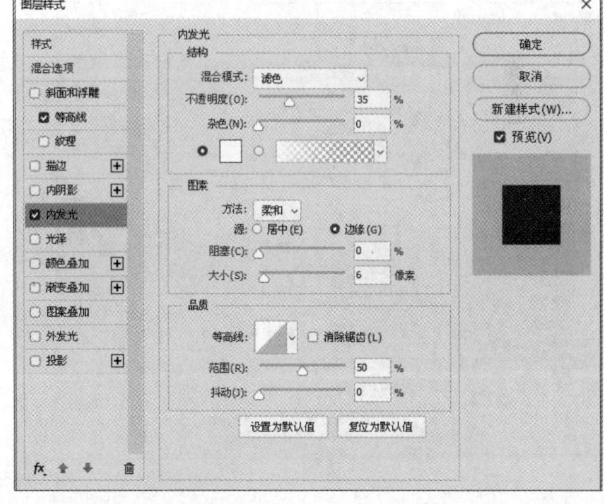


图8-95

下面介绍“内发光”面板中的常用选项。

**杂色：**用于随机添加杂色效果，使光晕产生颗粒感。

**发光颜色：**可以设置单色发光效果或渐变发光效果。

**方法：**用于设置发光方法，包含“柔和”和“精确”两种发光方法。

**源：**用于设置内发光的位置，包含“居中”和“边缘”两个位置，如图8-96所示。

图8-96

**阻塞：** 可以在模糊之前收缩内发光的边界。

**大小：** 用于设置内发光的模糊范围。

**范围：** 可以改变发光效果的渐变范围。

**抖动：** 仅对渐变发光效果起作用，可以使渐变颜色的过渡更加柔和。

## 8.2.9 外发光

使用“外发光”样式可以沿图层内容的边缘向外创建发光效果，如图8-97所示。“外发光”样式与“内发光”样式中的选项基本相同，其设置界面如图8-98所示。

图8-97

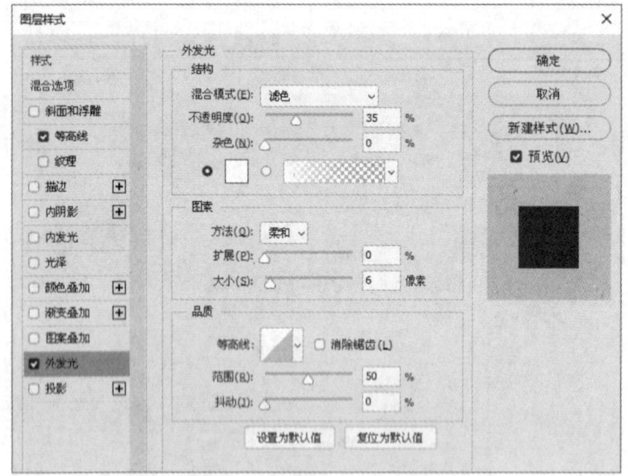


图8-98

课堂案例

### 制作霓虹灯

| 素材文件 | 素材文件>CH08>素材05.psd |
|---|---|
| 实例文件 | 实例文件>CH08>制作霓虹灯.psd |
| 视频名称 | 制作霓虹灯.mp4 |
| 学习目标 | 掌握“内发光”“外发光”“投影”样式的使用方法 |

本例将使用“内发光”“外发光”“投影”样式制作霓虹灯，效果如图8-99所示。

图8-99

**01** 双击打开本书学习资源文件夹中的“素材文件>CH08>素材05.psd”文件，如图8-100所示。

图8-100

**02** 双击music图层，打开“图层样式”对话框，选择“内发光”样式，设置颜色为玫红色（R:255，G:0，B:210），其余选项的设置如图8-101所示。选择“外发光”样式，设置颜色为玫红色（R:255，G:0，B:210），其余选项的设置如图8-102所示。选择“投影”样式，设置颜色为黑色，其余选项的设置如图8-103所示。

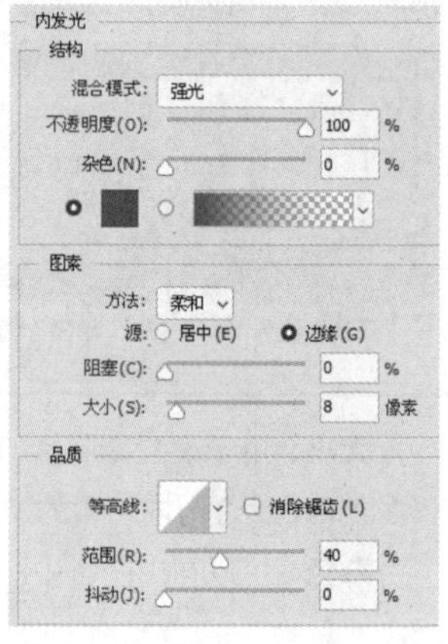


图8-101

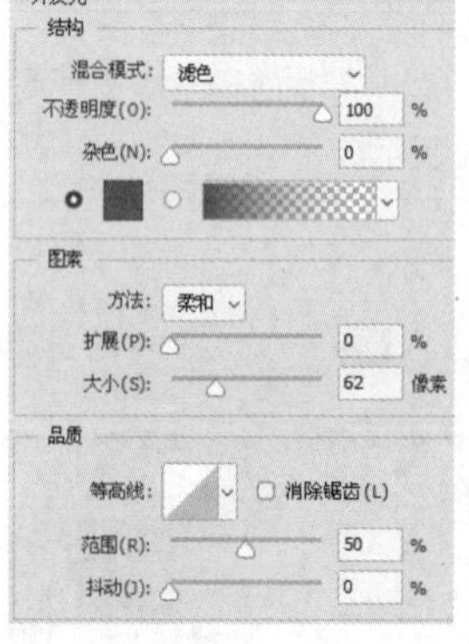


图8-102

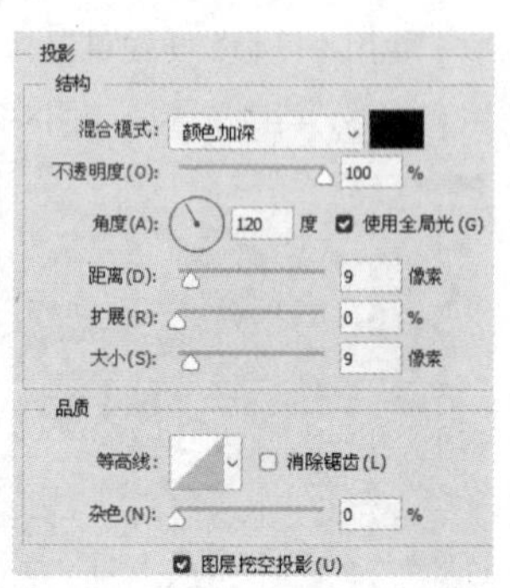


图8-103

**03** 按Enter键确认操作，得到图8-104所示的效果。按住Alt键，将music图层的fx图标拖曳至其他图层（“背景”图层除外），效果如图8-105所示。

图8-104

图8-105

04 在“背景”图层上方新建一个图层。选择“画笔工具”，设置笔尖为“柔边圆”、“不透明度”为50%、“流量”为70%。在发光区域周围涂一些玫红色（R:255，G:0，B:210），如图8-106所示。设置该图层的混合模式为“柔光”、“不透明度”为60%，效果如图8-107所示。

图8-106

图8-107

**技巧与提示**

在“图层样式”对话框中，将音符的“内发光”与“外发光”样式改为其他颜色，可以得到不同的效果，如图8-108所示。读者可按照自己的想法进行制作。

图8-108

## 8.2.10 光泽

使用“光泽”样式可以生成光滑的内部阴影如图8-109所示。该样式常用于模拟金属和瓷器等的表面光泽，其设置界面如图8-110所示。

图8-109

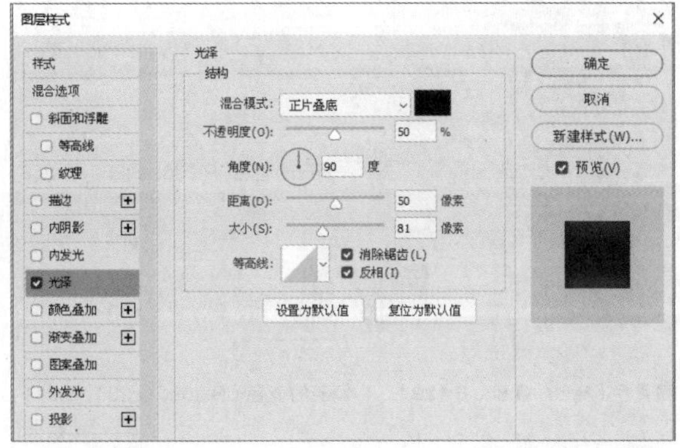


图8-110

## 8.2.11 颜色叠加

使用“颜色叠加”样式可以在图像上叠加颜色，如图8-111所示。其设置界面如图8-112所示。

图8-111

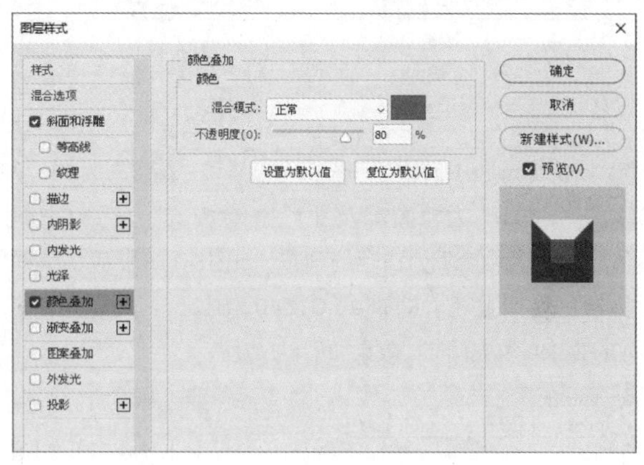


图8-112

## 8.2.12 渐变叠加

使用“渐变叠加”样式可以在图像上叠加渐变颜色，如图8-113所示。其设置界面如图8-114所示。单击渐变颜色条，打开“渐变编辑器”对话框即可编辑渐变颜色。

图8-113

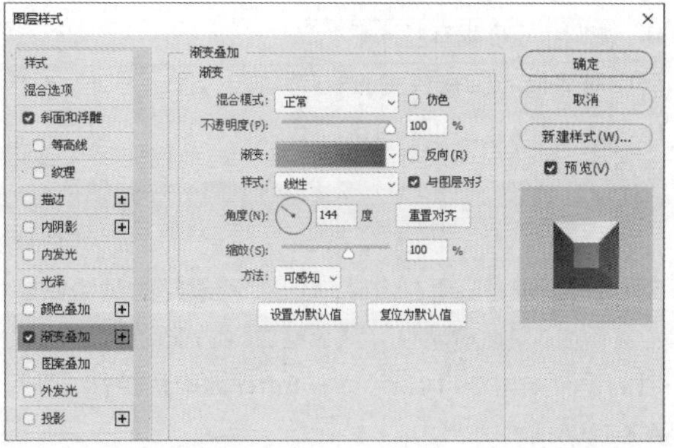


图8-114

课堂案例

## 制作轻拟物图标

素材文件　无

实例文件　实例文件>CH08>制作轻拟物图标.psd

视频名称　制作轻拟物图标.mp4

学习目标　掌握图层样式的使用方法

本例将使用多种图层样式制作轻拟物图标，效果如图8-115所示。

图8-115

01 按快捷键Ctrl+N创建一个“宽度”和“高度”为500像素、“分辨率”为72像素/英寸、“颜色模式”为“RGB颜色”、“背景内容”为白色的画布，如图8-116所示。设置前景色为天蓝色（R:180，G:240，B:255），按快捷键Alt+Delete填充画布，效果如图8-117所示。

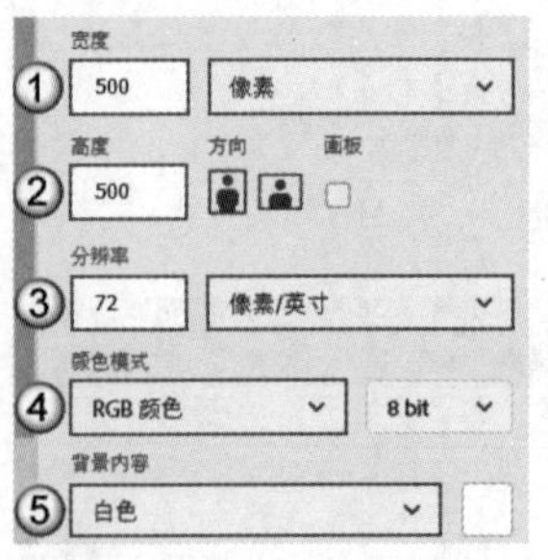

图8-116　图8-117

02 选择“矩形工具”，设置绘图模式为“形状”、“填充”为白色、“描边”为无颜色。创建一个尺寸为400像素×400像素、“半径”为25像素的圆角矩形。按快捷键Ctrl+A选择圆角矩形所在图层，然后选择“移动工具”，单击其选项栏中的按钮和按钮，使圆角矩形垂直且水平居中对齐画布。按快捷键Ctrl+D取消选区，如图8-118所示。

图8-118

03 双击圆角矩形所在图层，打开“图层样式”对话框，为其添加“斜面和浮雕”“颜色叠加”“投影”样式，各选项的设置如图8-119所示。按Enter键确认操作，得到图8-120所示的效果。

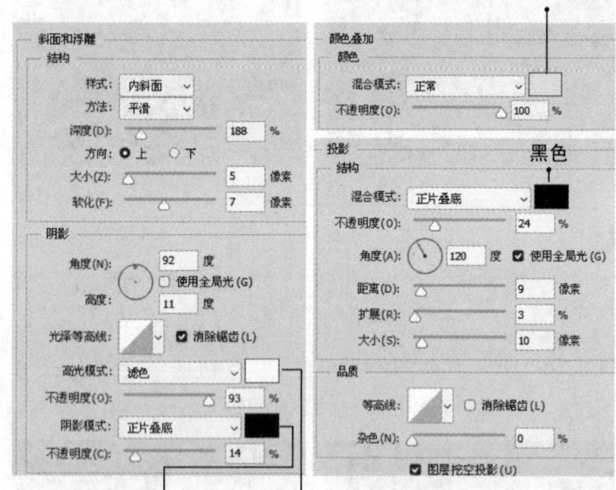


图8-119

图8-120

04 选择“椭圆工具”，设置绘图模式为“形状”、“填充”为白色、“描边”为无颜色。创建一个尺寸为320像素×320像素的圆形，并使其垂直、水平居中对齐画布。双击该图层，打开“图层样式”对话框，为其添加“斜面和浮雕”和“渐变叠加”样式，各选项的设置如图8-121所示。按Enter键确认操作，得到图8-122所示的效果。

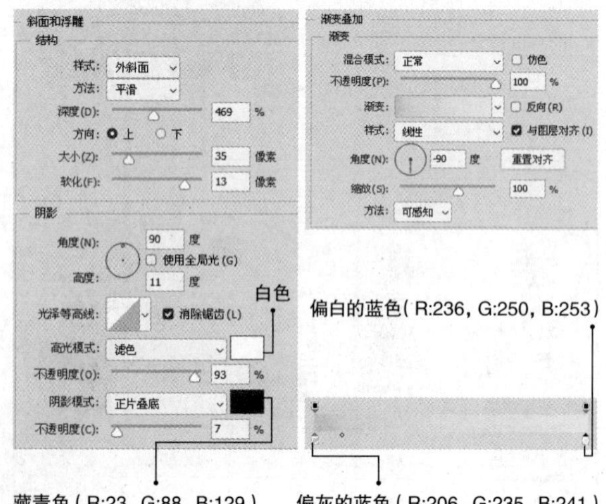


图8-121

图8-122

05 使用“椭圆工具” 创建一个尺寸为270像素×270像素的圆形，并使其垂直、水平居中对齐画布。双击该图层，打开“图层样式”对话框，为其添加“内阴影”“内发光”“渐变叠加”样式，各选项的设置如图8-123所示。按Enter键确认操作，得到图8-124所示的效果。

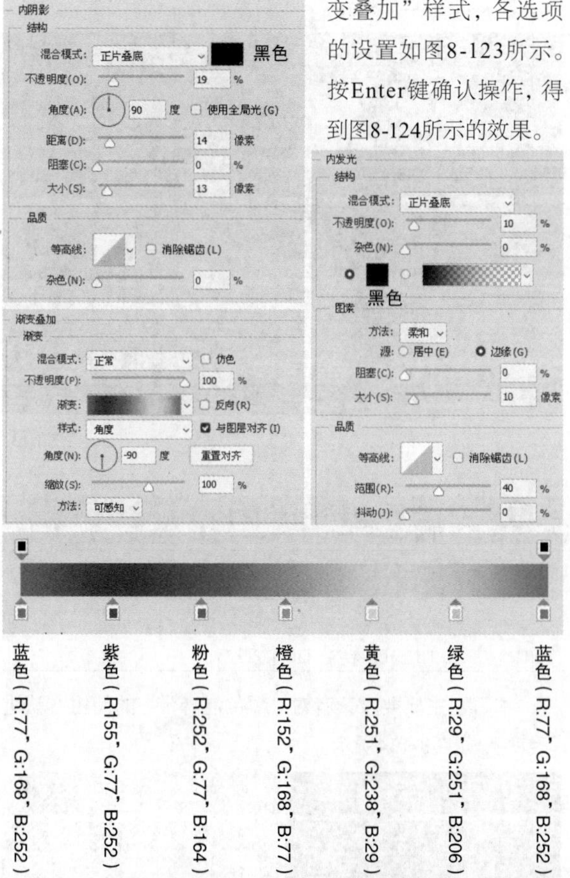


图8-123

图8-124

06 使用“椭圆工具” 创建一个尺寸为168像素×168像素的白色圆形，并使其垂直、水平居中对齐画布。双击该图层，打开“图层样式”对话框，为其添加“投影”样式，各选项的设置如图8-125所示。按Enter键确认操作，得到图8-126所示的效果。

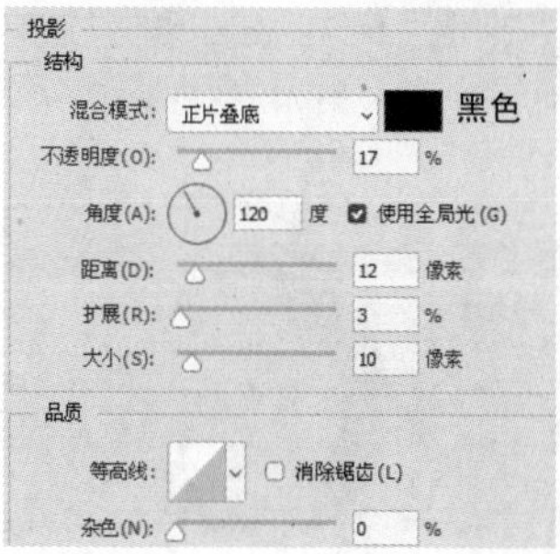

投影
结构
混合模式：正片叠底 黑色
不透明度(O)：17 %
角度(A)：120 度 使用全局光(G)
距离(D)：12 像素
扩展(R)：3 %
大小(S)：10 像素
品质
等高线： 消除锯齿(L)
杂色(N)：0 %

图8-125

图8-126

07 使用“椭圆工具” 创建一个尺寸为148像素×148像素的圆形，并使其垂直、水平居中对齐画布。双击该图层，打开“图层样式”对话框，为其添加“斜面和浮雕”“渐变叠加”“外发光”样式，各选项的设置如图8-127所示。按Enter键确认操作，得到图8-128所示的效果。

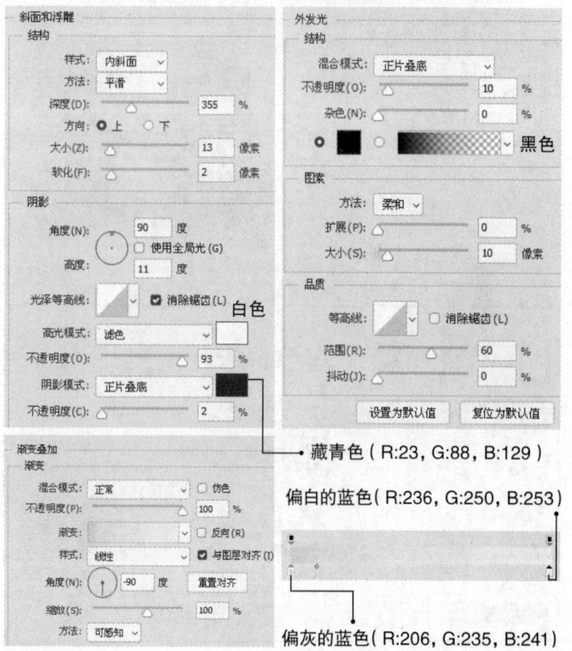


图8-127

图8-128

**08** 选择“横排文字工具”T，在选项栏中设置字体为“思源黑体 CN”、颜色为灰色（R:144，G:144，B:144），输入文本“85%”。设置“85”的字号为60点、“%”的字号为30点，并将其拖曳至图标中心。双击该文字图层，打开“图层样式”对话框，为其添加“内阴影”样式，各选项的设置如图8-129所示。按Enter键确认操作，效果如图8-130所示。

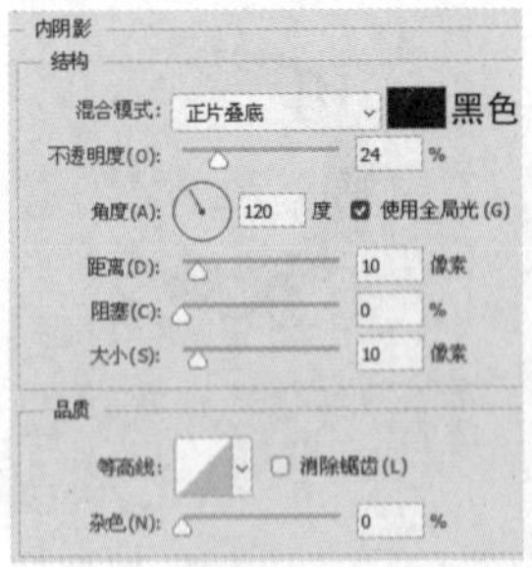


图8-129

图8-130

### 8.2.13 图案叠加

使用“图案叠加”样式可以在图像上叠加图案，如图8-131所示。其设置界面如图8-132所示。

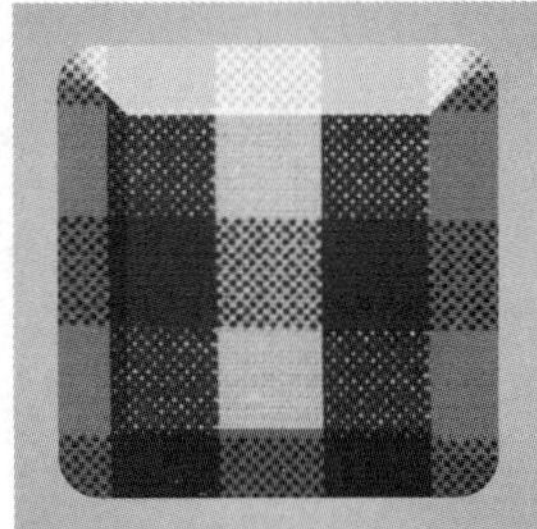

图8-131

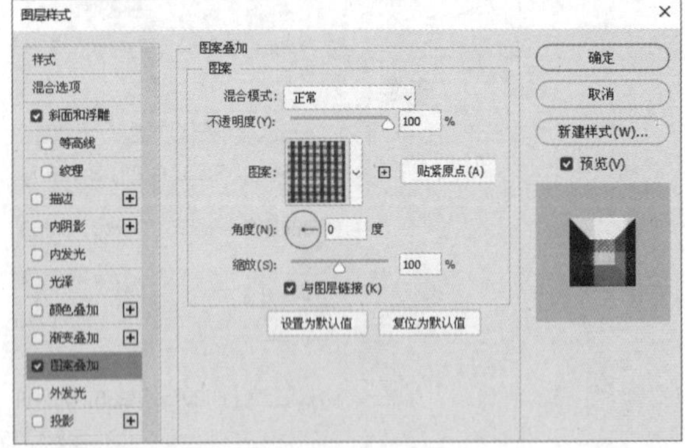


图8-132

## 8.3 本章小结

本章主要讲解了混合模式的原理与设置方法，以及图层样式的设置与编辑方法。通过本章的学习，读者应该掌握混合模式与图层样式的使用方法和相关操作。

## 8.4 课后习题

根据本章的内容，本节共安排了两个课后习题供读者练习，以帮助读者对本章的知识进行综合运用。

### 课后习题：制作涂鸦墙面

| | |
|---|---|
| 素材文件 | 素材文件>CH08>素材06-1.jpg、素材06-2.jpg |
| 实例文件 | 实例文件>CH08>制作涂鸦墙面.psd |
| 视频名称 | 制作涂鸦墙面.mp4 |
| 学习目标 | 掌握使用混合模式调整图像的方法 |

本习题主要要求读者对混合模式的使用方法进行练习，效果如图8-133所示。

图8-133

### 课后习题：抠出图中的火焰

| | |
|---|---|
| 素材文件 | 素材文件>CH08>素材07.jpg |
| 实例文件 | 实例文件>CH08>抠出图中的火焰.psd |
| 视频名称 | 抠出图中的火焰.mp4 |
| 学习目标 | 掌握使用“颜色混合带”抠图的方法 |

本习题主要要求读者对“颜色混合带”的使用方法进行练习，如图8-134所示。

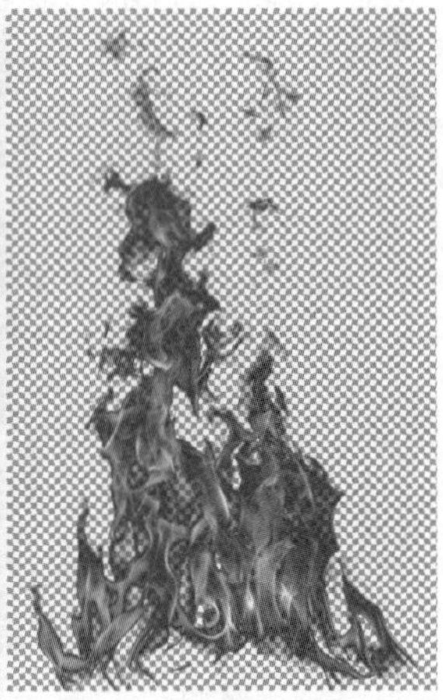

图8-134

第 9 章

# 蒙版与通道的运用

本章主要介绍蒙版和通道的使用方法。使用蒙版可以合成图像，以及精准控制图像的显示范围。对通道进行操作，可以制作出特殊的色彩效果，以及抠取特定的图像。

## 课堂学习目标

◇ 掌握图层蒙版的原理
◇ 掌握 4 种蒙版的使用方法
◇ 了解通道的原理
◇ 掌握使用通道抠图的方法

# 9.1 蒙版的使用技巧

蒙版是十分重要的合成工具，其作用类似于一块黑色的板子，可以遮住图像的任意区域，使图像隐藏或呈现透明效果，且不会破坏图像。Photoshop中共有4种蒙版，分别为图层蒙版、剪贴蒙版、矢量蒙版和快速蒙版。

### 本节重点内容

| 重点内容 | 说明 |
| --- | --- |
| 显示全部 | 为图层添加一个白色蒙版 |
| 隐藏全部 | 为图层添加一个黑色蒙版 |
| 显示选区 | 添加图层蒙版，隐藏选区外的内容 |
| 隐藏选区 | 添加图层蒙版，隐藏选区内的内容 |
| 应用图层蒙版 | 删除图层蒙版，并将效果应用到图层中 |
| 创建剪贴蒙版 | 以下方图层为基底图层创建剪贴蒙版 |
| 释放剪贴蒙版 | 释放当前剪贴蒙版 |
| 当前路径 | 为当前图层创建矢量蒙版 |

## 9.1.1 图层蒙版

图层蒙版在实际工作中的使用频率非常高，可以用来合成或隐藏图像。此外，在创建调整图层、填充图层，以及为智能对象添加智能滤镜时，Photoshop会自动为其添加一个图层蒙版，在其中可以修改效果的应用区域。

### 1.图层蒙版的原理

图层蒙版相当于附在图层上面的一块板子，它可以是透明的，也可以是不透明的，使用这块板子可以遮挡图像。在图层蒙版中，黑色、白色、灰色区域可以控制图层内容的显示或隐藏，它附加于图层，本身并不可见。图层蒙版中的黑色区域会完全遮挡图层中的内容；白色区域会将对应的图层内容完全显示出来；灰色区域可使图层内容呈现出透明效果，灰色越深，遮挡效果越强，如图9-1所示。

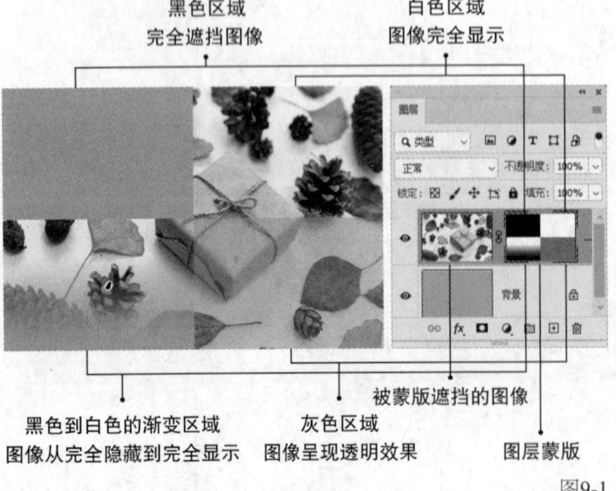


图9-1

> **技巧与提示**
>
> 记住“黑透、白不透、灰半透”这句口诀，可以更好地理解图层蒙版的原理。

### 2.编辑图层蒙版

在编辑图层蒙版时，需要单击图层蒙版缩览图将其选中，其4个角处会出现折线标记，如图9-2所示。如果折线标记出现在图层缩览图周围，则目前的编辑对象为图层。

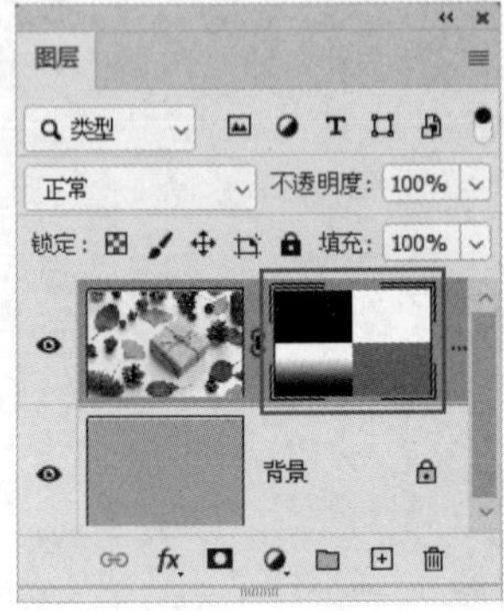

图9-2

使用绘画类、修饰类、选区类工具及滤镜可以编辑图层蒙版，一般常用的是“画笔工具”和“渐变工具”。“画笔工具”的灵活度很高，可以精准地控制透明度，如图9-3所示。“渐变工具”可以创建平滑过渡的融合效果，如图9-4所示。

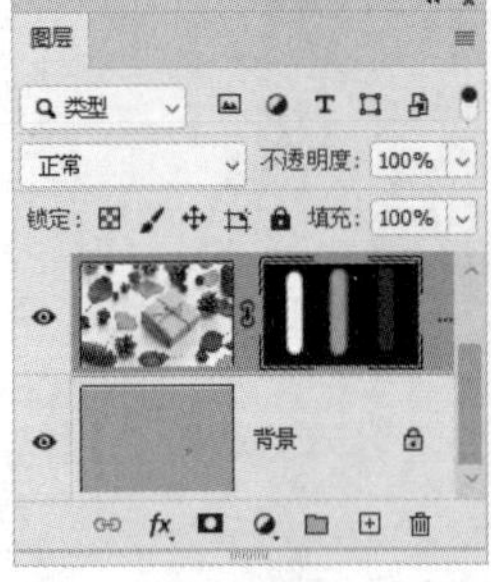

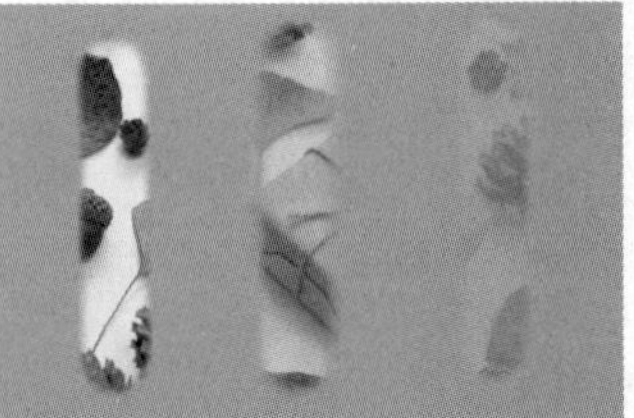

图9-3

图9-4

双击图层蒙版，会进入“选择并遮住”工作区，如图9-5所示，在该工作区中可以对蒙版进行更为精细的调整。

图9-5

## 3.链接图层蒙版

默认状况下，图层与图层蒙版是处于链接状态的。当移动或变换图层时，图层蒙版会随之发生改变，如图9-6所示。单击图层与图层蒙版之间的图标，或者执行“图层>图层蒙版>取消链接”菜单命令，可以取消它们之间的链接。取消链接后，可以单独移动、变换图层或图层蒙版，如图9-7所示。

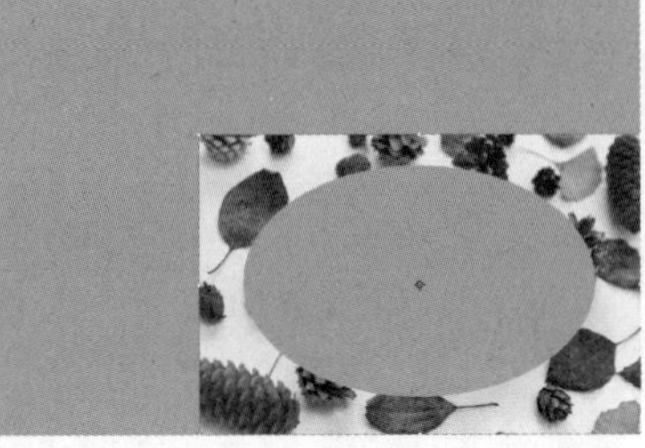

图9-6

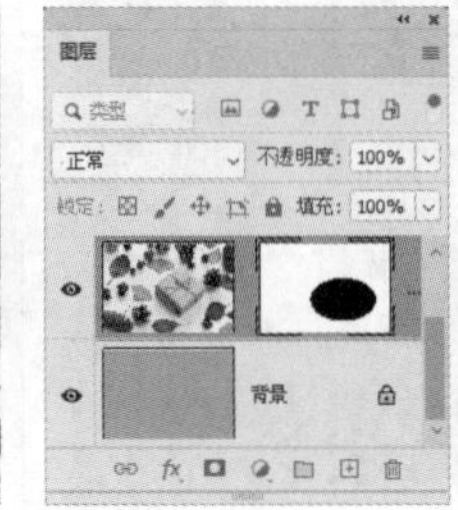

图9-7

## 4.添加/删除图层蒙版

选择一个图层，单击“图层”面板下方的“添加图层蒙版”按钮，或者执行“图层>图层蒙版>显示全部”菜单命令，可以为该图层添加一个显示全部内容的白色蒙版，如图9-8所示。按住Alt键并单击“添加图层蒙版”按钮，或者执行“图层>图层蒙版>隐藏全部”菜单命令，可以为该图层添加一个隐藏全部内容的黑色蒙版，如图9-9所示。

图9-8

图9-9

当前文档中存在选区时，如图9-10所示，单击“添加图层蒙版”按钮◘，或者执行“图层>图层蒙版>显示选区”菜单命令，可以基于当前选区为图层添加图层蒙版，选区外的图像会被隐藏，如图9-11所示。按住Alt键并单击“添加图层蒙版”按钮◘，或者执行“图层>图层蒙版>隐藏选区”菜单命令，可以将选区内的图像隐藏，如图9-12所示。

图9-10

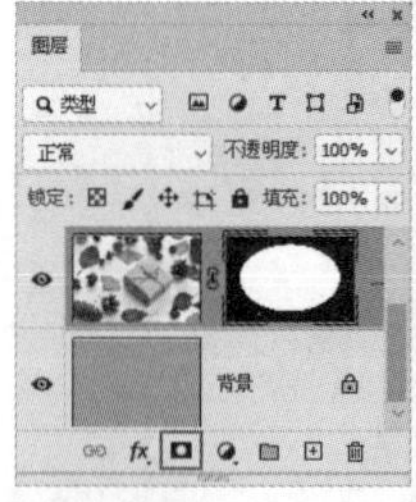

图9-11

图9-12

**技巧与提示**

在抠图时，经常需要转换图层蒙版和选区。按住Ctrl键并单击图层蒙版缩览图，可以将图层蒙版中包含的选区加载至画布中，用同样的方法也可以加载通道中的选区。

执行“图层>图层蒙版>删除”菜单命令，或者在图层蒙版缩览图上单击鼠标右键，在弹出的菜单中执行“删除图层蒙版”命令，如图9-13所示，可以删除图层蒙版。

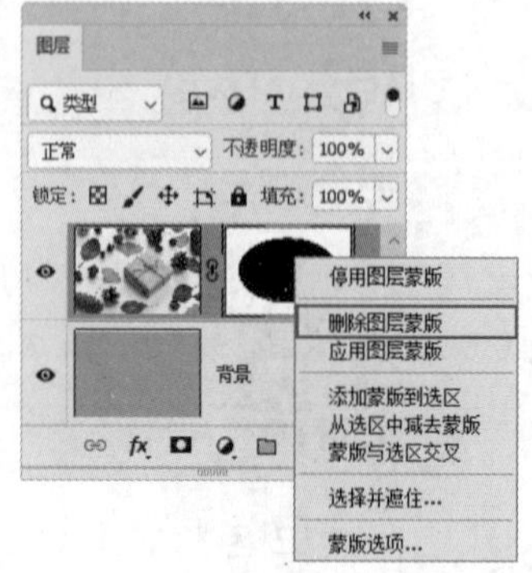

图9-13

## 5.停用/启用图层蒙版

为了便于观察原图效果，可以停用图层蒙版。按住Shift键并单击图层蒙版缩览图，或者执行“图层>图层蒙版>停用”菜单命令，即可停用图层蒙版，此时缩览图上会出现一个红色的“×”，如图9-14所示。单击图层蒙版缩览图，或者执行“图层>图层蒙版>启用”菜单命令，可以启用图层蒙版。

图9-14

## 6.复制/转移图层蒙版

按住Alt键，将一个图层蒙版拖曳至目标图层上，可以将该图层蒙版复制给目标图层，如图9-15所示。如果没有按住Alt键，则原图层的图层蒙版会被转移至目标图层，如图9-16所示。

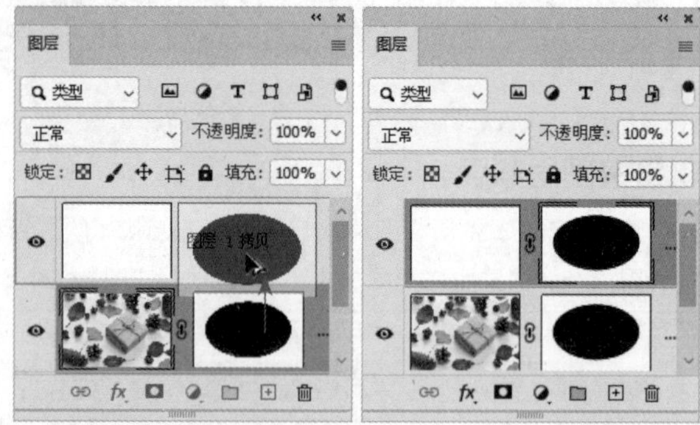

图9-15

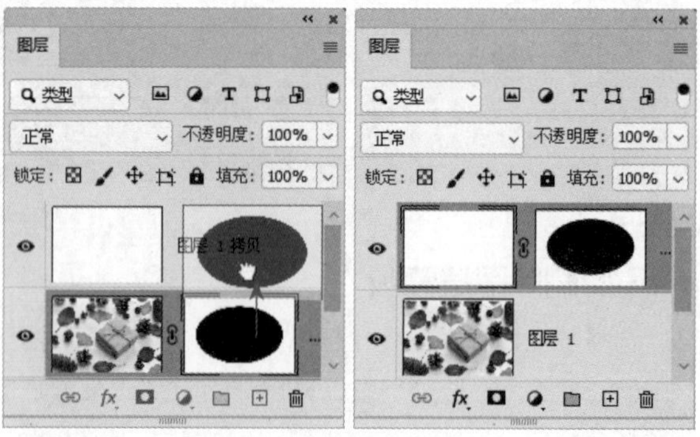

图9-16

**技巧与提示**

如果两个图层都包含图层蒙版，那么将一个图层的图层蒙版拖曳至另一个图层上，会弹出提示对话框。单击“是”按钮［是(Y)］可以替换图层蒙版。替换图层蒙版后，原来的图层蒙版会被删除，如图9-17所示。

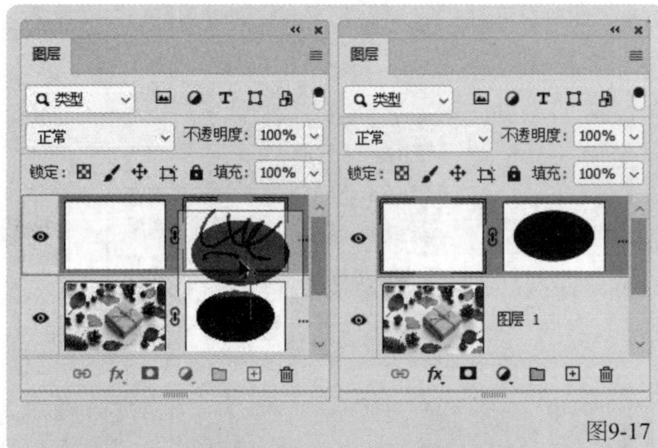

图9-17

## 7.应用图层蒙版

执行“图层>图层蒙版>应用”菜单命令，或在图层蒙版的缩览图上单击鼠标右键，在弹出的菜单中执行“应用图层蒙版”命令，可以删除图层蒙版，并将效果应用到图层中，如图9-18所示。

图9-18

### 知识点：通过“属性”面板调整图层蒙版

“属性”面板不仅可以用于设置调整图层，还可以用于调整图层蒙版。为图层添加蒙版后，在“属性”面板中可以调整蒙版的遮挡强度及其边缘的柔化程度等，如图9-19所示。

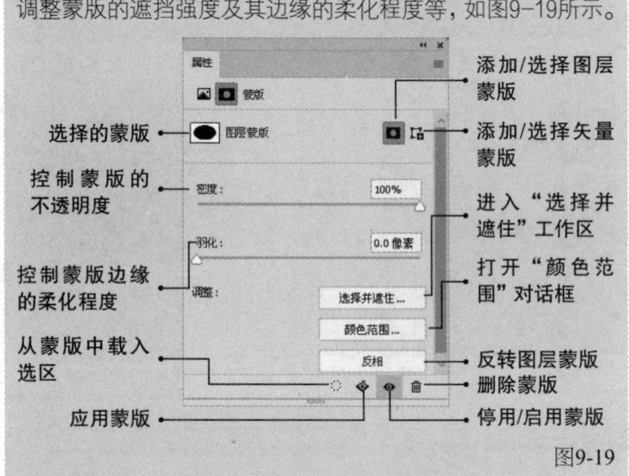


图9-19

课堂案例

### 制作多重曝光效果

| | |
|---|---|
| 素材文件 | 素材文件>CH09>素材01-1.jpg、素材01-2.jpg、素材01-3.jpg |
| 实例文件 | 实例文件>CH09>制作多重曝光效果.psd |
| 视频名称 | 制作多重曝光效果.mp4 |
| 学习目标 | 掌握使用图层蒙版修改图像的方法 |

本例将使用图层蒙版和混合模式制作多重曝光效果，如图9-20所示。

图9-20

01 按快捷键Ctrl+O打开本书学习资源文件夹中的“素材文件>CH09>素材01-1.jpg”文件，如图9-21所示。将“素材01-2.jpg”文件拖曳至文档窗口中，如图9-22所示。

图9-21

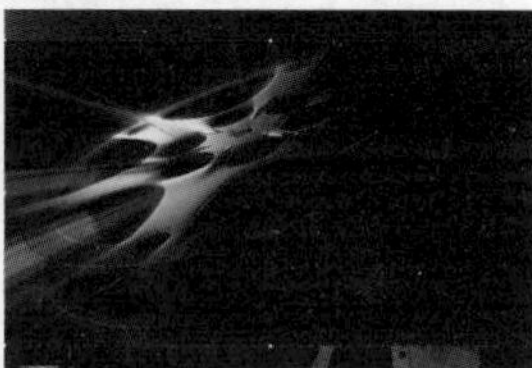

图9-22

02 拖曳定界框将“素材01-2.jpg”等比放大，使其完全覆盖画布，然后按Enter键确认操作，效果如图9-23所示。设置“素材01-2”图层的混合模式为“滤色”，效果如图9-24所示。

图9-23

图9-24

03 选择“素材01-2”图层，单击“图层”面板下方的“添加图层蒙版”按钮，为其添加图层蒙版，如图9-25所示。选择“画笔工具”，设置前景色为黑色，在选项栏中选择“柔边圆”笔尖，设置“不透明度”和“流量”为50%左右，涂抹人物和放映机，如图9-26所示。使这两个区域显示得清晰一些，如图9-27所示。

图9-25

图9-26

图9-27

**技巧与提示**

涂抹之前需要选中图层蒙版，并且注意其边缘的过渡不要太生硬。可以根据不同区域的大小随时修改笔尖大小，以及“不透明度”和“流量”值。如果涂抹到背景中了，可以设置前景色为白色，然后涂抹不想去除的区域，将其恢复。

04 将“素材01-3.jpg”文件拖曳至文档窗口中，并置于画面的左上角，设置该图层的混合模式为“颜色减淡”，效果如图9-28所示。

图9-28

05 选择“素材01-3”图层，单击“图层”面板下方的“添加图层蒙版”按钮，为其添加图层蒙版。选择“画笔工具”（其参数设置与之前相同），涂抹图像边缘，使其与画面融合到一起，如图9-29所示。效果如图9-30所示。

图9-29

图9-30

## 9.1.2 剪贴蒙版

剪贴蒙版可以用一个图层中的内容来控制多个图层的显示区域，它是以组的形式出现的。在剪贴蒙版组中，位于最下面的图层称为基底图层（其名称带有下划线），它上方的图层统称为内容图层（其左侧有图标并指向基底图层）。此外，可以将一个或多个调整图层创建为基底图层的剪贴蒙版，使其只针对基底图层进行调整，如图9-31所示。

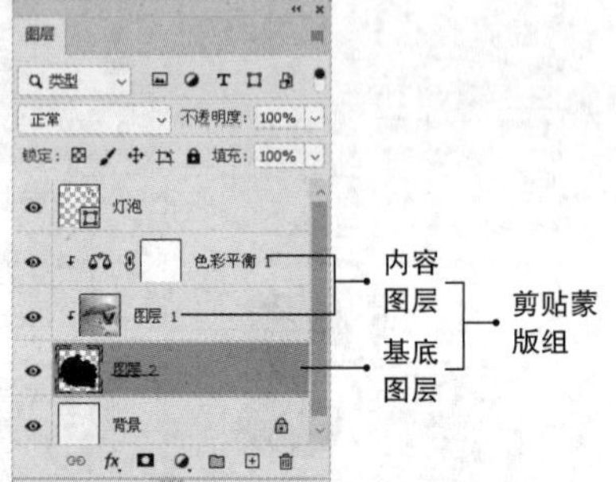

图9-31

内容图层的显示完全依靠基底图层。关闭基底图层，整个剪贴蒙版组将全部隐藏。改变基底图层的位置、大小，内容图层的显示区域会随之改变，如图9-32所示。改变基底图层的混合模式和“不透明度”值，内容图层会呈现出透明效果，如图9-33所示。

图9-32

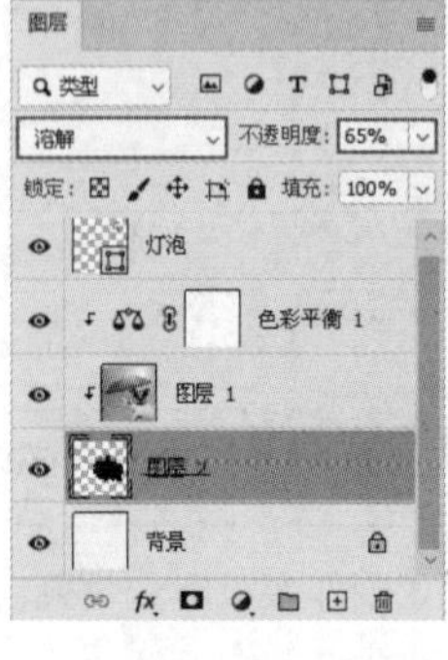

图9-33

**技巧与提示**

内容图层必须与基底图层相邻，对内容图层进行操作不会影响基底图层和其他内容图层。当对内容图层进行移动、变换等操作时，其显示范围也会随之发生改变。当内容图层中的图像小于基底图层中的图像时，没填满的区域将显示基底图层的内容，如图9-34所示。

图9-34

## 1.创建剪贴蒙版

在一个包含3个图层的文档中，如图9-35所示，选择“人物”图层，执行“图层>创建剪贴蒙版”菜单命令（快捷键为Alt+Ctrl+G），或者在“人物”图层上单击鼠标右键，在弹出的菜单中执行“创建剪贴蒙版”命令，可以以“矩形”图层为基底图层创建剪贴蒙版，如图9-36所示。

图9-35

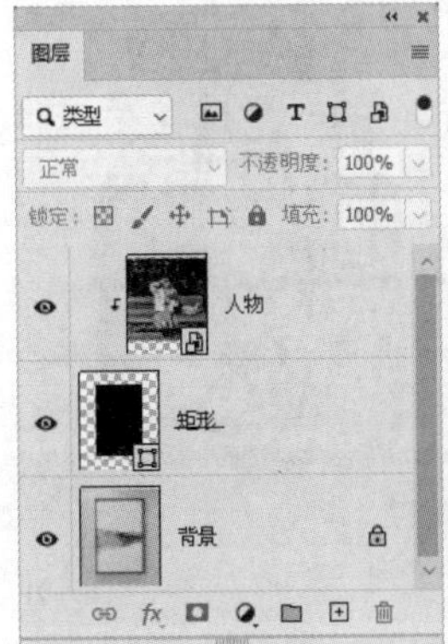

图9-36

**技巧与提示**

按住Alt键，将鼠标指针置于“人物”图层和“矩形”图层之间的分隔线上，鼠标指针变成状时单击，可以快速创建剪贴蒙版，如图9-37所示。

图9-37

## 2.释放剪贴蒙版

创建剪贴蒙版以后，如果要释放剪贴蒙版，可以执行“图层>释放剪贴蒙版”菜单命令（快捷键为Alt+Ctrl+G），或者按住Alt键，将鼠标指针置于两个图层之间的分隔线上，鼠标指针变成状时单击，如图9-38所示。

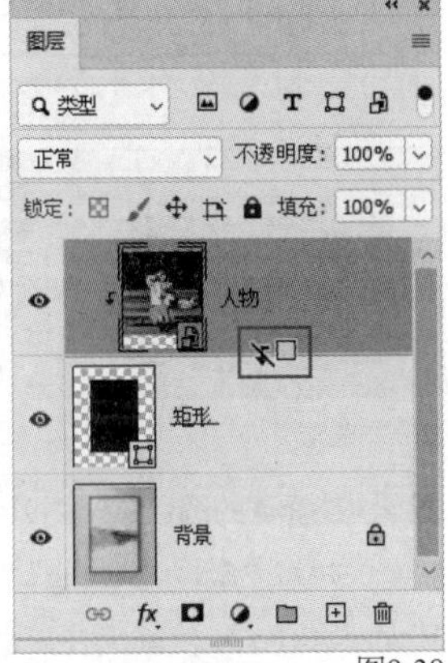


图9-38

课堂案例

## 制作瓶中景色

| 素材文件 | 素材文件>CH09>素材02-1.jpg、素材02-2.jpg、素材02-3.jpg |
| --- | --- |
| 实例文件 | 实例文件>CH09>制作瓶中景色.psd |
| 视频名称 | 制作瓶中景色.mp4 |
| 学习目标 | 掌握使用图层蒙版和剪贴蒙版修改图像的方法 |

本例将使用图层蒙版和剪贴蒙版制作瓶中景色，效果如图9-39所示。

图9-39

01 按快捷键Ctrl+O打开本书学习资源文件夹中的“素材文件>CH09>素材02-1.jpg”文件，然后执行“选择>主体”菜单命令，为主体创建选区，如图9-40所示。选择“对象选择工具”，并设置为“套索”模式，按住Alt键将瓶塞和阴影区域从选区中减去，如图9-41所示。

图9-40

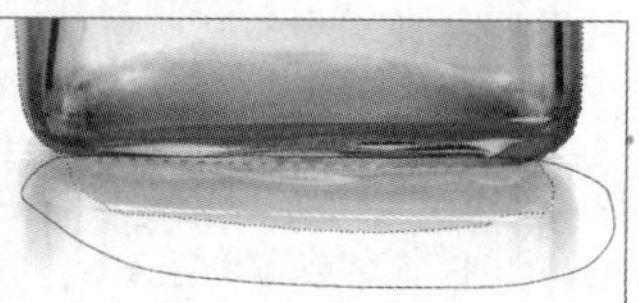

图9-41

02 得到瓶身的选区，如图9-42所示。按快捷键Ctrl+J复制瓶身，并将“素材02-2.jpg”文件拖曳至文档窗口中，调整其大小和位置，使其盖住瓶身，如图9-43所示。

图9-42

图9-43

03 按快捷键Alt+Ctrl+G创建剪贴蒙版，如图9-44所示。此时，图像会按照瓶身区域显示，如图9-45所示。

图9-44

图9-45

04 选择“素材02-2”图层，单击“添加图层蒙版”按钮，为其添加图层蒙版。选择“画笔工具”，设置前景色为黑色，在选项栏中选择“柔边圆”笔尖，设置“不透明度”和“流量”为20%左右，涂抹瓶身边缘，如图9-46所示。使景色自然地融入瓶中，效果如图9-47所示。

图9-46

图9-47

05 将“素材02-3.jpg”文件拖曳至文档窗口中，调整其大小与位置，使其盖住瓶身，如图9-48所示。按快捷键Alt+Ctrl+G创建剪贴蒙版，效果如图9-49所示。

图9-48

图9-49

06 按住Alt键，将“素材02-2”图层的图层蒙版拖曳至“素材02-3”图层上，松开鼠标左键，即可复制图层蒙版，如图9-50所示。设置“素材02-3”图层的混合模式为“叠加”、“不透明度”为50%，效果如图9-51所示。

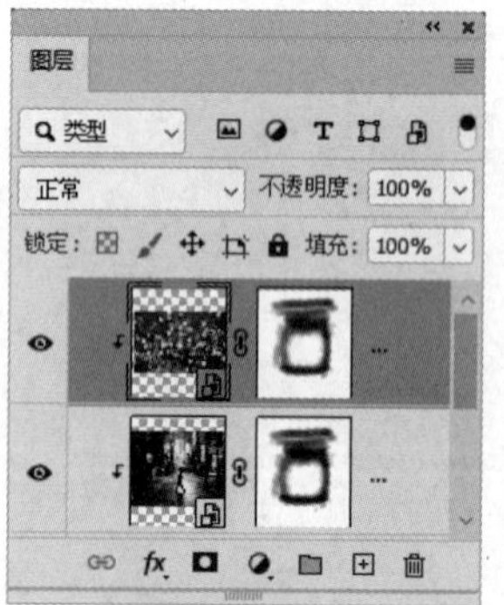


图9-50

图9-51

07 按住Shift键，单击“图层1”、“素材02-2”和“素材02-3”图层，将它们选中，如图9-52所示。按快捷键Alt+Ctrl+E将这3个图层盖印到一个新的图层中，并将其置于“图层1”下方，如图9-53所示。按快捷键Ctrl+T显示定界框，然后单击鼠标右键，在弹出的菜单中执行“垂直翻转”命令，将其拖曳至瓶子下方作为倒影，效果如图9-54所示。

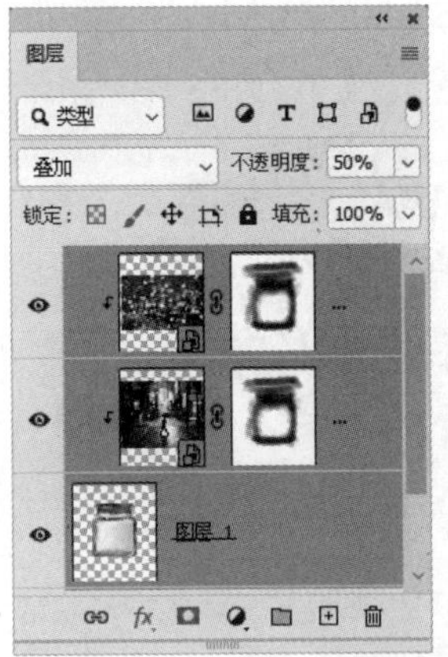

图9-52

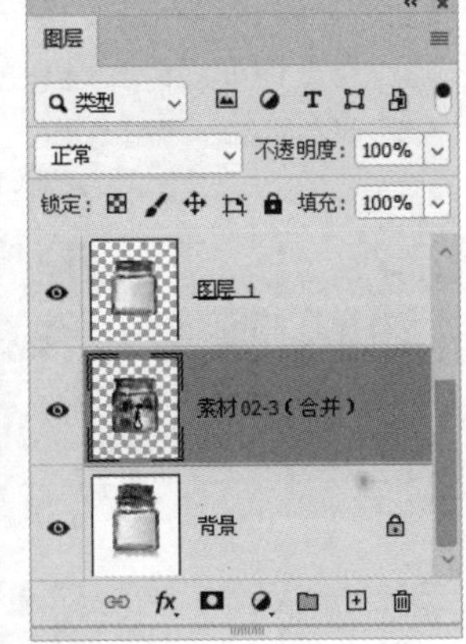

图9-53

图9-54

08 设置倒影所在图层的“不透明度”为30%，单击“添加图层蒙版”按钮，为其添加图层蒙版。选择“渐变工具”，在其选项栏中设置从黑色到透明的渐变颜色，并单击按钮，如图9-55所示。在图层蒙版中，自下而上地绘制渐变（如果效果不理想，可以进行多次绘制），“图层”面板如图9-56所示。这样便隐藏了倒影下方的区域，效果如图9-57所示。

图9-55

图9-56

图9-57

课堂练习

## 修改衣服颜色

| 素材文件 | 素材文件>CH09>素材03.jpg |
| --- | --- |
| 实例文件 | 实例文件>CH09>修改衣服颜色.psd |
| 视频名称 | 修改衣服颜色.mp4 |
| 学习目标 | 掌握使用图层蒙版和剪贴蒙版修改图像的方法 |

使用图层蒙版、剪贴蒙版和调整图层修改衣服颜色，效果如图9-58所示。

图9-58

## 9.1.3 矢量蒙版

矢量蒙版通过矢量图形控制图像的显示范围，在其中进行的操作是非破坏性的。可以用“钢笔工具”和形状类工具创建矢量图形。

### 1.创建/删除矢量蒙版

当画布中存在路径时，如图9-59所示，选择“图层1”，执行“图层>矢量蒙版>当前路径”菜单命令，或者按住Ctrl键并单击“添加图层蒙版”按钮，可以为当前图层创建矢量蒙版，如图9-60所示。

图9-59

图9-60

当画布中没有路径或路径隐藏时，执行“图层>矢量蒙版>显示全部”菜单命令，或者按住Ctrl键并单击“添加图层蒙版”按钮，可以为当前图层创建一个空白的矢量蒙版，如图9-61所示。

图9-61

当画布中没有路径或路径隐藏时，执行“图层>矢量蒙版>隐藏全部”菜单命令，或者按住Ctrl+Alt键并单击“添加图层蒙版”按钮，可以为当前图层创建一个灰色的矢量蒙版（相当于黑色的图层蒙版），如图9-62所示。

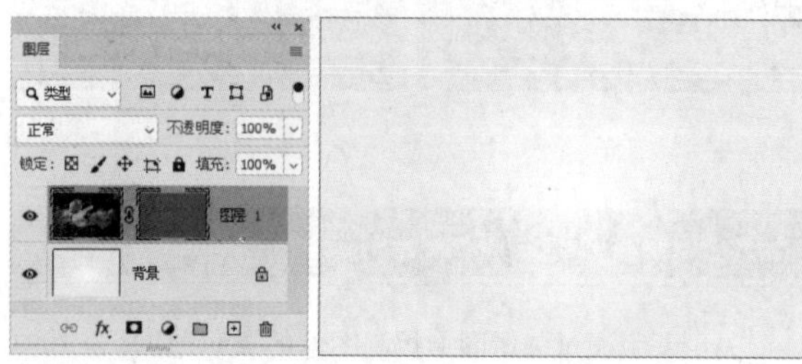

图9-62

**技巧与提示**

如果一个图层有图层蒙版，那么单击“添加图层蒙版”按钮，可以直接为其添加矢量蒙版。

执行“图层>矢量蒙版>删除”菜单命令，或者在矢量蒙版缩览图上单击鼠标右键，在弹出的菜单中执行“删除矢量蒙版”命令，可以删除矢量蒙版，如图9-63所示。此外，将矢量蒙版拖曳至“图层”面板底部的“删除图层”按钮上，也可将其删除。

图9-63

## 2.编辑矢量蒙版

在创建矢量蒙版后，还可以在矢量蒙版中添加形状。单击矢量蒙版缩览图，其4个角处会出现折线标记，如图9-64所示。

图9-64

选择“钢笔工具”或形状类工具，在其选项栏中设置绘图模式为“路径”并设置路径操作方式，即可在原矢量蒙版中添加或减去形状。例如，选择“椭圆工具”，设置绘图模式为“路径”、操作方式为“合并形状”，绘制一个椭圆形，即可将其添加到矢量蒙版中，如图9-65所示。

图9-65

使用“路径选择工具”可以改变矢量蒙版中形状的位置，如图9-66所示。使用“直接选择工具”，可以改变矢量蒙版中形状上锚点或路径段的位置，如图9-67所示。如果要删除形状，可在选中形状后按Delete键。

图9-66

图9-67

在选中形状后，按快捷键Ctrl+T显示定界框，拖曳控制点可以旋转或缩放形状，如图9-68所示。按Enter键确认操作，矢量蒙版的遮挡区域会随之改变。

图9-68

**技巧与提示**

在默认状况下，图层与矢量蒙版处于链接状态。当移动或变换图层时，矢量蒙版会随之发生改变。单击图层与矢量蒙版之间的图标，或者执行“图层>矢量蒙版>取消链接”菜单命令，可以取消它们之间的链接。

## 3.将矢量蒙版转换为图层蒙版

执行“图层>栅格化>矢量蒙版”菜单命令，或者在矢量蒙版缩览图上单击鼠标右键，在打开的菜单中执行“栅格化矢量蒙版”命令，可以将矢量蒙版转换为图层蒙版，如图9-69所示。

图9-69

## 4.为矢量蒙版添加效果

为带有矢量蒙版的图层添加图层样式，将只对显示区域起作用，对隐藏区域没有影响，如图9-70所示。

图9-70

在“属性”面板中可以控制矢量蒙版的遮挡强度及其边缘的柔化程度。减小“密度”值，矢量蒙版就变得透明了，如图9-71所示。减小“羽化”值，矢量蒙版边缘就变得模糊了，呈现出柔和的过渡效果，如图9-72所示。

图9-71

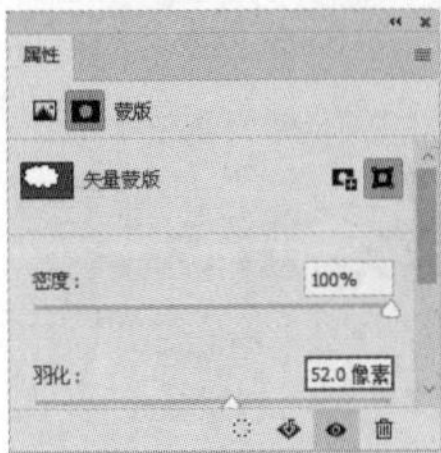

图9-72

课堂案例

### 制作剪纸效果

| | |
|---|---|
| 素材文件 | 无 |
| 实例文件 | 实例文件>CH09>制作剪纸效果.psd |
| 视频名称 | 制作剪纸效果.mp4 |
| 学习目标 | 掌握使用矢量蒙版修改图像的方法 |

本例将使用矢量蒙版和图层样式制作剪纸效果，效果如图9-73所示。

图9-73

01 按快捷键Ctrl+N创建一个“宽度”和“高度”为1000像素、“分辨率”为72像素/英寸、“颜色模式”为“RGB颜色”、“背景内容”为黄色（R:255，G:220，B:25）的画布。选择“自定形状工具”，单击选项栏中“形状”右侧的按钮，选择一种树叶的形状，并创建一个路径，效果如图9-74所示。

图9-74

02 新建图层，并为其填充橙色（R:255，G:177，B:25）。按住Ctrl键并单击“添加图层蒙版”按钮，为当前图层创建矢量蒙版，如图9-75所示。双击该图层，打开“图层样式”对话框，为其添加“内阴影”样式，各选项的设置如图9-76所示。按Enter键确认操作，得到图9-77所示的效果。

图9-75

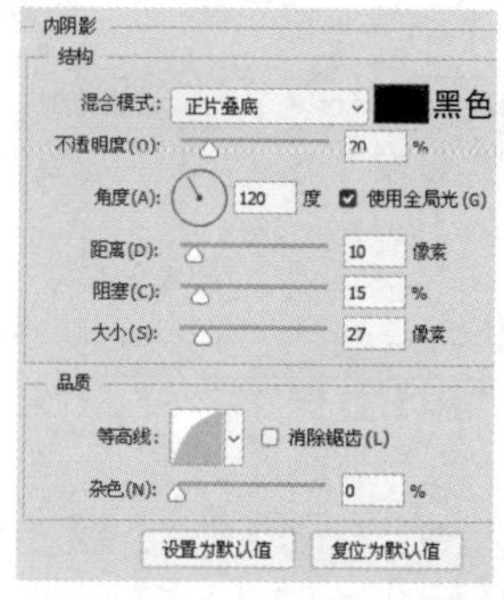

图9-76　　图9-77

03 按快捷键Ctrl+J复制图层，并为其填充更深的橙色（R:255，G:141，B:29）。选择该图层的矢量蒙版，按快捷键Ctrl+T显示定界框，然后缩小路径并将其向下拖曳，如图9-78所示。按Enter键确认操作，效果如图9-79所示。

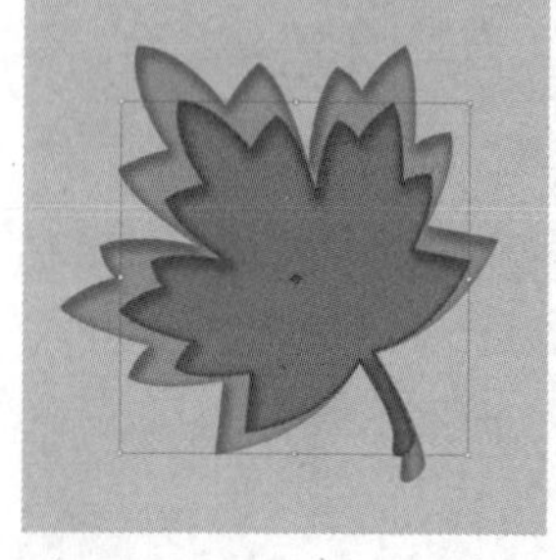

图9-78　　图9-79

04 放大图像可以看到，叶子底部的叠压关系出现了错误，如图9-80所示。选择“直接选择工具”，单击路径并拖曳锚点，改变其位置，如图9-81所示。

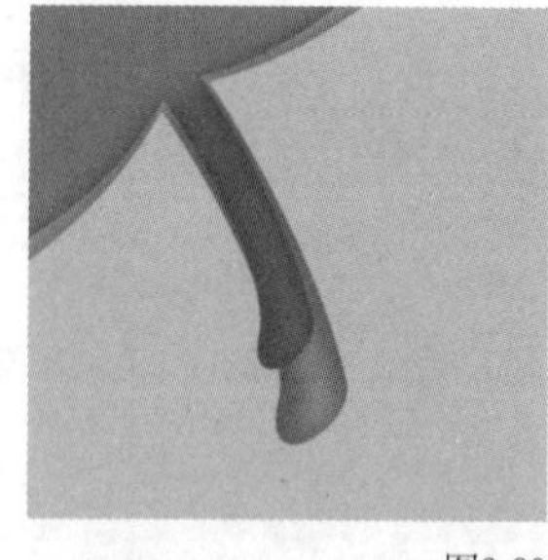

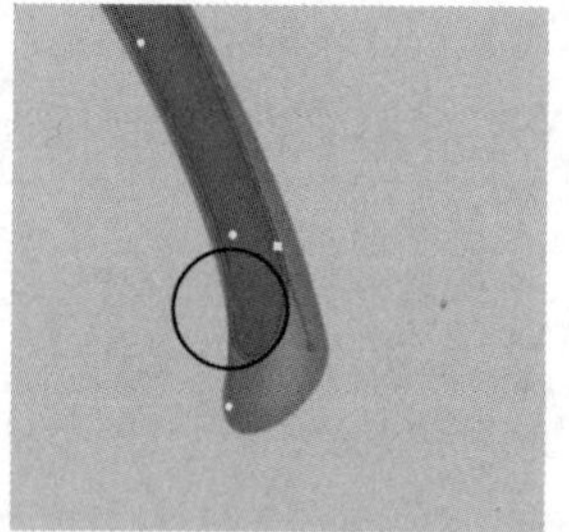

图9-80　　图9-81

05 继续复制图层，并填充更深的颜色，然后缩小矢量蒙版中的路径。重复两次操作后，效果如图9-82所示。

图9-82

**技巧与提示**

案例中使用的颜色和形状皆为参考，读者可以使用多种颜色及矢量工具打造不同风格的剪纸效果。

## 9.1.4 快速蒙版

快速蒙版是一种临时蒙版，在其中可以使用绘画类工具创建选区，然后对选区进行编辑。单击工具箱底部的“以快速蒙版模式编辑”按钮（快捷键为Q），可以进入快速蒙版编辑模式，此时“通道”面板下方将出现一个“快速蒙版”通道，如图9-83所示。

图9-83

使用“画笔工具”在图像上绘制，绘制的区域将显示为红色，如图9-84所示。红色区域表示未选中的区域，非红色区域表示选中的区域。单击“以快速蒙版模式编辑”按钮退出快速蒙版编辑模式，可以得到选区，按快捷键Ctrl+J可以复制出选区内的图像，如图9-85所示。

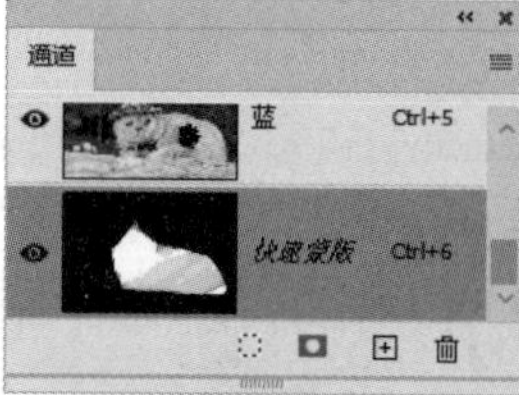

图9-84

图9-85

如果使用灰色或者带有透明度的黑色笔尖绘制，绘制区域的红色会更浅，如图9-86所示。创建选区，并按快捷键Ctrl+J可以复制出带有透明度的图像，如图9-87所示。

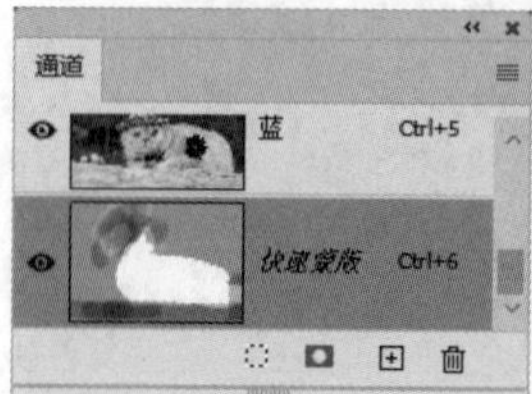

图9-86

图9-87

**技巧与提示**

双击“以快速蒙版模式编辑”按钮▣，打开“快速蒙版选项”对话框，可以在其中修改色彩指示范围、颜色及其不透明度，如图9-88所示。

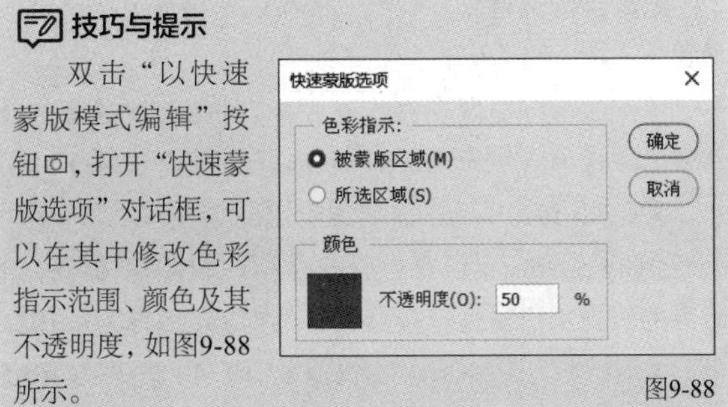


图9-88

# 9.2 通道的操作方法

通道是用于存储图像颜色和选区等不同类型信息的灰度图像。使用通道可以快速创建部分图像的选区，还可以制作一些特殊效果。

**本节重点内容**

| 重点内容 | 说明 |
| --- | --- |
| 分离通道 | 将颜色通道分离出来，形成各自独立的灰度图像 |
| 合并通道 | 将分离出的灰度图像合并为多种颜色模式的图像 |
| 应用图像 | 对通道进行混合，形成特殊的色彩效果 |
| 计算 | 混合一个或多个图像中的通道 |

## 9.2.1 通道的类型

Photoshop中有3种通道，分别是颜色通道、Alpha通道和专色通道，下面分别进行介绍。

### 1.颜色通道

颜色通道记录了图像的内容及颜色信息，可用于调色。当修改图像内容时，颜色通道中的灰度图像也会随之改变。不同颜色模式的图像，其颜色通道也是不同的。RGB颜色模式的图像包含红、绿、蓝和一个复合通道，如图9-89所示。CMYK颜色模式的图像包含青色、洋红、黄色、黑色和一个复合通道，如图9-90所示。Lab颜色模式的图像包含明度、a、b和一个复合通道，如图9-91所示。位图模式、灰度模式、双色调模式和索引颜色模式的图像中只有一个通道。

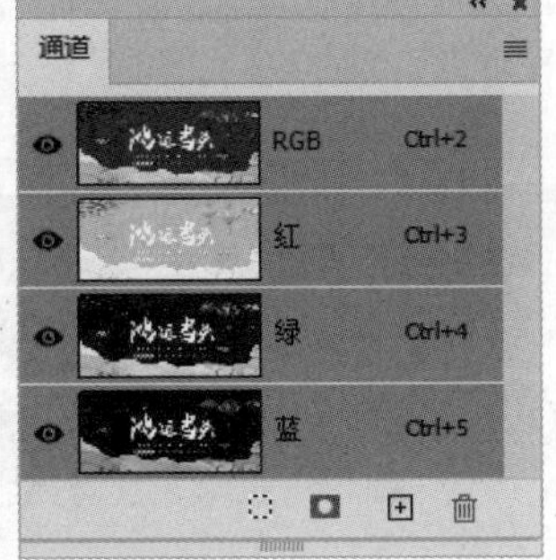


图9-89

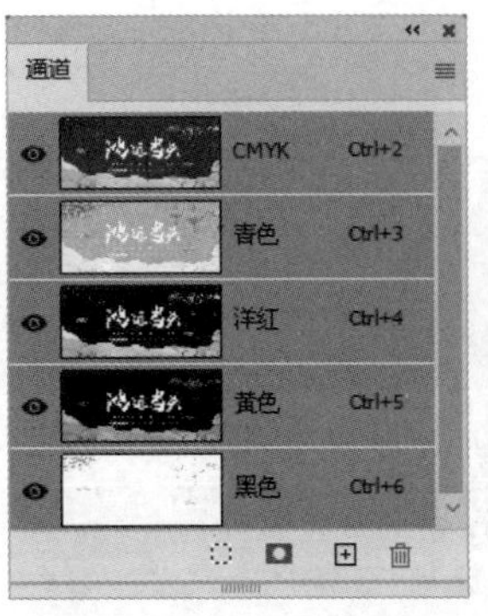


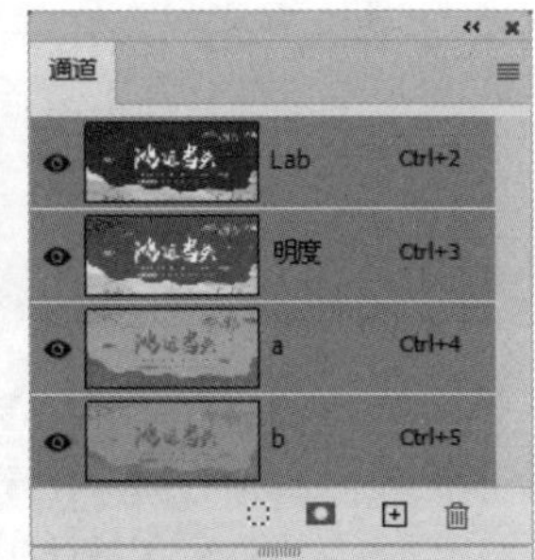


图9-90 图9-91

### 2.Alpha通道

Alpha通道主要用于存储选区，并可以将通道中的选区载入图像中。在Alpha通道中，白色区域代表被全部选中的区域；灰色区域代表被部分选中的区域，即羽化的区域；黑色区域代表选区之外的区域。默认情况下，单击Alpha通道将显示黑白图像，如图9-92所示。

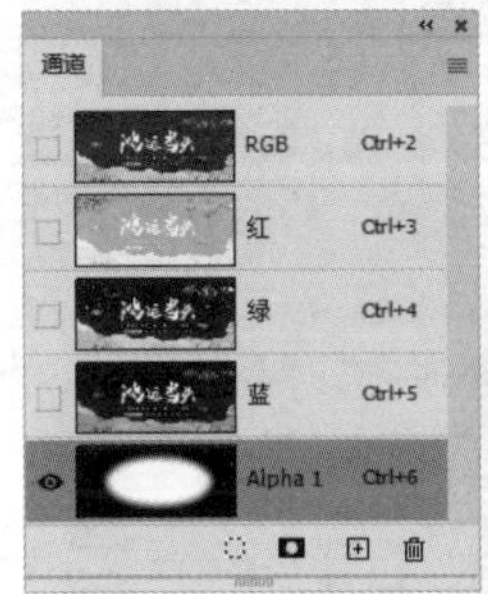

图9-92

灰度图像不便于编辑通道，单击复合通道缩览图左侧的👁图标，此时会显示图像并以一种透明颜色（单击Alpha通道的缩览图可以修改颜色）代替Alpha通道中的灰度图像，其效果与在快速蒙版编辑模式下编辑选区的效果类似，如图9-93所示。

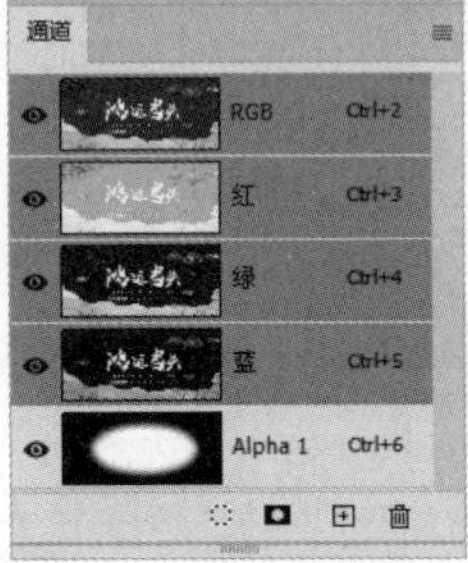

图9-93

### 3.专色通道

专色通道主要用来存储印刷用的专色，每个专色通道只能存储一种专色信息。在专色通道中，黑色区域表示使用了专色的区域，白色区域表示无专色的区域。例如，创建一个有“鸿运当头”4个字的专色通道，如图9-94所示，那么在印刷时会使用专色油墨印刷这4个字。

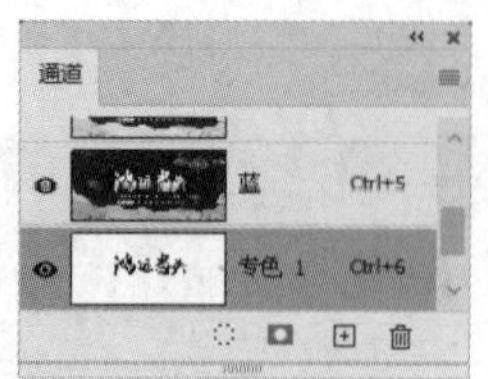

图9-94

**技巧与提示**

专色油墨是指一种预先混合好的特定彩色油墨，用于替代或者补充印刷色（CMYK）油墨，如荧光色、金色、银色油墨等。如果要为印刷品的局部应用印刷工艺，那么需要使用专色通道存储相关信息。印刷工艺在平面设计中的应用十分广泛，可以为设计作品带来多种视觉效果。常见的印刷工艺有印金、印银、烫金、烫银、起凸、压凹、UV和模切等。

## 9.2.2 “通道”面板

在“通道”面板中，可以创建、存储、编辑和管理通道。打开一个图像，执行“窗口>通道”菜单命令，打开“通道”面板，如图9-95所示。在面板菜单中，可以执行“新建通道”“删除通道”“新建专色通道”等命令。

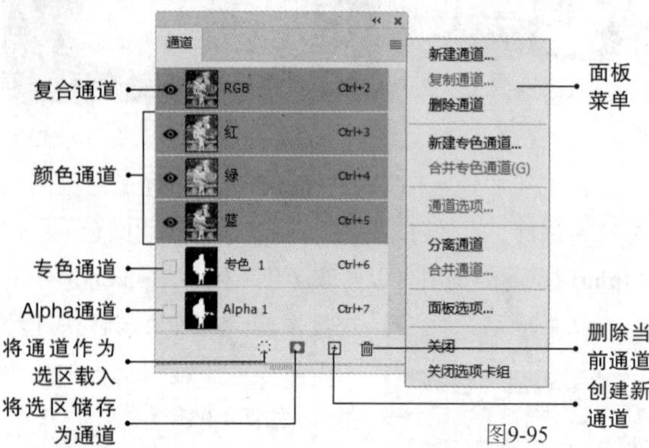

图9-95

下面介绍“通道”面板中的常用选项。

**将通道作为选区载入**：单击该按钮，可以载入所选通道图像的选区。

**将选区储存为通道**：单击该按钮，可以将图像中存在的选区存储到通道中。

**创建新通道**：单击该按钮，可以创建一个Alpha通道。将某个通道拖曳至该按钮上，即可对其进行复制，如图9-96所示。

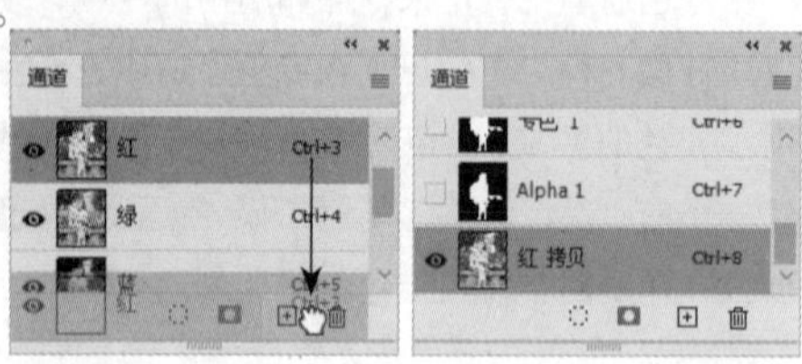

图9-96

**删除当前通道**：单击该按钮或者将通道拖曳至该按钮上，可以删除所选通道。

单击通道缩览图左侧的图标，可以控制通道的显示或隐藏。单击某一通道，可以选择该通道，如图9-97所示。按住Shift键并单击需要的通道，即可同时选择多个通道，如图9-98所示。每个通道的右侧都标有快捷键，按对应的快捷键可快速选择通道。例如，当图像为RGB颜色模式时，按快捷键Ctrl+3、快捷键Ctrl+4、快捷键Ctrl+5可以分别选择红、绿、蓝通道。

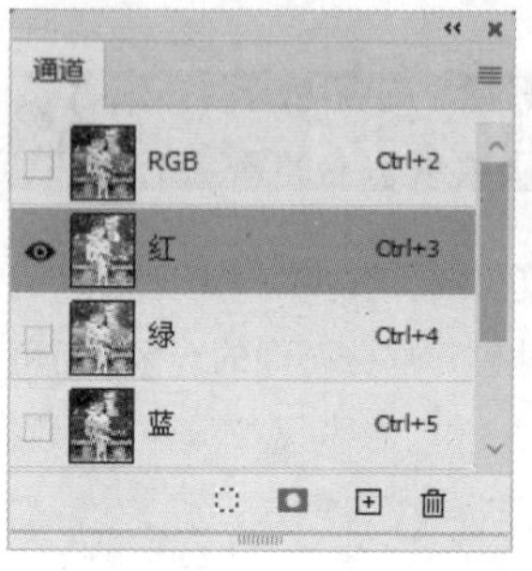

图9-97

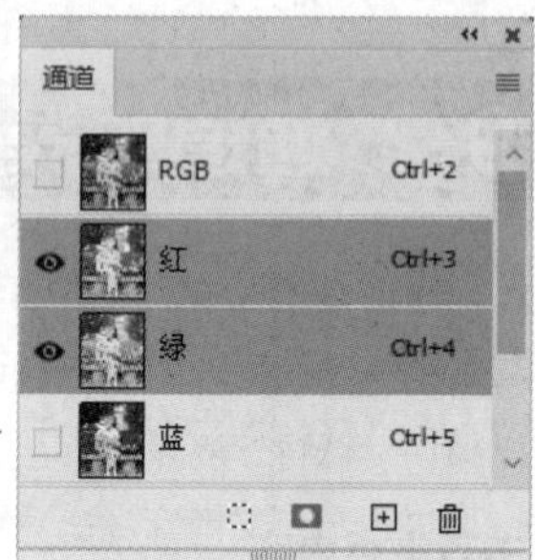

图9-98

### 知识点：复制通道以打造特殊效果

同时打开“散光”和“野餐”图像，如图9-99所示。

图9-99

在“散光”图像的“通道”面板中选择“绿”通道，如图9-100所示。按快捷键Ctrl+A全选该通道中的图像，然后按快捷键Ctrl+C复制图像。切换到“野餐”图像的文档窗口中，按快捷键Ctrl+V将“绿”通道的图像粘贴到“背景”图层上方，形成“图层1”图层，如图9-101所示。

图9-100

图9-101

设置混合模式为“叠加”、“不透明度”为60%，可以得到带有光效的图像，效果如图9-102所示。

图9-102

此外，还可以将图像粘贴到通道中。在“散光”图像中按快捷键Ctrl+A全选图像，然后按快捷键Ctrl+C复制图像，接着切换到“野餐”图像的文档窗口中，在“通道”面板中选择“蓝”通道，如图9-103所示。按快捷键Ctrl+V将“散光”图像粘贴到“蓝”通道中，如图9-104所示。

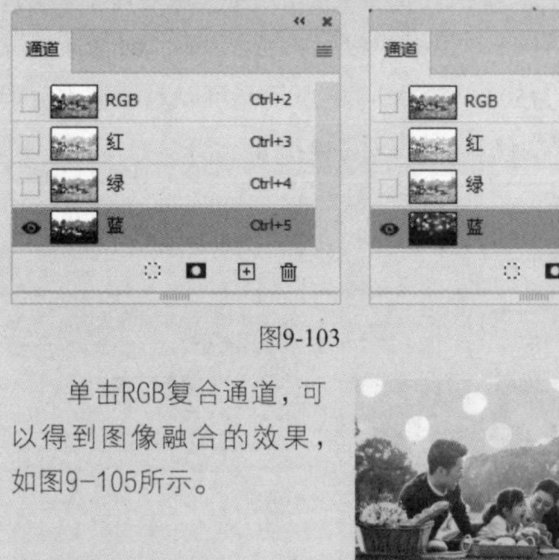


图9-103 图9-104

单击RGB复合通道，可以得到图像融合的效果，如图9-105所示。

图9-105

课堂案例

## 打造故障炫彩风

素材文件 素材文件>CH09>素材04.jpg

实例文件 实例文件>CH09>打造故障炫彩风.psd

视频名称 打造故障炫彩风.mp4

学习目标 掌握使用通道打造特殊效果的方法

本例将使用通道打造故障炫彩风的图像，效果如图9-106所示。

图9-106

01 按快捷键Ctrl+O打开本书学习资源文件夹中的“素材文件>CH09>素材04.jpg”文件，如图9-107所示。按快捷键Ctrl+J复制图层。执行“窗口>通道”菜单命令，打开“通道”面板，如图9-108所示。

图9-107

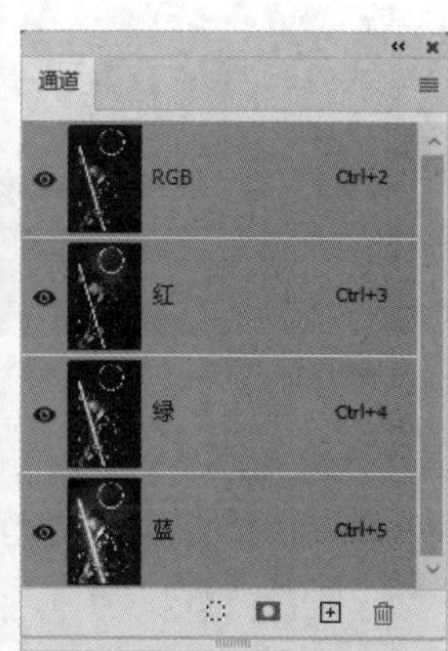


图9-108

02 在“通道”面板中选择“红”通道，按快捷键Ctrl+A全选该通道中的图像，如图9-109所示。选择“移动工具”，然后按住Shift键，分别按4次↑键和←键，使其向上和向左各移动40像素，再按快捷键Ctrl+D取消选区，如图9-110所示。

图9-109

图9-110

03 选择“绿”通道，按快捷键Ctrl+A全选该通道中的图像。选择“移动工具”，然后按住Shift键，分别按4次↓键和→键，使其向下和向右各移动40像素，再按快捷键Ctrl+D取消选区，如图9-111所示。

图9-111

04 单击复合通道，显示所有通道，如图9-112所示。使用“裁剪工具”裁去图像边缘的绿色条和红色条，效果如图9-113所示。

图9-112

图9-113

## 9.2.3 分离通道

通道中的图像均为灰度图像。有一个RGB图像，如图9-114所示。执行“通道”面板菜单中的“分离通道”命令，可以将其3个颜色通道分离出来，得到各自独立的灰度图像，如图9-115所示。分离通道后，可以单独对某个通道进行编辑。

图9-114

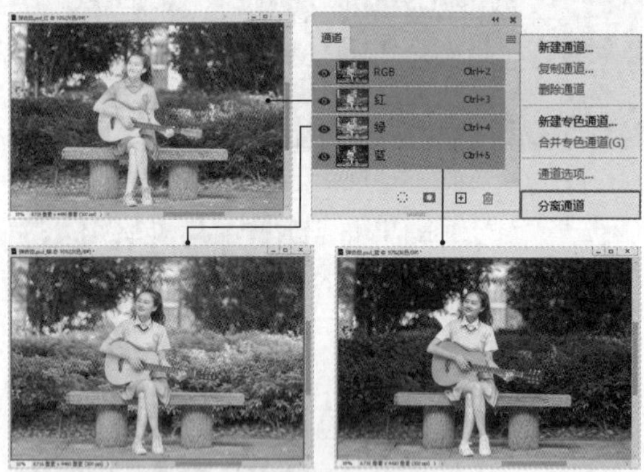


图9-115

**技巧与提示**

需要注意的是，PSD格式的分层文件是无法进行分离通道操作的。

编辑通道后，执行“通道”面板菜单中的“合并通道”命令，在打开的对话框中可以将分离得到的灰度图像合并为多种颜色模式的图像，如图9-116所示。

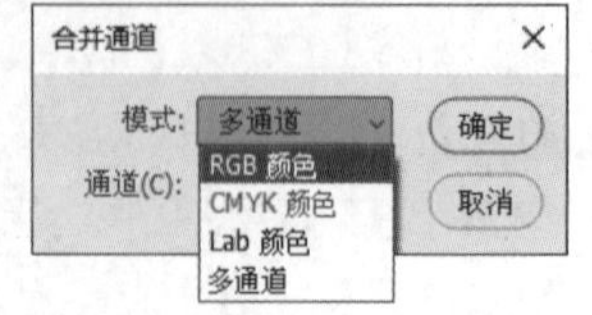


图9-116

## 9.2.4 应用图像

设置图层的混合模式，可以让其与下方图层混合。通道之间的混合，可以使用“应用图像”命令实现。例如，选择“红”通道，执行“图像>应用图像”菜单命令，在打开的“应用图像”对话框中设置“混合”为“颜色减淡”、“不透明度”为50%，如图9-117所示。可以对通道进行混合，得到特殊的色彩效果，如图9-118所示。

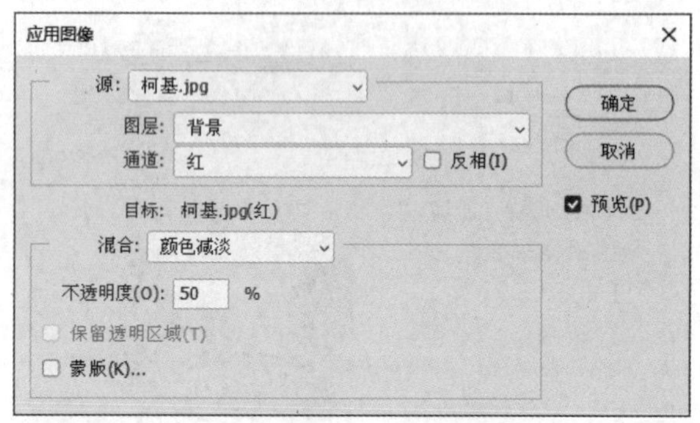


图9-117

图9-118

下面介绍“应用图像”对话框中的常用选项。

**源：**用于设置混合通道的文件。

**图层：**用于设置参与混合的图层。

**通道：**用于设置参与混合的通道。

**反相：**勾选该选项，可以使通道先反相，再混合。

**目标：**显示被混合的对象，即执行“图像>应用图像”菜单命令前选择的通道。

**混合：**用于控制“源”对象与“目标”对象的混合方式。

**不透明度：**用于控制混合的程度，其值越大，混合程度越大。

**保留透明区域：**勾选该选项，可以将混合效果限制在图层的不透明区域内。

**蒙版：**勾选该选项，会显示“蒙版”的相关选项，可以选择任何颜色通道和Alpha通道作为蒙版，如图9-119所示。

图9-119

**技巧与提示**

“混合”下拉列表中有两种混合模式对于修改选区十分有用，即“相加”模式与“减去”模式（“图层”面板中没有“相加”模式）。这两种混合模式的原理类似于选区的加、减运算，如图9-120所示。

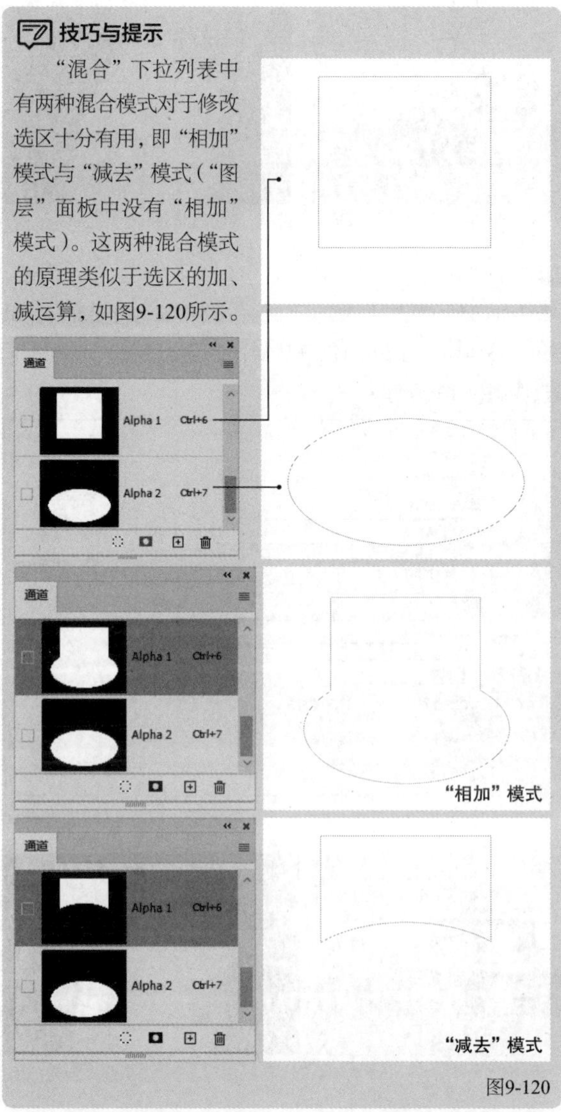


图9-120

## 9.2.5 计算

“计算”命令既可以用于混合一个图像中的通道，又可以用于混合多个图像中的通道，并生成一个新的通道、选区或灰度图像。执行“图像>计算”菜单命令，打开“计算”对话框，如图9-121所示。

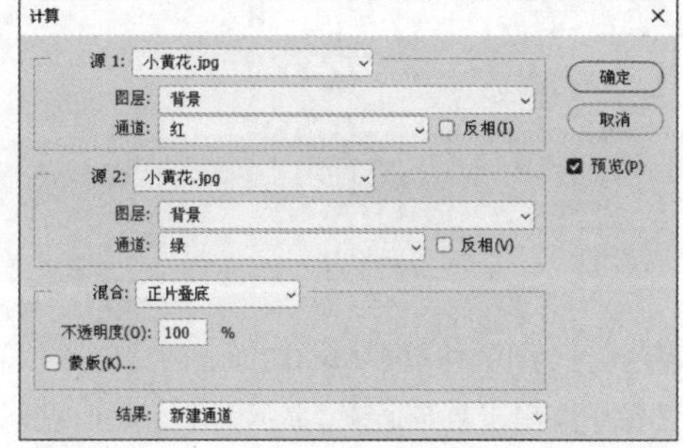


图9-121

下面介绍“计算”对话框中的常用选项。

**源1/源2：** 用于设置参与计算的两个源图像。

**结果：** 用于设置计算完成后生成的对象。选择“新建文档”选项，可以创建一个灰度图像，如图9-122所示。选择“新建通道”选项，可以根据计算结果创建一个新的通道，如图9-123所示。选择“选区”选项，可以创建一个选区，如图9-124所示。

图9-122

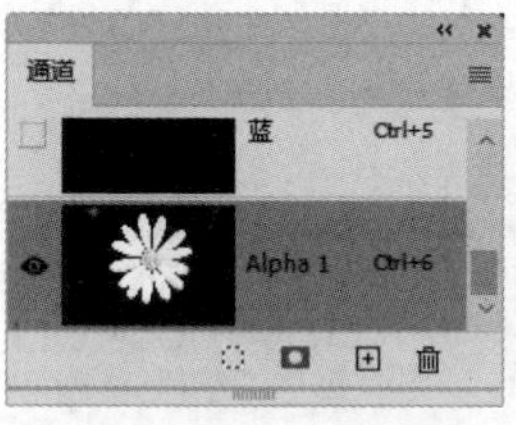


图9-123

图9-124

### 知识点：用通道抠图

使用通道可以根据图像的色相差或明度差来创建选区。通道常用于抠取毛发、云朵、烟雾和玻璃制品等。在操作过程中，可以重复使用画笔类工具以及“亮度/对比度”“曲线”“色阶”等命令调整通道，以得到精确的选区。

课堂案例

### 抠出图中的人物

| | |
|---|---|
| 素材文件 | 素材文件>CH09>素材05-1.jpg、素材05-2.jpg |
| 实例文件 | 实例文件>CH09>抠出图中的人物.psd |
| 视频名称 | 抠出图中的人物.mp4 |
| 学习目标 | 掌握使用通道抠图的方法 |

本例将使用通道抠出图中的人物，然后将其置于卡通风格的背景中，效果如图9-125所示。

图9-125

01 按快捷键Ctrl+O打开本书学习资源文件夹中的“素材文件>CH09>素材05-1.jpg”文件，如图9-126所示。

图9-126

02 在工具箱中选择“钢笔工具”，在选项栏中设置绘图模式为“路径”，沿着人物的轮廓绘制路径，绘制时需要避开头纱，如图9-127所示。单击选项栏中的按钮，在弹出的菜单中选择“减去顶层形状”命令。沿着人物肩膀与手臂的间隙绘制路径，将这部分区域从路径中去除，效果如图9-128所示。

图9-127　　图9-128

03 打开“路径”面板，双击“工作路径”路径的缩览图，将绘制的路径存储为“路径1”，如图9-129所示。按快捷键Ctrl+Enter将路径转为选区，如图9-130所示。单击“通道”面板底部的“将选区储存为通道”按钮，保存选区，如图9-131所示。

图9-129

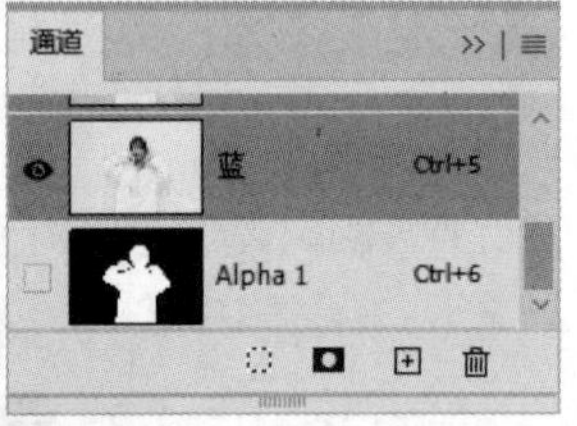


图9-130　　图9-131

04 使用“对象选择工具”创建人物选区（包含头纱），效果如图9-132所示。在“通道”面板中选择“红”通道，将其拖曳至面板底部的“创建新通道”按钮上，复制通道，如图9-133所示。按快捷键Shift+Ctrl+I反选选区，在选区中填充黑色，效果如图9-134所示。按快捷键Ctrl+D取消选区。

图9-132

图9-133　　图9-134

05 执行“图像>计算”菜单命令，打开“计算”对话框，将Alpha 1通道和“红 拷贝”通道以“相加”模式混合，如图9-135所示。按Enter键确认操作，可以得到一个新的通道，如图9-136所示。

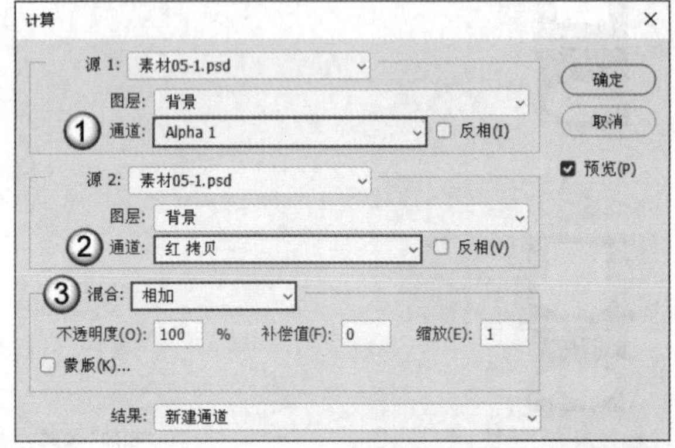


图9-135

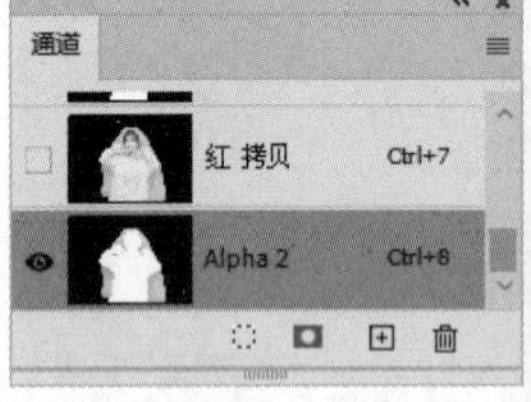

图9-136

06 可以看到人物头部和头纱的衔接处有一些头发没有被涂白，如图9-137所示。选择“画笔工具”，用白色的柔边圆笔尖（“不透明度”和“流量”为20%左右）涂抹这个区域，使其衔接得更自然，如图9-138所示。

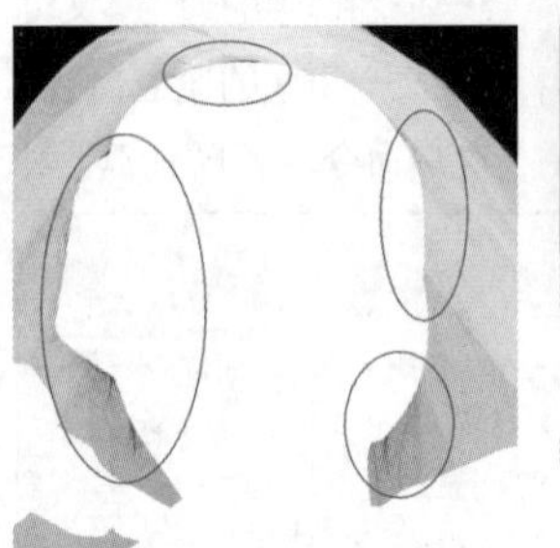

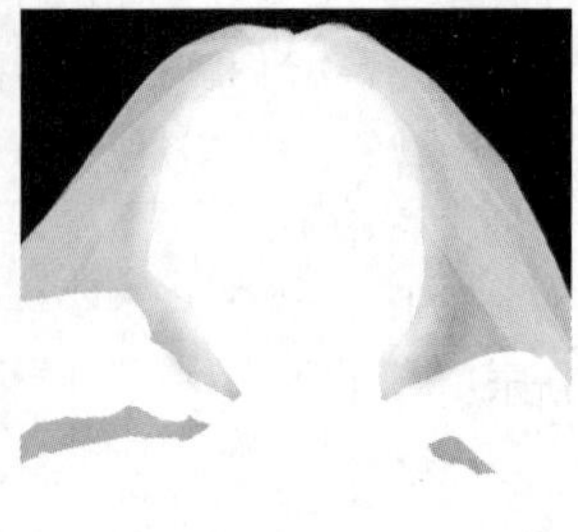

图9-137　　图9-138

07 按住Ctrl键并单击Alpha2通道的缩览图，将选区载入图像中。单击复合通道，显示图像，按快捷键Ctrl+J复制图层，关闭“背景”图层，效果如图9-139所示。按快捷键Ctrl+Shift+S将文件保存为PSD格式的文件。

图9-139

08 按快捷键Ctrl+O打开本书学习资源文件夹中的“素材文件>CH09>素材05-2.jpg”文件，并将抠出的人物拖曳至画布中，如图9-140所示。

图9-140

09 头纱的颜色偏暗，因此可以为人物所在的图层添加“曲线”调整图层，以调亮图像，如图9-141所示。按快捷键Alt+Ctrl+G创建剪贴蒙版，使“曲线”调整图层仅对人物起作用，如图9-142所示。

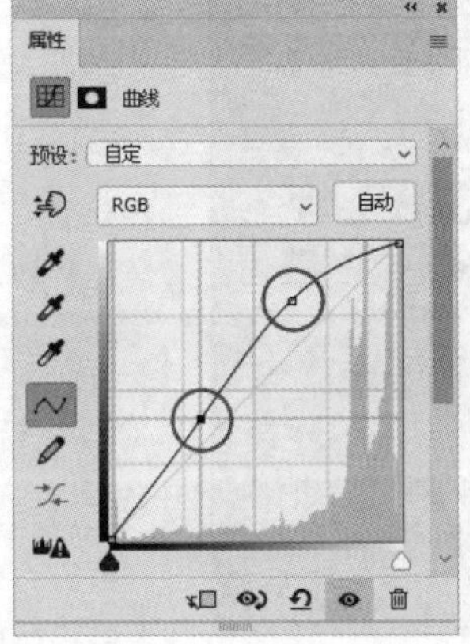


图9-141

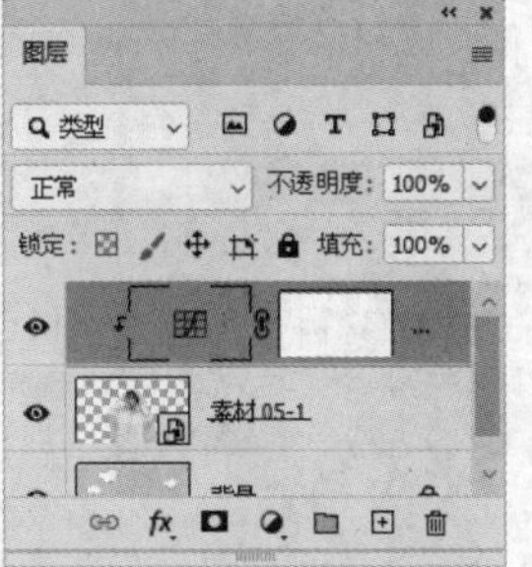


图9-142

10 选择“曲线”调整图层的图层蒙版，为其填充黑色，然后选择“画笔工具”，用白色的柔边圆笔尖涂抹头纱，如图9-143所示，使头纱变亮，效果如图9-144所示。

图9-143

图9-144

## 9.3 本章小结

本章主要讲解了蒙版和通道的使用方法，先讲解了图层蒙版、剪贴蒙版、矢量蒙版和快速蒙版的使用技巧，然后讲解了通道的类型及操作方法。通过本章的学习，读者应该熟练掌握蒙版和通道的用途、基础操作，以及应用蒙版和通道制作特殊效果和抠图的方法。

## 9.4 课后习题

根据本章的内容，本节共安排了3个课后习题供读者练习，以帮助读者对本章的知识进行综合运用。

### 课后习题：打造梦幻感

| | |
|---|---|
| 素材文件 | 素材文件>CH09>素材06-1.jpg、素材06-2.jpg |
| 实例文件 | 实例文件>CH09>打造梦幻感.psd |
| 视频名称 | 打造梦幻感.mp4 |
| 学习目标 | 掌握使用图层蒙版修改图像的方法 |

本习题主要要求读者对图层蒙版的使用方法进行练习，如图9-145所示。

图9-145

## 课后习题：打造叠加影像

素材文件　素材文件>CH09>素材07-1.jpg、素材07-2.jpg、素材07-3.jpg
实例文件　实例文件>CH09>打造叠加影像.psd
视频名称　打造叠加影像.mp4
学习目标　掌握使用通道打造特殊效果的方法

本习题主要要求读者对通道的使用方法进行练习，效果如图9-146所示。

图9-146

## 课后习题：抠出图中的水杯和冰块

素材文件　素材文件>CH09>素材08.jpg
实例文件　实例文件>CH09>抠出图中的水杯和冰块.psd
视频名称　抠出图中的水杯和冰块.mp4
学习目标　掌握使用通道抠图的方法

本习题主要要求读者对用通道抠图的操作进行练习，并将抠出的图像置于深色背景中，如图9-147所示。

原图

效果图

图9-147

第 10 章

# 文字与批处理

本章主要介绍文字类工具的使用方法及批处理文件的方法。使用文字类工具可以创建多种类型的文字，对文字进行编辑可以制作出多种效果。使用动作与批处理功能可以自动处理文件，提高工作效率。

## 课堂学习目标

◇ 掌握文字类工具的使用方法
◇ 掌握编辑文字的方法
◇ 掌握批处理文件的方法

# 10.1 创建文字

文字在各类设计作品中是必不可少的，Photoshop中的文字是由形状组成的矢量对象。以点为起点，可以创建点文字；以文本框为边界，可以创建段落文字；在路径上输入文字，可以创建路径文字。在创建文字后，还可以对其进行缩放和变形等操作。

**本节重点内容**

| 重点内容 | 说明 |
|---|---|
| 横/直排文字工具 | 创建点文字、段落文字、路径文字、变形文字 |
| 横/直排文字蒙版工具 | 创建文字选区 |

## 10.1.1 文字类工具

Photoshop中有两类创建文字的工具：一类是“横排文字工具”T和“直排文字工具”↓T，使用这两个工具可以分别创建横向或纵向排列的文字，如图10-1所示；另一类是“横排文字蒙版工具”T和“直排文字蒙版工具”↓T，使用这两个工具可以分别创建横向或纵向排列的文字选区，如图10-2所示。在文字选区中，可以填充前景色、背景色和渐变颜色等。

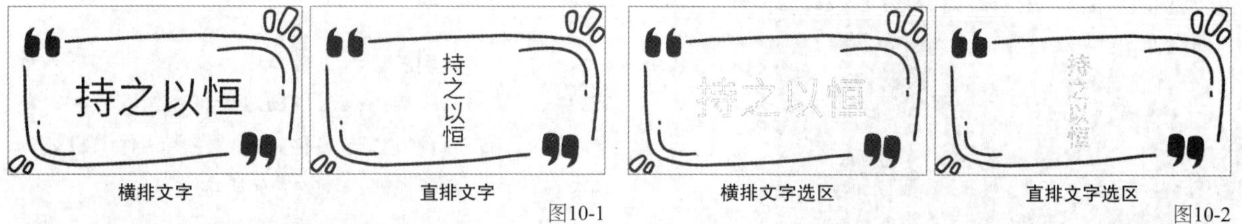


图10-1 图10-2

**技巧与提示**

使用“横排文字工具”T和“直排文字工具”↓T创建文字后，按住Ctrl键并单击文字图层，即可创建文字选区，而且可以根据需求随时修改文字内容及大小。文字蒙版类工具的最大用途是在图层蒙版和Alpha通道中创建文字，如图10-3所示。

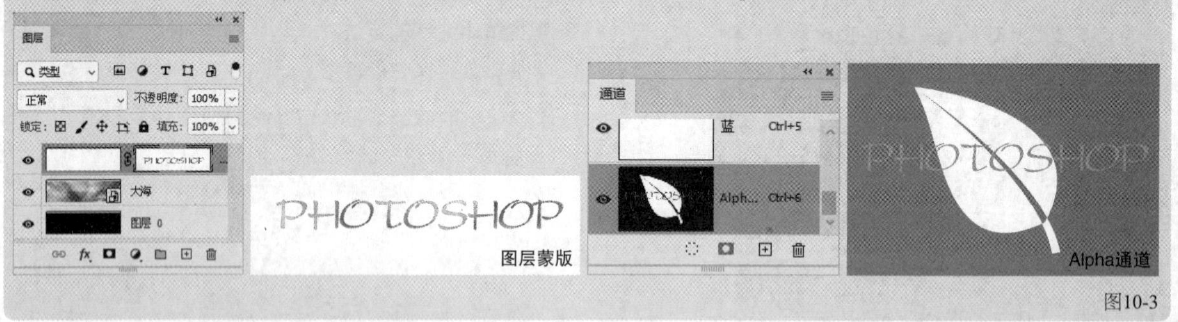


图10-3

文字类工具的选项栏中的选项十分相似，这里只介绍“横排文字工具”T的选项栏。选择“横排文字工具”T，其选项栏如图10-4所示。

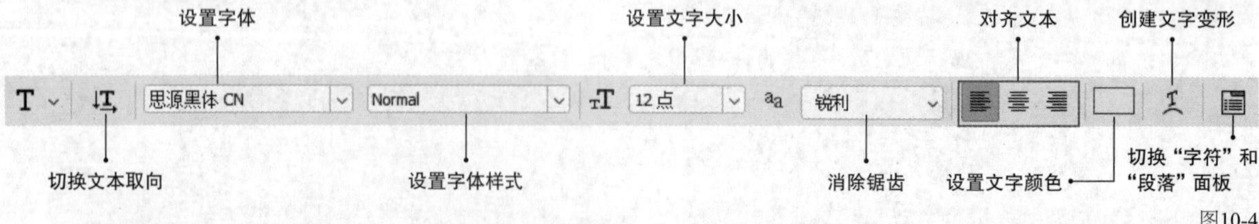


图10-4

下面以“横排文字工具”T为例，介绍选项栏中的常用选项。

**切换文本取向**↓T：单击该按钮，或者执行“文字>文本排列方向”子菜单中的命令，可以使横排文字与直排文字相互转换，如图10-5所示。

图10-5

**设置字体：**在文本框中输入需要的字体，或者单击按钮，在打开的下拉列表中选择一种字体，可以为文字设置字体。

**设置字体样式：**如果设置的字体包含变体，可以在该下拉列表中设置字体样式，一般有Regular（常规的）、Italic（斜体）、Bold（粗体）和Bold Italic（粗斜体）等样式，对应的效果如图10-6所示。

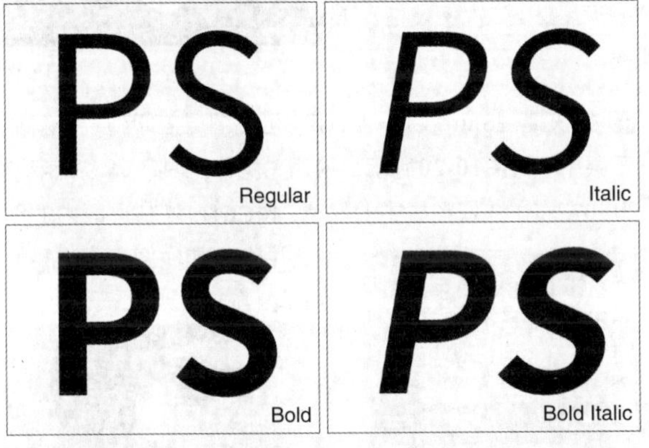


图10-6

**设置文字大小：**在文本框中输入需要的字号，或者单击按钮，在打开的下拉列表中选择一种预设字号，可以为文字设置大小。

**消除锯齿：**可以消除文字边缘的锯齿。选择“无”选项，则不会消除锯齿；选择“锐利”选项，文字边缘会变得锐利；选择“犀利”选项，文字边缘会变得锐利一些；选择“浑厚”选项，文字会变得粗一些；选择“平滑”选项，文字边缘会变得柔和，对应的效果如图10-7所示。

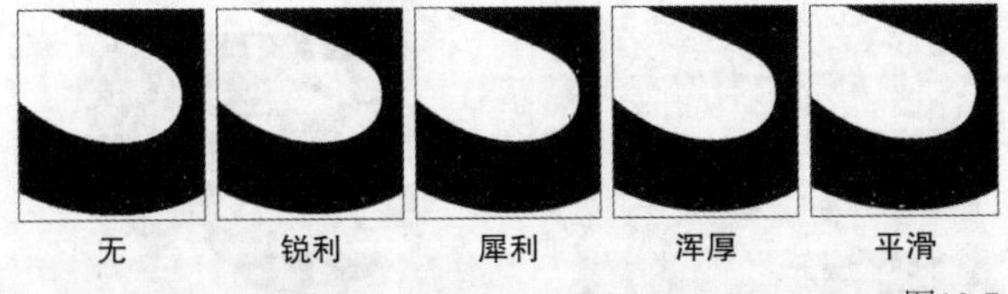

无　锐利　犀利　浑厚　平滑

图10-7

**对齐文本：**单击按钮，将左对齐文本；单击按钮，将居中对齐文本；单击按钮，将右对齐文本。

当文字为直排时，按钮会变为形状（顶对齐文本）、形状（居中对齐文本）和形状（底对齐文本）。

**设置文字颜色：**在输入文字时，文字颜色默认为前景色。单击选项栏中的色块，可以在打开的“拾色器（文本颜色）”对话框中进行设置。

**创建文字变形：**单击该按钮，在打开的“变形文字”对话框中可以为文字添加变形样式。

**切换字符和段落面板：**单击该按钮，可以打开或关闭“字符”面板和“段落”面板。

## 10.1.2 创建点文字

点文字指一个水平或垂直的文字行，每行文字都是独立的。随着文字的输入，文字行的长度会不断增加，并且不会换行。选择“横排文字工具” **T**，在选项栏中设置字体和大小等参数，然后在需要创建文字的地方单击，画布中会出现一个闪烁的光标，如图10-8所示。接着输入所需的文字，如图10-9所示。如果输入的文字有误，按Delete键可以删除文字。

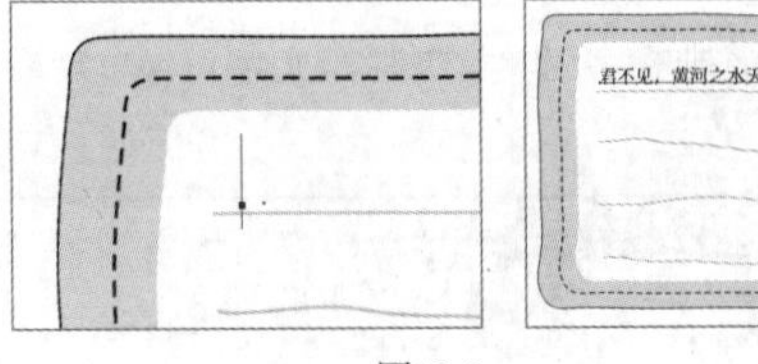

图10-8

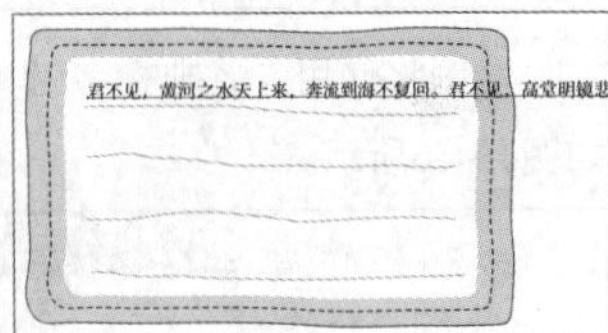


图10-9

在输入时或输入后，在需要换行的位置单击，光标会显示在该处，按Enter键可以手动换行，如图10-10所示。输入文字后单击选项栏中的✓按钮，或者选择其他工具即可完成操作，如图10-11所示。

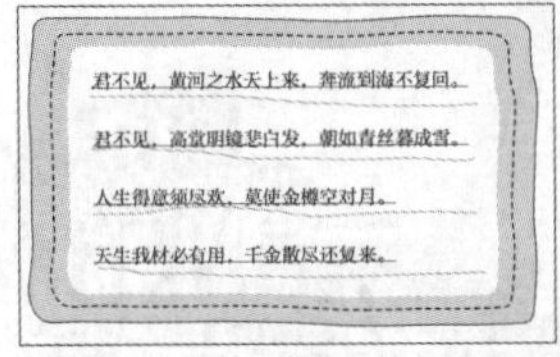


图10-10

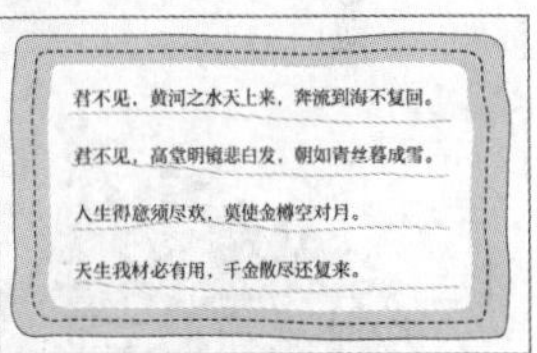


图10-11

### 知识点：修改文字颜色和大小

在创建文字后，可以随时修改文字。单击文字图层缩览图，或者使用“横排文字工具” **T** 单击文字，然后按快捷键Ctrl+A选取全部文字，如图10-12所示。此时，在选项栏中可以修改全部文字的字体、大小和颜色等，单击选项栏中的✓按钮确认设置，效果如图10-13所示。

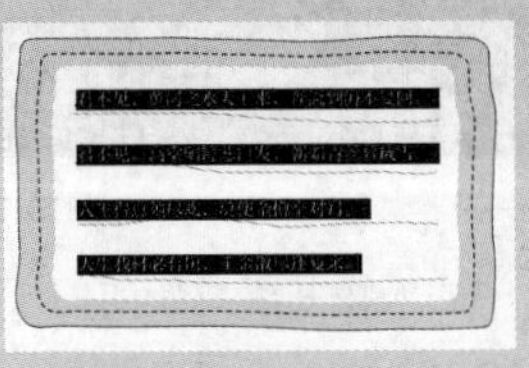

图10-12

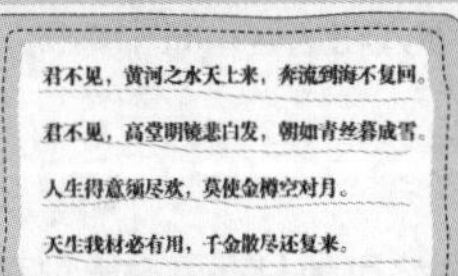


图10-13

使用“横排文字工具”T单击文字，将出现一个闪烁的光标，拖曳鼠标，即可选取部分文字，如图10-14所示。此时，在选项栏中可以修改选取文字的字体、大小和颜色等，单击选项栏中的✓按钮确认设置，效果如图10-15所示。按Delete键可以删除所选文字。

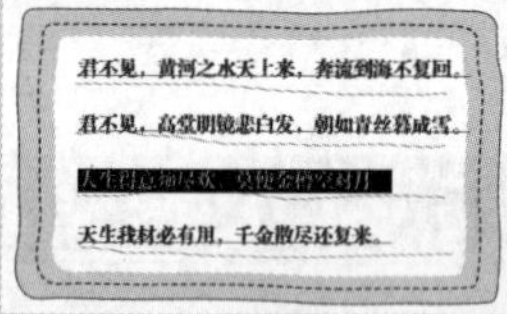

图10-14

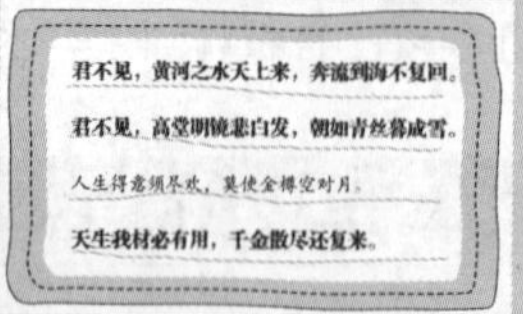

图10-15

课堂案例

## 制作文字肖像

素材文件　素材文件>CH10>素材01.jpg

实例文件　实例文件>CH10>制作文字肖像.psd

视频名称　制作文字肖像.mp4

学习目标　掌握文字类工具的使用方法

本例将使用“横排文字工具”T制作文字肖像，效果如图10-16所示。

图10-16

01 按快捷键Ctrl+O打开本书学习资源文件夹中的“素材文件>CH10>素材01.jpg”文件。执行“选择>主体”菜单命令，创建人物选区，如图10-17所示。

图10-17

02 按快捷键Ctrl+J复制选区中的人物并生成新的图层，隐藏“背景”图层，效果如图10-18所示。添加“阈值”调整图层，设置“阈值色阶”为136，如图10-19所示。

图10-18

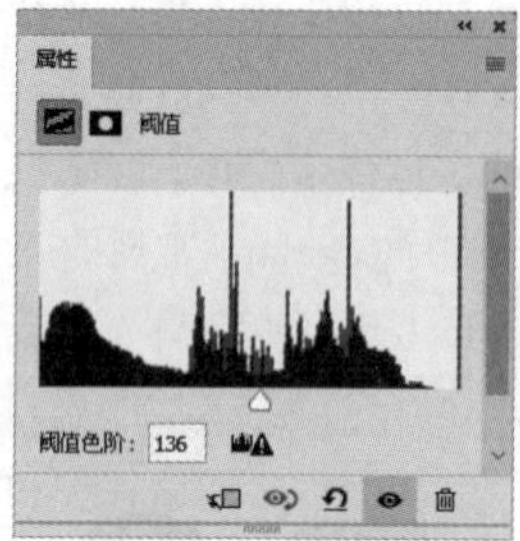

图10-19

03 按快捷键Shift+Ctrl+Alt+E将可见图层盖印到一个新的图层中，如图10-20所示。使用“魔棒工具”（“容差”为50左右）选取图像中的黑色，按Ctrl+J复制选区内的图像，并隐藏其他图层，效果如图10-21所示。

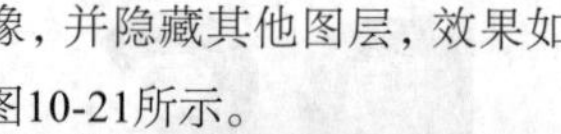

图10-20

图10-21

04 按住Ctrl键并单击“创建新图层”按钮，在“图层3”图层的下方新建图层，然后为其填充白色，如图10-22所示。选择“图层3”图层，设置“不透明度”为50%，效果如图10-23所示。

图10-22

图10-23

05 选择“横排文字工具”T，在选项栏中设置字体为“思源黑体 CN”、字体样式为Heavy、文字大小为30点、文字颜色为黑色。在画布中单击并输入英文（内容可自行确定），效果如图10-24所示。按住Alt键并拖曳文字，可以复制文字。通过自由变换（快捷键为Ctrl+T）命令调整文字的大小和方向，效果如图10-25所示。

图10-24

图10-25

06 用同样的方法复制文字，使文字铺满人物，效果如图10-26所示。选择所有的文字图层，按快捷键Ctrl+E将其合并为一个图层。按住Ctrl键并单击“图层3”图层，创建人物选区，然后选择“图层5”图层并单击“添加图层蒙版”按钮，为其添加图层蒙版，如图10-27所示。隐藏“图层3”图层，效果如图10-28所示。

图10-26

图10-27

图10-28

**技巧与提示**

合并图层之前，可以按快捷键Ctrl+G将所有文字图层创建为一个图层组，并按快捷键Ctrl+J备份，以便后期修改。

07 双击“图层5”图层，打开“图层样式”对话框，如图10-29所示。为文字肖像添加一个渐变效果（渐变颜色可自行选择），效果如图10-30所示。

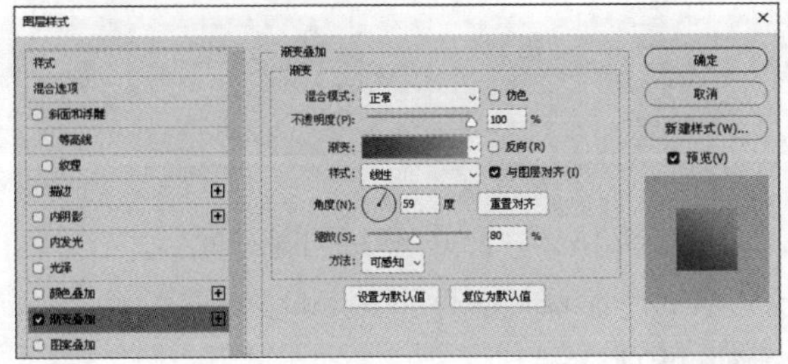


图10-29

图10-30

## 10.1.3 创建段落文字

段落文字指在文本框内输入的文字，文字根据文本框的范围自动换行。选择“横排文字工具” T，在画布中拖曳出一个文本框，如图10-31所示。接着输入所需的文字，效果如图10-32所示。

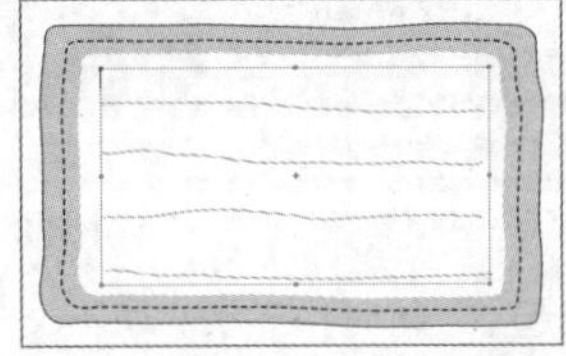

图10-31

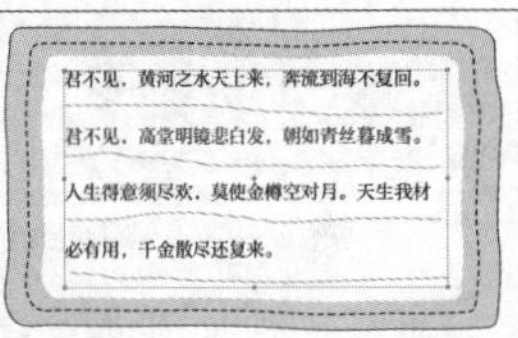


图10-32

拖曳文本框，可以调整文本框的大小，如图10-33所示。此外，还可以对文本框进行自由变换。按快捷键Ctrl+T显示定界框，可以缩放或旋转文本框，但是不会影响文本框内文字的字体和大小，如图10-34所示。

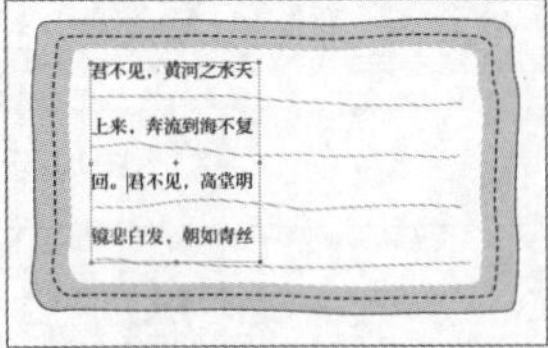


图10-33

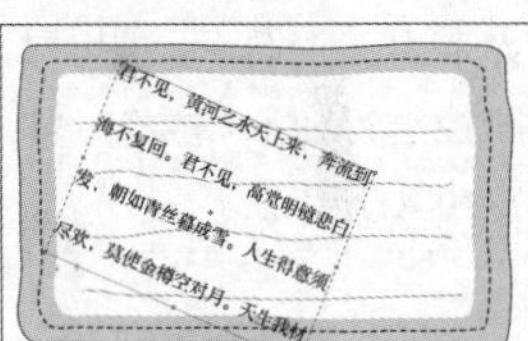

图10-34

**技巧与提示**

使用“横排文字工具” T和“直排文字工具” ↓T创建文字的方法是相同的。其中，点文字适用于文字量较少时，如标题等；段落文字适用于文字量较多时，如正文等。点文字和段落文字是可以相互转换的。如果当前是点文字，执行“文字>转换为段落文本”菜单命令，可以将其转换为段落文字；如果当前是段落文字，执行“文字>转换为点文本”菜单命令，可以将其转换为点文字。

## 10.1.4 创建路径文字

路径文字指在路径上创建的文字，文字会沿着路径的形状排列。当改变路径形状时，文字的排列方式也会随之发生改变。使用矢量工具创建一个路径，如图10-35所示。

选择“横排文字工具” T，将鼠标指针置于路径上的合适位置，当鼠标指针变为形状时，单击路径可以定位文字的起点，输入的文字会沿着路径进行排列，如图10-36所示。

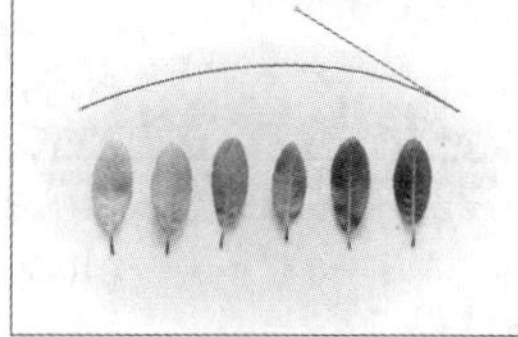
图10-35

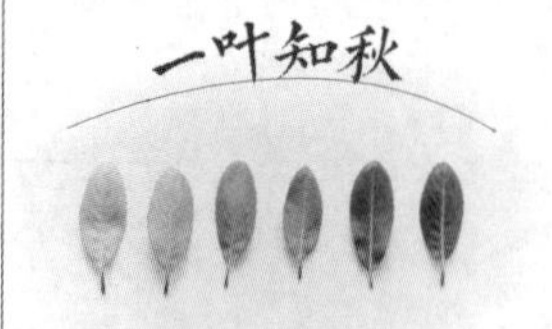

图10-36

使用“直接选择工具”单击路径，将显示锚点，如图10-37所示。拖曳锚点或方向线可以修改路径的形状，文字会沿着调整后的路径进行排列，如图10-38所示。

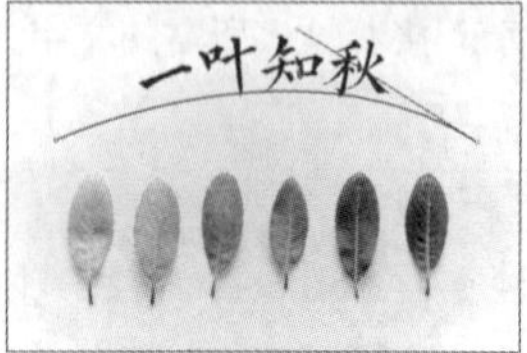

图10-37

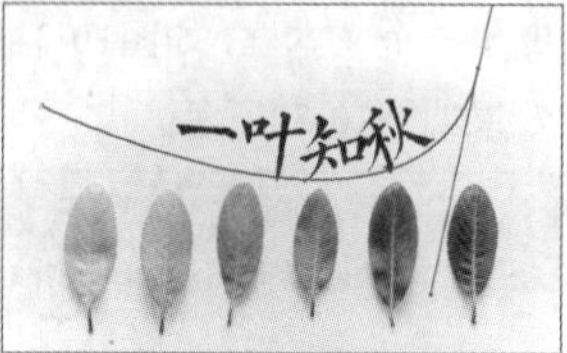

图10-38

此外，还可以调整文字的起点、朝向和形状。单击文字的起点，按住Ctrl键并向左或向右拖曳鼠标，可以使文字的起点位置发生改变，如图10-39所示。按住Ctrl键并向下拖曳鼠标，可以调整文字的朝向，如图10-40所示。按住Ctrl键并拖曳定界框上的控制点，可以对路径进行变形等操作，如图10-41所示。

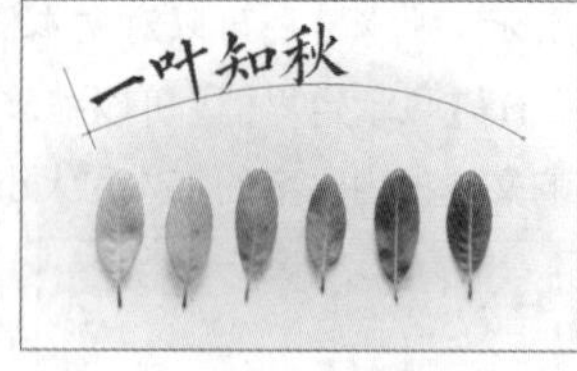

图10-39

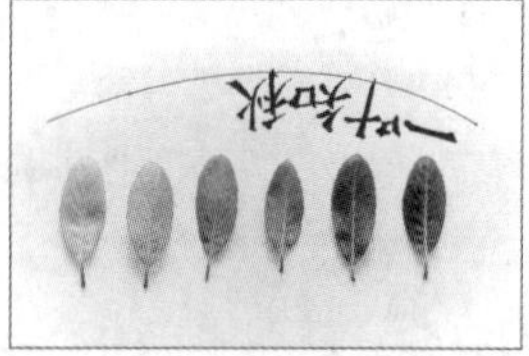
图10-40

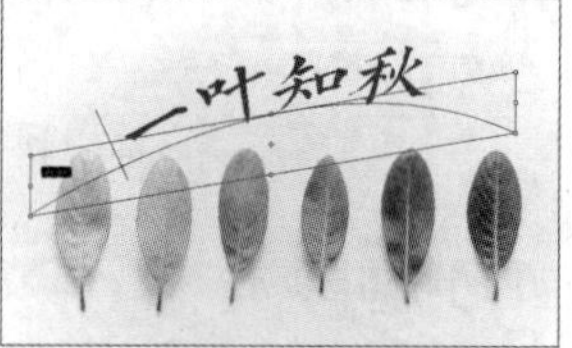

图10-41

当路径为封闭路径时，如图10-42所示。在路径上单击，可以创建路径文字。将鼠标指针置于路径内，当鼠标指针变为形状时，单击可以创建段落文字，如图10-43所示。需要注意的是，在创建路径时，需在选项栏中选择“合并形状”选项。

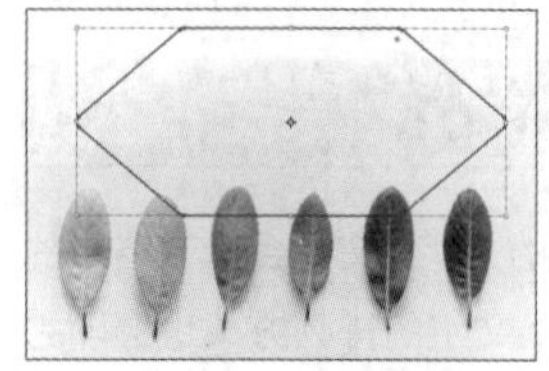
图10-42

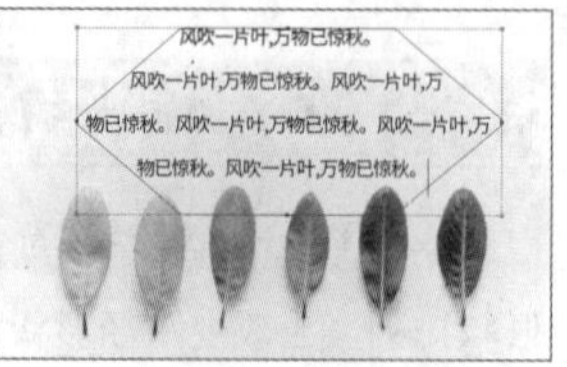

图10-43

### 知识点：实现文本绕排效果

先创建封闭路径，然后在路径内创建段落文字，可以实现文本绕排效果，如图10-44所示。

图10-44

对于较为复杂的图像，可以先创建主体选区，然后执行“选择>修改>扩展”菜单命令，向外扩展选区，接着按快捷键Shift+Ctrl+I反选选区，如图10-45所示。单击“路径”面板下方的“将路径作为选区载入”按钮，将选区转换为路径，如图10-46所示。调整路径边缘，并在路径内输入文字，即可形成文本绕排效果，如图10-47所示。

图10-45

图10-46

图10-47

## 10.1.5 创建变形文字

在输入文字后，单击选项栏中的按钮，或者执行“文字>文字变形”菜单命令，在打开的“变形文字”对话框中可以为文字添加变形样式，如图10-48所示，还可以调整变形的方向、弯曲程度和扭曲程度，如图10-49所示。

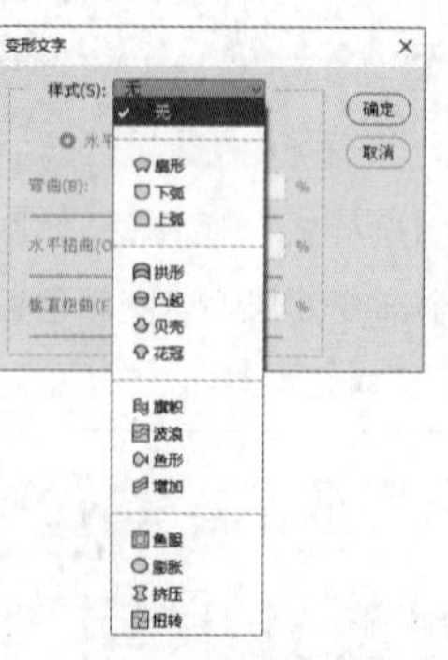

图10-48

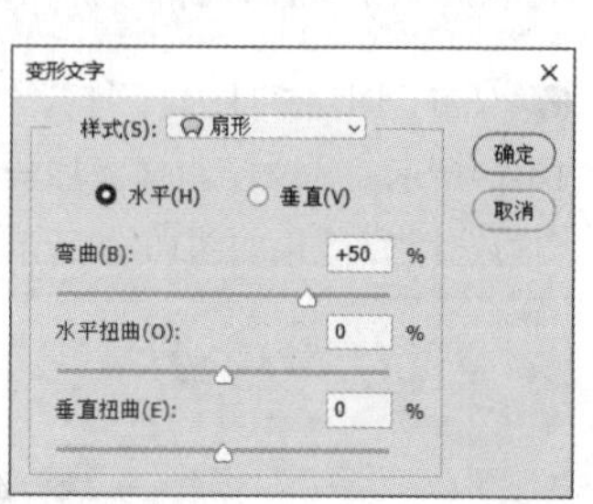

图10-49

下面介绍“变形文字”对话框中的常用选项。

**样式：**Photoshop提供了15种预设变形样式，对应的效果如图10-50所示。

HAPPY 无　HAPPY 扇形　HAPPY 下弧　HAPPY 上弧
HAPPY 拱形　HAPPY 凸起　HAPPY 贝壳　HAPPY 花冠
HAPPY 旗帜　HAPPY 波浪　HAPPY 鱼形　HAPPY 增加
HAPPY 鱼眼　HAPPY 膨胀　HAPPY 挤压　HAPPY 扭转

图10-50

**水平/垂直：** 当选择“水平”选项时，文字沿水平方向变形，如图10-51所示；当选择“垂直”选项时，文字沿垂直方向变形，如图10-52所示。

图10-51

图10-52

**弯曲：** 用于设置文字的弯曲程度。当值为0%时，文字不会弯曲。

**水平扭曲/垂直扭曲：** 可以让文字产生透视扭曲的效果，如图10-53所示。

“水平扭曲”值为0%，“垂直扭曲”值为0%

“水平扭曲”值为+100%，“垂直扭曲”值为0%

“水平扭曲”值为0%，“垂直扭曲”值为+100%

图10-53

# 10.2 编辑文字与段落

在创建文字后，可以在“字符”面板与“段落”面板中设置文字颜色、大小、字体和对齐方式等，还可以将其栅格化，或者转换为路径、形状和图框等。

**本节重点内容**

| 重点内容 | 说明 |
|---|---|
| 拼写检查 | 检查当前文本中的英文单词是否有拼写错误 |
| 查找和替换文本 | 查找或替换指定的文字 |

续表

| 重点内容 | 说明 |
|---|---|
| “栅格化文字图层”命令 | 将文字像素化 |
| “创建工作路径”命令 | 基于文字创建工作路径 |
| “转换为形状”命令 | 将文字图层转换为形状图层 |
| “转换为图框”命令 | 将文字图层转换为图框图层 |
| 图框工具 | 隐藏图框外的图像并将其转换为智能对象 |

## 10.2.1 “字符”面板

“字符”面板中的字体、字体样式和文字大小等选项与文字类工具选项栏中的选项相同，如图10-54所示。

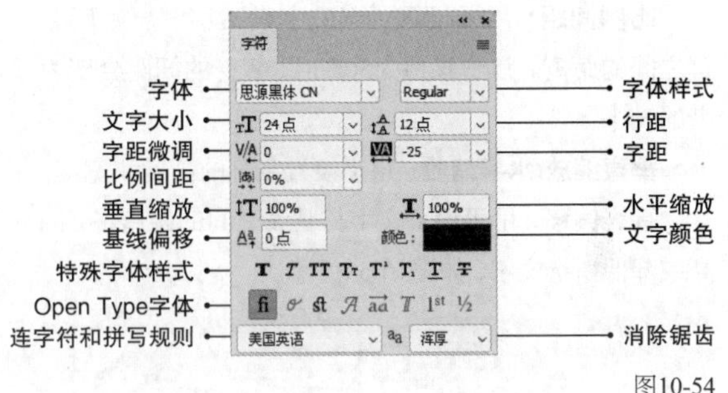


图10-54

下面介绍“字符”面板中的常用选项。

**行距：** 用于设置各行文字之间的垂直距离。图10-55所示为不同行距的效果。

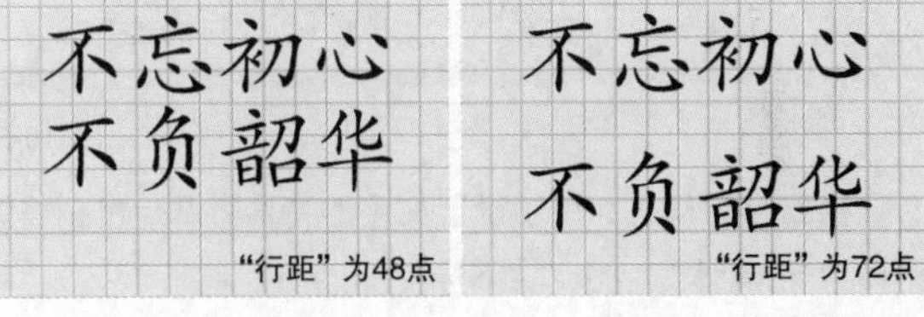


图10-55

**技巧与提示**

在选取多行文字后，按住Alt键并连续按↑键，可以减小行距；按住Alt键并连续按↓键，可以增大行距。

**字距微调：** 用于设置两个字符之间的距离。在两个字符间单击，出现闪烁的光标后设置数值可以增大或减小间距，如图10-56所示。

不忘初心
不负韶华
出现光标

不忘初心
不负韶华
“字距微调”值为-200

不忘初心
不负韶华
“字距微调”值为200

图10-56

**字距：**用于设置所选文字之间的距离，如图10-57所示。如果选择的是文字图层，那么将对所有文字的字距进行调整，如图10-58所示。

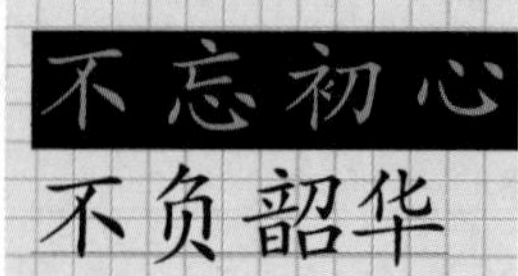


图10-57

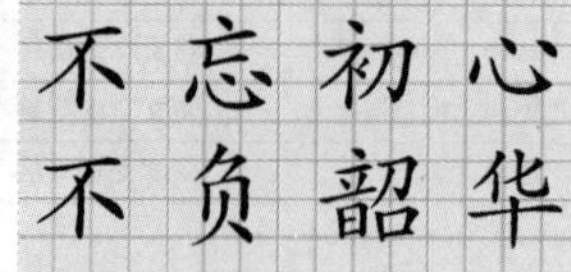


图10-58

**技巧与提示**

在选取多行文字后，按住Alt键并连续按→键，可以增大字距；按住Alt键并连续按←键，可以减小字距。

**比例间距：**用于设置所选文字或文字图层中所有字符之间的距离。设置该值为50%时，字符的间距会变为原来的一半。

**垂直缩放/水平缩放：**用于设置字符的高度和宽度。

**基线偏移：**用于设置文字与基线之间的距离，可以升高或降低所选文字，如图10-59所示。

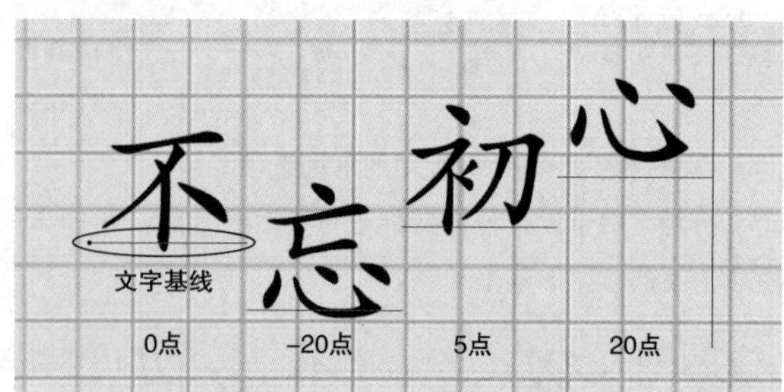


图10-59

**特殊字符样式：**用于设置文字的特殊效果，包括“仿粗体”“仿斜体”“上标”“下标”“删除线”等。

## 10.2.2 “段落”面板

使用文字类工具选择需要编辑的段落，在“段落”面板设置相关参数即可。如果需要编辑全部段落，可以选择文字图层。在“段落”面板中只能编辑段落，不能编辑单个或多个字符，如图10-60所示。

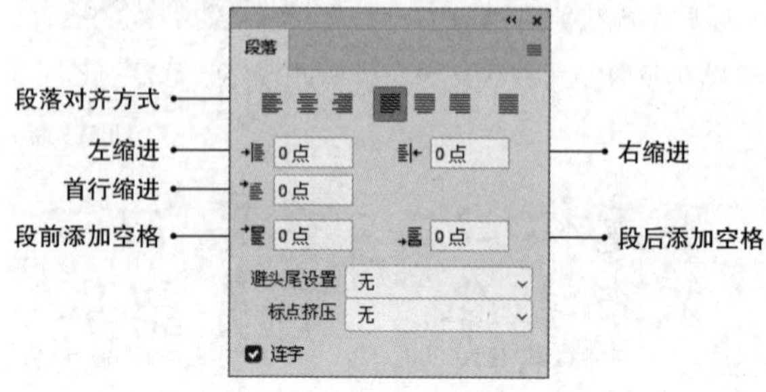


图10-60

下面介绍“段落”面板中的常用选项。

**段落对齐方式：**用于设置段落文字的对齐方式，从左至右共有7个按钮，对应7种对齐方式，效果如图10-61所示。

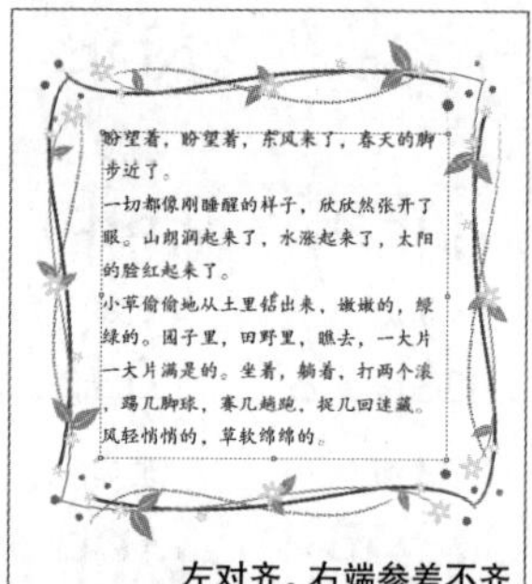


居中对齐，两端参差不齐

右对齐，左端参差不齐

两端对齐，最后一行左对齐

两端对齐，最后一行右对齐

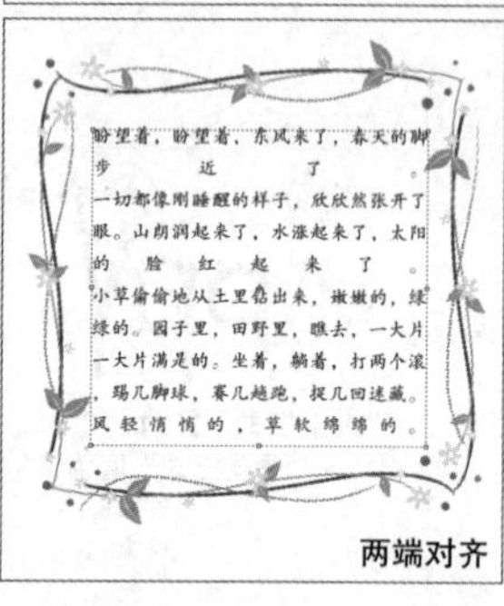


图10-61

**左缩进：**用于设置段落文字向右（横排文字）或向下（直排文字）的缩进量，如图10-62所示。

图10-62

**右缩进：**用于设置段落文字向左（横排文字）或向上（直排文字）的缩进量，如图10-63所示。

**首行缩进：**用于设置段落文字中每个段落的第1行文字向右（横排文字）或第1列文字向下（直排文字）的缩进量。通常会设置“首行缩进”为字号的2倍，如图10-64所示。

“右缩进”为20点

图10-63

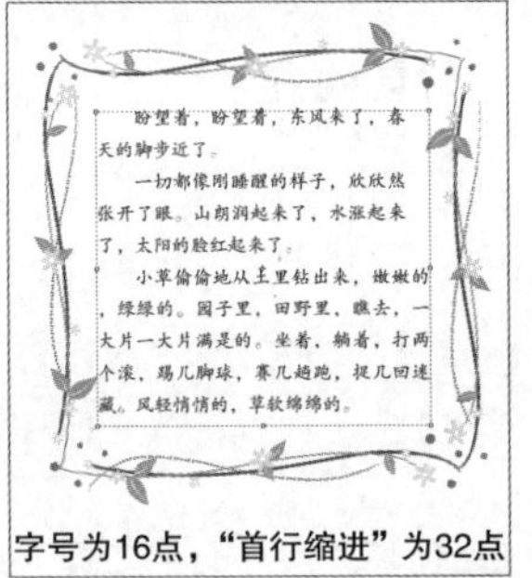

字号为16点，“首行缩进”为32点

图10-64

**段前添加空格：**用于设置光标所在段落或所选段落与前一个段落之间的距离，如图10-65所示。

**段后添加空格：**用于设置光标所在段落或所选段落与后一个段落之间的距离，如图10-66所示。

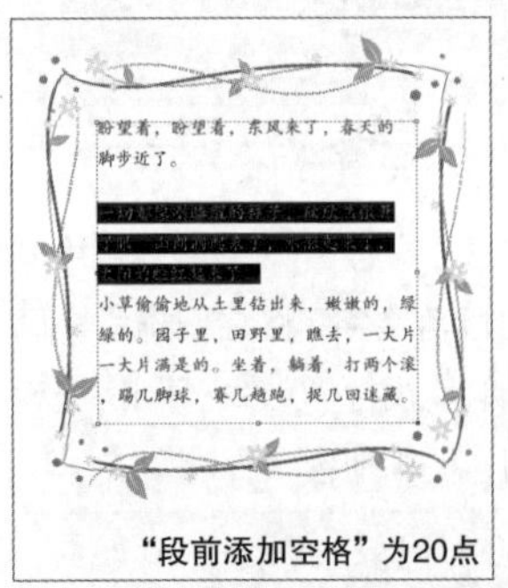

“段前添加空格”为20点

图10-65

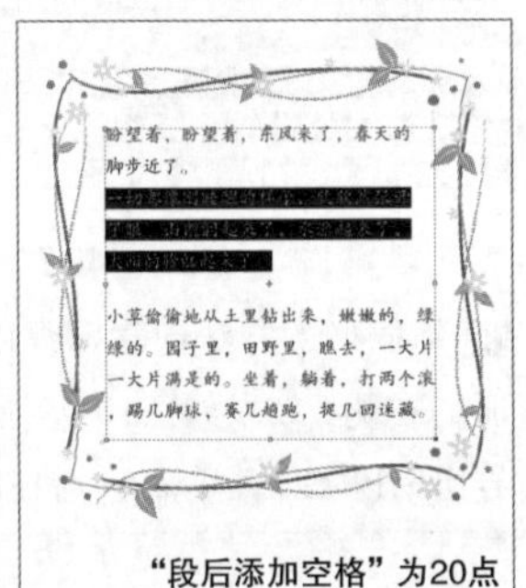

“段后添加空格”为20点

图10-66

**避头尾设置：**不能出现在一行的开头或结尾的字符（多为标点符号）称为避头尾字符，包含“无”“JIS宽松”“JIS严格”3个选项。当选择“JIS严格”选项时，效果如图10-67所示。

图10-67

### 技巧与提示

在排版时，一般都需要进行避头尾设置，常选择“JIS严格”选项。此外，一个文字是不能单独成行的，如图10-68所示。可以通过调整字间距将文字调整至上一行，或者将本行调整为两个文字及以上，如图10-69所示。

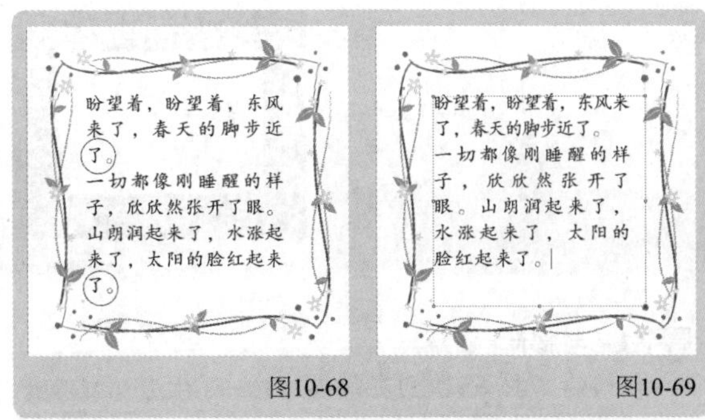


图10-68　　图10-69

**连字：**勾选该选项，如果段落文本框的宽度不够，英文单词将自动换行，并用连字符连接起来。

课堂案例

## 制作画册内页

| | |
|---|---|
| 素材文件 | 素材文件>CH10>素材02-1.jpg、素材02-2.jpg、素材02-3.jpg、素材02-4.psd |
| 实例文件 | 实例文件>CH10>制作画册内页.psd、制作画册内页展示图.psd |
| 视频名称 | 制作画册内页.mp4 |
| 学习目标 | 掌握文字类工具和样机的使用方法 |

本例将使用“横排文字工具”T制作画册内页，并用样机制作成品，效果如图10-70所示。

图10-70

01 按快捷键Ctrl+N创建一个“宽度”为420毫米、“高度”为285毫米、“分辨率”为300像素/英寸、“颜色模式”为“CMYK颜色”、“背景内容”为白色的画布。执行“视图>新建参考线”菜单命令，新建一个“取向”为“垂直”、“位置”为210mm的参考线，如图10-71所示。按快捷键Ctrl+R打开标尺，并在任意位置按住鼠标左键并拖曳出参考线，使参考线处于画布四周，如图10-72所示。

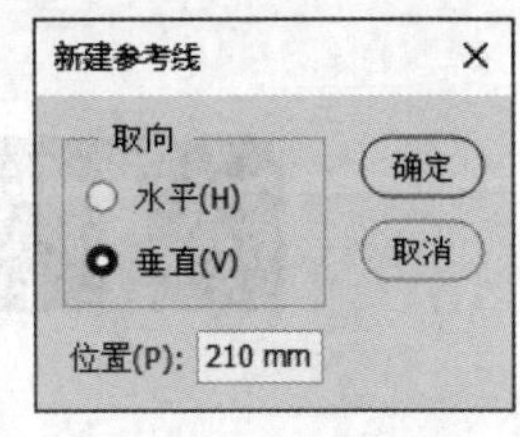


图10-71

图10-72

**技巧与提示**

画册的尺寸一般为210mm×285mm（大度16开）和185mm×260mm（正度16开）。此外，方形画册常用的尺寸为250mm×250mm和285mm×285mm。

02 执行“图像>画布大小”菜单命令，打开“画布大小”对话框，勾选“相对”选项，设置“宽度”和“高度”为6毫米、“画布扩展颜色”为白色，单击“确定”按钮（确定），如图10-73所示。为画册内页添加出血位，如图10-74所示。

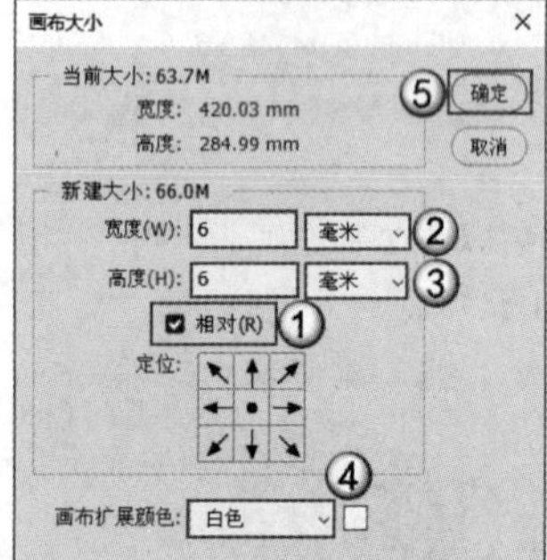


图10-73

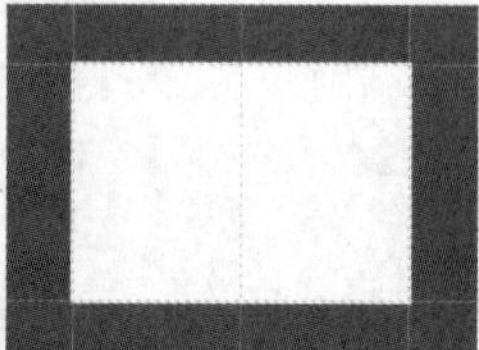

图10-74

**技巧与提示**

出血位（简称“出血”）是印刷术语，指的是为保留画面有效内容而预留出的便于裁切的部位。对于一些有底色或图片的印刷制品，如果没有预留出血位，裁切后可能会产生白边，因此制作时的尺寸都会大于成品尺寸。大多数印刷制品的出血尺寸为3mm，名片为2mm。

03 将学习资源文件夹中的“素材文件>CH10>素材02-1.jpg、素材02-2.jpg、素材02-3.jpg”文件拖曳至画布中。选择“矩形工具”，设置为“形状”模式，绘制两个黄色（C:6，M:15，Y:86，K:0）的色块，如图10-75所示。

图10-75

04 选择“横排文字工具”T，分别输入序号、中文标题和英文标题，然后设置文字的字体、颜色和字号等参数，如图10-76所示。

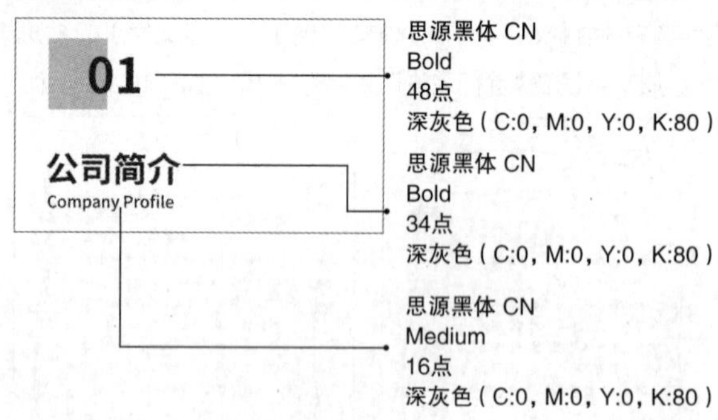


图10-76

05 使用“横排文字工具”T拖曳出一个文本框，输入正文，其字体、颜色与标题相同，字号为10点，如图10-77所示。打开“段落”面板，设置段落对齐方式为“最后一行左对齐”、“避头尾设置”为“JIS严格”，按Enter键确认操作，效果如图10-78所示。

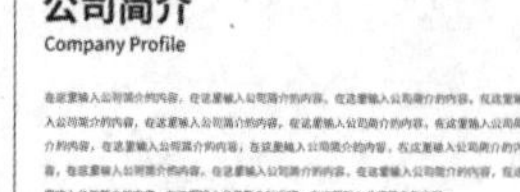


图10-77　图10-78

06 用同样的方法创建标题和段落文字，将它们排版在画册的右侧，效果如图10-79所示。执行“文件>导出>快速导出为PNG”菜单命令，将制作的画册内页保存。

图10-79

07 打开本书学习资源文件夹中的“素材文件>CH10>素材02-4.psd”文件，选择“左页面”图层，如图10-80所示。双击图层缩览图，打开新的文档窗口，将保存的画册内页拖曳至画布中，仅保留左侧页面，如图10-81所示。按快捷键Ctrl+S保存设置，单击“素材02-4”的文档窗口，效果如图10-82所示。

图10-80

图10-81

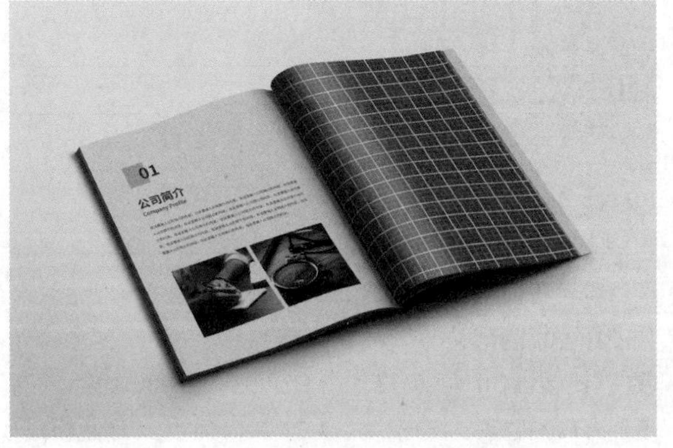
图10-82

08 选择“右页面”图层，并双击图层缩览图，打开新的文档窗口，将保存的画册内页拖曳至画布中，仅保留右侧页面，如图10-83所示。按快捷键Ctrl+S保存设置，单击“素材02-4”的文档窗口，效果如图10-84所示。

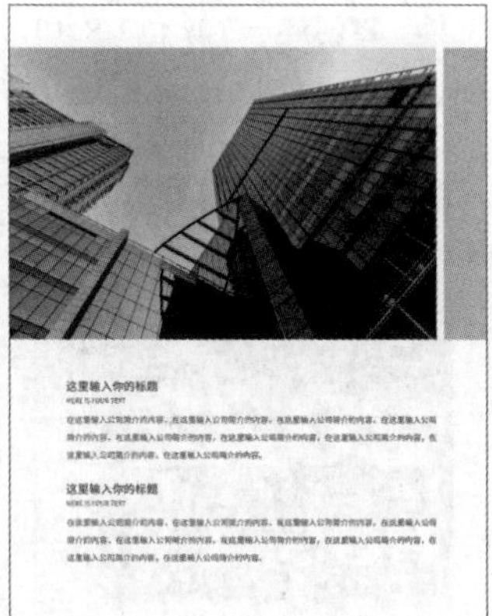
图10-83

图10-84

课堂练习

## 制作画册封面

| 素材文件 | 素材文件>CH10>素材03-1.jpg、素材03-2.psd |
| --- | --- |
| 实例文件 | 实例文件>CH10>制作画册封面.psd、制作画册封面展示图.psd |
| 视频名称 | 制作画册封面.mp4 |
| 学习目标 | 掌握文字类工具和样机的使用方法 |

使用“横排文字工具”T制作画册封面，并用样机制作成品，效果如图10-85所示。

图10-85

## 10.2.3 拼写检查

如果要检查当前文本中的英文单词是否有拼写错误，可以先选择文本，然后执行“编辑>拼写检查”菜单命令，打开的“拼写检查”对话框中会提供修改建议，如图10-86所示。

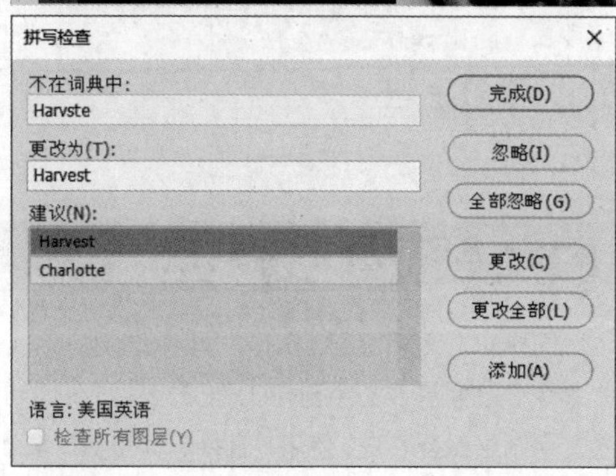

图10-86

## 10.2.4 查找和替换文本

执行“编辑>查找和替换文本”菜单命令，打开“查找和替换文本”对话框，在该对话框中可以查找或替换指定的文本，如图10-87所示。

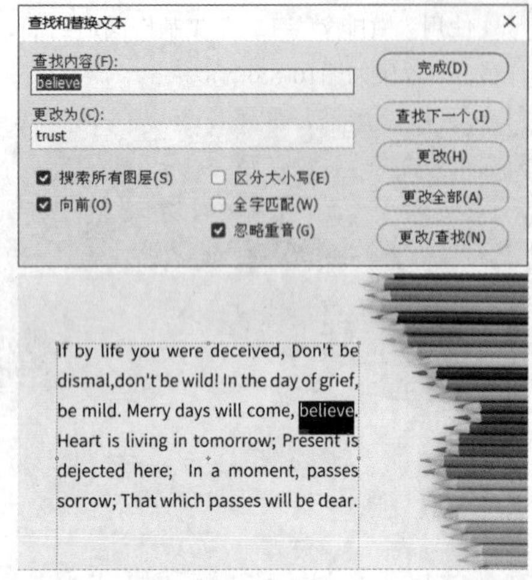

图10-87

## 10.2.5 栅格化文字

文字在栅格化之前属于矢量对象，无法对其进行绘制、调色或添加滤镜等操作。栅格化指让矢量对象像素化，执行“文字>栅格化文字图层”菜单命令，或者执行“图层>栅格化>文字”菜单命令，即可栅格化文字图层，如图10-88所示。原文字图层不会保留，因此最好在栅格化前复制一个文字图层留作备份。

图10-88

## 10.2.6 创建文字路径

选择一个文字图层，执行“文字>创建工作路径”菜单命令，即可基于文字创建工作路径，如图10-89所示。原文字图层保持不变，使用“直接选择工具”可以调整文字路径。

图10-89

课堂案例

### 制作镂空文字

| 素材文件 | 无 |
| --- | --- |
| 实例文件 | 实例文件>CH10>制作镂空文字.psd |
| 视频名称 | 制作镂空文字.mp4 |
| 学习目标 | 掌握文字类工具的使用方法 |

本例将使用“横排文字工具”T制作镂空文字，效果如图10-90所示。

01 按快捷键Ctrl+N创建一个“宽度”为1000像素、“高度”为1200像素、“分辨率”为72像素/英寸、“颜色模式”为“RGB颜色”、“背景内容”为白色的画布。使用“矩形工具”创建一个紫色（R:107，G:7，B:209）的矩形，并使其处于画布中心，如图10-91所示。

图10-90 图10-91

02 选择“横排文字工具”T，在矩形中单击并输入英文，如图10-92所示。按住Ctrl键并单击文字图层，创建文字的选区，然后按快捷键Shift+Ctrl+I反选选区。选择矩形所在图层，单击“添加图层蒙版”按钮，为其添加图层蒙版，然后隐藏文字图层，如图10-93所示。

图10-92

**技巧与提示**

本案例中使用的字体为“方正超粗黑_GBK”，读者可以自行选择字体和字号。

图10-93

03 为“矩形1”图层添加“投影”样式，各选项的设置如图10-94所示。添加投影后的效果如图10-95所示。

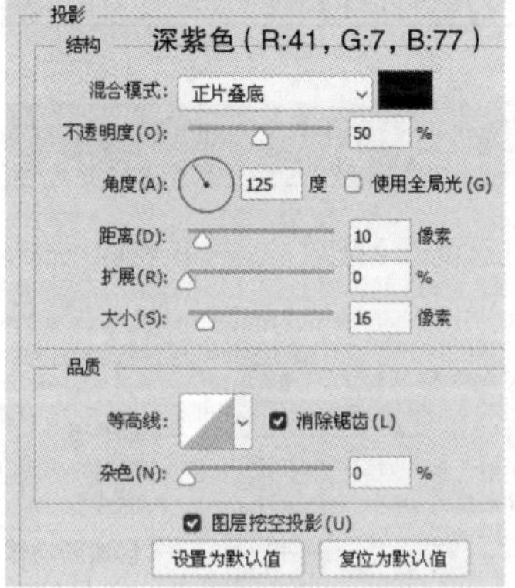

图10-94 图10-95

04 按快捷键Ctrl+J复制文字图层，执行“文字>转换为形状”菜单命令，将文字图层转换为形状图层，并填充黄色（R:255，G:212，B:12），然后将其置于“矩形1”图层之下，效果如图10-96所示。

图10-96

05 使用“路径选择工具”选择字母H的路径，按快捷键Ctrl+T显示定界框，然后对其进行移动并旋转，如图10-97所示。用同样的方法修改其他的字母和数字，效果如图10-98所示。

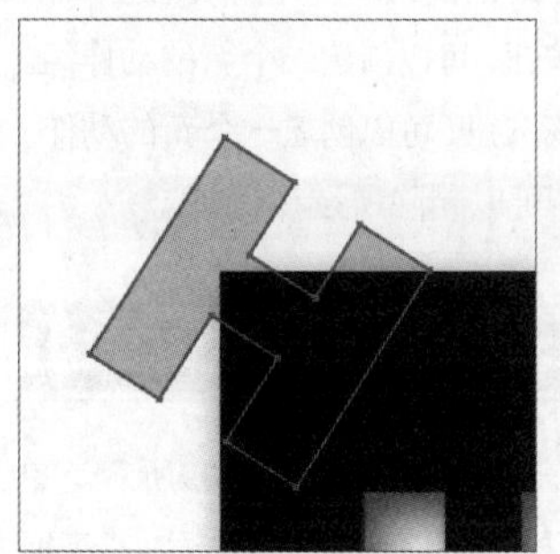

图10-97 图10-98

06 使用“路径选择工具”选择字母T，按快捷键Ctrl+J对其进行复制，并将其置于顶层，如图10-99所示。将“矩形1”图层的图层样式复制到该图层，并降低不透明度，效果如图10-100所示。

图10-99 图10-100

## 10.2.7 转换文字为形状

选择一个文字图层，执行“文字>转换为形状”菜单命令，即可将文字图层转换为形状图层，如图10-101所示。原文字图层不会保留，因此最好在转换前复制一个文字图层留作备份。

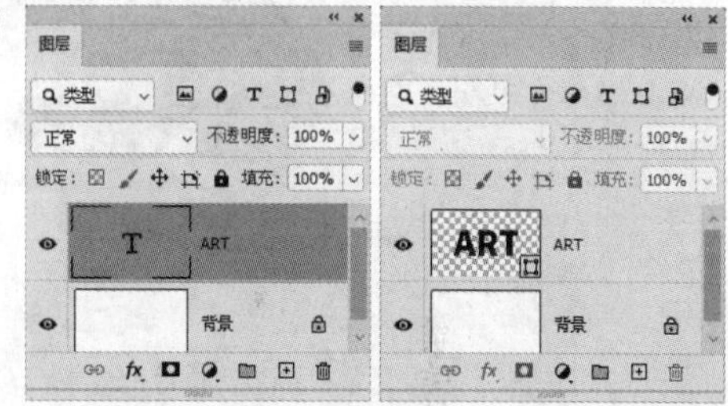

图10-101

## 10.2.8 转换文字为图框

选择一个文字图层，执行“图层>新建>转换为图框”菜单命令，在弹出的对话框中设置图框的宽度和高度（一般使用默认参数）。按Enter键确认，即可将文字图层转换为图框图层，如图10-102所示。

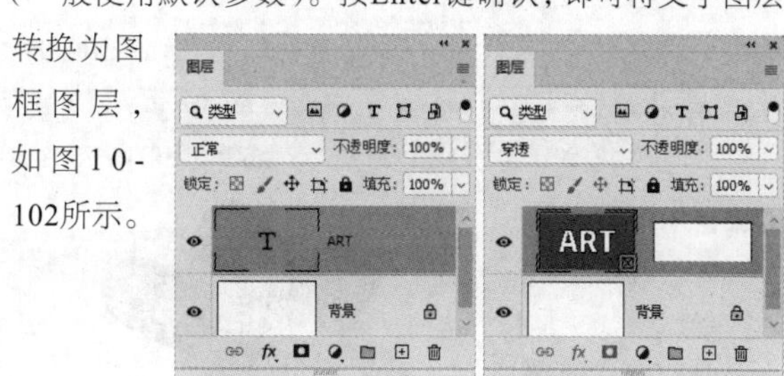

图10-102

图框类似于蒙版，可以遮盖图像，将图像拖曳至图框中，将按图框范围显示图像，如图10-103所示。

图10-103

### 知识点：图框的创建与编辑

使用“图框工具” ⊠（快捷键为K），或者执行“图层>新建>来自图层的画框”菜单命令，创建椭圆形或矩形的图框，可以隐藏图框外的图像并将其转换为智能对象，如图10-104所示。

图10-104

使用“移动工具”✥选择图框并拖曳控制点，可以改变图框的大小，如图10-105所示。

图10-105

使用矢量工具创建形状图层，执行“图层>新建>转换为图框”菜单命令，可以将形状转换为图框，如图10-106所示。

图10-106

使用图框换图是十分方便的，将需要替换的图像拖曳至画布的图框中，即可替换图框中的内容，如图10-107所示。

图10-107

# 10.3 动作与批处理

动作与批处理是Photoshop中的自动化功能，可以自动处理图像，使编辑图像变得更简单、高效。例如，记录一个添加水印的动作，然后执行该动作就可以自动为其他图像添加水印。

### 本节重点内容

| 重点内容 | 说明 |
| --- | --- |
| 插入停止 | 自动暂停动作 |
| 批处理 | 对一个文件夹中的所有文件执行动作 |

## 10.3.1 “动作”面板

“动作”面板主要用于记录、播放、编辑和删除动作，如图10-108所示。

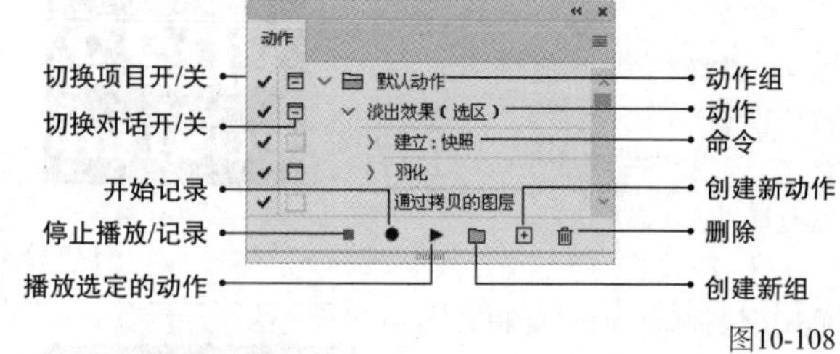


图10-108

下面介绍“动作”面板中的常用选项。

**切换项目开/关✔：** 如果项目左侧有该图标，表示可以执行这个动作组、动作和命令。

**切换对话开/关▣/▢：** 如果项目左侧有该图标，表示执行到该命令时会暂停，并打开相应命令的对话框，此时可以修改命令的参数。

**动作组/动作/命令：** 动作组是一系列动作的集合，动作是一系列操作命令的集合。

**停止播放/记录■：** 单击该按钮，可以停止播放动作或者停止记录动作。

**开始记录●：** 单击该按钮，可以开始记录动作。

**播放选定的动作▶：** 单击该按钮，可以播放所选动作。

**创建新组▭：** 单击该按钮，可以创建一个新的动作组。

**创建新动作⊞：** 单击该按钮，可以创建一个新的动作。

**删除🗑：** 单击该按钮，可以删除所选动作。

## 10.3.2 在动作中插入命令

选择“动作”面板中的一个命令，如图10-109所示。单击“开始记录”按钮●，再执行其他命令，例如添加“高斯模糊”滤镜，相应的对话框如图10-110所示。单击“停止播放/记录”按钮■，即可将命令插入动作中，如图10-111所示。

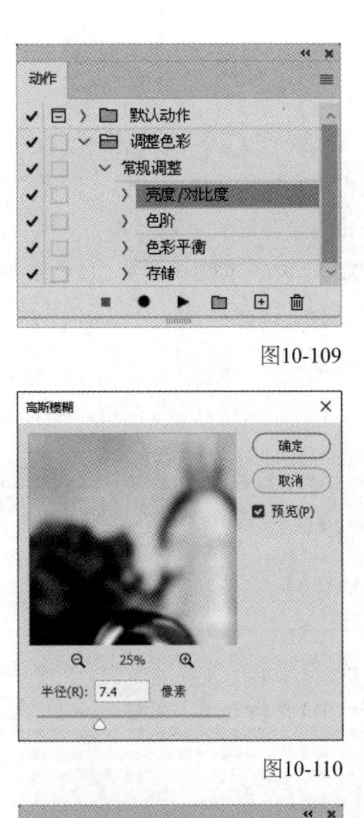


图10-109

图10-110

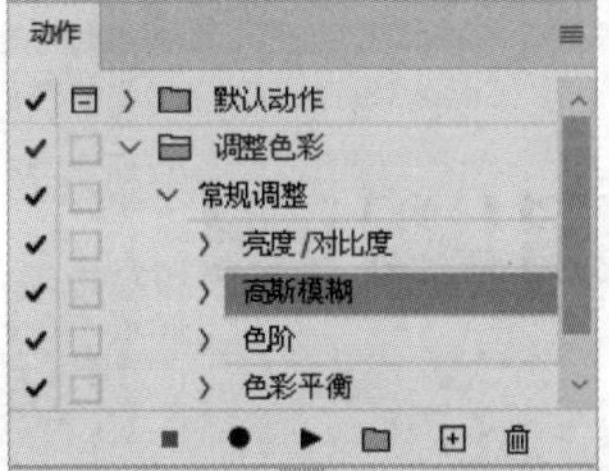


图10-111

如果需要到某一步自动暂停动作，可以单击这一步，如图10-112所示。执行面板菜单中的“插入停止”命令，在打开的“记录停止”对话框中输入相关信息，并勾选“允许继续”选项，如图10-113所示。确认操作后，可以在动作中插入“停止”命令，如图10-114所示。

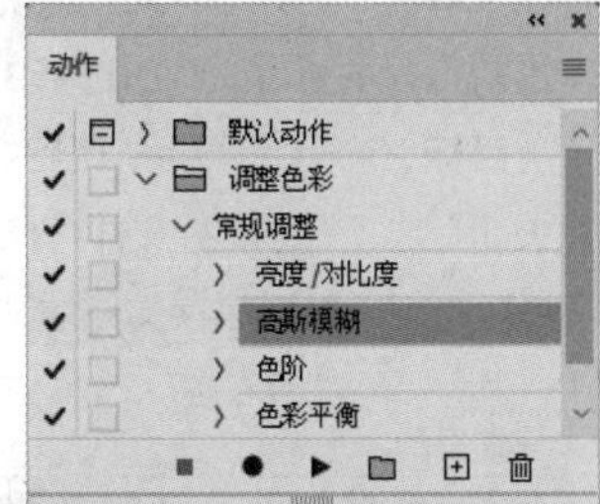


图10-112

图10-113

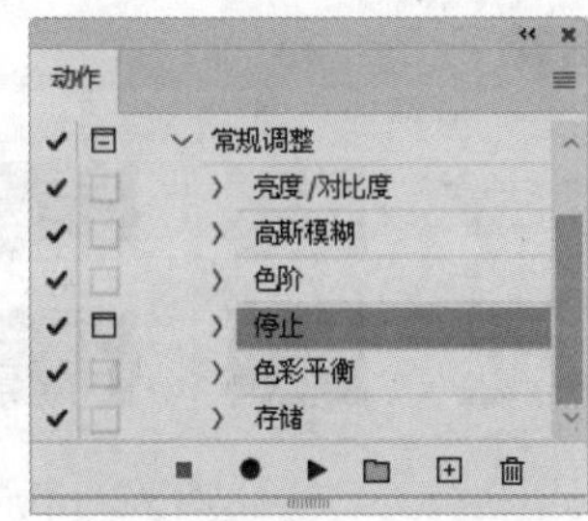


图10-114

## 10.3.3 批处理

“批处理”命令可以用于对一个文件夹中的所有文件执行动作，通过该命令可以完成大量相同的、重复的操作，以节省时间，提高工作效率。执行“文件>自动>批处理”菜单命令，打开“批处理”对话框，如图10-115所示。

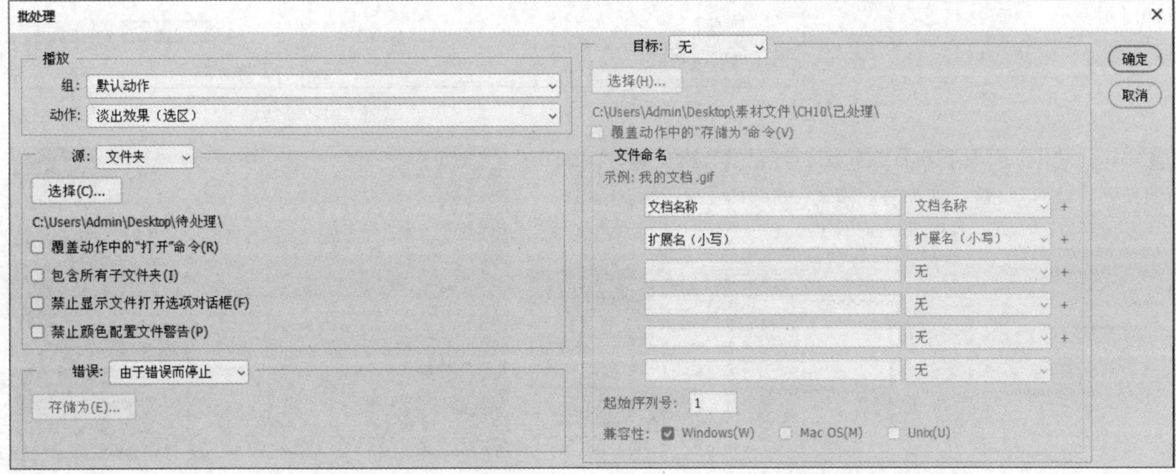


图10-115

下面介绍"批处理"对话框中的常用选项。

**播放：** 选择用来处理文件的动作。

**源：** 选择要处理的文件。选择"文件夹"选项，并单击其下方的"选择"按钮 选择(C)... ，可以在弹出的对话框中选择目标文件夹；选择"导入"选项，可以处理来自扫描仪、数码相机和PDF文档的图像；选择"打开的文件"选项，可以处理当前打开的所有文件；选择Bridge选项，可以处理Adobe Bridge中选定的文件。

**目标：** 选择完成批处理后文件的保存位置。选择"无"选项，表示不保存文件，使文件处于打开状态；选择"存储并关闭"选项，可以将文件存储于原始文件夹中，并覆盖原始文件；选择"文件夹"选项，并单击其下方的"选择"按钮 选择(C)... ，可以指定保存文件的文件夹。

课堂案例

## 通过批处理改变图像颜色模式

| | |
|---|---|
| 素材文件 | 素材文件>CH10>待处理 |
| 实例文件 | 无 |
| 视频名称 | 通过批处理改变图像颜色模式.mp4 |
| 学习目标 | 掌握记录动作和批处理图像的方法 |

本例将通过批处理改变图像颜色模式，处理后的图像可以保存在指定的文件夹中，如图10-116所示。

01 按快捷键Ctrl+O打开本书学习资源文件夹中的"素材文件>CH10>待处理"文件夹，其中为需要处理的图片，如图10-117所示。打开一张图片，如图10-118所示。

图10-116

图10-117

图10-118

02 执行"窗口>动作"菜单命令，打开"动作"面板，单击面板下方的"创建新组"按钮，创建一个新组；单击"创建新动作"按钮，在弹出的对话框中设置动作的"组"和"名称"，然后单击"记录"按钮 记录 ，如图10-119所示，创建一个新动作。执行"图像>模式>灰度"菜单命令，在弹出的提示对话框中单击"扔掉"按钮 扔掉 ，如图10-120所示。

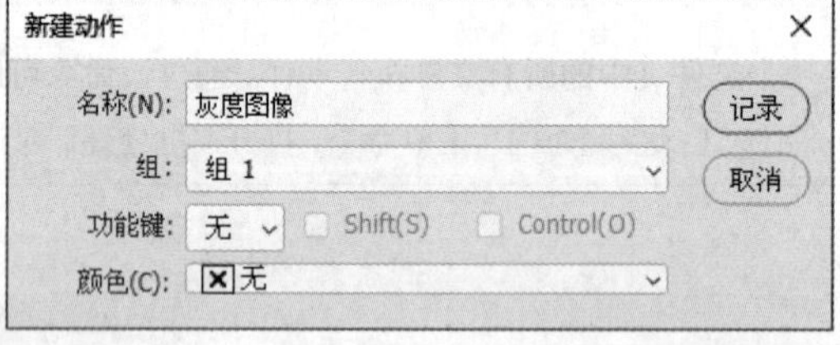


图10-119

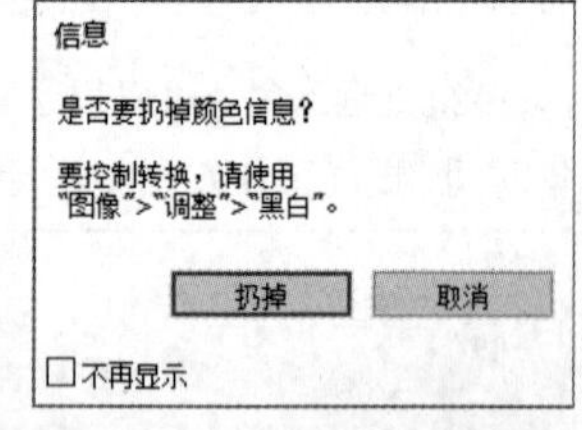


图10-120

03 单击"动作"面板下方的"停止播放/记录"按钮■，如图10-121所示。此时，图像已变为灰度模式，如图10-122所示。

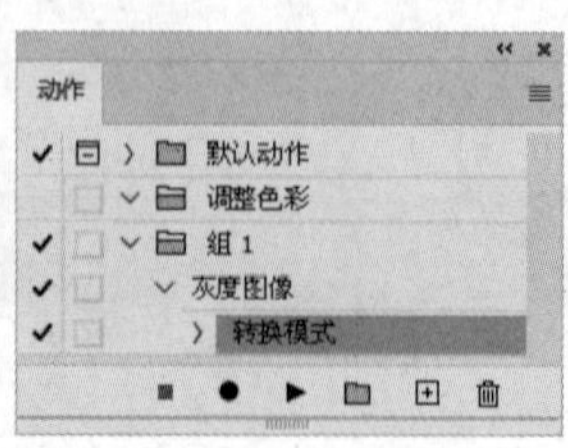


图10-121

图10-122

**04** 执行“文件>自动>批处理”菜单命令，打开“批处理”对话框。设置“动作”为“灰度图像”、“源”为“文件夹”，并单击其下方的“选择”按钮选择(C)...，在打开的对话框中选择“待处理”文件夹；接着设置“目标”为“文件夹”，并单击其下方的“选择”按钮选择(C)...，在打开的对话框中选择“已处理”文件夹，单击“确定”按钮确定，如图10-123所示，即可让目标文件夹中的文件执行所选动作。

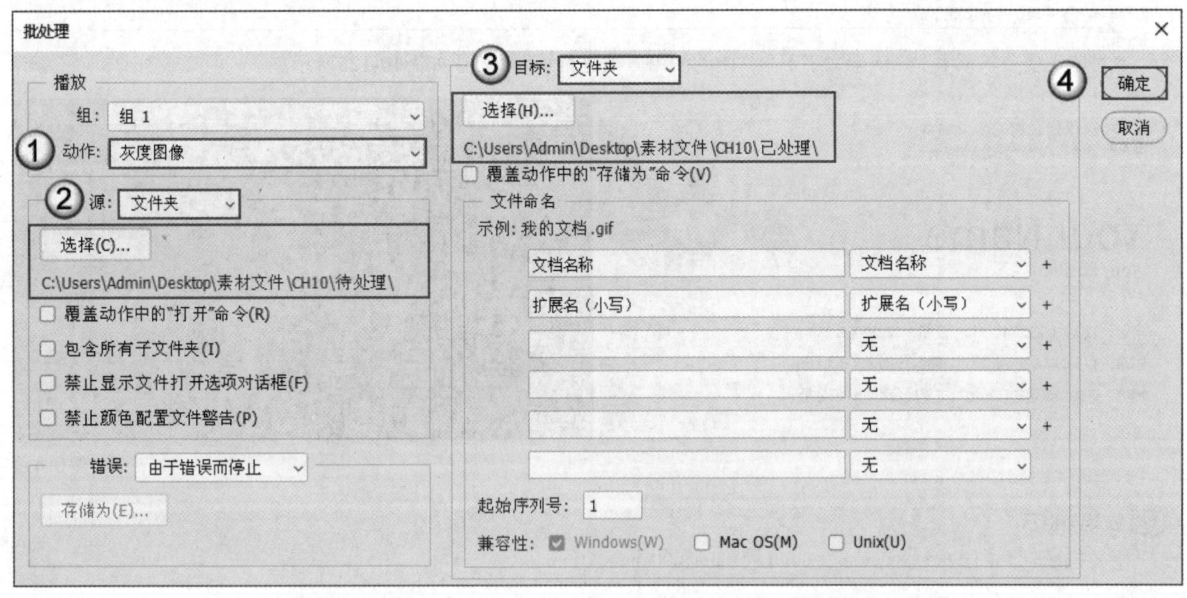


图10-123

**05** 执行动作后，打开“已处理”文件夹，可以看到处理后的图片，如图10-124所示。

图10-124

# 10.4 本章小结

本章主要讲解了文字的应用和批量处理文件的方法，文字的应用领域十分广泛，使用自动化功能在实际工作中可以有效地提高工作效率。在实际操作中，不仅可以对文字进行排版，还可以通过编辑文字制作出多种效果。通过本章的学习，读者应该熟练掌握文字类工具的使用方法，以及编辑文字、批处理的方法。

# 10.5 课后习题

根据本章的内容，本节共安排了两个课后习题供读者练习，以帮助读者对本章的知识进行综合运用。

## 课后习题：制作名片

素材文件　素材文件>CH10>素材04.jpg

实例文件　实例文件>CH10>制作名片.psd

视频名称　制作名片.mp4

学习目标　掌握文字类工具的使用方法

本习题主要要求读者对“横排文字工具” T 的使用方法进行练习，效果如图10-125所示。

图10-125

**技巧与提示**

名片的标准尺寸有90mm × 54mm、90mm × 50mm和90mm × 45mm。

## 课后习题：制作立体字

素材文件　无

实例文件　实例文件>CH10>制作立体字.psd

视频名称　制作立体字.mp4

学习目标　掌握文字类工具的使用方法

本习题主要要求读者对“横排文字工具” T 的使用方法，以及文字的编辑方法进行练习，效果如图10-126所示。

图10-126

第 11 章

# 滤镜的运用

本章主要介绍滤镜的使用原则和技巧，以及多种滤镜的功能和特点。使用滤镜不仅可以调整照片，还可以创作出精彩纷呈的创意效果。

## 课堂学习目标

◇ 掌握滤镜的使用原则和技巧
◇ 掌握智能滤镜的使用方法
◇ 掌握各组滤镜的功能与特点

PHOTOSHOP 2022

# 11.1 滤镜与滤镜库

Photoshop中的滤镜可以改变像素的位置和颜色，从而制作出多种特殊效果。“滤镜”菜单中包含了特殊滤镜和多个滤镜组，如果安装了外挂滤镜，它将出现在菜单底部。

**本节重点内容**

| 重点内容 | 说明 |
| --- | --- |
| 滤镜库 | 可以对一个图像应用一个或多个滤镜 |
| 转换为智能滤镜 | 将普通图层转换为智能对象 |

## 11.1.1 滤镜库

执行“滤镜>滤镜库”菜单命令，打开“滤镜库”对话框，如图11-1所示。“滤镜库”对话框中集合了大部分常用滤镜，可以对一个图像应用一个或多个滤镜。

图11-1

**技巧与提示**

如果“滤镜库”对话框中的部分滤镜没有显示，可以按快捷键Ctrl+K打开“首选项”对话框，选择“增效工具”选项卡，勾选“显示滤镜库的所有组和名称”选项。

下面介绍“滤镜库”对话框中的常用选项。

**效果预览窗口：**用于预览应用滤镜后的效果，拖曳预览窗口中的图像，可以移动图像。

**缩放预览窗口：**单击⊟按钮，可以缩小预览窗口；单击⊞按钮，可以放大预览窗口。此外，还可以在缩放下拉列表中选择预设的缩放比例。

**显示/隐藏滤镜缩览图⊡：**单击该按钮，可以隐藏滤镜缩览图，以增大预览窗口。

**滤镜库下拉列表：**在该下拉列表中可以将所选滤镜设置为其他滤镜。

**参数设置区域：**单击滤镜组中的一个滤镜，可以将该滤镜应用于图像，同时参数设置区域中会显示该滤镜的参数选项。

**当前选择的效果图层：**单击一个效果图层，可以选择对应的滤镜，此时单击滤镜组中的其他滤镜，可以更改所选滤镜。拖曳效果图层，可以改变其位置，不同的图层顺序会产生不同的效果。

**新建效果图层**：单击该按钮，可以新建一个效果图层。

**删除效果图层**：单击该按钮，可以删除所选的效果图层。

## 知识点：滤镜的使用原则和技巧

在使用滤镜时，要先选择需要处理的图层（只能是一个图层），并使其处于可见状态。如果创建了选区，那么滤镜只处理选区内的图像，如图11-2所示。此外，滤镜还可以用来处理图层蒙版和通道等。

图11-2

在CMYK颜色模式下，"滤镜"菜单中的滤镜显示为灰色，无法使用。执行"图像>模式>RGB颜色"菜单命令，将图像转换为RGB颜色模式后，可应用滤镜。滤镜的处理效果以像素为单位进行计算，所以用同样的参数处理不同分辨率的图像会产生不同的效果，如图11-3所示。

图11-3

当应用一个滤镜后，"滤镜"菜单中的第1行会出现该滤镜的名称，单击可再次应用该滤镜。在应用滤镜的过程中如果要终止操作，可以按Esc键。在任何一个滤镜的对话框中按住Alt键，"取消"按钮 取消 都会变成"默认"按钮 默认 ，单击该按钮即可将滤镜参数恢复为默认设置。

课堂案例

## 制作插画效果

| | |
|---|---|
| 素材文件 | 素材文件>CH11>素材01.jpg |
| 实例文件 | 实例文件>CH11>制作插画效果.psd |
| 视频名称 | 制作插画效果.mp4 |
| 学习目标 | 掌握使用"滤镜库"添加滤镜的方法 |

本例将使用"滤镜库"制作插画效果，如图11-4所示。

图11-4

01 按快捷键Ctrl+O打开本书学习资源文件夹中的"素材文件>CH11>素材01.jpg"文件，如图11-5所示。按快捷键Ctrl+J复制图层。

图11-5

02 执行"滤镜>滤镜库"菜单命令，打开"滤镜库"对话框，选择"艺术效果"滤镜组中的"海报边缘"滤镜，并设置"边缘厚度"为4、"边缘强度"和"海报化"为2，如图11-6所示。

图11-6

03 单击对话框右下角的"新建效果图层"按钮，然后选择"纹理"滤镜组中的"纹理化"滤镜，参数保持默认设置即可，如图11-7所示。单击"确定"按钮 确定 后，效果如图11-8所示。

图11-7

图11-8

## 11.1.2 智能滤镜

应用于智能对象的滤镜为智能滤镜，其与普通滤镜产生的效果相同，但是不会破坏原始图像。执行"滤镜>转换为智能滤镜"菜单命令，将图层转换为智能对象，然后为其添加滤镜即可。智能滤镜将作为图层效果出现在"图层"面板中，可以随时修改其参数或者将其删除。例如，为图像添加一个"查找边缘"滤镜，如图11-9所示。

图11-9

在智能滤镜上单击鼠标右键，在打开的菜单中可以隐藏、停用和删除滤镜，如图11-10所示。单击滤镜左侧的👁图标，可以隐藏滤镜，恢复为原始图像效果，如图11-11所示。

图11-10

图11-11

修改滤镜效果蒙版，可以控制滤镜的影响区域，如图11-12所示。选择"图层0"图层，继续执行"滤镜"菜单中的命令，还可以为其添加多种滤镜，如图11-13所示。拖曳滤镜名称，可以改变滤镜的堆叠顺序，此时会产生不同的效果，如图11-14所示。

图11-12

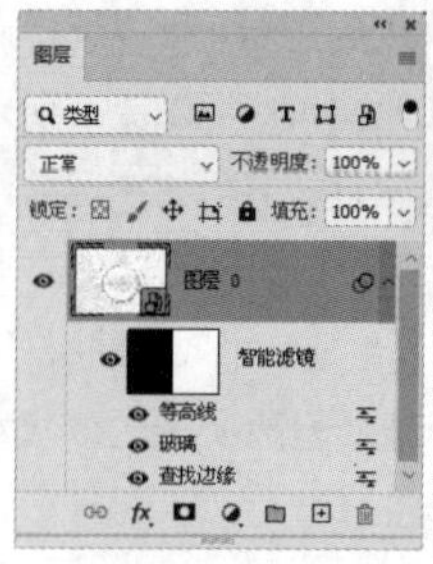

图11-13

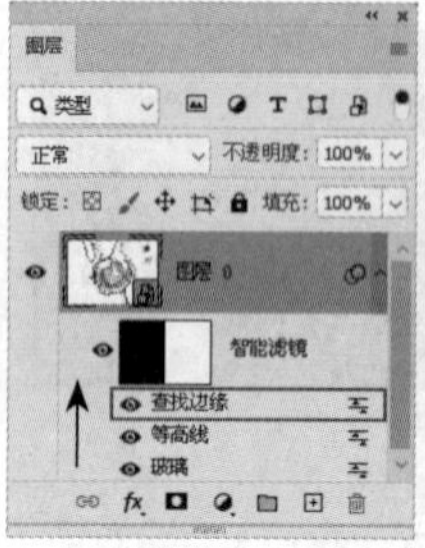

图11-14

双击滤镜名称，可以打开该滤镜的对话框以便修改其参数，如图11-15所示。双击图标，可以打开"混合选项"对话框，在其中可以修改滤镜的混合模式和不透明度，如图11-16所示。

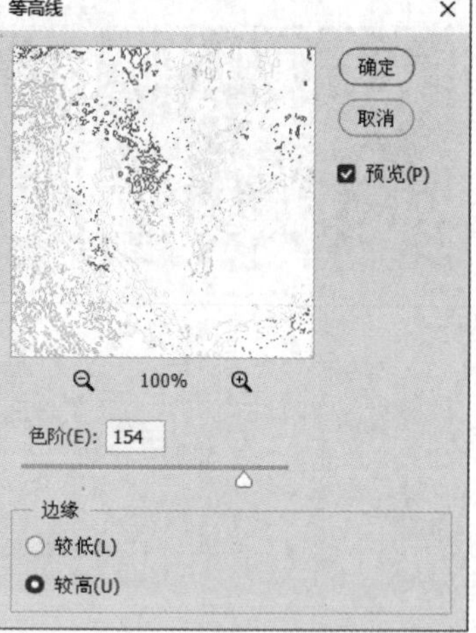

图11-15

**技巧与提示**

除了"消失点"和"镜头模糊"等少数滤镜，其余滤镜均可作为智能滤镜使用。此外，"图像>调整"子菜单中的多个命令也可以作为智能滤镜使用，如"曲线"命令和"阴影/高光"命令等。

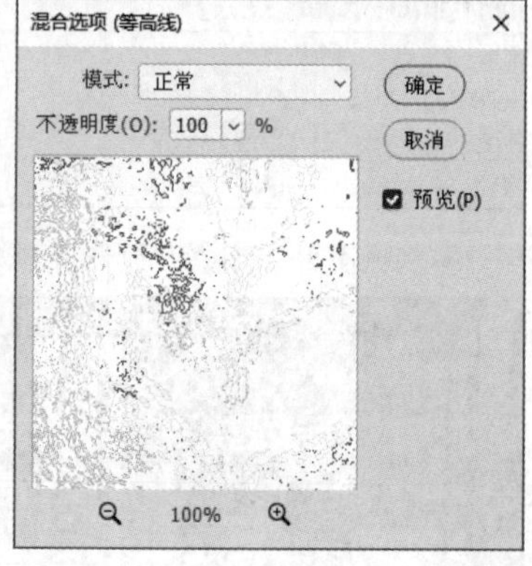

图11-16

# 11.2 特殊滤镜

特殊滤镜包括"自适应广角"滤镜、"镜头校正"滤镜、"液化"滤镜和"消失点"滤镜。在添加这些滤镜时，会出现对应的对话框，在其中可以对滤镜效果进行调整。

**本节重点内容**

| 重点内容 | 说明 |
| --- | --- |
| 自适应广角 | 拉直全景图或弯曲对象 |
| 镜头校正 | 修复镜头瑕疵和改善图像透视问题 |
| 液化 | 对图像进行推拉、旋转、扭曲和收缩等变形操作 |
| 消失点 | 在包含透视平面的图像中校正透视 |

## 11.2.1 自适应广角

"自适应广角"滤镜可以拉直全景图，以及使用广角镜头或鱼眼镜头拍摄得到的弯曲对象。打开一个图像，如图11-17所示。执行"滤镜>自适应广角"菜单命令，打开"自适应广角"对话框，如图11-18所示。

图11-17

图11-18

Photoshop会对自动校正图像，不过效果差一些，还需要手动调整。在"校正"下拉列表中选择"透视"选项，然后选择"约束工具"，在出现弯曲的对象上单击并拖曳鼠标，即可将弯曲的对象拉直，多次操作后，效果如图11-19所示。单击"确定"按钮（确定），使用"裁剪工具"裁去多余像素，效果如图11-20所示。

图11-19

图11-20

## 11.2.2 镜头校正

"镜头校正"滤镜不仅可以修复常见的镜头瑕疵，如桶形失真、枕形失真、晕影和色差等，还可以改善由相机在垂直或水平方向上倾斜而导致的图像透视问题。执行“滤镜>镜头校正”菜单命令，打开“镜头校正”对话框，如图11-21所示。在“自动校正”选项卡中，可以设置相机的制造商、型号和镜头型号。选择“自定”选项卡，设置相关参数可以校正图像，还可以制作出特殊的图像效果。

图11-21

“移去扭曲”选项主要用来校正桶形失真或枕形失真。当数值为正时，图像将向外扭曲；当数值为负时，图像将向中心扭曲，如图11-22所示。“色差”选项组用于校正色边。“晕影”选项组用于校正由镜头缺陷或者镜头遮光处理不当而导致边缘较暗的图像。“变换”选项组用于设置镜头的透视量，以及图像的角度和缩放比例。

图11-22

## 11.2.3 液化

“液化”滤镜可以使图像“融化”。使用该滤镜可以对图像进行推拉、旋转、扭曲和收缩等变形操作。该滤镜不仅可以用于修饰人物身材、面部，还可以用于制作多种艺术效果。执行“滤镜>液化”菜单命令，打开“液化”对话框，如图11-23所示。

图11-23

下面介绍“液化”对话框中的常用工具和选项。

**向前变形工具**：可以推动像素，如图11-24所示。

图11-24

**技巧与提示**

选择"液化"对话框中的"向前变形工具"，在图像上拖曳，即可对其进行变形操作，变形的部位集中在画笔的中心。

**重建工具**：在变形区域单击或拖曳涂抹，可以将其恢复原状。

**平滑工具**：可以对变形区域进行平滑处理。

**顺时针旋转扭曲工具**：可以顺时针旋转像素，如图11-25所示。按住Alt键，可以逆时针旋转像素。

**褶皱工具**：可以使像素向笔迹中心移动，使图像产生收缩效果，如图11-26所示。

图11-25

图11-26

**膨胀工具**：可以使像素向笔迹中心的反方向移动，使图像产生膨胀效果，如图11-27所示。

图11-27

**左推工具**：当向上拖曳鼠标时，像素会向左移动，如图11-28所示。当向下拖曳鼠标时，像素会向右移动，如图11-29所示。按住Alt键，可以反转像素移动的方向。

图11-28　图11-29

**冻结蒙版工具**：可以绘制冻结区域，该区域将受到保护而不会发生形变。

**解冻蒙版工具**：涂抹冻结区域，可以将其解冻。

**脸部工具**：可以调整人物的五官。

**画笔工具选项**：用于设置画笔的参数。"大小"选项用于控制画笔的大小，"密度"选项用于控制笔迹边缘的羽化范围，"压力"选项用于控制笔迹在图像上产生扭曲的程度，"速率"选项用于设置在按住鼠标左键不放时应用工具（如"重建工具"）的速度。

## 知识点：冻结图像

在使用"液化"滤镜时，如果希望某处像素不被修改，可以使用"冻结蒙版工具"涂抹该区域，将其冻结，被冻结的区域上会覆盖一层带有透明度的红色，如图11-30所示。再使用"向前变形工具"处理图像，被冻结的像素不会发生形变，如图11-31所示。

图11-30　图11-31

单击“全部蒙住”按钮 全部蒙住 ，可以将图像全部冻结。如果只需编辑很小的区域，可以先单击该按钮，然后使用“解冻蒙版工具”将需要编辑的区域解冻。单击“全部反相”按钮 全部反相 ，可以将未冻结区域冻结、将冻结区域解冻。单击“无”按钮 无 ，可以将所有区域解冻。“蒙版选项”选项组中还有5个按钮，当图像中有选区、图层蒙版或透明区域时，它们可以发挥作用。

课堂案例

## 修改面部表情

素材文件　素材文件>CH11>素材02.jpg

实例文件　实例文件>CH11>修改面部表情.psd

视频名称　修改面部表情.mp4

学习目标　掌握“液化”滤镜的使用方法

本例将使用“液化”滤镜修改人物的脸型和表情，如图11-32所示。

图11-32

01 按快捷键Ctrl+O打开本书学习资源文件夹中的“素材文件>CH11>素材02.jpg”文件，按快捷键Ctrl+J复制图层。执行“滤镜>转换为智能滤镜”菜单命令，将其转换为智能对象。执行“滤镜>液化”菜单命令，打开“液化”对话框，如图11-33所示。

图11-33

02 选择“脸部工具”，将鼠标指针移至人物面部，系统会自动识别人脸，并出现相应的调整控件。向上拖曳下颌控件，如图11-34所示。拖曳面部宽度控件，使面部变得瘦一些，如图11-35所示。

图11-34

图11-35

**技巧与提示**

如果照片中有多个人物，可以在“选择脸部”下拉列表中选择要编辑的人物。

03 拖曳嘴角控件，使嘴角上扬，如图11-36所示。拖曳上嘴唇控件，使嘴唇变厚，如图11-37所示。

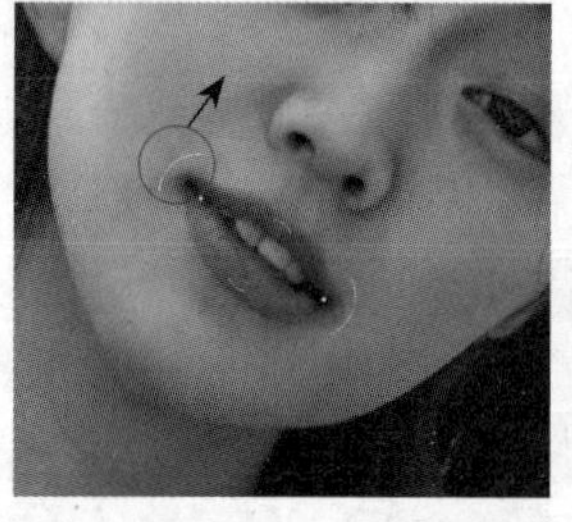

图11-36

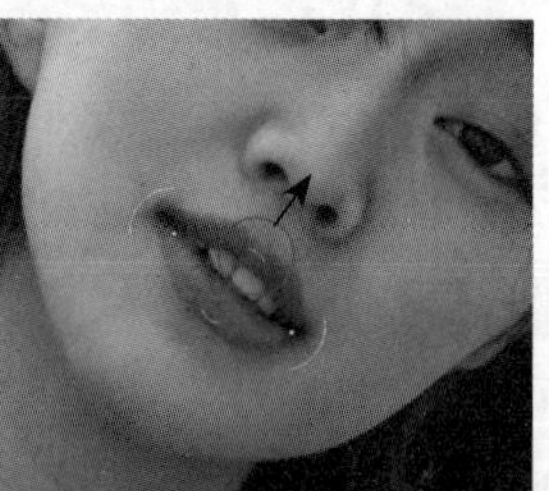

图11-37

04 用同样的方法再将眼睛调大一些，确认操作后，效果如图11-38所示。

图11-38

课堂练习

## 制作粒子分散效果

素材文件　素材文件>CH11>素材03.jpg

实例文件　实例文件>CH11>制作粒子分散效果.psd

视频名称　制作粒子分散效果.mp4

学习目标　掌握“液化”滤镜的使用方法

使用“液化”滤镜制作粒子分散效果，如图11-39所示。

图11-39

## 11.2.4 消失点

“消失点”滤镜可以在包含透视平面（如建筑物的侧面、地面或任何矩形对象）的图像中校正透视。在复制、粘贴或移去图像内容时，Photoshop可以准确地确定这些操作的方向。执行“滤镜>消失点”菜单命令，打开“消失点”对话框，如图11-40所示。使用“创建平面工具”在图像中创建透视平面，如图11-41所示。

图11-40

图11-41

**技巧与提示**

使用“编辑平面工具”可以移动角点、选择和移动透视平面。按BackSpace键可以删除已创建的透视平面。

使用“选框工具”在透视平面中创建选区，如图11-42所示。按住Alt键并拖曳选区，系统会自动匹配透视关系以替换原有图像，如图11-43所示。

图11-42

图11-43

# 11.3 “风格化”滤镜组

“风格化”滤镜组中的滤镜主要通过移动和置换图像中的像素，以及增加图像像素的对比度来产生多种风格化效果。

**本节重点内容**

| 重点内容 | 说明 |
| --- | --- |
| 查找边缘 | 将高反差区变亮、将低反差区变暗，同时将硬边变成线条、将柔边变粗，从而形成一个清晰的轮廓 |
| 等高线 | 查找主要亮度区域，并为每个颜色通道勾勒主要亮度区域 |
| 风 | 生成一些细小的水平线条来模拟风吹效果 |
| 浮雕效果 | 通过勾勒图像或选区的轮廓，生成凹陷或凸起的浮雕效果 |
| 扩散 | 使图像中相邻的像素按指定的方式移动 |
| 拼贴 | 将图像分为多块，使其产生不规则拼贴的图像效果 |
| 曝光过度 | 混合负片和正片图像 |
| 凸出 | 将图像分解成立方体或锥体，以生成特殊的3D效果 |
| 油画 | 将图像转换为油画 |

## 11.3.1 查找边缘

“查找边缘”滤镜可以自动查找图像中像素对比强烈的边界，将高反差区变亮、将低反差区变暗，同时将硬边变成线条、将柔边变粗，从而形成一个清晰的轮廓。打开一个图像，如图11-44所示。执行“滤镜>风格化>查找边缘”菜单命令，效果如图11-45所示。

图11-44

图11-45

课堂案例

## 制作素描效果

素材文件　素材文件>CH11>素材04.jpg

实例文件　实例文件>CH11>制作素描效果.psd

视频名称　制作素描效果.mp4

学习目标　掌握“查找边缘”滤镜的使用方法

本例将使用“查找边缘”滤镜制作素描效果，如图11-46所示。

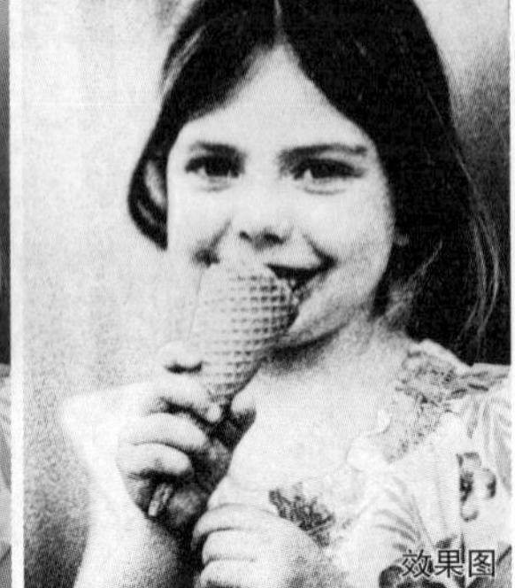


图11-46

01 按快捷键Ctrl+O打开本书学习资源文件夹中的“素材文件>CH11>素材04.jpg”文件，如图11-47所示。按快捷键Ctrl+J复制图层。

图11-47

02 按D键使前景色和背景色恢复为默认状态，执行“滤镜>滤镜库”菜单命令，打开“滤镜库”对话框，选择“绘图笔”滤镜，设置“描边长度”为14、“明/暗平衡”为30、“描边方向”为“右对角线”，如图11-48所示。设置完成后，单击“确定”按钮确定。

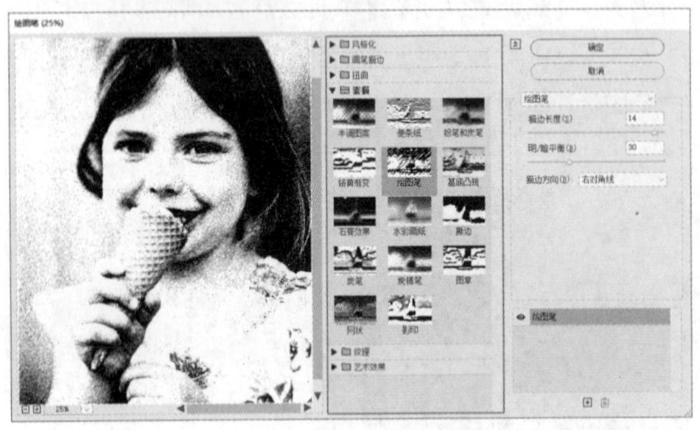

图11-48

03 选择“背景”图层，按快捷键Ctrl+J复制图层，并将其置于顶层，如图11-49所示。执行“滤镜>风格化>查找边缘”菜单命令，再执行“图像>调整>去色”菜单命令，得到图像的黑白线稿，如图11-50所示。

图11-49

图11-50

04 设置“背景 拷贝”图层的混合模式为“深色”、“不透明度”为65%，效果如图11-51所示。

图11-51

## 11.3.2 等高线

“等高线”滤镜可以查找主要亮度区域，并为每个颜色通道勾勒主要亮度区域，以获得与等高线图中的线条类似的效果。打开一个图像，如图11-52所示。执行“滤镜>风格化>等高线”菜单命令，打开“等高线”对话框，在其中可以设置“色阶”和“边缘”等选项，如图11-53所示。

图11-52

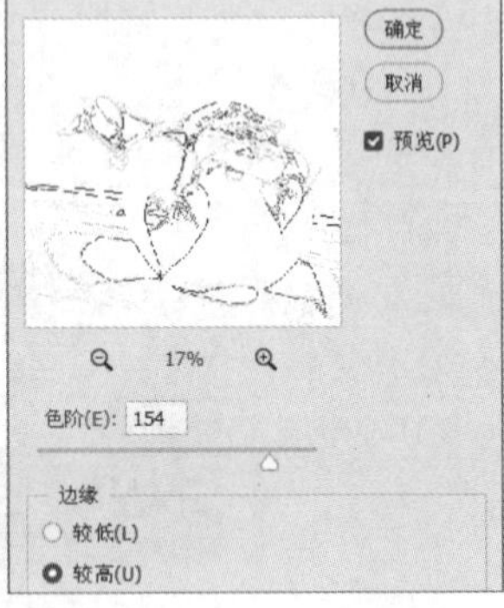


图11-53

## 11.3.3 风

“风”滤镜可以生成一些细小的水平线条来模拟风吹效果。打开一个图像，如图11-54所示。执行“滤镜>风格化>风”菜单命令，打开“风”对话框，在其中可以设置风的等级和方向，如图11-55所示。

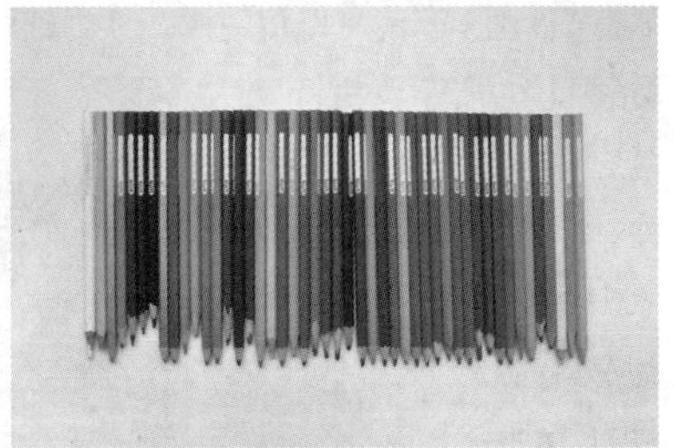

图11-54

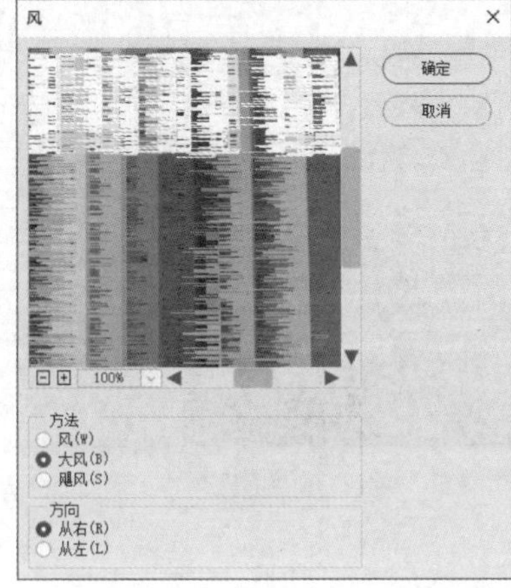


图11-55

**技巧与提示**

使用“风”滤镜只能制作出水平方向上的风吹效果，如果要在垂直方向上制作风吹效果，可以先旋转画布，应用“风”滤镜后，将画布旋转到原始位置。

## 11.3.4 浮雕效果

“浮雕效果”滤镜可以通过勾勒图像或选区的轮廓，以及减小周围颜色值来生成凹陷或凸起的浮雕效果。打开一个图像，如图11-56所示。执行“滤镜>风格化>浮雕效果”菜单命令，打开“浮雕效果”对话框，可以看到浮雕效果，如图11-57所示。

图11-56

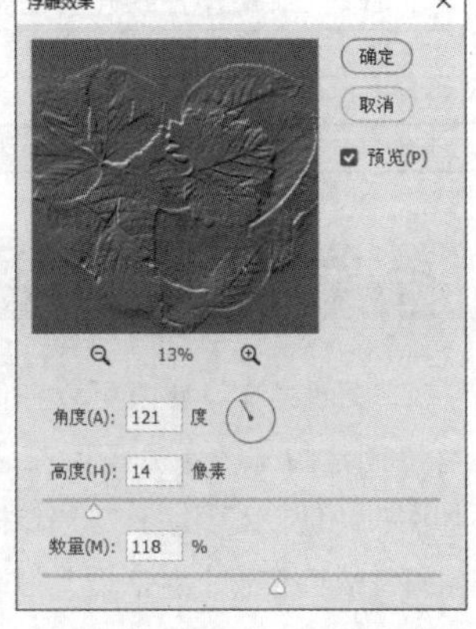


图11-57

## 11.3.5 扩散

“扩散”滤镜可以使图像中相邻的像素按指定的方式移动，从而形成一种类似于透过磨砂玻璃观察物体时的分离模糊效果。打开一个图像，如图11-58所示。执行“滤镜>风格化>扩散”菜单命令，打开“扩散”对话框，在其中可以设置扩散的模式，如图11-59所示。

图11-58

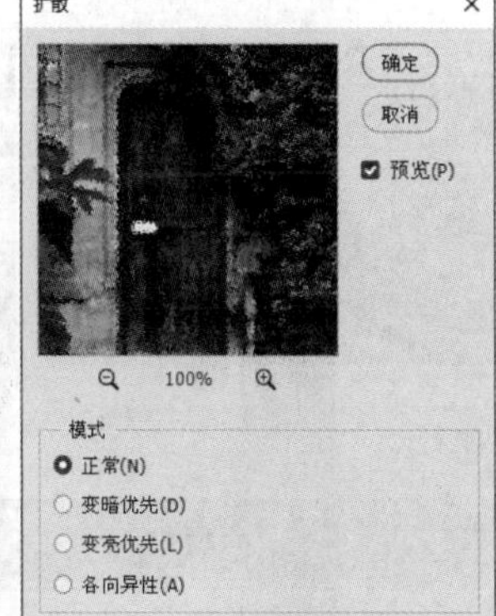


图11-59

## 11.3.6 拼贴

“拼贴”滤镜可以将图像分为多块，并使其偏离原来的位置，以产生不规则拼贴的图像效果。打开一个图像，如图11-60所示。执行“滤镜>风格化>拼贴”菜单命令，打开“拼贴”对话框，在其中可以设置每行或每列中显示的最大图像块的数量（拼贴数）和拼贴偏移的最大距离，如图11-61所示。单击“确定”按钮确定后，效果如图11-62所示。

图11-60

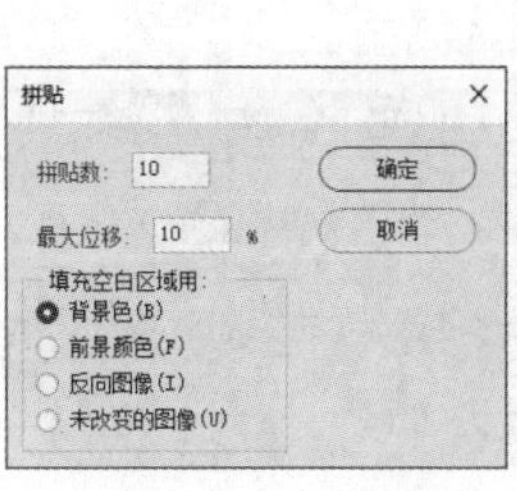


图11-61

图11-62

## 11.3.7 曝光过度

“曝光过度”滤镜可以混合负片和正片图像，类似于显影过程中将摄影照片短暂曝光的效果。打开一个图像，如图11-63所示。执行“滤镜>风格化>曝光过度”菜单命令，效果如图11-64所示。

图11-63

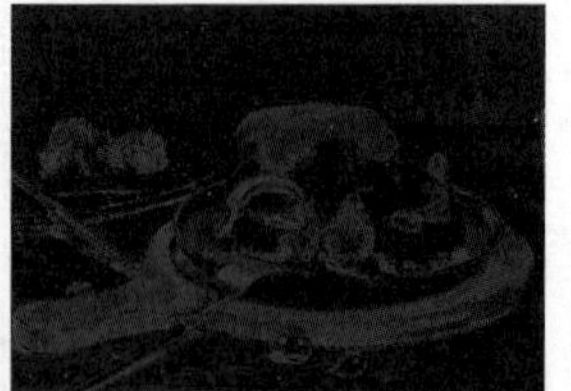

图11-64

## 11.3.8 凸出

“凸出”滤镜可以将图像分解成一系列大小相同且有序重叠放置的立方体或锥体，以生成特殊的3D效果。打开一个图像，如图11-65所示。执行“滤镜>风格化>凸出”菜单命令，打开“凸出”对话框，如图11-66所示。

图11-65

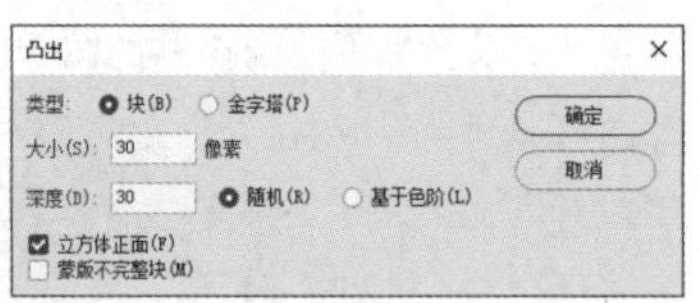


图11-66

3D块的类型包含“块”和“金字塔”两种，不同类型的效果如图11-67所示。“大小”选项用于设置立方体或锥体底面的大小，“深度”选项用于设置凸出对象的深度。

图11-67

勾选“立方体正面”选项，会失去整体轮廓，只显示单一的颜色；勾选“蒙版不完整块”选项，会使所有图像都包含在凸出的范围内，如图11-68所示。

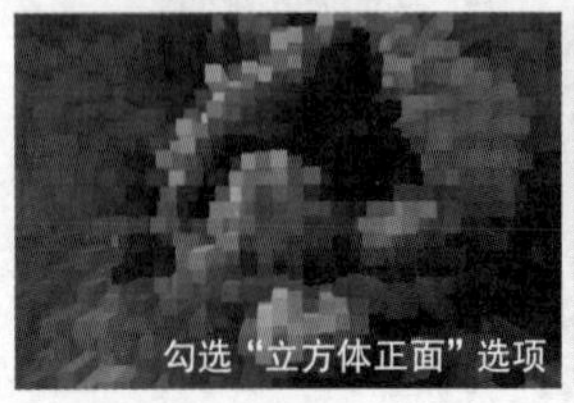

图11-68

## 11.3.9 油画

“油画”滤镜可以将图像转换为油画。打开一个图像，如图11-69所示。执行“滤镜>风格化>油画”菜单命令，打开“油画”对话框，在其中可以设置油画的笔迹效果及光照效果等，如图11-70所示。

图11-69

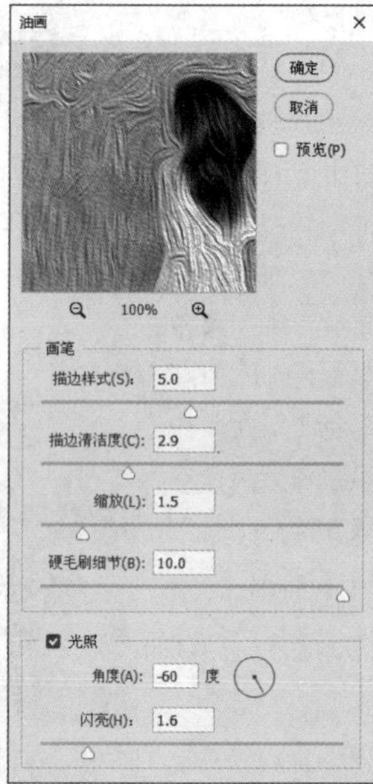


图11-70

# 11.4 “模糊”滤镜组

“模糊”滤镜组中的滤镜可以削弱图像中相邻像素的对比度，使其平滑过渡，从而产生边缘柔和、模糊的效果。

### 本节重点内容

| 重点内容 | 说明 |
|---|---|
| 表面模糊 | 在保留边缘的同时模糊图像 |
| 动感模糊 | 沿指定的方向和指定的距离进行模糊 |
| 方框模糊 | 基于相邻像素的平均颜色值来模糊图像 |
| 高斯模糊 | 在图像中添加低频细节，使图像产生朦胧的模糊效果 |
| 径向模糊 | 模拟缩放镜头或旋转相机时产生的模糊效果 |
| 镜头模糊 | 改变景深范围 |
| 特殊模糊 | 精确模糊图像 |
| 形状模糊 | 用设置的形状来创建特殊模糊效果 |

## 11.4.1 表面模糊

“表面模糊”滤镜可以在保留边缘的同时模糊图像，可以创建特殊效果并消除杂色或颗粒。打开一个图像，如图11-71所示。执行“滤镜>模糊>表面模糊”菜单命令，打开“表面模糊”对话框，在其中可以设置模糊的半径和阈值，如图11-72所示。

图11-71

图11-72

## 11.4.2 动感模糊

“动感模糊”滤镜可以沿指定的方向和指定的距离进行模糊，所产生的效果类似于在固定的曝光时间内拍摄一个高速运动的对象的效果。打开一个图像，如图11-73所示。执行“滤镜>模糊>动感模糊”菜单命令，打开“动感模糊”对话框，在其中可以设置模糊的角度和距离，如图11-74所示。

图11-73

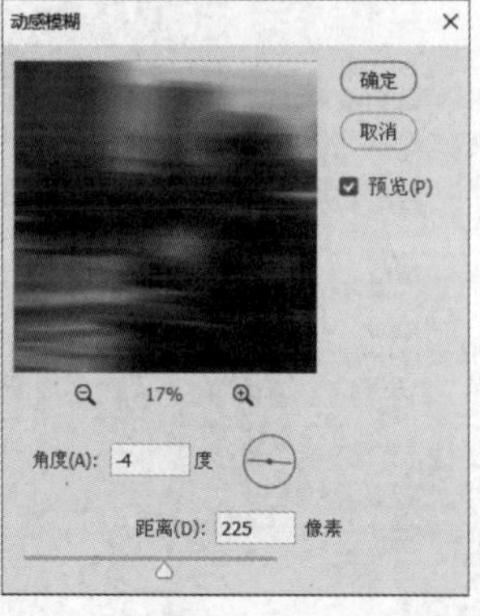


图11-74

## 11.4.3 方框模糊

“方框模糊”滤镜可以基于相邻像素的平均颜色值来模糊图像。打开一个图像，如图11-75所示。执行“滤镜>模糊>方框模糊”菜单命令，打开“方框模糊”对话框，在其中可以设置模糊的半径，如图11-76所示。“半径”值越大，效果越模糊。

图11-75

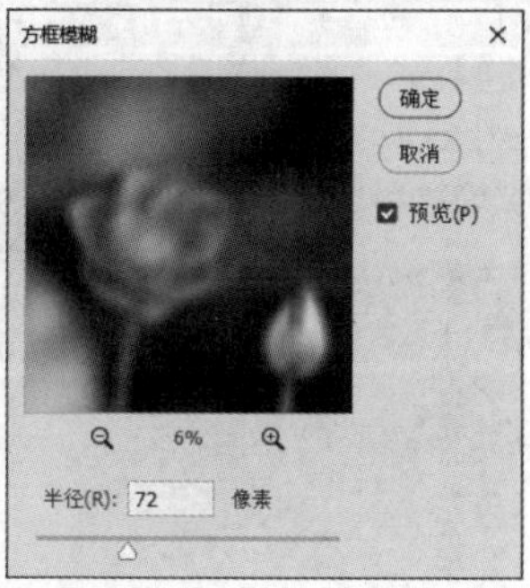

图11-76

## 11.4.4 高斯模糊

“高斯模糊”滤镜可以在图像中添加低频细节，使图像产生朦胧的模糊效果。打开一个图像，如图11-77所示。执行“滤镜>模糊>高斯模糊”菜单命令，打开“高斯模糊”对话框，如图11-78所示。

图11-77

图11-78

**技巧与提示**

“方框模糊”滤镜和“高斯模糊”滤镜都可以使图像整体变得模糊，它们的区别是“方框模糊”滤镜效果中的边界更清晰，而“高斯模糊”滤镜效果中的模糊更为柔和，过渡更均匀。

## 11.4.5 径向模糊

“径向模糊”滤镜用于模拟缩放镜头或旋转相机时产生的一种柔化的模糊效果。打开一个图像，如图11-79所示。执行“滤镜>模糊>径向模糊”菜单命令，打开“径向模糊”对话框，如图11-80所示，在其中可以设置模糊方法与品质等，拖曳“中心模糊”调整框，还可以更改模糊的中心位置。单击“确定”按钮 确定 后，效果如图11-81所示。

图11-79

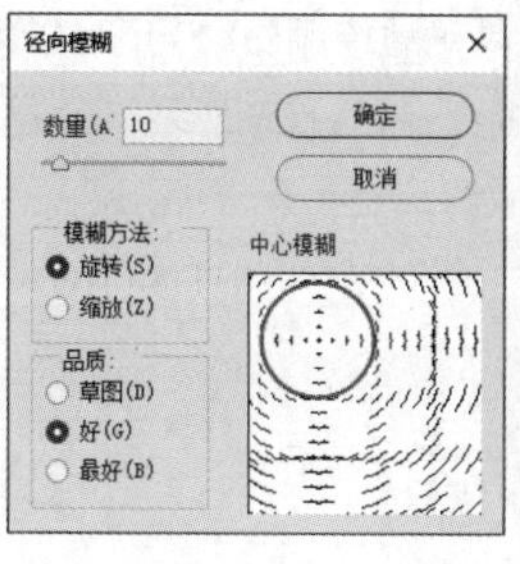


图11-80

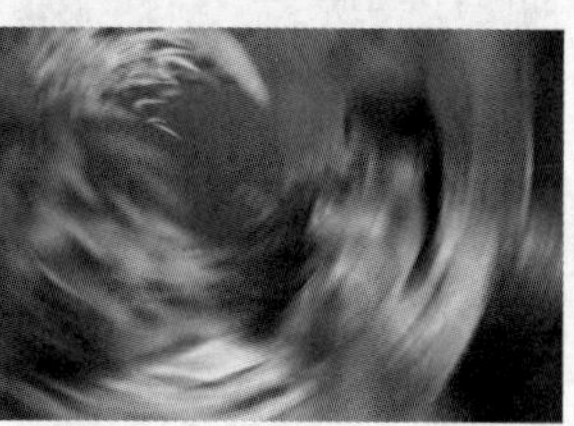

图11-81

## 11.4.6 镜头模糊

“镜头模糊”滤镜的模糊效果取决于模糊的“源”设置，该滤镜可以用于改变景深范围。如果图像中存在Alpha通道或图层蒙版，它可以使对象在焦点区域内，让其他区域变模糊。打开一个图像，并为主体创建选区，然后将选区存储于通道中，如图11-82所示。取消选区后，执行“滤镜>模糊>镜头模糊”菜单命令，打开“镜头模糊”对话框，设置“源”为Alpha 1，如图11-83所示。

图11-82

图11-83

**技巧与提示**

在创建主体选区后，可以执行“选择>修改>羽化”菜单命令，将主体边缘变得柔和一些。

## 11.4.7 特殊模糊

“特殊模糊”滤镜不仅可以精确地模糊图像，还可以生成特殊效果。打开一个图像，如图11-84所示。执行“滤镜>模糊>特殊模糊”菜单命令，打开“特殊模糊”对话框，设置“模式”为“叠加边缘”，并微调其他参数，可以用白色描绘出图像边缘像素亮度变化强烈的区域，如图11-85所示。

图11-84

图11-85

## 11.4.8 形状模糊

“形状模糊”滤镜可以用设置的形状来创建特殊模糊效果。打开一个图像，如图11-86所示。执行“滤镜>模糊>形状模糊”菜单命令，打开“形状模糊”对话框，设置一种形状，将根据该形状生成模糊效果，如图11-87所示。

图11-86

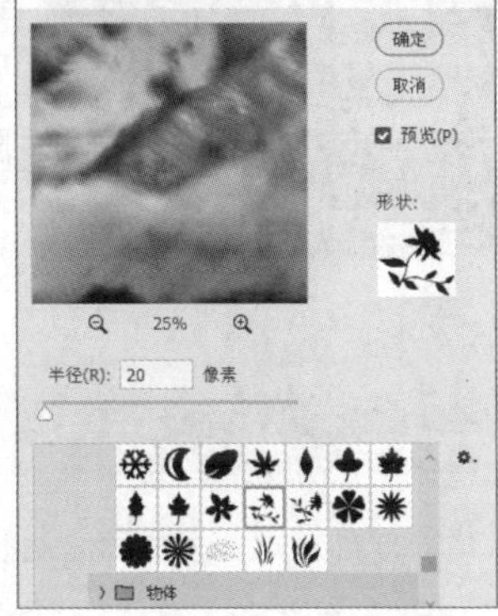

图11-87

## 11.5 “模糊画廊”滤镜组

“模糊画廊”滤镜组提供了用于处理照片的滤镜，可以模拟出镜头特效。

### 本节重点内容

| 重点内容 | 说明 |
|---|---|
| 场景模糊 | 用一个或多个图钉在图像的不同区域应用模糊效果 |
| 光圈模糊 | 在图像上创建一个椭圆形的焦点范围，使焦点范围外的区域变模糊 |
| 移轴模糊 | 模拟出类似于用移轴摄影技术拍摄的照片效果 |
| 路径模糊 | 得到适应路径形状的模糊效果 |
| 旋转模糊 | 创建一个椭圆形的旋转模糊效果 |

## 11.5.1 场景模糊

“场景模糊”滤镜可以用一个或多个图钉在图像的不同区域应用模糊效果，并可以调整每一个模糊点的范围和模糊量。打开一个图像，执行“滤镜>模糊画廊>场景模糊”菜单命令，图像中央会出现一个图钉，将其移至画面右下方，并设置“模糊”为0像素，如图11-88所示。单击图像左上角可以继续添加图钉，设置“模糊”为15像素，如图11-89所示。

图11-88

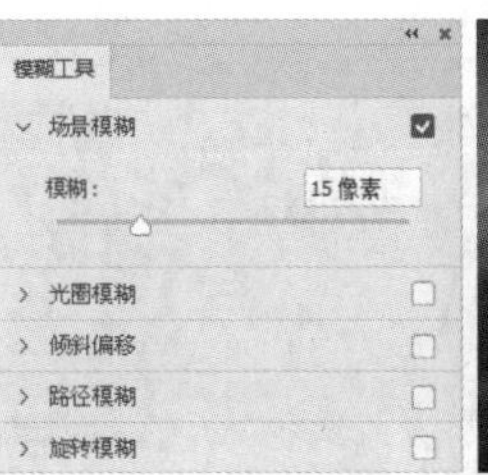

图11-89

**技巧与提示**

在添加图钉之后，按住鼠标左键并拖曳图钉，可以移动图钉。如果要删除图钉，可以在选中图钉后按Delete键。

根据需求添加图钉后，可以分别设置其模糊强度。此外，还可以在相应的面板中设置光源的散景效果或者为图像添加杂色效果，如图11-90所示。

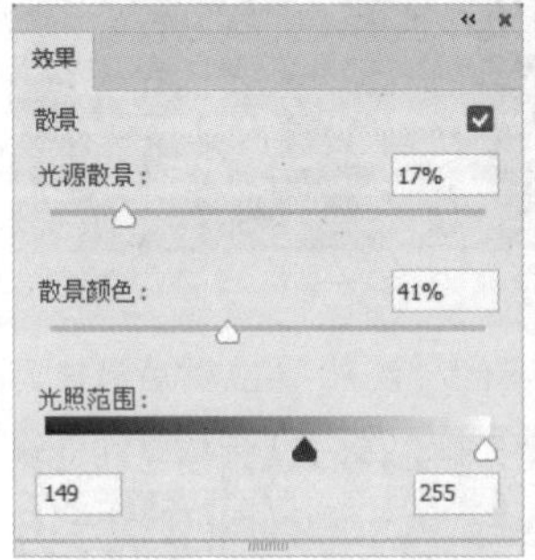

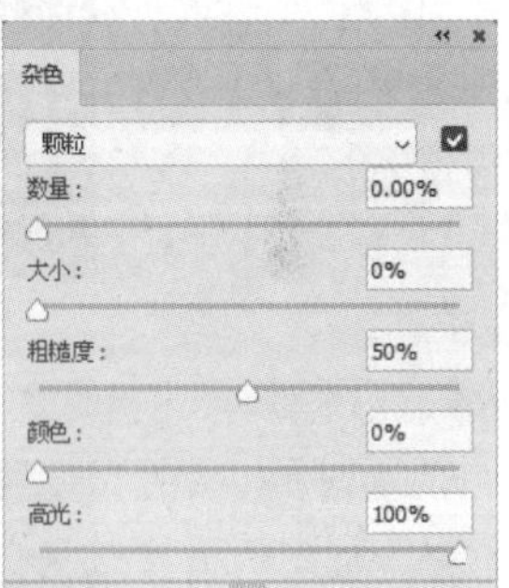

图11-90

课堂案例

### 制作虚化背景

素材文件　素材文件>CH11>素材05.jpg
实例文件　实例文件>CH11>制作虚化背景.psd
视频名称　制作虚化背景.mp4
学习目标　掌握“场景模糊”滤镜的使用方法

本例将使用“场景模糊”滤镜制作虚化背景，如图11-91所示。

图11-91

01 按快捷键Ctrl+O打开本书学习资源文件夹中的“素材文件>CH11>素材05.jpg”文件，如图11-92所示，按快捷键Ctrl+J复制图层。

图11-92

02 执行“滤镜>模糊画廊>场景模糊”菜单命令，设置“模糊”为15像素、“光源散景”为25%、“散景颜色”为66%，按Enter键确认操作，效果如图11-93所示。

图11-93

03 单击“添加图层蒙版”按钮，为“图层1”图层添加图层蒙版。选择“画笔工具”，使用黑色的柔边圆笔尖涂抹人物和近景的树木，使它们保持清晰，如图11-94所示。

图11-94

04 减小笔尖的“不透明度”值和“流量”值，然后涂抹近景的水面和中景的树木，使它们相较于远景更清晰，涂抹的区域如图11-95所示，效果如图11-96所示。

图11-95

图11-96

## 11.5.2 光圈模糊

“光圈模糊”滤镜可以在图像上创建一个椭圆形的焦点范围，处于焦点范围内的图像保持清晰，而焦点范围外的图像会被模糊。打开一个图像，执行“滤镜>模糊画廊>光圈模糊”菜单命令，图像上会出现一个变换框，如图11-97所示。可以对其进行缩放和旋转操作，变换框内的4个点用于控制模糊离变换框中心的距离，如图11-98所示。

图11-97

图11-98

## 11.5.3 移轴模糊

“移轴模糊”滤镜可以模拟出类似于用移轴摄影技术拍摄的照片效果。打开一个图像，执行“滤镜>模糊画廊>移轴模糊”菜单命令，图像上会出现一个多线条的矩形变换框，如图11-99所示。调整线条的角度、距离，可以调整图像的模糊范围和方向，如图11-100所示。

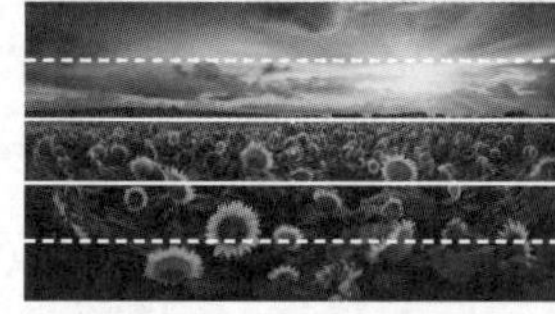

图11-99

图11-100

## 11.5.4 路径模糊

“路径模糊”滤镜可以在图像中添加图钉，继续添加图钉可以绘制路径，设置相关参数后可以得到适应路径形状的模糊效果。打开一个图像，如图11-101所示。执行“滤镜>模糊画廊>路径模糊”菜单命令，在图像中绘制任意路径，将根据路径形状生成模糊效果，如图11-102所示。

图11-101

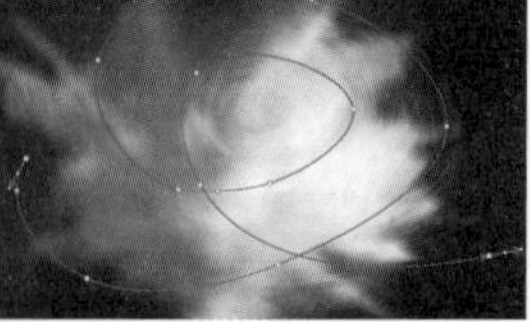

图11-102

## 11.5.5 旋转模糊

“旋转模糊”滤镜可以在图像上创建一个椭圆形的旋转模糊效果。打开一个图像，执行“滤镜>模糊画廊>旋转模糊”菜单命令，图像上会出现一个焦点范围变换框，如图11-103所示。移动或缩放这个变换框，可以得到不同的模糊效果，如图11-104所示。

图11-103

图11-104

# 11.6 “扭曲”滤镜组

“扭曲”滤镜组中的滤镜可以对图像进行几何扭曲，还可以创建3D效果或其他整形效果。在处理图像时，这些滤镜可能会占用大量内存。

**本节重点内容**

| 重点内容 | 说明 |
|---|---|
| 波浪 | 创建类似于波浪起伏的效果 |
| 波纹 | 创建类似于波纹的效果 |
| 极坐标 | 将图像在平面坐标和极坐标之间转换 |
| 挤压 | 将选区内的图像或整个图像向外或向内挤压 |
| 切变 | 沿一条曲线扭曲图像 |
| 球面化 | 将选区内的图像或整个图像扭曲为球形 |
| 水波 | 生成较为真实的水波效果 |
| 旋转扭曲 | 顺时针或逆时针旋转图像 |
| 置换 | 用其他图像的亮度值重新排列当前图像的像素 |

## 11.6.1 波浪

“波浪”滤镜可以创建类似于波浪起伏的效果。打开一个图像，如图11-105所示。执行“滤镜>扭曲>波浪”菜单命令，打开“波浪”对话框，在其中可以设置波浪的强度（即“生成器数”）和波长等，如图11-106所示。

图11-105

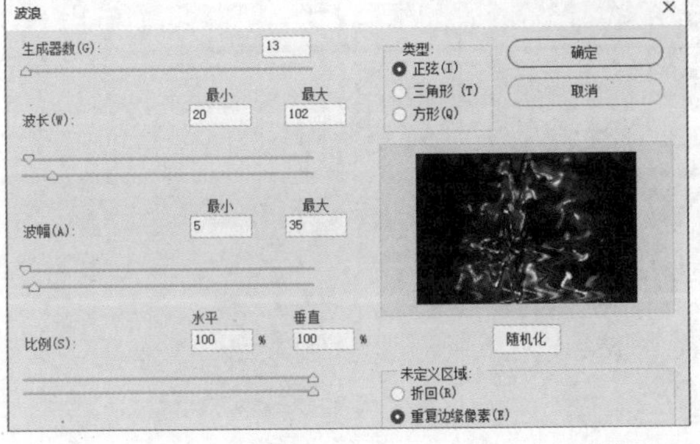

图11-106

## 11.6.2 波纹

“波纹”滤镜与“波浪”滤镜类似，但它只能控制波纹的数量和大小。打开一个图像，然后创建河面的选区，如图11-107所示。执行“滤镜>扭曲>波纹”菜单命令，打开“波纹”对话框，如图11-108所示。单独为河面添加波纹效果，如图11-109所示。

图11-107

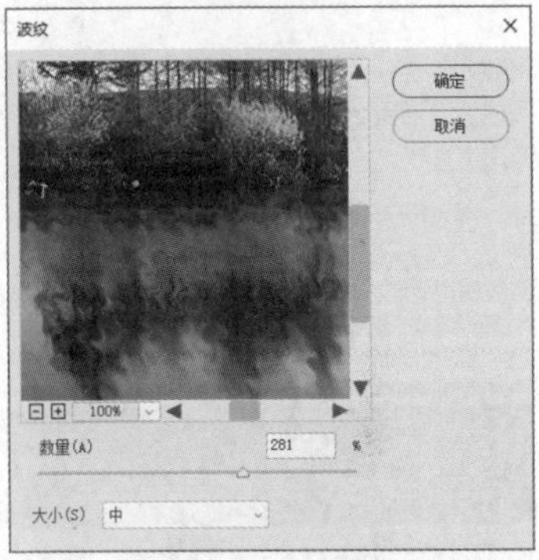

图11-108

图11-109

## 11.6.3 极坐标

“极坐标”滤镜可以将图像从平面坐标转换到极坐标，或者从极坐标转换到平面坐标。打开一个图像，如图11-110所示。执行“滤镜>扭曲>极坐标”菜单命令，打开“极坐标”对话框，如图11-111所示。选择“平面坐标到极坐标”或“极坐标到平面坐标”选项，会出现不同的效果，如图11-112所示。

图11-110

图11-111

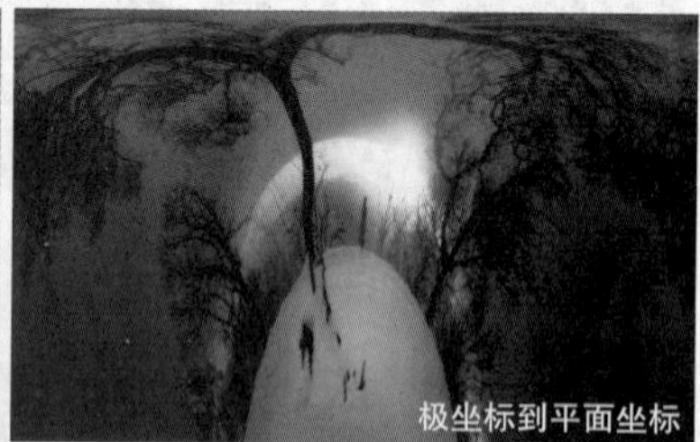


图11-112

## 11.6.4 挤压

“挤压”滤镜可以将选区内的图像或整个图像向外或向内挤压。打开一个图像，如图11-113所示。执行“滤镜>扭曲>挤压”菜单命令，打开“挤压”对话框。“数量”值为负数时，将图像向外挤压，如图11-114所示。“数量”值为正数时，将图像向内挤压，如图11-115所示。

图11-113

图11-114

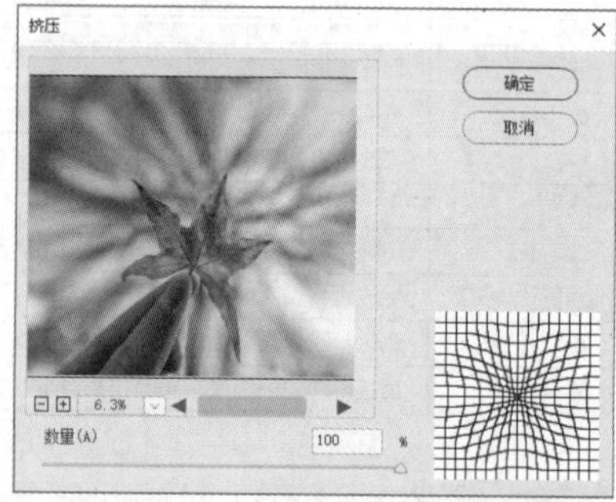


图11-115

## 11.6.5 切变

“切变”滤镜可以沿一条曲线扭曲图像。打开一个图像，如图11-116所示。执行“滤镜>扭曲>切变”菜单命令，打开“切变”对话框，调整曲线的形状可以控制图像的变形效果，如图11-117所示。

图11-116

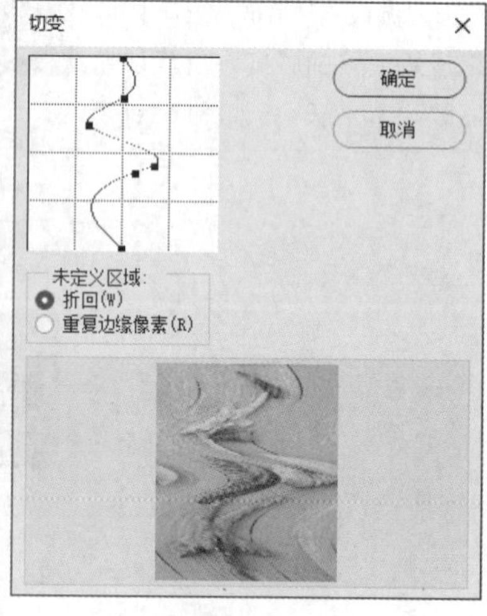


图11-117

课堂案例

## 制作旋转天空

素材文件 素材文件>CH11>素材06-1.jpg、素材06-2.png

实例文件 实例文件>CH11>制作旋转天空.psd

视频名称 制作旋转天空.mp4

学习目标 掌握"极坐标"滤镜和"切变"滤镜的使用方法

本例将使用"极坐标"滤镜和"切变"滤镜制作旋转天空，效果如图11-118所示。

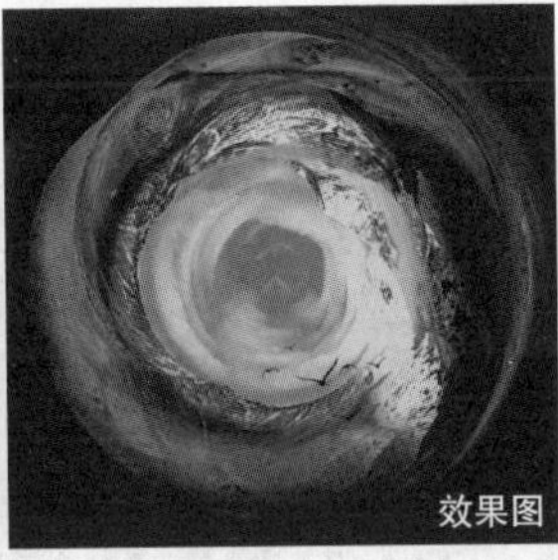


图11-118

01 按快捷键Ctrl+O打开本书学习资源文件夹中的"素材文件>CH11>素材06-1.jpg"文件，如图11-119所示。按快捷键Ctrl+J复制图层。

02 执行"滤镜>扭曲>切变"菜单命令，打开"切变"对话框，向左拖曳调整框中的线段的端点，如图11-120所示。按Enter键确认操作。

图11-119

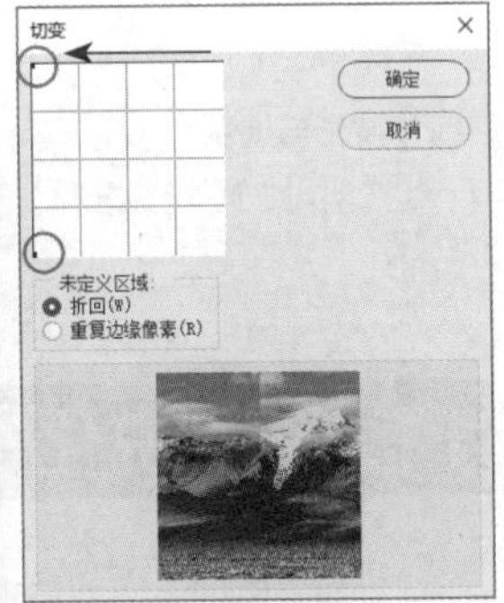


图11-120

03 选择"仿制图章工具"，在选项栏中设置笔尖"大小"为200像素、"流量"和"不透明度"为50%、"样本"为"所有图层"。按住Alt键，定义仿制源为左侧天空区域，如图11-121所示。涂抹画面中心区域，使其过渡均匀，如图11-122所示。

图11-121

图11-122

04 执行"滤镜>扭曲>极坐标"菜单命令，打开"极坐标"对话框，选择"平面坐标到极坐标"选项，如图11-123所示。按Enter键确认操作，然后使用"裁剪工具"裁切画面四周多余的区域，效果如图11-124所示。

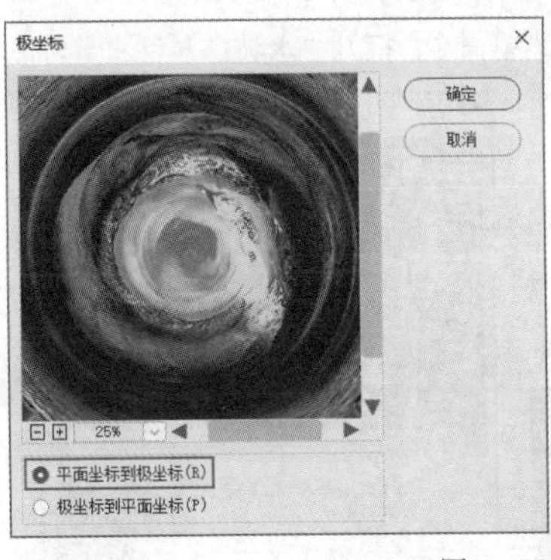


图11-123

图11-124

05 新建图层，选择"画笔工具"，设置"流量"和"不透明度"为50%，使用深棕色（R:48，G:33，B:51）的柔边圆笔尖涂抹画面四周，如图11-125所示。将"素材06-2.png"文件拖曳至文档窗口中，并调整其大小与位置，效果如图11-126所示。

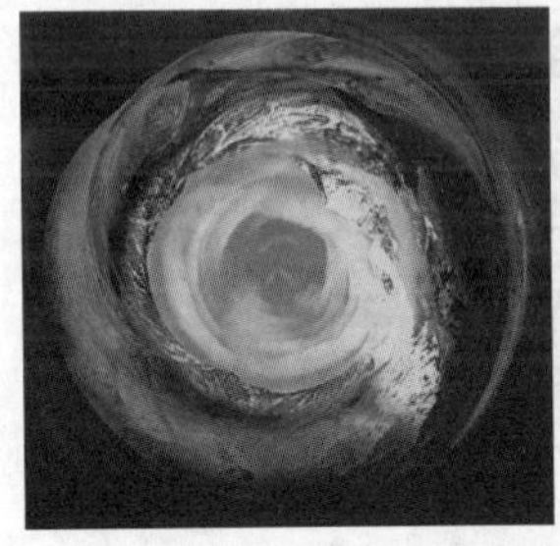

图11-125

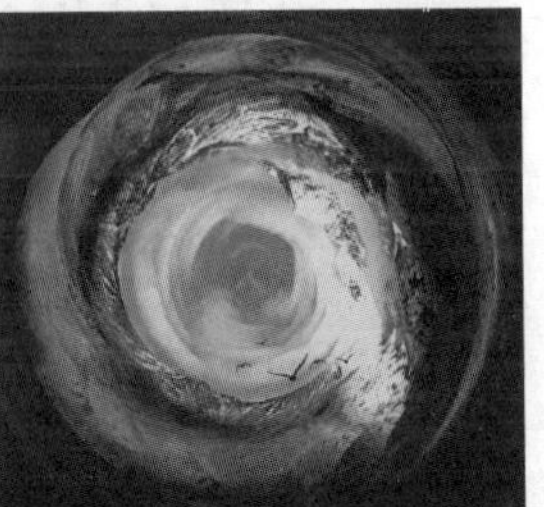

图11-126

## 11.6.6 球面化

"球面化"滤镜可以将选区内的图像或整个图像扭曲为球形。打开一个图像，并创建一个椭圆形选区，如图11-127所示。执行"滤镜>扭曲>球面化"菜单命令，打开"球面化"对话框，可以看到小狗头部已被球面化，如图11-128所示。

图11-127

图11-128

## 11.6.7 水波

“水波”滤镜可以生成较为真实的水波效果。打开一个图像，并创建一个羽化选区，如图11-129所示。执行“滤镜>扭曲>水波”菜单命令，打开“水波”对话框，可以看到水波效果，如图11-130所示。

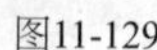

图11-129

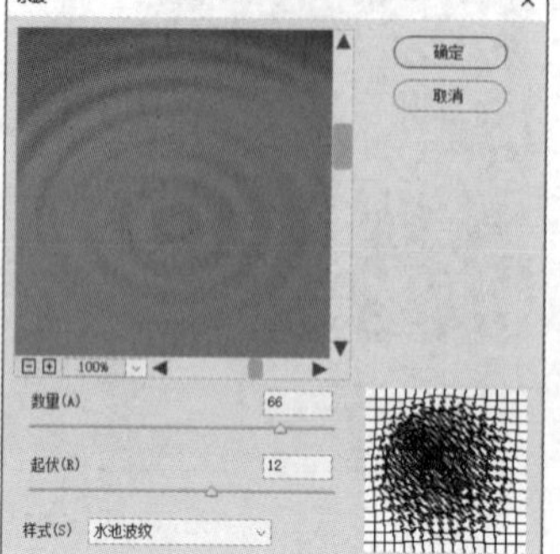


图11-130

## 11.6.8 旋转扭曲

“旋转扭曲”滤镜可以顺时针或逆时针旋转图像，旋转会围绕图像的中心进行。打开一个图像，如图11-131所示。执行“滤镜>扭曲>旋转扭曲”菜单命令，打开“旋转扭曲”对话框。“角度”值为正时会沿顺时针方向扭曲图像，如图11-132所示。“角度”值为负时会沿逆时针方向扭曲图像，如图11-133所示。

图11-131

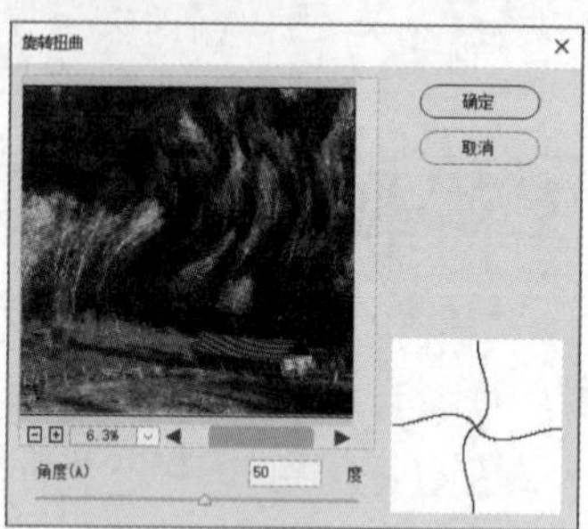


图11-132

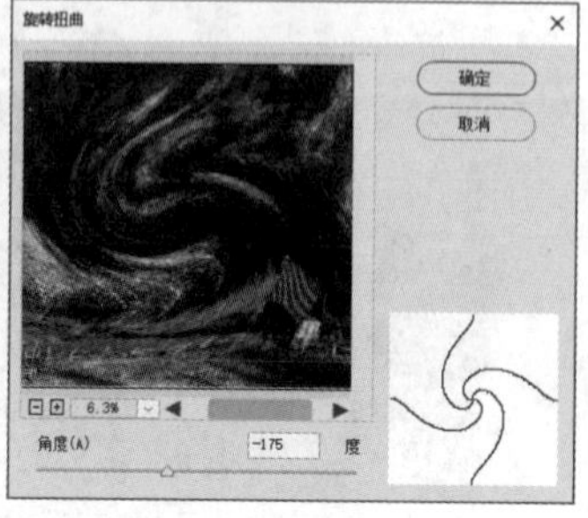


图11-133

## 11.6.9 置换

“置换”滤镜可以用其他图像的亮度值重新排列当前图像的像素，使其产生位移效果。打开一个图像，如图11-134所示。执行“滤镜>扭曲>置换”菜单命令，打开“置换”对话框，如图11-135所示，在其中可以设置在水平和垂直方向上移动的距离以及置换方式。单击“确定”按钮 确定 确认操作后，会打开一个PSD格式的图像，如图11-136所示。置换后的效果如图11-137所示。

图11-134

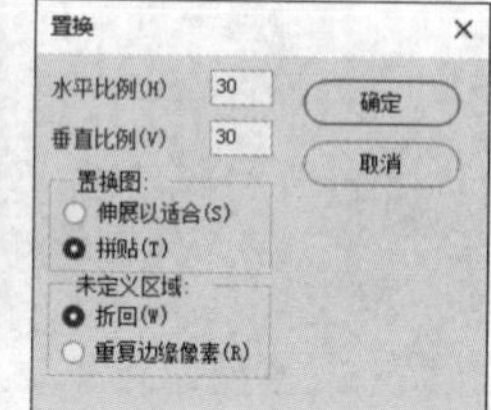


图11-135

图11-136

图11-137

**技巧与提示**

在使用“置换”滤镜时，置换对象需为PSD格式的图像。

# 11.7 “锐化”滤镜组

“锐化”滤镜组中的滤镜可以通过增加相邻像素之间的对比度来使图像的细节更清晰。

**本节重点内容**

| 重点内容 | 说明 |
|---|---|
| 锐化边缘 | 只锐化图像的边缘，同时保留图像整体的平滑度 |
| USM锐化 | 查找图像中颜色发生明显变化的区域，然后将其锐化 |
| 锐化/进一步锐化 | 通过增加像素之间的对比度让图像变清晰 |
| 智能锐化 | 设置锐化算法、控制阴影和高光区域的锐化量 |

## 11.7.1 锐化边缘和USM锐化

“锐化边缘”滤镜和“USM锐化”滤镜可以查找图像中颜色发生明显变化的区域，然后将其锐化。此外，“锐化边缘”滤镜会在保留图像整体平滑度的同时锐化图像的边缘。在“USM锐化”对话框中可以设置锐化的数量、

图11-138

半径和阈值，如图11-138所示。

> **技巧与提示**
>
> 一般在裁剪，以及调整图像色彩、大小和分辨率等之后再进行锐化。如果锐化后再调整图像色彩等，会更加强化图像边缘，使后续操作受限。

## 11.7.2 锐化和进一步锐化

“锐化”滤镜与“进一步锐化”滤镜的作用是相似的，皆为通过增加像素之间的对比度使图像变得清晰，但是“进一步锐化”滤镜的锐化效果相对明显一些，相当于应用了2~3次“锐化”滤镜。

## 11.7.3 智能锐化

“智能锐化”滤镜的功能比较强大，可以设置锐化算法、控制阴影和高光区域的锐化量。执行“滤镜>锐化>智能锐化”菜单命令，打开“智能锐化”对话框，如图11-139所示。在“移去”下拉列表中可以选择锐化图像的算法。选择“高斯模糊”选项，可以使用“USM锐化”滤镜的方法锐化图像；选择“镜头模糊”选项，可以查找图像中的边缘和细节，以减少锐化的光晕；选择“动感模糊”选项，可以通过设置“角度”值减少因相机或对象移动而产生的模糊效果。

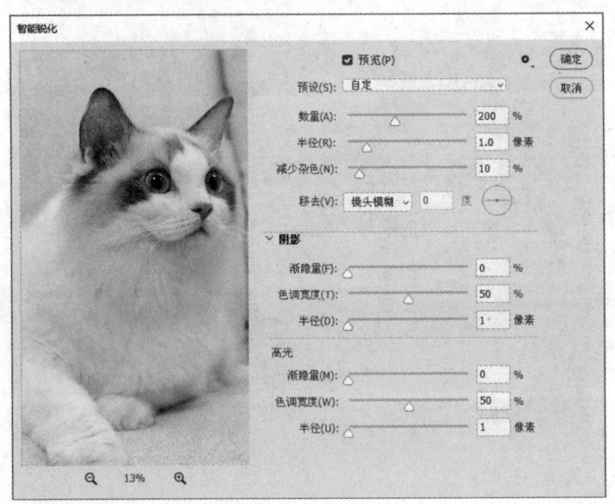


图11-139

# 11.8 “像素化”滤镜组

“像素化”滤镜组中的滤镜可以对图像进行分块或平面化处理。

**本节重点内容**

| 重点内容 | 说明 |
|---|---|
| 彩色半调 | 模拟在图像的每个通道上使用放大的半调网屏的效果 |
| 点状化 | 将图像中的颜色分解成随机分布的网点 |
| 晶格化 | 使图像中颜色相近的像素结成多边形色块 |
| 马赛克 | 使像素结成方形色块 |
| 铜版雕刻 | 在图像中生成不规则的线段、曲线或斑点 |

## 11.8.1 彩色半调

“彩色半调”滤镜可以模拟在图像的每个通道上使用放大的半调网屏的效果。打开一个图像，如图11-140所示。执行“滤镜>像素化>彩色半调”菜单命令，打开“彩色半调”对话框，在其中可以设置网点的半径及各个原始通道中网点的角度，如图11-141所示。单击“确定”按钮（确定）确认操作后，效果如图11-142所示。

图11-140

图11-141

图11-142

## 11.8.2 点状化

“点状化”滤镜可以将图像中的颜色分解成随机分布的网点，并使用背景色作为网点之间的画布颜色。打开一个图像，如图11-143所示。执行“滤镜>像素化>点状化”菜单命令，打开“点状化”对话框，在其中可以设置每个网点的大小，如图11-144所示。

图11-143

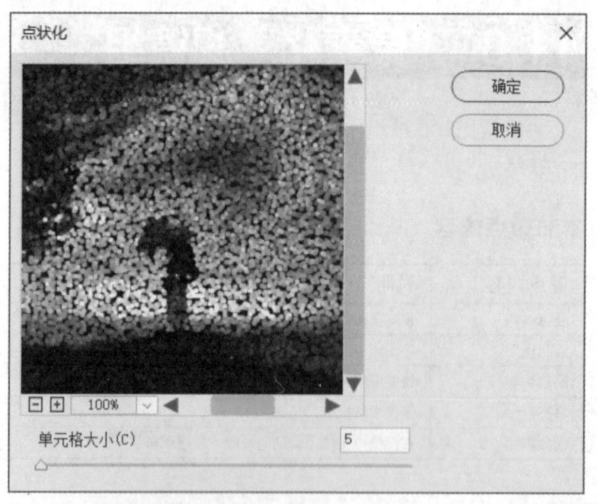


图11-144

## 11.8.3 晶格化

“晶格化”滤镜可以使图像中颜色相近的像素结成多边形色块。打开一个图像，如图11-145所示。执行“滤镜>像素化>晶格化”菜单命令，打开“晶格化”对话框，在其中可以设置多边形色块的大小，如图11-146所示。

图11-145

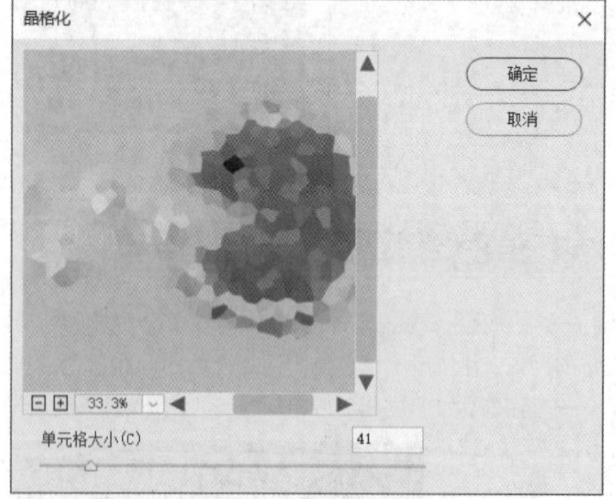


图11-146

## 11.8.4 马赛克

“马赛克”滤镜可以使像素结为方形色块，创建出类似于马赛克的效果。打开一个图像，如图11-147所示。执行“滤镜>像素化>马赛克”菜单命令，打开“马赛克”对话框，在其中可以设置每个方形色块的大小，如图11-148所示。

图11-147

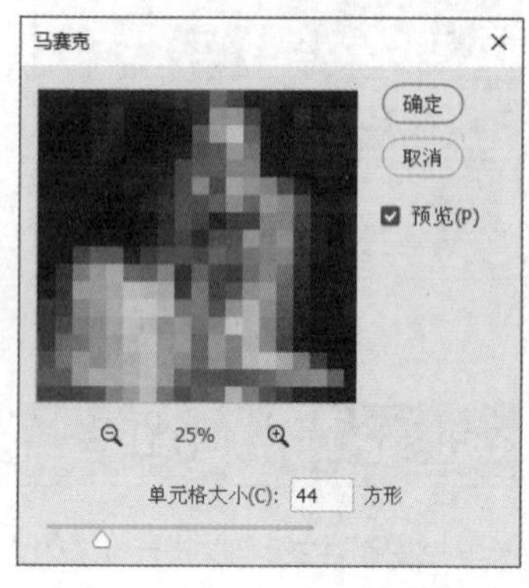


图11-148

## 11.8.5 铜版雕刻

“铜版雕刻”滤镜可以在图像中生成不规则的线段、曲线或斑点，使其产生年代久远的金属板效果。打开一个图像，如图11-149所示。执行“滤镜>像素化>铜版雕刻”菜单命令，打开“铜版雕刻”对话框，在其中可以设置雕刻类型，如图11-150所示。

图11-149

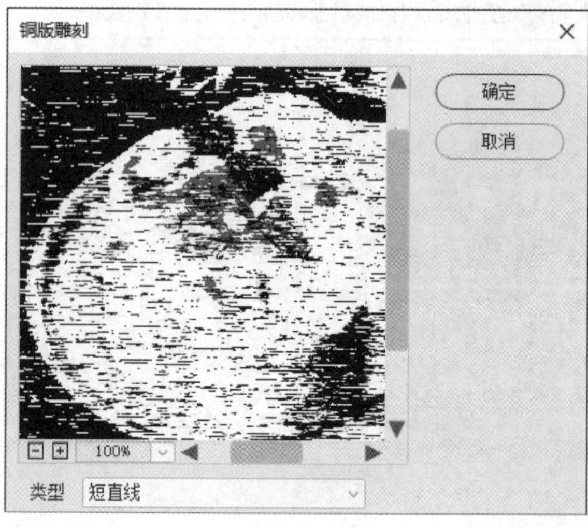


图11-150

# 11.9 “渲染”滤镜组

“渲染”滤镜组中的滤镜可以生成火焰、图片框、树木和云彩，还可以模拟纤维效果、光照效果和折射效果等。

**本节重点内容**

| 重点内容 | 说明 |
| --- | --- |
| 火焰 | 生成逼真的火焰 |
| 图片框 | 生成47种图片框 |
| 树 | 生成橡树、红杉、银杏树和枫树等34种树木 |
| 云彩 | 基于前景色与背景色随机生成柔和的云彩 |
| 分层云彩 | 将云彩数据与现有的像素以“差值”方式混合 |
| 纤维 | 创建类似编织的纤维效果 |
| 光照效果 | 为当前图像添加光照效果 |
| 镜头光晕 | 模拟亮光照射到相机镜头时产生的折射效果 |

## 11.9.1 火焰

“火焰”滤镜可以生成逼真的火焰，在使用该滤镜之前需要使用矢量工具创建路径，如图11-151所示。执行“滤镜>渲染>火焰”菜单命令，打开“火焰”对话框，在其中可以设置火焰类型，火苗宽度、角度和间隔等，如图11-152所示。单击“确定”按钮 确定 确认操作后，效果如图11-153所示。

图11-151

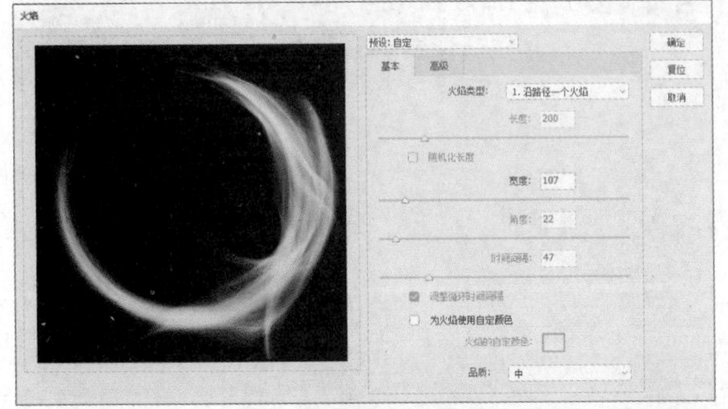


图11-152

图11-153

**技巧与提示**

在“高级”选项卡中，可以设置火焰的不透明度、样式、形状和复杂程度等，如图11-154所示。

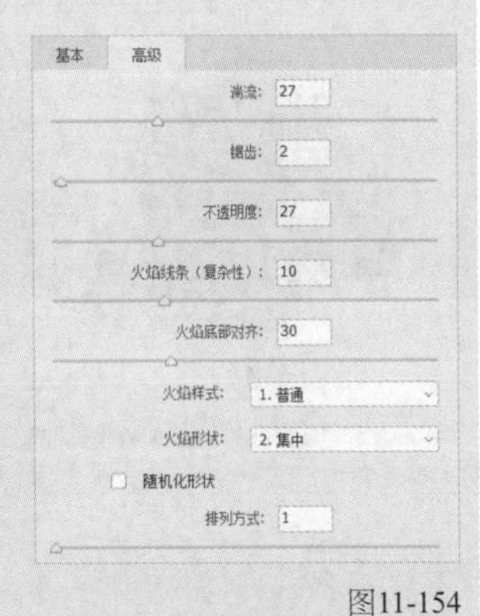


图11-154

## 11.9.2 图片框

“图片框”滤镜可以生成47种图片框。执行“滤镜>渲染>图片框”菜单命令，打开“图案”对话框，在其中可以修改图案细节的颜色和大小等，如图11-155所示。添加该滤镜后，效果如图11-156所示。

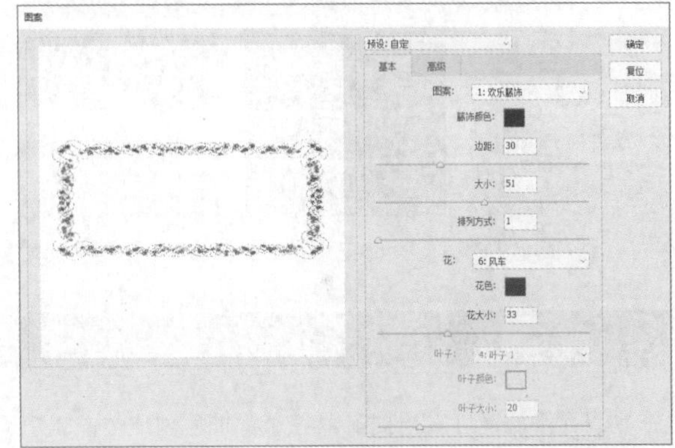


图11-155

图11-156

## 11.9.3 树

“树”滤镜可以生成橡树、红杉、银杏树和枫树等34种树木。执行“滤镜>渲染>树”菜单命令，打开“树”对话框，在其中可以调整树木的高度、粗细和光照方向等，如图11-157所示。

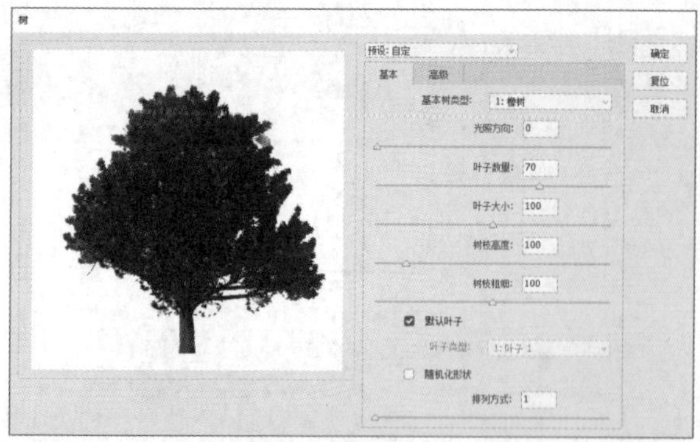

图11-157

## 11.9.4 云彩和分层云彩

“云彩”滤镜可以基于前景色与背景色随机生成柔和的云彩。执行“滤镜>渲染>云彩”菜单命令，效果如图11-158所示。“分层云彩”滤镜可以将云彩数据与现有的像素以“差值”方式混合。在首次应用该滤镜时，图像的某些部分会被反相，如图11-159所示。多次应用该滤镜后，会创建出与大理石类似的絮状纹理，如图11-160所示。

图11-158

图11-159

图11-160

## 11.9.5 纤维

“纤维”滤镜可以根据前景色和背景色创建类似编织的纤维效果。执行“滤镜>渲染>纤维”菜单命令，打开“纤维”对话框，如图11-161所示。

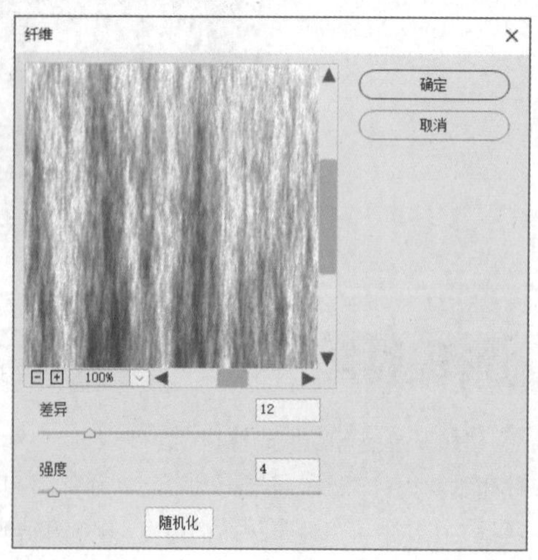


图11-161

## 11.9.6 光照效果

“光照效果”滤镜的功能十分强大，它类似于三维软件中的灯光，可为当前图像添加光照效果。该滤镜包含17种光照样式和3种光源。打开一个图像，如图11-162所示。执行“滤镜>渲染>光照效果”菜单命令，效果如图11-163所示。

图11-162

图11-163

单击选项栏中的光照按钮可以添加新的聚光灯、点光或无线光，或者重置光源，如图11-164所示。单击“添加新的点灯”按钮，可以添加一个点光源，如图11-165所示。在“属性”面板中可以设置光照效果，如图11-166所示。

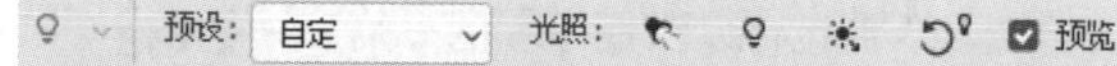


图11-164

图11-165

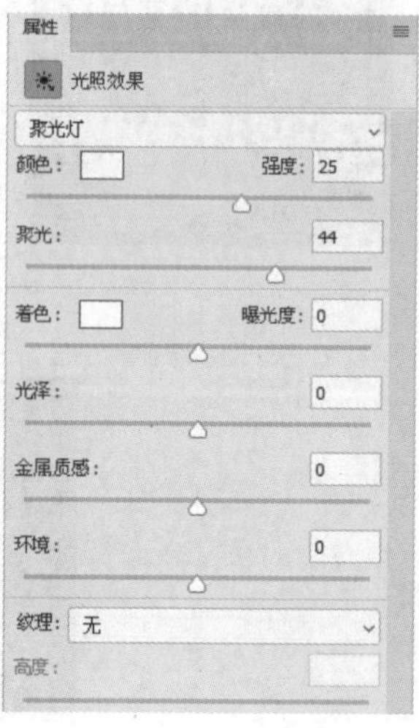


图11-166

### 11.9.7 镜头光晕

“镜头光晕”滤镜可以模拟亮光照射到相机镜头时产生的折射效果。打开一个图像，如图11-167所示。执行“滤镜>渲染>镜头光晕”菜单命令，打开“镜头光晕”对话框，在其中可以设置镜头类型，在预览框中还可以调整镜头光晕的位置，如图11-168所示。单击“确定”按钮 确定 确认操作后，效果如图11-169所示。

图11-167

图11-168

图11-169

## 11.10 “杂色”滤镜组

“杂色”滤镜组中的滤镜可以添加或移去图像中的杂色，有助于将选择的像素混合到周围的像素中。

**本节重点内容**

| 重点内容 | 说明 |
| --- | --- |
| 减少杂色 | 保留边缘并减少图像中的杂色 |
| 蒙尘与划痕 | 通过修改具有差异的像素来减少杂色 |
| 添加杂色 | 在图像中添加随机像素 |

### 11.10.1 减少杂色

“减少杂色”滤镜可以基于整个图像或各个通道的参数设置来保留边缘并减少图像中的杂色。打开一个图像并将其放大，可以看到图像中有很多杂点，如图11-170所示。执行“滤镜>杂色>减少杂色”菜单命令，打开“减少杂色”对话框，其中的“强度”选项可以用于控制所有图像通道的明亮杂色的减少量，“减少杂色”选项可以用于消除随机的颜色像素，如图11-171所示。

图11-170

> **技巧与提示**
>
> 选择“高级”选项，“整体”选项卡中的选项与选择“基本”选项时的选项相同，“每通道”选项卡可以单独对各个颜色通道进行调整。

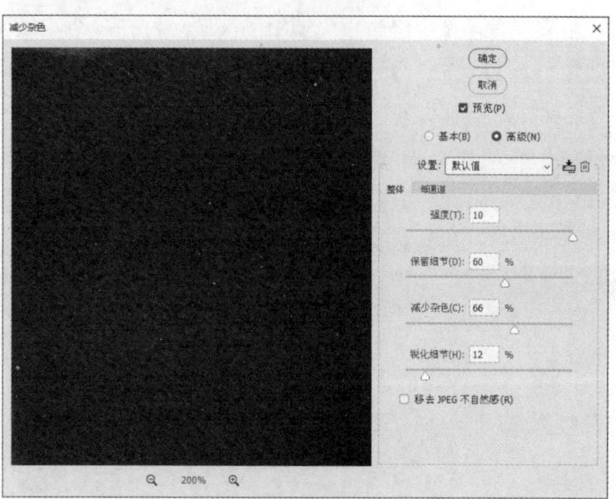


图11-171

## 11.10.2 蒙尘与划痕

“蒙尘与划痕”滤镜可以通过修改具有差异的像素来减少杂色，能够有效地去除图像中的杂点和划痕。打开一个图像，如图11-172所示。执行“滤镜>杂色>蒙尘与划痕”菜单命令，打开“蒙尘与划痕”对话框，在其中可以设置“半径”和“阈值”等参数，如图11-173所示。

图11-172

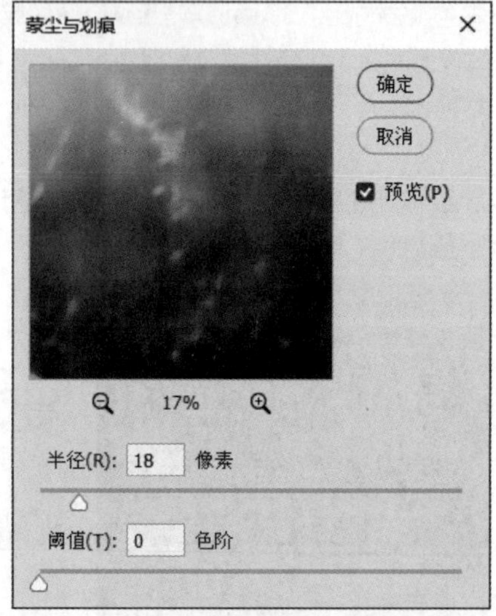


图11-173

## 11.10.3 添加杂色

“添加杂色”滤镜可以在图像中添加随机像素，也可以用来完善图像中经过重大编辑的区域。打开一个图像，如图11-174所示。执行“滤镜>杂色>添加杂色”菜单命令，打开“添加杂色”对话框，在其中可以设置杂色的数量和分布方式等，如图11-175所示。

图11-174

图11-175

课堂案例

### 制作下雨效果

| | |
|---|---|
| 素材文件 | 素材文件>CH11>素材07.jpg |
| 实例文件 | 实例文件>CH11>制作下雨效果.psd |
| 视频名称 | 制作下雨效果.mp4 |
| 学习目标 | 掌握“高斯模糊”“径向模糊”“添加杂色”滤镜的使用方法 |

本例将使用“高斯模糊”“径向模糊”“添加杂色”滤镜制作下雨效果，如图11-176所示。

图11-176

01 按快捷键Ctrl+O打开本书学习资源文件夹中的“素材文件>CH11>素材07.jpg”文件，如图11-177所示，按快捷键Ctrl+J复制图层。

图11-177

02 新建图层，并将其填充为黑色。执行“滤镜>杂色>添加杂色”菜单命令，打开“添加杂色”对话框，设置“数量”为80%、“分布”为“平均分布”，勾选“单色”选项，如图11-178所示。按Enter键确认操作。

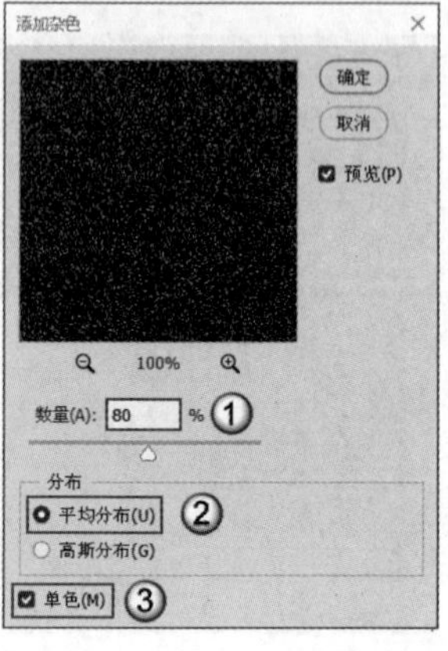


图11-178

03 执行“滤镜>模糊>高斯模糊”菜单命令，打开“高斯模糊”对话框，设置“半径”为0.5像素，如图11-179所示。按Enter键确认操作。然后执行“滤镜>模糊>径向模糊”菜单命令，打开“径向模糊”对话框，设置“角度”为70度、“距离”为50像素，如图11-180所示。按Enter键确认操作。

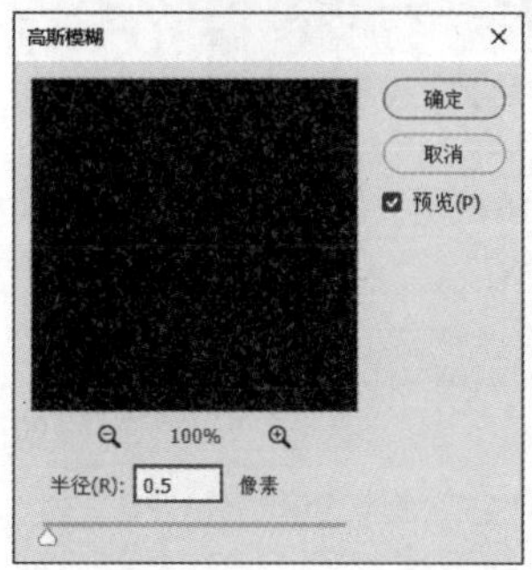


图11-179

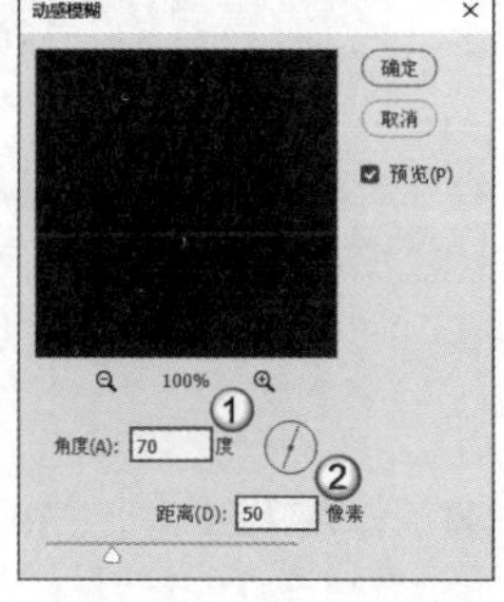


图11-180

04 执行“图像>调整>色阶”菜单命令，打开“色阶”对话框，设置“输入色阶”为50和90，如图11-181所示。按Enter键确认操作。设置图层“混合模式”为“滤色”、“不透明度”为80%，效果如图11-182所示。

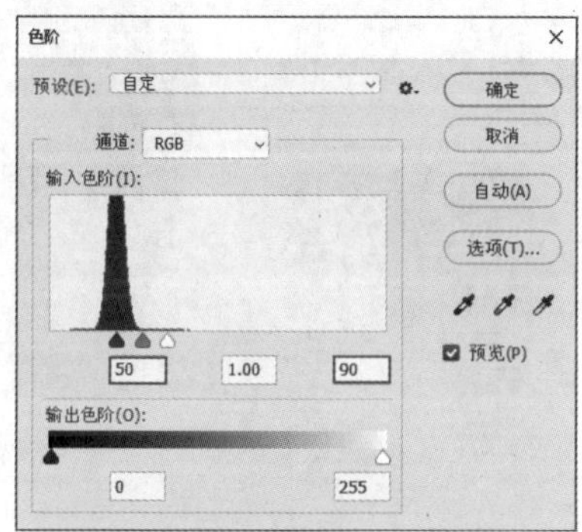


图11-181

图11-182

# 11.11 “其他”滤镜组

“其他”滤镜组中的滤镜可以自定义滤镜效果、修改蒙版、使选区发生位移或者快速调整图像颜色。

**本节重点内容**

| 重点内容 | 说明 |
|---|---|
| HSB/HSL | 转换RGB图像的颜色通道 |
| 高反差保留 | 在有强烈颜色变化的地方按指定的半径来保留边缘细节 |
| 位移 | 在水平或垂直方向上偏移图像 |

## 11.11.1 HSB/HSL

“HSB/HSL”滤镜可以转换RGB图像的颜色通道，从而改变图像色彩。打开一个图像，如图11-183所示。执行“滤镜>其他>HSB/HSL”菜单命令，打开“HSB/HSL参数”对话框，在“行序”选项组中可以设置转换方法，如图11-184所示。单击“确定”按钮确认操作后，效果如图11-185所示。

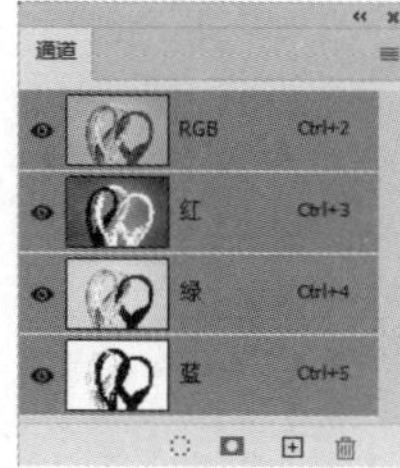

图11-183

HSB/HSL 参数

输入模式: RGB HSB HSL

行序: RGB HSB HSL

确定 取消

图11-184

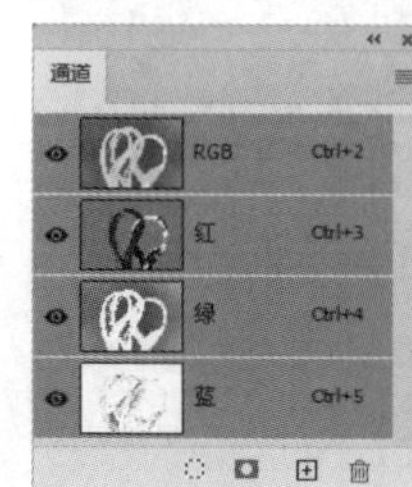

图11-185

**技巧与提示**

HSB代表的是色相、饱和度和明度，HSL代表的是色相、饱和度和亮度。

## 11.11.2 高反差保留

“高反差保留”滤镜可以在有强烈颜色变化的地方按指定的半径来保留边缘细节，并且不会显示图像的其他区域。打开一个图像，如图11-186所示。执行“滤镜>其他>高反差保留”菜单命令，打开“高反差保留”对话框，在其中可以设置滤镜处理图像像素的范围，如图11-187所示。

图11-186

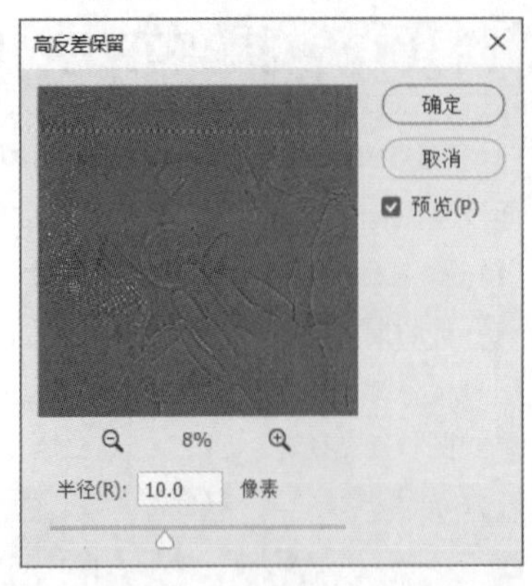


图11-187

课堂案例

## 为人物面部磨皮

| 素材文件 | 素材文件>CH11>素材08.jpg |
| --- | --- |
| 实例文件 | 实例文件>CH11>为人物面部磨皮.psd |
| 视频名称 | 为人物面部磨皮.mp4 |
| 学习目标 | 掌握"表面模糊"滤镜和"高反差保留"滤镜的使用方法 |

本例将使用"表面模糊"滤镜和"高反差保留"滤镜为人物面部磨皮，如图11-188所示。

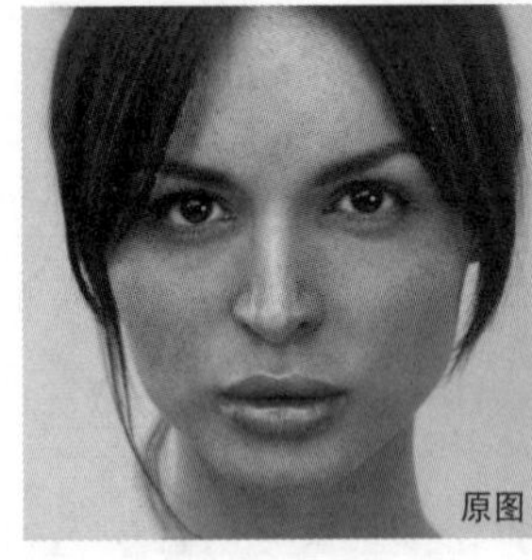

图11-188

01 按快捷键Ctrl+O打开本书学习资源文件夹中的"素材文件>CH11>素材08.jpg"文件，按两次快捷键Ctrl+J，复制出两个图层，如图11-189所示。选择"图层1"图层，执行"滤镜>模糊>表面模糊"菜单命令，打开"表面模糊"对话框，设置"半径"为20像素、"阈值"为14色阶，如图11-190所示。按Enter键确认操作。

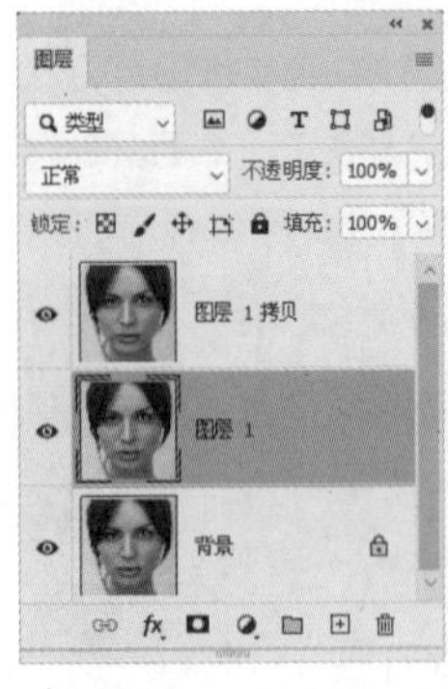


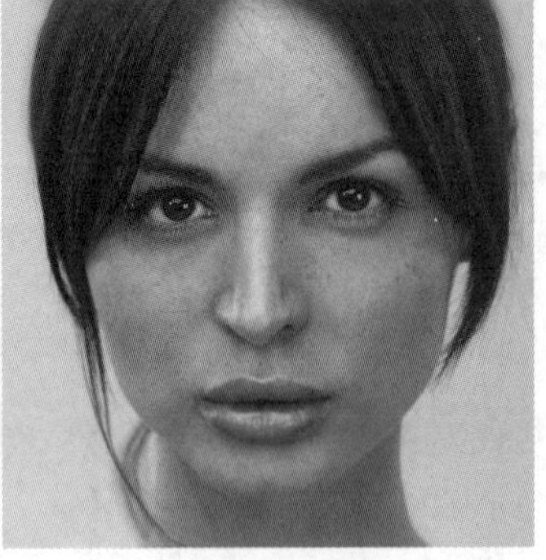

图11-189

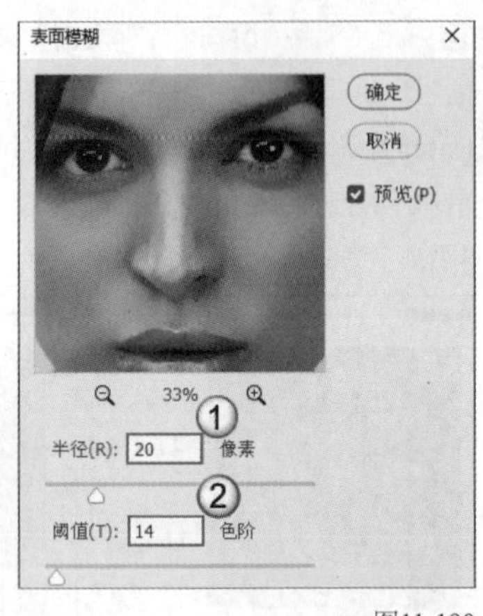


图11-190

02 选择"图层1 拷贝"图层，按快捷键Shift+Ctrl+U去色，并设置混合模式为"叠加"，如图11-191所示。

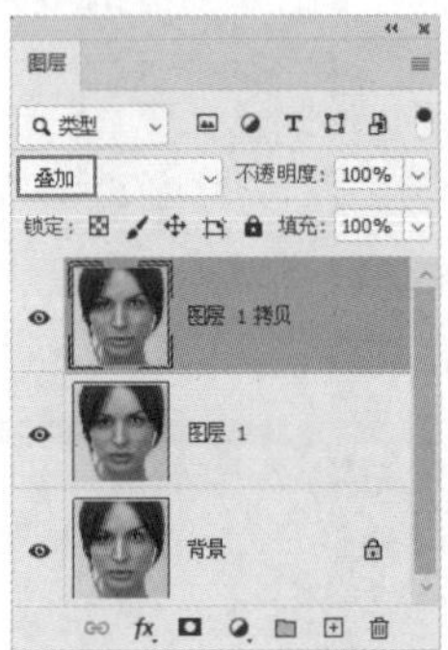

图11-191

03 执行"滤镜>其他>高反差保留"菜单命令，打开"高反差保留"对话框，设置"半径"为0.5像素，如图11-192所示。按Enter键确认操作，使皮肤保留一些真实的细节，效果如图11-193所示。

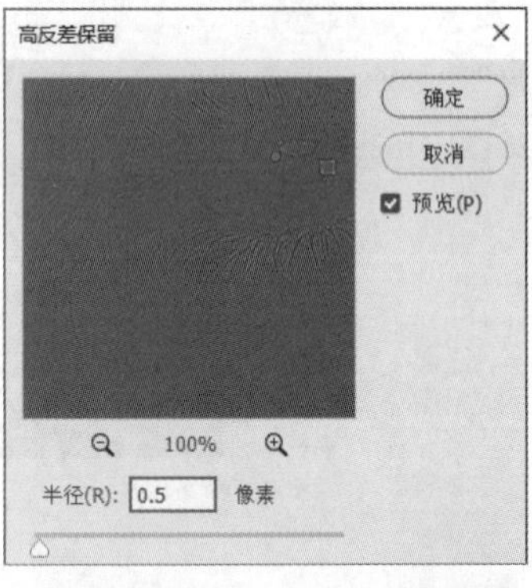


图11-192

图11-193

04 按住Ctrl键并单击“图层1”图层，将其一同选取，然后按快捷键Ctrl+G将其编组，并单击“添加图层蒙版”按钮■为其添加蒙版。选择“画笔工具”🖌，使用黑色的柔边圆笔尖涂抹不需要磨皮的区域（包括头发、眼睛、眉毛和嘴巴），如图11-194所示。

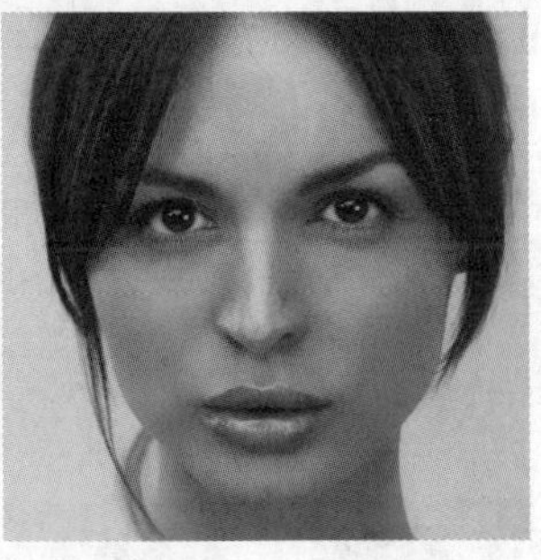

图11-194

05 新建图层，选择“污点修复画笔工具”，设置笔尖“硬度”为40%、“模式”为“正常”、“类型”为“内容识别”，勾选“对所有图层取样”选项，单击较明显的色斑，效果如图11-195所示。

图11-195

## 11.11.3 位移

“位移”滤镜可以在水平或垂直方向上偏移图像。打开一个图像，如图11-196所示。执行“滤镜>其他>位移”菜单命令，打开“位移”对话框，在其中可以设置水平和垂直位移，如图11-197所示。单击“确定”按钮(确定)确认操作后，效果如图11-198所示。

图11-196

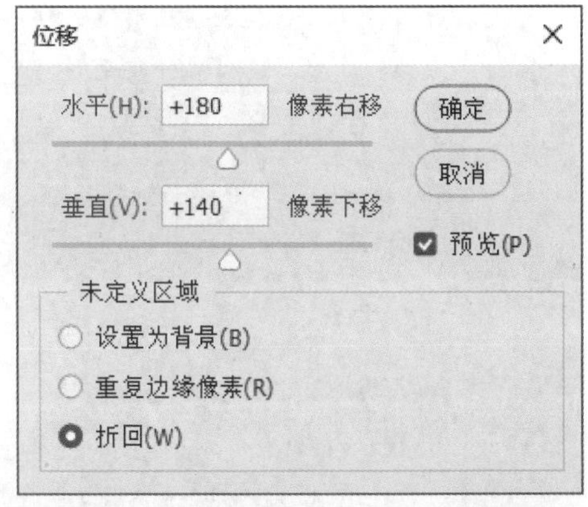


图11-197

图11-198

# 11.12 本章小结

本章主要讲解了滤镜的使用方法和各种滤镜的艺术效果。通过本章的学习，读者应该熟练掌握滤镜的基础知识与使用技巧，对各个滤镜组有一个整体的认识，以便快速、准确地制作出多种艺术效果。

# 11.13 课后习题

根据本章的内容，本节共安排了两个课后习题供读者练习，以帮助读者对本章的知识进行综合运用。

## 课后习题：制作阳光下的效果

| 素材文件 | 素材文件>CH11>素材09-1.jpg、素材09-2png |
|---|---|
| 实例文件 | 实例文件>CH11>制作阳光下的效果.psd |
| 视频名称 | 制作阳光下的效果.mp4 |
| 学习目标 | 掌握“径向模糊”滤镜的使用方法 |

本习题主要要求读者对“径向模糊”滤镜的使用方法进行练习，如图11-199所示。

图11-199

## 课后习题：提取线稿

| | |
|---|---|
| 素材文件 | 素材文件>CH11>素材10.jpg |
| 实例文件 | 实例文件>CH11>提取线稿.psd |
| 视频名称 | 提取线稿.mp4 |
| 学习目标 | 掌握“高反差保留”滤镜的使用方法 |

本习题主要要求读者对“高反差保留”滤镜的使用方法进行练习，如图11-200所示。

图11-200

第 12 章

# 综合案例

本章共有 7 个案例，通过讲解文字特效、海报、包装、Banner 和详情页等案例的制作，对之前介绍的内容进行综合运用。

## 课堂学习目标

◇ 掌握文字特效的制作方法
◇ 掌握海报的制作方法
◇ 掌握包装的制作方法
◇ 掌握 Banner 的制作方法
◇ 掌握详情页的制作方法
◇ 掌握引导页的制作方法
◇ 掌握合成的技巧

Photoshop 2022

# 12.1 文字特效：制作金属质感文字

| | |
|---|---|
| 素材文件 | 素材文件>CH12>素材01-1.jpg、素材01-2.jpg、素材01-3.jpg |
| 实例文件 | 实例文件>CH12>文字特效：制作金属质感文字.psd |
| 视频名称 | 文字特效：制作金属质感文字.mp4 |
| 学习目标 | 掌握文字特效的制作方法 |

在实际工作中，时常需要制作文字特效。本案例将运用文字类工具、图层蒙版、图层样式、剪贴蒙版和相关命令制作金属质感文字，效果如图12-1所示。

图12-1

01 按快捷键Ctrl+O打开本书学习资源文件夹中的“素材文件>CH12>素材01-1.jpg”文件，如图12-2所示。

图12-2

02 选择“横排文字工具” T，在选项栏中设置字体为“思源黑体 CN”、字体样式为Heavy、文字大小为220点、文字颜色为黑色。在画布中单击并输入PHOTO，使用“移动工具”将其移至画面中间，如图12-3所示。执行“编辑>变换>斜切”菜单命令，将文字向右倾斜，效果如图12-4所示。

图12-3

图12-4

03 执行“滤镜>转换为智能滤镜”菜单命令，将文字图层转换为智能对象，并按快捷键Ctrl+J复制一层，结果如图12-5所示。选择“钢笔工具”，在选项栏中设置绘图模式为“路径”，在字母上沿着需要挖空的区域的边缘绘制路径，效果如图12-6所示。

图12-5

图12-6

04 按住Ctrl键，单击“路径”面板中的“工作路径”，创建对应的选区，如图12-7所示。选择“PHOTO 拷贝”图层，按快捷键Shift+Ctrl+I反选选区，单击“添加图层蒙版”按钮为其添加图层蒙版，效果如图12-8所示。

图12-7

**技巧与提示**

双击“工作路径”的缩览图或者将其拖曳至“创建新路径”按钮上，可以将路径存储到面板中，便于后期对其进行修改。

图12-8

05 将“素材01-2.jpg”文件拖曳至文档窗口中，调整其大小和位置，使其覆盖文字。按快捷键Alt+Ctrl+G创建剪贴蒙版，如图12-9所示。按住Ctrl键，单击PHOTO图层的缩览图，创建文字选区，效果如图12-10所示。

图12-9

图12-10

06 按住Alt键，然后按多次→键和↓键（各12次左右），使文字呈现出厚度，效果如图12-11所示。按快捷键Ctrl+D取消选区。

图12-11

07 双击PHOTO图层的缩览图，打开“图层样式”对话框，为其添加“颜色叠加”和“投影”样式，各选项的设置如图12-12所示。按Enter键确认操作，得到图12-13所示的效果。

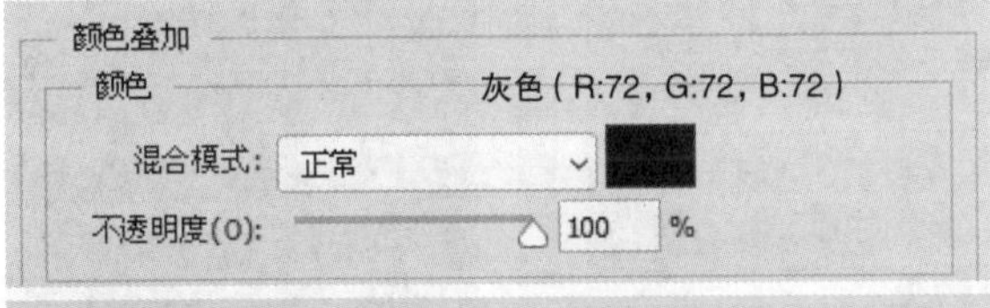


投影

结构

混合模式：正片叠底 黑色

不透明度(O)：80 %

角度(A)：90 度 使用全局光(G)

距离(D)：13 像素

扩展(R)：22 %

大小(S)：16 像素

图12-12

图12-13

08 将“素材01-3.jpg”文件拖曳至文档窗口中，并将其拖曳至“PHOTO 拷贝”图层的下方，如图12-14所示。调整图像的大小和位置，使其覆盖文字的镂空区域，效果如图12-15所示。

图12-14

图12-15

09 按住Alt键，拖曳“PHOTO 拷贝”图层的图层蒙版至“素材01-3”图层，如图12-16所示。选择“素材01-3”图层的图层蒙版，按快捷键Ctrl+I将其反相，效果如图12-17所示。

图12-16

图12-17

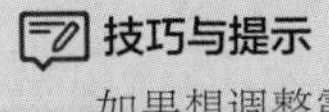

技巧与提示

如果想调整露出齿轮的位置，可以单击“素材01-3”图层与图层蒙版之间的8按钮，这样在拖曳“素材01-3”图层时，图层蒙版不会受到影响，如图12-18所示。

图12-18

10 双击“素材01-3”图层，打开“图层样式”对话框，为其添加“内阴影”样式，各选项的设置如图12-19所示。按Enter键确认操作，得到图12-20所示的效果。

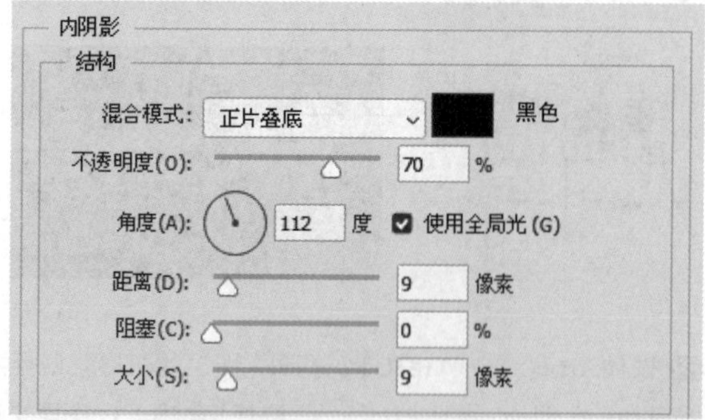


图12-19

图12-20

11 单击“图层”面板底部的按钮，添加“曲线”调整图层。打开“属性”面板，在曲线上添加两个控制点，并调整控制点的位置，如图12-21所示，效果如图12-22所示。

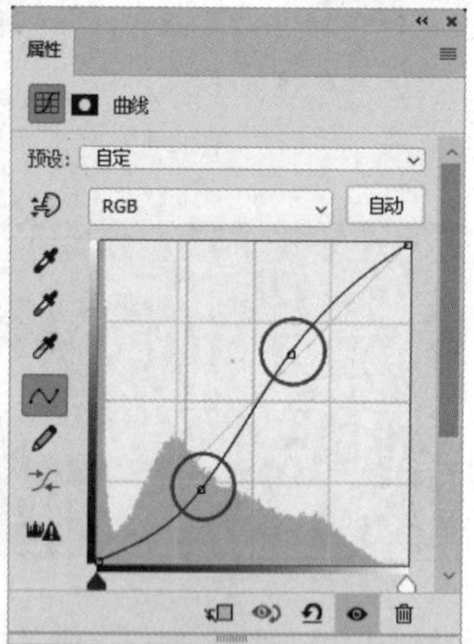


图12-21

图12-22

## 12.2 海报设计：制作社团招新海报

| 素材文件 | 素材文件>CH12>素材02-1.psd、素材02-2.png |
|---|---|
| 实例文件 | 实例文件>CH12>海报设计：制作社团招新海报.psd |
| 视频名称 | 海报设计：制作社团招新海报.mp4 |
| 学习目标 | 掌握海报的制作方法 |

海报的应用范围十分广泛，它对于商业宣传和视觉营销等来说是必不可少的。本案例将运用文字类工具、图层蒙版、图层样式等制作社团招新海报，效果如图12-23所示。

01 按快捷键Ctrl+N创建一个“宽度”为210毫米、“高度”为297毫米、“分辨率”为300像素/英寸、“颜色模式”为“CMYK颜色”、“背景内容”为白色的画布。单击“创建新图层”按钮，创建一个图层，并将其填充为深蓝色（C:83，M:58，Y:0，K:0），如图12-24所示。

图12-23

图12-24

**技巧与提示**

海报的常用尺寸有420mm×570mm、500mm×700mm、570mm×840mm、600mm×900mm、700mm×1000mm和900mm×1200mm，本案例中的海报尺寸为A4（210mm×297mm），该尺寸十分便于打印。

02 按快捷键Ctrl+N创建一个尺寸为60像素×60像素、“分辨率”为300像素/英寸、“颜色模式”为“CMYK颜色”、“背景内容”为“透明”的画布。选择“椭圆工具”，按住Shift键在画布中间绘制一个20像素×20像素的圆形，并为其填充深一些的蓝色（C:92，M:77，Y:13，K:0），如图12-25所示。执行“编辑>定义图案”菜单命令，在弹出的“图案名称”对话框中设置“名称”为“蓝点”，如图12-26所示。按Enter键确认操作。

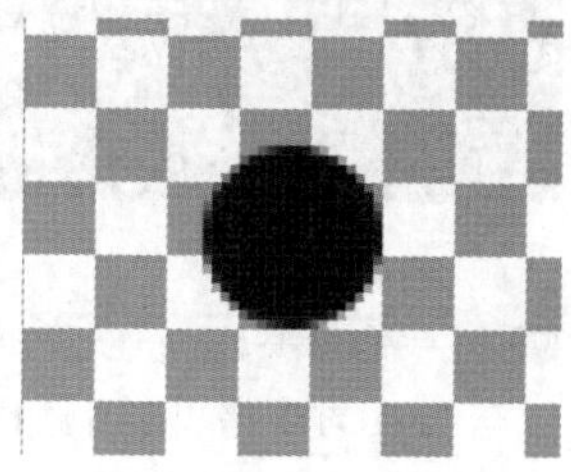

图12-25

图12-26

03 双击“图层1”图层，打开“图层样式”对话框，为其添加“图案叠加”样式，选择之前定义的“蓝点”图案，各选项的设置如图12-27所示。按Enter键确认操作，效果如图12-28所示。

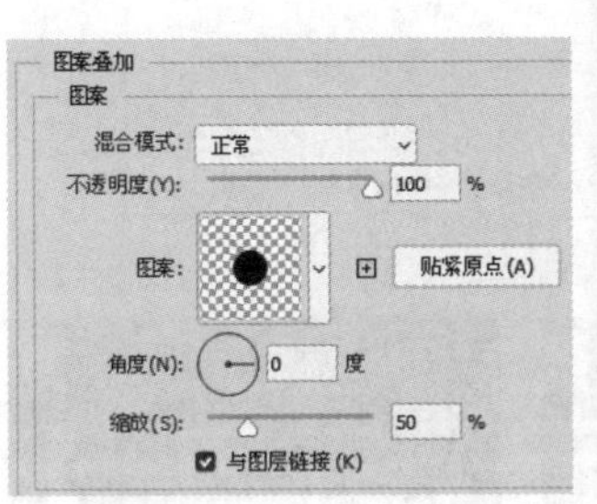


图12-27

图12-28

04 选择“钢笔工具”，在选项栏中设置绘图模式为“形状”、“填充”为浅蓝色（C:56，M:0，Y:15，K:0）、“描边”为无颜色，然后在画布左下方绘制一个三角形，接着修改“填充”为玫红色（C:17，M:92，Y:62，K:0），再在画布右上方绘制一个三角形，效果如图12-29所示。

图12-29

05 按快捷键Ctrl+N创建一个尺寸为60像素×60像素、“分辨率”为300像素/英寸、“颜色模式”为“CMYK颜色”、“背景内容”为“透明”的画布。选择“直线工具”，在画布中间绘制一条斜线，并为其填充浅一些的蓝色（C:75，M:30，Y:28，K:0），如图12-30所示。执行“编辑>定义图案”菜单命令，在弹出的“图案名称”对话框中设置“名称”为“蓝线”，如图12-31所示。按Enter键确认操作。

图12-30

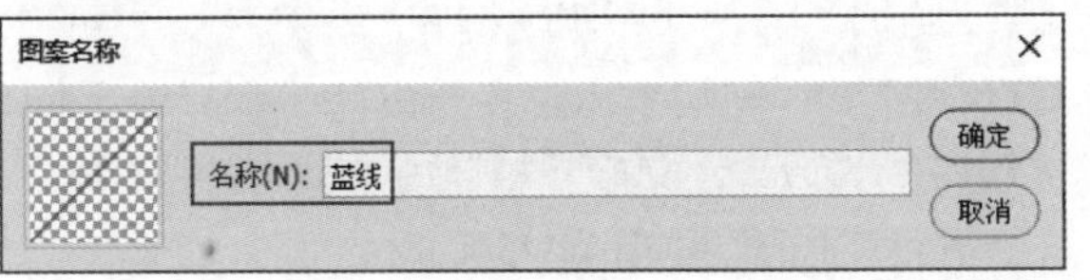


图12-31

06 双击“形状1”图层，打开“图层样式”对话框，为其添加“图案叠加”样式，然后选择之前定义的“蓝线”图案，各选项的设置如图12-32所示。按Enter键确认操作，效果如图12-33所示。

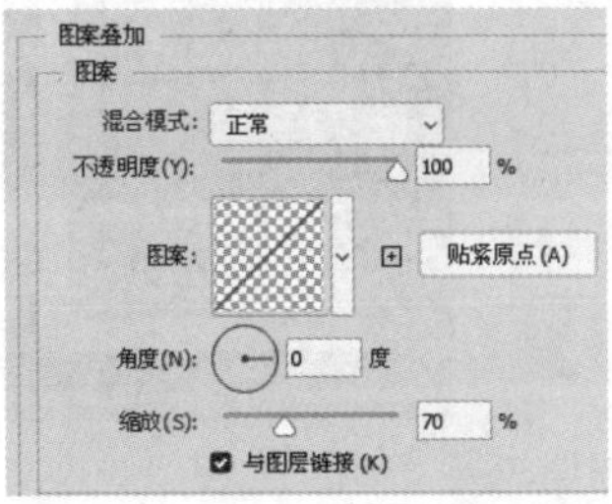

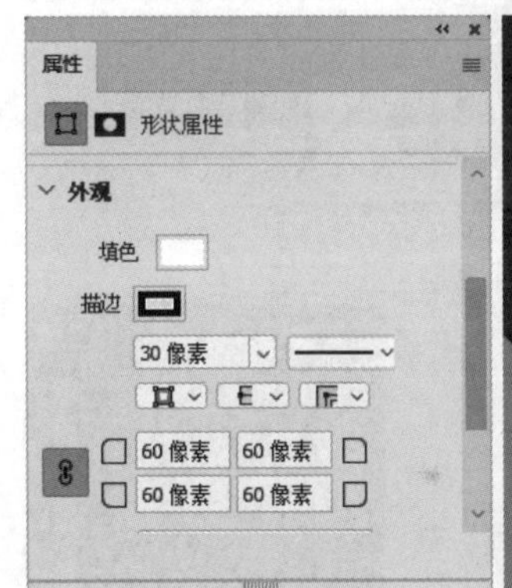


图12-32

图12-33

07 使用“矩形工具”在画布中绘制一个矩形，然后在“属性”面板中设置“填色”为白色、“描边”为深灰色（C:85，M:81，Y:80，K:68）、描边宽度为30像素、圆角半径为60像素，如图12-34所示。按住Alt键拖曳矩形，复制出一个矩形，并修改“填色”为蓝色（C:77，M:36，Y:3，K:0），效果如图12-35所示。

图12-34

图12-35

08 双击“矩形1”图层，打开“图层样式”对话框，为其添加“图案叠加”样式，然后选择之前定义的“蓝线”图案，各选项的设置如图12-36所示。按Enter键确认操作，效果如图12-37所示。

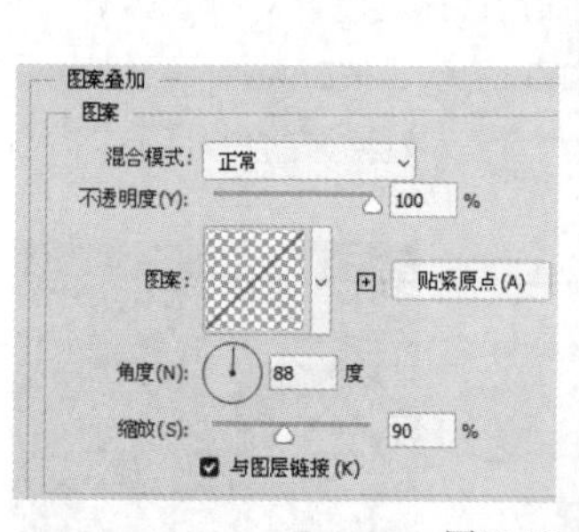


图12-36

图12-37

09 按快捷键Ctrl+O打开本书学习资源文件夹中的“素材文件>CH12>素材02-1.psd”文件，如图12-38所示。将相应的素材拖曳至海报设计文档中，并调整好素材的位置和图层的顺序，效果如图12-39所示。

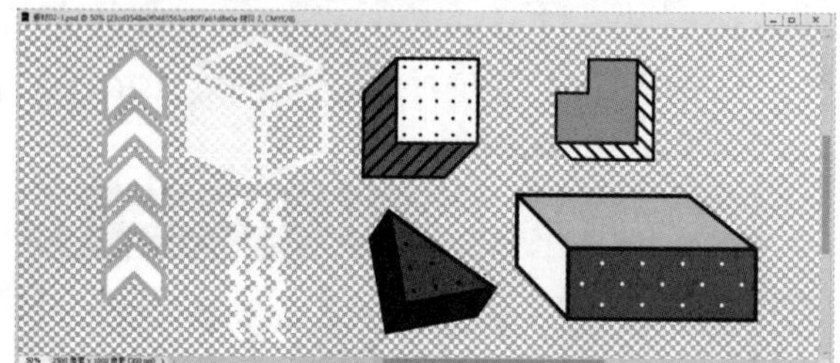

图12-38

**技巧与提示**

在制作完背景后，可以将背景内容所在的图层全选，按快捷键Ctrl+G将其编为一组，便于后期查找与修改。

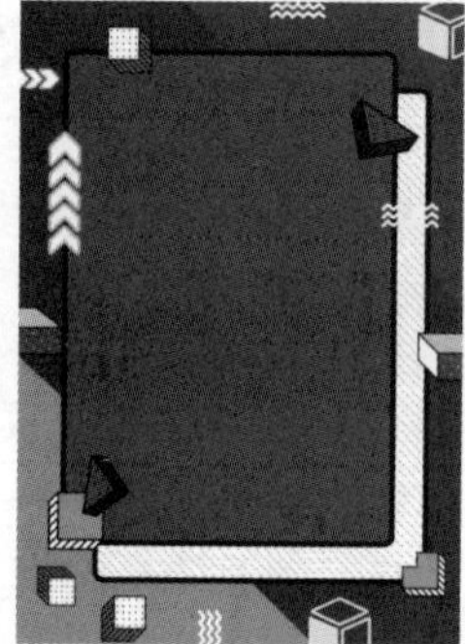

图12-39

10 使用“横排文字工具” T 在画布中输入文字，设置中文的字体为“汉仪综艺体简”、英文的字体为“方正超粗黑_GBK”，文字的颜色均为深一些的蓝色（C:94，M:84，Y:0，K:0）。按快捷键Ctrl+T显示定界框，分别调整文字的大小与位置，效果如图12-40所示。

图12-40

11 将这5个文字图层编组，并为该组添加“描边”样式，各选项的设置如图12-41所示。添加“描边”样式后，效果如图12-42所示。按快捷键Ctrl+J复制图层组，并为其添加“颜色叠加”样式，将其叠加为白色，然后按住Shift键，再分别按4次↑键和←键，效果如图12-43所示。

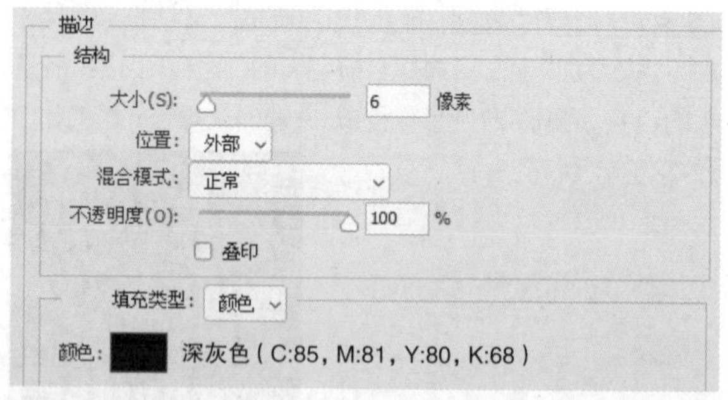


图12-41

图12-42 图12-43

12 将“素材02-2.png”文件拖曳至画布中，并调整其大小和位置，效果如图12-44所示。为“素材02-2”图层添加图层蒙版，将图像底部和左侧隐藏，效果如图12-45所示。

图12-44 图12-45

13 使用“矩形工具” □ 在文字“招新啦”下方画一个长方形作为装饰元素，复制一些其他装饰元素，并调整它们的位置和大小，效果如图12-46所示。

图12-46

## 12.3 包装设计：制作粽子礼盒包装

| | |
|---|---|
| 素材文件 | 素材文件>CH12>素材03-1.jpg、素材03-2.png、素材03-3.jpg、素材03-4.png、素材03-5.psd、素材03-6.psd |
| 实例文件 | 实例文件>CH12>包装设计：制作粽子礼盒包装正面.psd、包装设计：制作粽子礼盒包装侧面.psd、包装设计：制作粽子礼盒包装刀版图.psd、包装设计：制作粽子礼盒包装展示图.psd |
| 视频名称 | 包装设计：制作粽子礼盒包装.mp4 |
| 学习目标 | 掌握包装的制作方法 |

包装不仅可以在流通过程中保护产品，还可以促进销售，因此它在市场中的需求量很大。本案例将运用文字类工具、剪贴蒙版、图层样式等制作粽子礼盒包装，并用样机制作成品，效果如图12-47所示。

图12-47

01 按快捷键Ctrl+N创建一个“宽度”336毫米、“高度”为258毫米、“分辨率”为300像素/英寸、“颜色模式”为“CMYK颜色”、“背景内容”为白色的画布。将本书学习资源文件夹中的“素材文件>CH12>素材03-1.jpg”文件拖曳至画布中，然后将其等比放大，按Enter键确认操作，效果如图12-48所示。

图12-48

02 使用“矩形工具”绘制一个白色的矩形，然后双击矩形所在图层，打开“图层样式”对话框，为其添加“投影”样式，各选项的设置如图12-49所示。按Enter键确认，效果如图12-50所示。

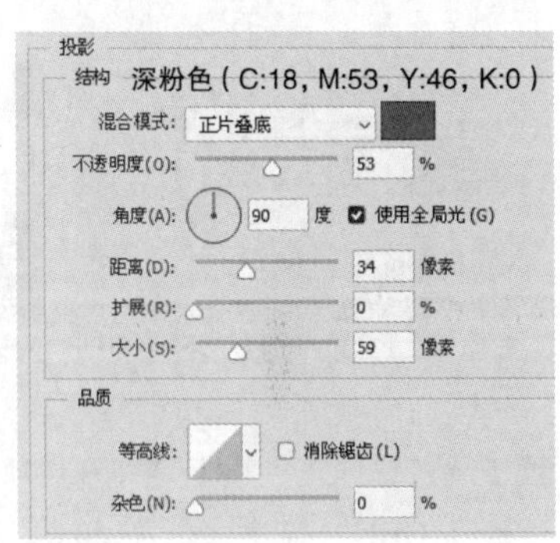


图12-49

图12-50

03 将“素材03-2.png”文件拖曳至矩形中，效果如图12-51所示。按快捷键Alt+Ctrl+G创建剪贴蒙版，效果如图12-52所示。

图12-51

图12-52

04 使用“椭圆工具”绘制一个白色的圆形，如图12-53所示。按快捷键Ctrl+J复制圆形，然后按快捷键Ctrl+T显示定界框，按住Alt键并拖曳控制点将其等比缩小，效果如图12-54所示。按Enter键确认操作。

图12-53　图12-54

05 双击“椭圆1 拷贝”图层，打开“图层样式”对话框，为其添加“描边”样式，各选项的设置如图12-55所示。按Enter键确认操作，效果如图12-56所示。

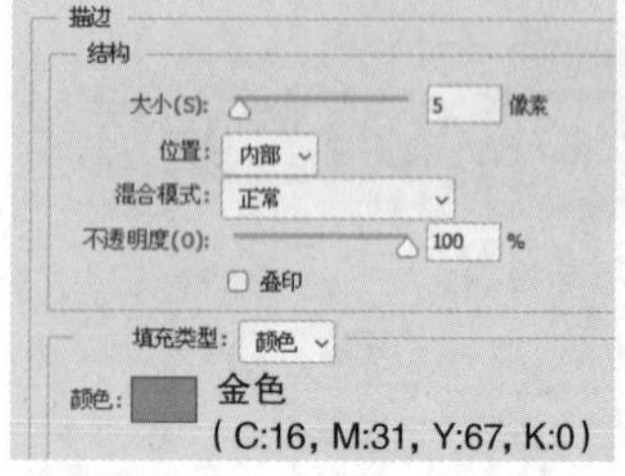


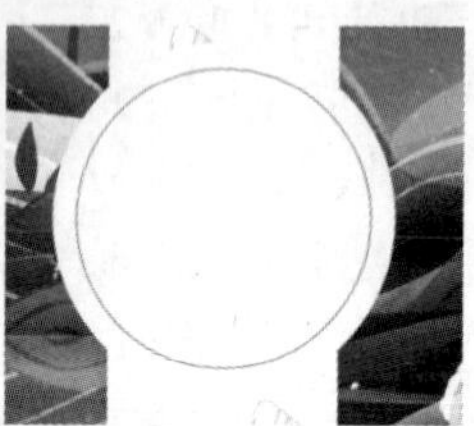

图12-55　图12-56

06 选择“横排文字工具” T，在选项栏中设置字体为“方正粗倩_GBK”、文字大小为160点，在画布中单击并输入“粽”字，如图12-57所示。将“素材03-3.jpg”文件拖曳至文字中，按快捷键Alt+Ctrl+G创建剪贴蒙版，效果如图12-58所示。

图12-57　图12-58

07 使用“横排文字工具” T.在画面中输入相应的文字信息，如图12-59所示。按快捷键Shift+Ctrl+Alt+E将所有可见图层盖印到一个新的图层中，然后按快捷键Ctrl+S保存文件。

图12-59

**技巧与提示**

案例中文字的字体为“思源黑体”，读者可按自己的喜好进行设计。

08 按快捷键Ctrl+N创建一个“宽度”366毫米、“高度”为166毫米、“分辨率”为300像素/英寸、“颜色模式”为“CMYK颜色”、“背景内容”为白色的画布。单击“创建新图层”按钮，创建一个图层，并将其填充为粉色(C:0，M:36，Y:28，K:0)，如图12-60所示。

09 将“素材03-4.png”文件拖曳至画布中，然后将其等比放大并置于画布下方，按Enter键确认操作，效果如图12-61所示。

图12-60　图12-61

10 使用“横排文字工具” T.在画面中输入相应的文字信息，如图12-62所示。按快捷键Shift+Ctrl+Alt+E将所有可见图层盖印到一个新的图层中，然后按快捷键Ctrl+S保存文件。

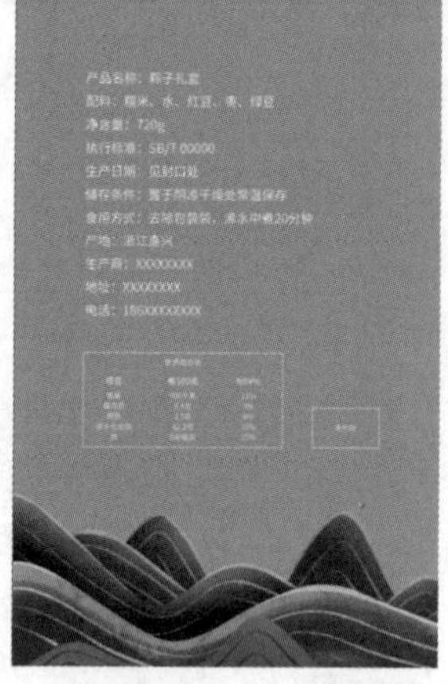

图12-62

11 按快捷键Ctrl+O打开本书学习资源文件夹中的“素材文件>CH12>素材03-5.psd”文件，这是本案例中包装的刀版图，如图12-63所示。将之前盖印的包装正面与侧面拖曳至刀版图中，并置于刀版图所在图层的下层，效果如图12-64所示。

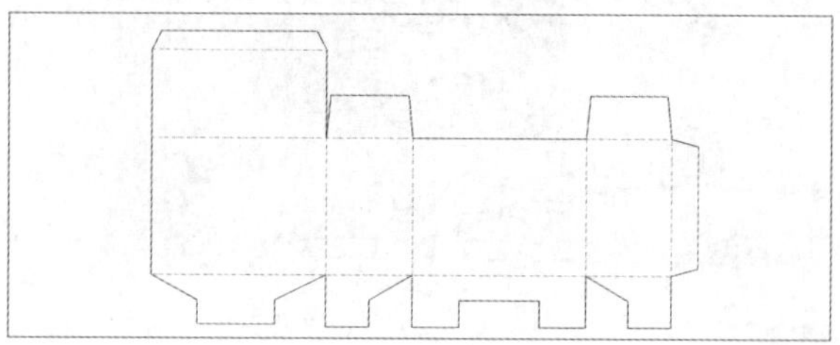

图12-63

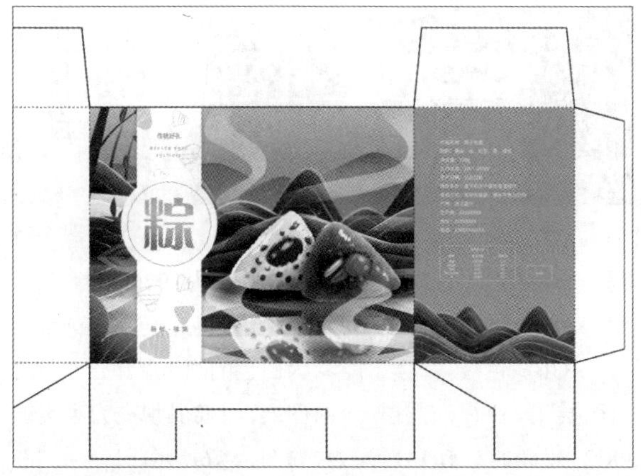


图12-64

> **技巧与提示**
>
> 刀版图又称包装结构展开图，在包装设计中用来标示裁切和折叠部位等。其中，实线表示裁切部位，虚线表示折叠部位。因为不同厚度的纸盒折叠后会有一定的偏差，而尺寸不准确会影响成品效果，所以一般需要厂家提供刀版图。

⑫ 复制包装正面和侧面，并拖曳至包装盒的背面和另一个侧面，如图12-65所示。单击“创建新图层”按钮，创建一个图层，使用“矩形选框工具”创建盒盖的选区，并将其填充为粉色（C:0，M:36，Y:28，K:0），效果如图12-66所示。

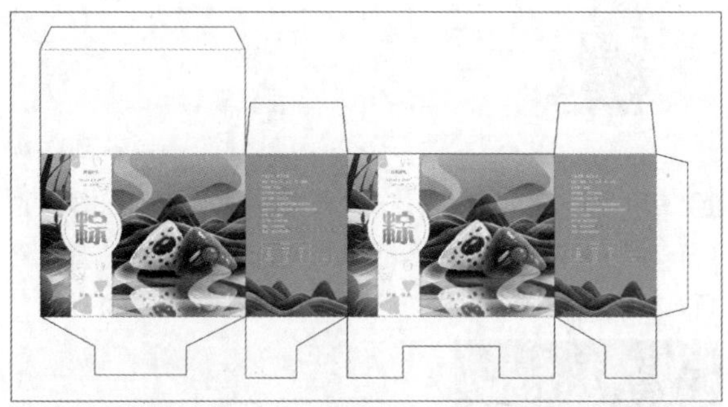

图12-65

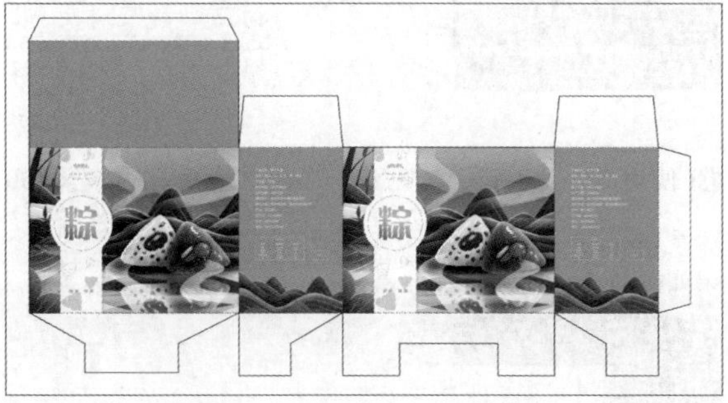

图12-66

> **技巧与提示**
>
> 包装盒的背面、另一个侧面和盒盖也可根据需求设计成其他样式。将图片置于刀版图中后需检查文字信息是否有误，检查完后可以按1：1的比例进行打印处理，以确保折叠后的效果是正确的。

⑬ 按快捷键Ctrl+O打开本书学习资源文件夹中的“素材文件>CH12>素材03-6.psd”文件，双击“正面”图层的缩览图，如图12-67所示。打开新的文档窗口，将之前盖印的包装正面拖曳至画布中，并将其等比缩小，效果如图12-68所示。按快捷键Ctrl+S保存设置，单击“素材03-6”的文档窗口，效果如图12-69所示。

图12-67

图12-68

图12-69

⑭ 双击“侧面”图层的缩览图，如图12-70所示。打开新的文档窗口，将之前盖印的包装侧面拖曳至画布中，并将其等比缩小，效果如图12-71所示。按快捷键Ctrl+S保存设置，单击“素材03-6”的文档窗口，效果如图12-72所示。

图12-70

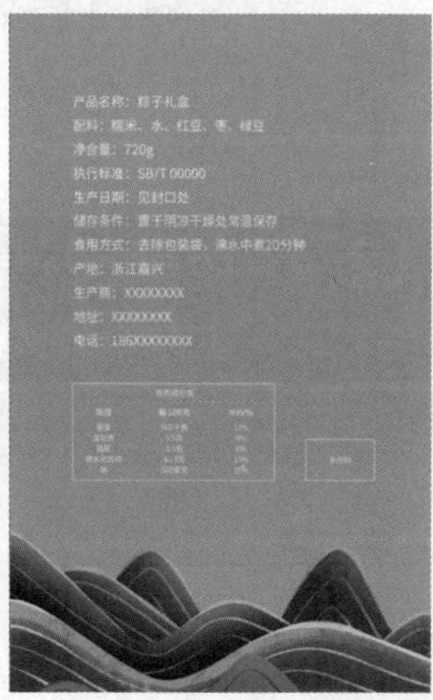


图12-71

图12-72

⑮ 双击“封顶”图层的缩览图，如图12-73所示。打开新的文档窗口，单击“创建新图层”按钮 ⊞，创建一个新图层，并将其填充为粉色（C:0，M:36，Y:28，K:0）。按快捷键Ctrl+S保存设置，单击“素材03-6”的文档窗口，效果如图12-74所示。

图12-73

图12-74

## 12.4 电商设计：制作春季上新Banner

| | |
|---|---|
| 素材文件 | 素材文件>CH12>素材04-1.png、素材04-2.png、素材04-3.png |
| 实例文件 | 实例文件>CH12>电商设计：制作春季上新Banner.psd |
| 视频名称 | 电商设计：制作春季上新Banner.mp4 |
| 学习目标 | 掌握Banner的制作方法 |

Banner是互联网广告中的一种基本形式，在电商中十分常见。本案例将运用文字类工具、形状类工具和选区类工具等制作春季上新Banner，效果如图12-75所示。

图12-75

01 按快捷键Ctrl+N创建一个“宽度”为1920像素、“高度”为600像素、“分辨率”为72像素/英寸、“颜色模式”为“RGB颜色”、“背景内容”为白色的画布。单击“创建新图层”按钮 ⊞，创建一个新图层，并将其填充为浅灰色（R:238，G:238，B:241），效果如图12-76所示。

图12-76

02 将本书学习资源文件夹中的“素材文件>CH12>素材04-1.png”文件拖曳至画布中，然后将其等比缩小，并移至画面左侧，按Enter键确认操作，效果如图12-77所示。

图12-77

03 使用“矩形工具” ▭ 创建一个尺寸为720像素×600像素的矩形，然后将其填充为宝蓝色（R:6，G:0，B:251），再将其移至画面左侧，并设置“不透明度”为70%，效果如图12-78所示。

图12-78

04 使用“矩形工具” ▭ 创建一个尺寸为1600像素×400像素的矩形，然后将其填充为白色，再移至画面右侧，效果如图12-79所示。

图12-79

05 将“素材04-2.png”文件拖曳至画布中，然后将其移至画面右侧，按Enter键确认操作，效果如图12-80示。

图12-80

06 使用“矩形选区工具”在圆点上创建一个尺寸为490像素×255像素的矩形选区，如图12-81所示。按快捷键Shift+Ctrl+I反选选区，再选择“素材04-2”图层，单击“添加图层蒙版”按钮，为其添加图层蒙版，效果如图12-82所示。

图12-81

图12-82

07 将“素材04-3.png”文件拖曳至画布中，并移至画面中心偏右一些的位置，按Enter键确认操作，效果如图12-83所示。

图12-83

08 选择“矩形工具”，创建两个宝蓝色（R:6，G:0，B:251）的矩形色块，并分别置于画面两侧，效果如图12-84所示。

图12-84

09 选择“横排文字工具”，在画面中输入相应的文字信息，然后选择英文文字图层，执行“编辑>变换>顺时针旋转90度”菜单命令，再将文字分别拖曳至宝蓝色矩形色块中，效果如图12-85所示。

图12-85

**技巧与提示**

案例中的文字内容、字体、字号和排版方式等仅供参考，读者可按自己的喜好进行设计。

10 使用“横排文字工具”在画面中输入相应的文字信息，如图12-86所示。

图12-86

11 使用“矩形工具”和“直线工具”画一些小方块与线条元素，使整体更有设计感，如图12-87所示，效果如图12-88所示。

图12-87

图12-88

# 12.5 电商设计：制作服装详情页

| | |
|---|---|
| 素材文件 | 素材文件>CH12>素材05-1.jpg、素材05-2.jpg、素材05-3.jpg、素材05-4.jpg、素材05-5.jpg、素材05-6.jpg、素材05-7.jpg |
| 实例文件 | 实例文件>CH12>电商设计：制作服装详情页.psd |
| 视频名称 | 电商设计：制作服装详情页.mp4 |
| 学习目标 | 掌握详情页的制作方法 |

产品详情页可以介绍产品，引导顾客下单购买，它在电商设计中是十分重要的。本案例将运用文字类工具、形状类工具和选区类工具等制作服装详情页，效果如图12-89所示。

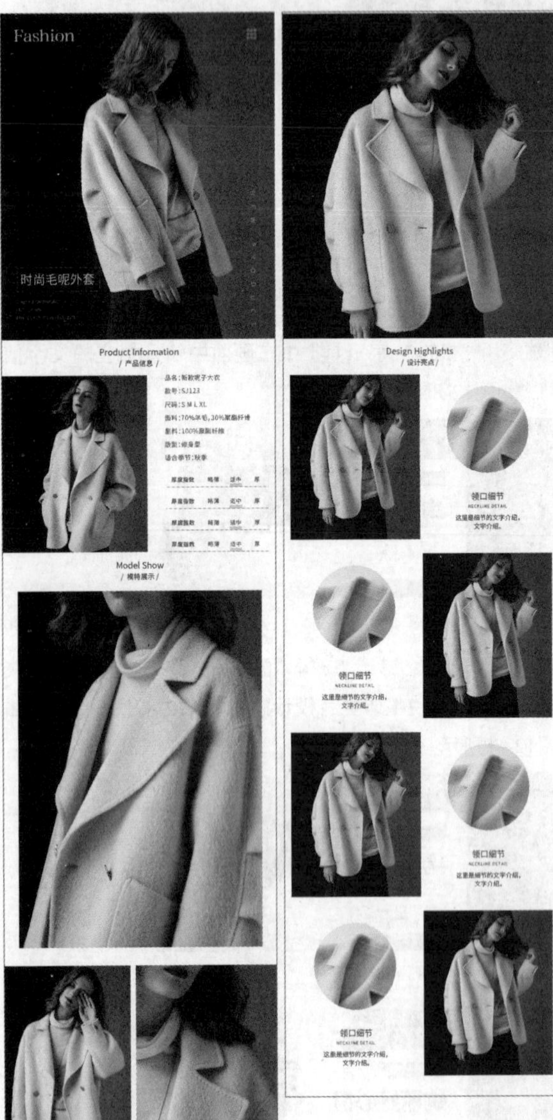


图12-89

**01** 按快捷键Ctrl+N创建一个“宽度”为790像素、“高度”为2000像素、“分辨率”为72像素/英寸、“颜色模式”为“RGB颜色”、“背景内容”为白色的画布。将本书学习资源文件夹中的“素材文件>CH12>素材05-1.jpg”文件拖曳至画布中，然后将其置于画面上方，按Enter键确认操作，效果如图12-90所示。

**技巧与提示**

详情页的宽度多为790像素，高度可以根据产品的情况而定。

图12-90

**02** 使用“横排文字工具” T.在画面中输入相应的文字信息，然后使用“矩形工具” □.、“自定形状工具”和“直线工具” ⁄ 添加一些装饰元素，使整体更有设计感，效果如图12-91所示。

图12-91

**技巧与提示**

制作完一部分内容后，可以将其所在图层全部选中，然后按快捷键Ctrl+G编组，便于后期管理。

**03** 在图片下方继续输入文字信息，制作“产品信息”板块，如图12-92所示。使用“矩形工具” □.和“直线工具” ⁄ 画出表格的第一栏，并输入文字，然后将其所在图层全部选中，并按快捷键Ctrl+G编组，如图12-93所示。

图12-92

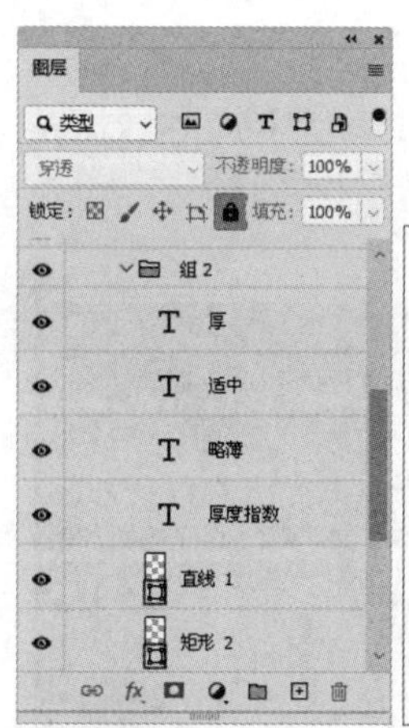


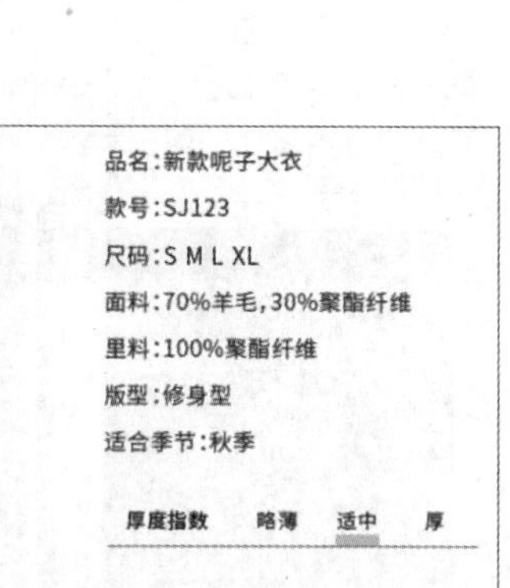


图12-93

**04** 按3次快捷键Ctrl+J复制“组2”图层组，然后选择“移动工具”，按住Shift键并按↓键移动“组2 拷贝3”图层组，效果如图12-94所示。将“组2”图层组以及复制出的3个图层组选中，如图12-95所示。选择“移动工具”，单击选项栏中的按钮，即可使它们的间距相同，效果如图12-96所示。

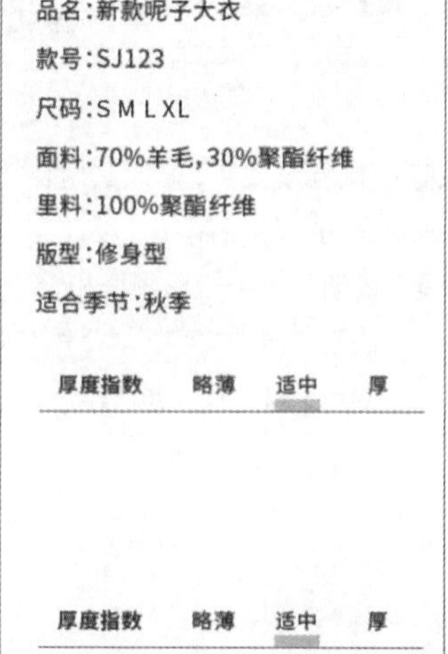


图12-94

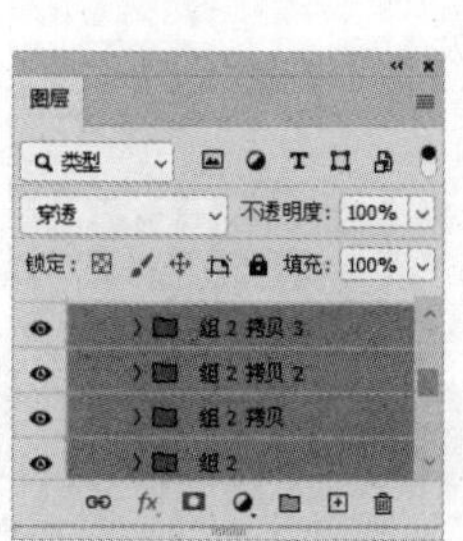


图12-95

图12-96

**05** 选择“图框工具”，在文字左侧创建一个矩形的图框，如图12-97所示。将“素材05-2.jpg”文件拖曳至图框中，并调整其位置，效果如图12-98所示。

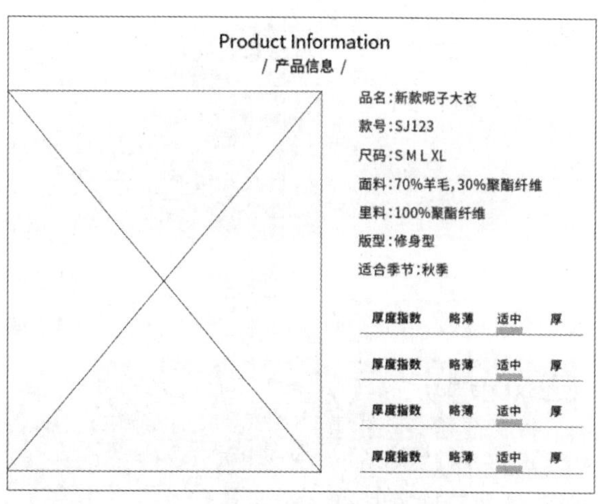


图12-97

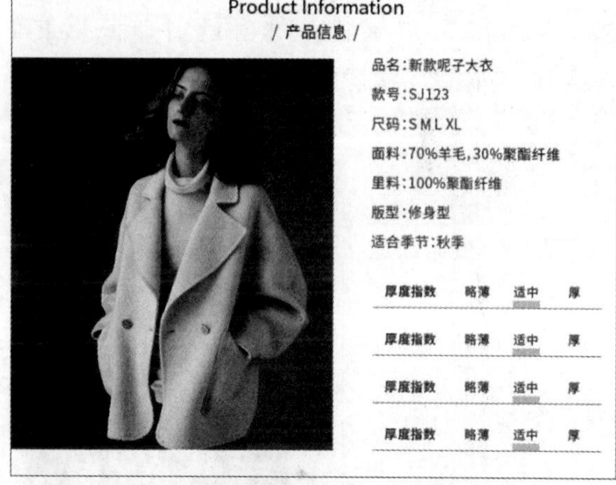


图12-98

**06** 复制标题文字，修改其内容并将其拖曳到“产品信息”板块下方，这个板块为“模特展示”板块，如图12-99所示。此时，画布剩余的空白区域已经比较少了。执行“图像>画布大小”菜单命令，打开“画布大小”对话框，设置定位点在顶部中间，勾选“相对”选项，设置“高度”为2000像素，如图12-100所示。按Enter键确认操作，画布即可向下扩展2000像素。

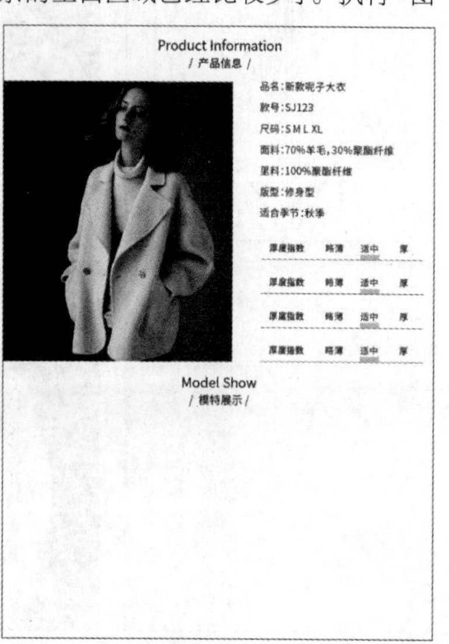


图12-99

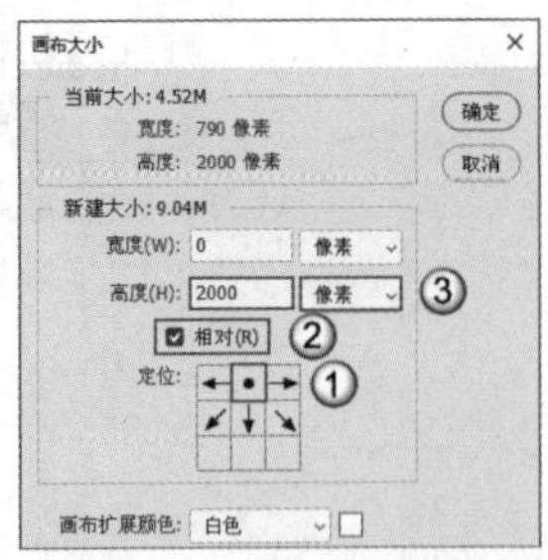


图12-100

> **技巧与提示**
>
> 选择"裁剪工具" 后向下拖曳也可以扩展画布，扩展区域是透明的。在"画布大小"对话框中可以修改画布扩展区域的颜色。由于详情页的长度是不固定的，所以可以根据实际需求随时扩展或裁剪画布，后续扩展画布的步骤将省略。

07 使用"图框工具" 根据需求创建多个图框，效果如图12-101所示。将"素材05-3.jpg"～"素材05-6.jpg"文件分别拖曳至图框中，并调整它们的位置，效果如图12-102所示。

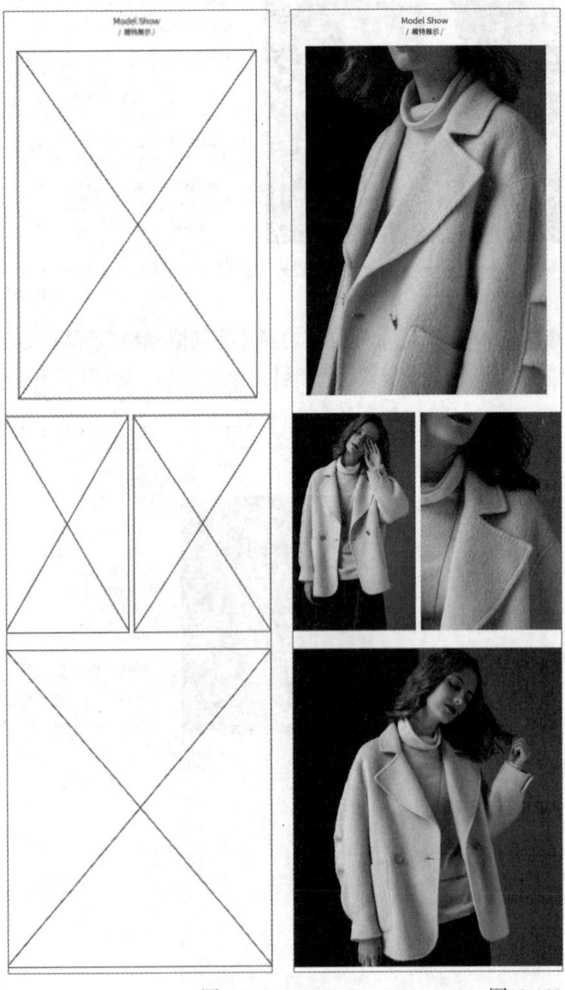


图12-101　　图12-102

> **技巧与提示**
>
> 如果需调整图片大小，可以按快捷键Ctrl+T显示定界框，如图12-103所示。按住Shift键并拖曳控制点，可以等比缩放图片，如图12-104所示。
>
> 
>
> 
>
> 图12-103　　图12-104

08 复制标题文字，修改其内容并将其拖曳到"模特展示"板块下方，然后制作"设计亮点"板块。使用"图框工具" 创建一个矩形图框和一个圆形图框，如图12-105所示。使用"横排文字工具" 在圆形图框下方输入相应的文字信息，如图12-106所示。

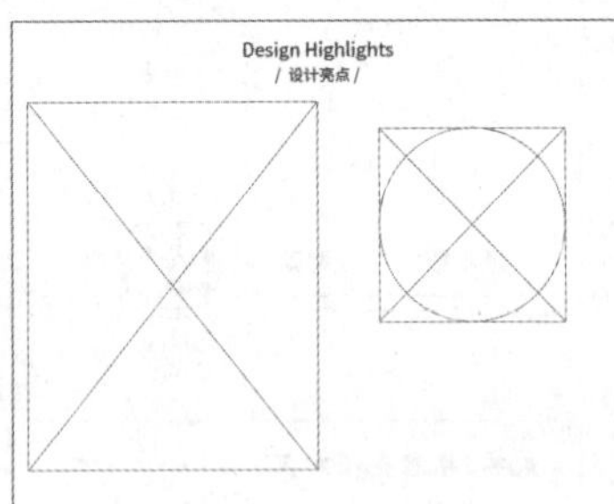


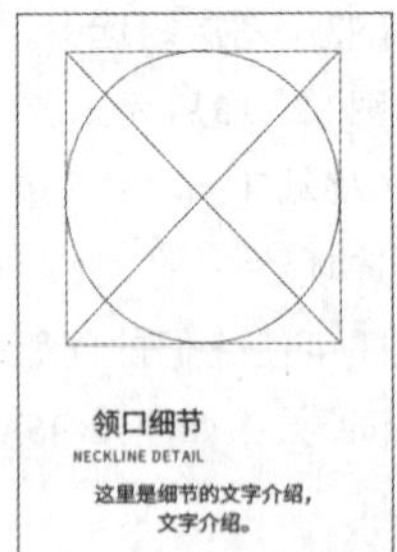


图12-105　　图12-106

09 按住Ctrl键并单击圆形图框的缩览图，创建选区；然后选中文字图层，单击选项栏中的 按钮，使文字与圆形图框水平居中对齐，效果如图12-107所示。

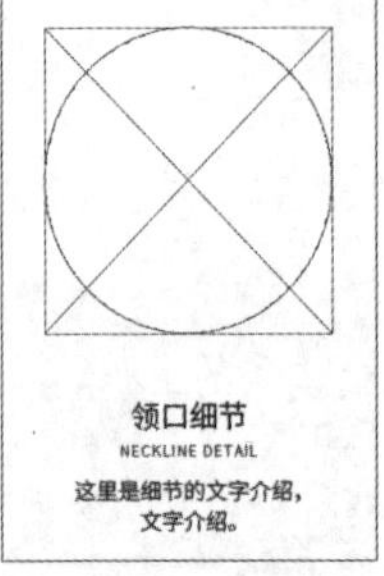


图12-107

10 选中两个图框图层和所有文字图层，然后按快捷键Ctrl+G将它们编组，并重命名为"亮点1"。按快捷键Ctrl+J复制"亮点1"图层组，然后按↓键移动该图层组，如图12-108所示。使用"移动工具" 改变图框和文字的布局，效果如图12-109所示，并将图层组重命名为"亮点2"。

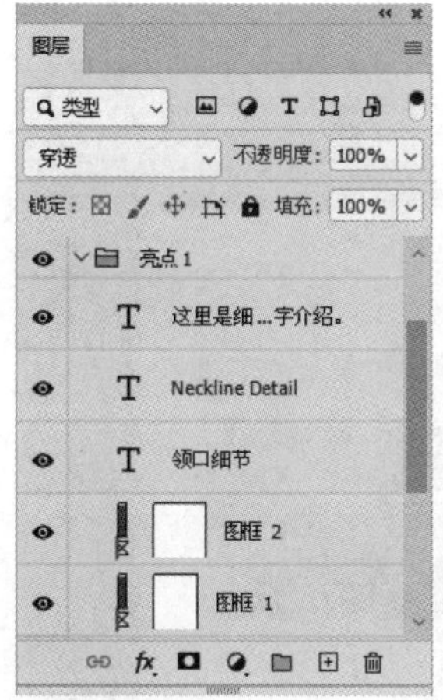


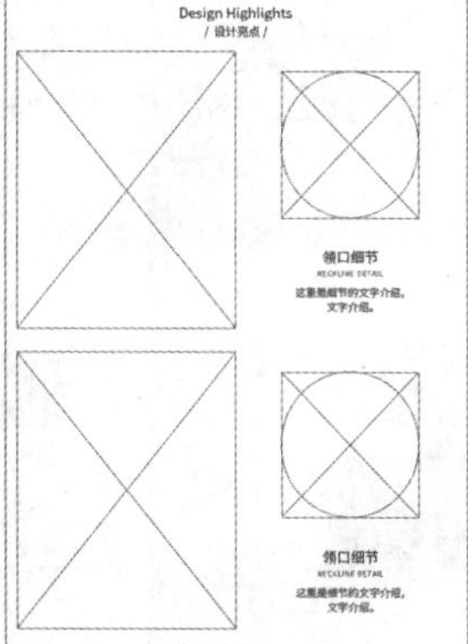


图12-108

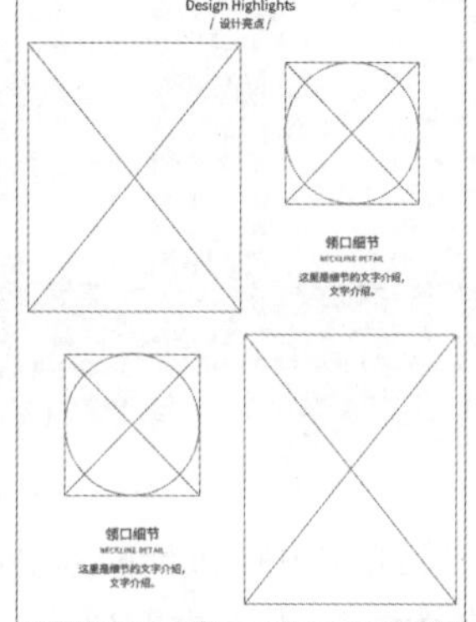


图12-109

⑪ 复制“亮点1”图层组和“亮点2”图层组，并将它们向下移动，如图12-110所示。将“素材05-6.jpg”和“素材05-7.jpg”文件分别拖曳至图框中，并调整它们的位置，效果如图12-111所示。

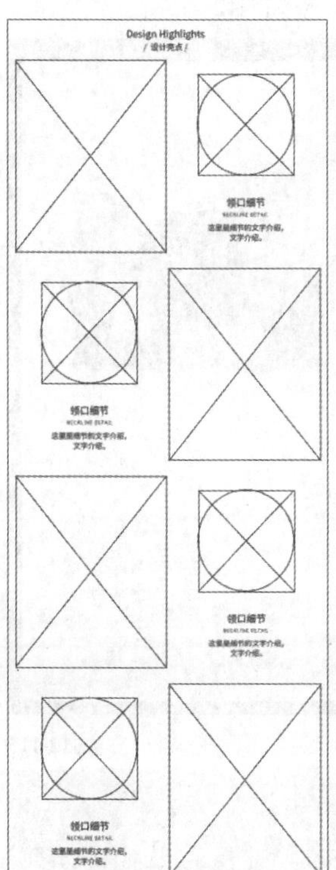


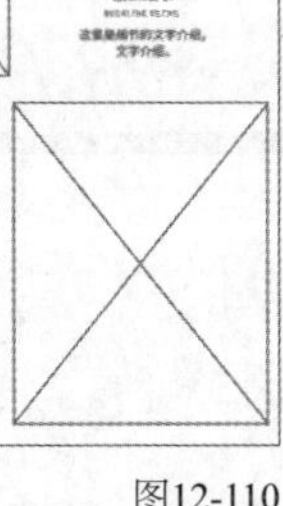

图12-110

图12-111

⑫ 使用“裁剪工具”裁切多余画布，效果如图12-112所示。

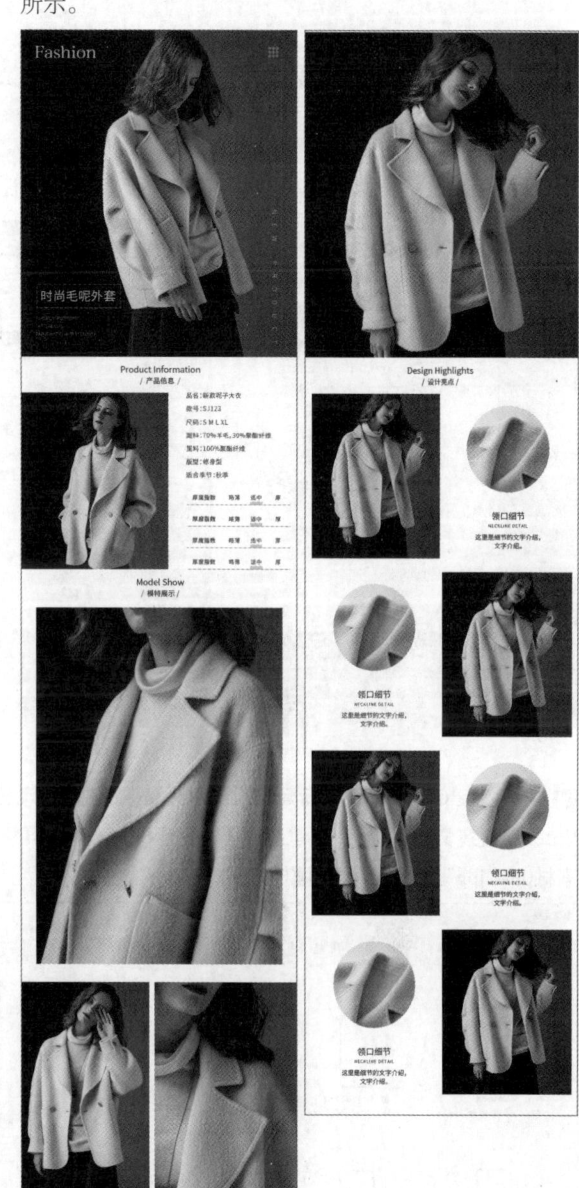


图12-112

## 12.6 UI设计：制作功能型引导页

| | |
|---|---|
| 素材文件 | 素材文件>CH12>素材06-1.jpg、素材06-2.jpg、素材06-3.jpg |
| 实例文件 | 实例文件>CH12>UI设计：制作功能型引导页.psd、UI设计：制作功能型引导页展示图.psd |
| 视频名称 | UI设计：制作功能型引导页.mp4 |
| 学习目标 | 掌握引导页的制作方法 |

引导页可以迅速抓住用户的眼球，使其快速了解App的功能。本案例将运用画板、形状类工具和文字类工具等

制作功能型引导页和展示图，效果如图12-113所示。

图12-113

**01** 按快捷键Ctrl+N打开“新建文档”对话框，选择“移动设备”选项卡中的“iPhone 8/7/6”选项，如图12-114所示，按Enter键新建文档。单击“创建新图层”按钮⊞，新建图层并填充为白色。将本书学习资源文件夹中的“素材文件>CH12>素材06-1.jpg”文件拖曳至“画板1”中，将其等比缩小并置于画面上方，按Enter键确认操作，效果如图12-115所示。

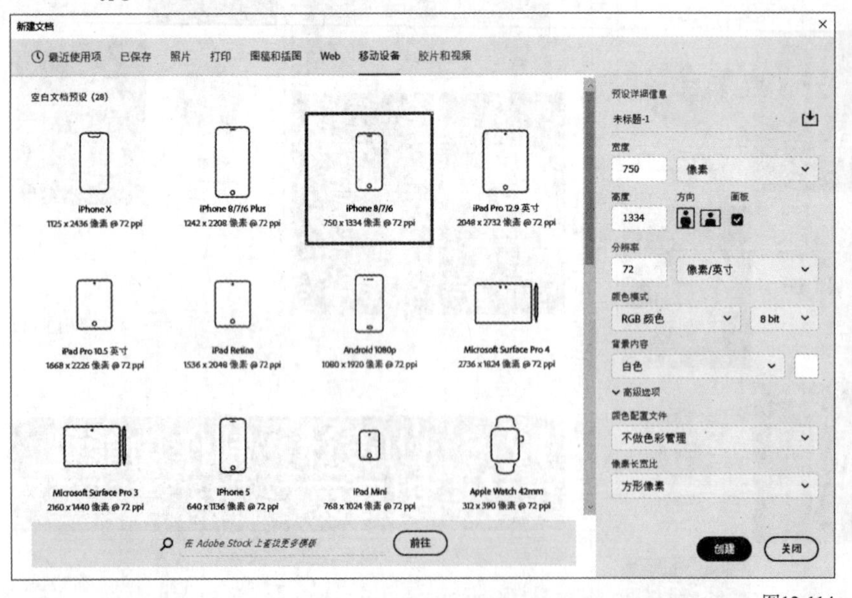


图12-114

图12-115

**技巧与提示**

一般使用画板来制作App界面。在一个文档窗口中建立多个画板，不仅便于制作，还可以同时处理多个界面，从而保证界面的统一性。

**02** 使用“横排文字工具” T.在画面中输入相应的文字信息，然后使用“椭圆工具” ◯创建一个16像素×16像素的圆形，并填充为紫色（R:147，G:59，B:242），效果如图12-116所示。选择紫色圆形，按两次快捷键Ctrl+J复制出两个圆形。选择复制出的一个圆形，按住Shift键并按4次→键。选择复制出的另一个圆形，按住Shift键并按4次←键，效果如图12-117所示。

图12-116

图12-117

**03** 选择这3个圆形，按快捷键Ctrl+G将其编组。按快捷键Ctrl+A全选画板和3个圆形，单击选项栏中的按钮，即可使这3个圆形与画板水平居中对齐，如图12-118所示。按快捷键Ctrl+D取消选区，然后在“图层”面板中选择“画板1”图层组，按两次快捷键Ctrl+J复制画板，如图12-119所示。

图12-118

图12-119

**04** 删除“画板1 拷贝”和“画板1 拷贝2”中的图片，将“素材06-2.jpg”和“素材06-3.jpg”文件分别拖曳至“画板1 拷贝”和“画板1 拷贝2”中，然后将它们等比缩小并置于画面上方，按Enter键确认操作，效果如图12-120所示。

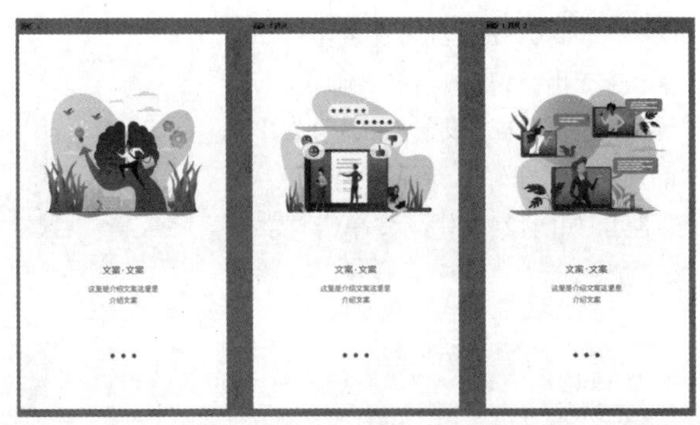


图12-120

### 技巧与提示

在“图层”面板中选择画板图层组，即可对画板进行操作。例如，选择“画板1 拷贝”图层组，即可对其中的所有图层进行操作。选择“移动工具” ✥，勾选选项栏中的“自动选择”选项，并选择“图层”选项，这样无论单击哪个对象，都可以直接选择其所在图层或画板。

**05** 选择“画板1”中右侧的两个圆形，设置“不透明度”为30%，以指示目前停留在第1个页面，效果如图12-121所示。将“画板1 拷贝”中的第1个和第3个圆形的“不透明度”设置为30%，将“画板1 拷贝2”中左侧的两个圆形的“不透明度”设置为30%，效果如图12-122所示。

图12-121

图12-122

06 将3个画板导出为图片备用。执行“文件>导出>导出为”菜单命令，打开“导出为”对话框，设置“格式”为JPG、“品质”为“好”，其余选项保持默认设置即可，如图12-123所示，单击“导出”按钮 。

图12-123

07 按快捷键Ctrl+N创建一个“宽度”为1200像素、“高度”为800像素、“分辨率”为72像素/英寸、“颜色模式”为“RGB颜色”、“背景内容”为白色的画布，将其填充为浅紫色（R:240，G:234，B:248），如图12-124所示。使用“椭圆工具” 创建3个椭圆形，将它们作为装饰元素（大小和位置没有固定要求），并为它们填充深一些的紫色（R:218，G:203，B:236），效果如图12-125所示。

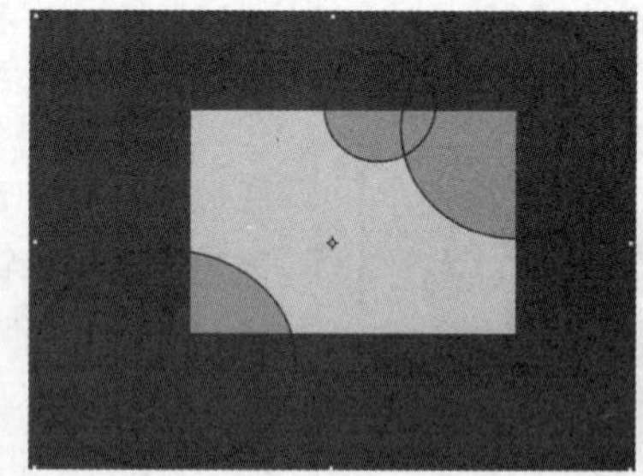

图12-124

图12-125

08 使用“矩形工具” 创建一个尺寸为298像素×545像素、圆角半径为20.5像素的圆角矩形，并填充为白色，效果如图12-126所示。双击圆角矩形所在图层，打开“图层样式”对话框，为其添加“外发光”样式，各选项的设置如图12-127所示，效果如图12-128所示。

图12-126

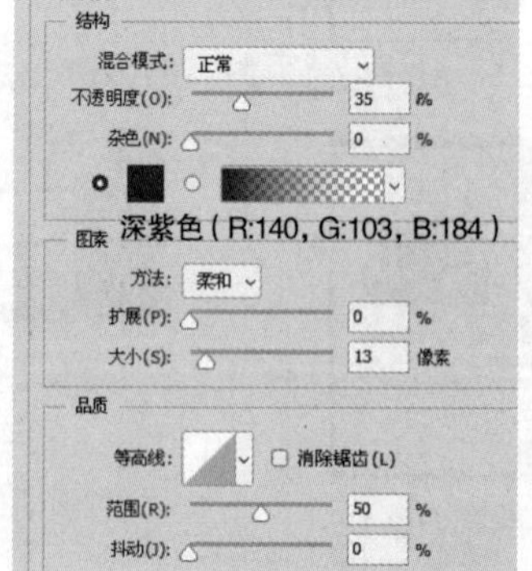


图12-127

图12-128

09 按快捷键Ctrl+J复制两个圆角矩形，调整它们的位置，使3个圆角矩形的间距相同，并让它们处于画布中间，效果如图12-129所示。

图12-129

❿ 将之前导出的3张界面图依次拖曳至画布中，调整它们的大小并将它们分别放在3个圆角矩形中，效果如图12-130所示。图层的顺序如图12-131所示。

图12-130

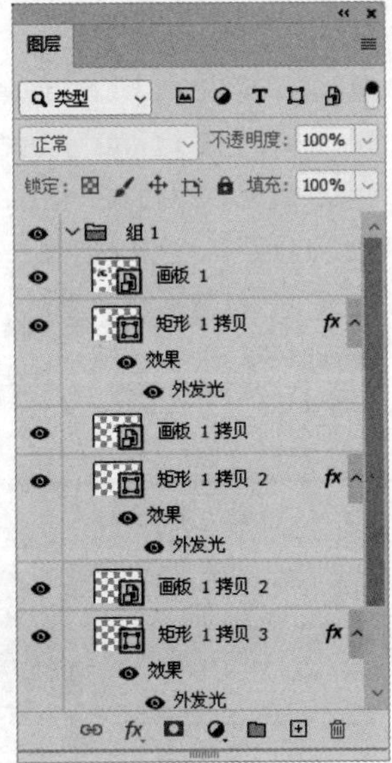


图12-131

⓫ 按快捷键Alt+Ctrl+G依次创建剪贴蒙版，如图12-132所示，效果如图12-133所示。

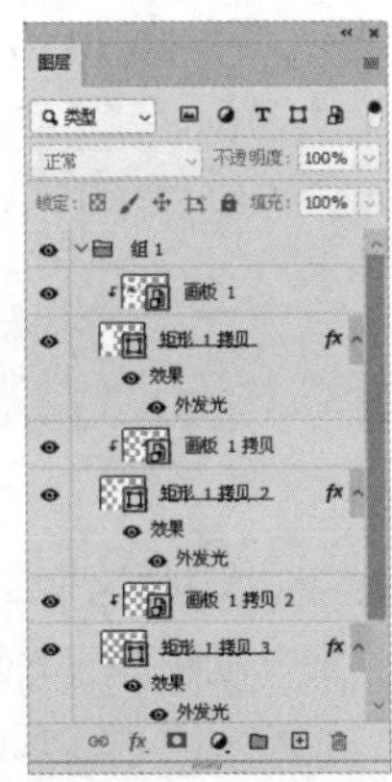

图12-132

图12-133

## 12.7 创意合成：制作空中小镇

| | |
|---|---|
| 素材文件 | 素材文件>CH12>素材07-1.jpg、素材07-2.png、素材07-3.png、素材07-4.png、素材07-5.png、素材07-6.jpg |
| 实例文件 | 实例文件>CH12>创意合成：制作空中小镇.psd |
| 视频名称 | 创意合成：制作空中小镇.mp4 |
| 学习目标 | 掌握合成的方法 |

图像合成是 Photoshop 的重要功能之一。本案例将运用图层蒙版、剪贴蒙版、调整图层等制作空中小镇，效果如图12-134所示。

图12-134

01 按快捷键Ctrl+O打开本书学习资源文件夹中的“素材文件>CH12>素材07-1.jpg”文件，如图12-135所示。

图12-135

02 将“素材07-2.png”文件拖曳至画布中，将其等比缩小并置于画面左侧，如图12-136所示。将“素材07-3.png”文件拖曳至岛屿上方，并将其所在图层置于岛屿所在图层下方，如图12-137所示。

图12-136

图12-137

03 为岛屿所在图层添加图层蒙版，然后使用黑色画笔涂抹岛屿，使其与上方建筑更为融合，并且在云层中若隐若现。涂抹的区域如图12-138所示，效果如图12-139所示。

图12-138

图12-139

**技巧与提示**

在本案例中使用“画笔工具”涂抹时，均需使用“柔边圆”笔尖，并调整“流量”和“不透明度”。读者可以根据需求随时调整笔尖大小，以及“流量”和“不透明度”的数值。

04 分别在“素材07-2”和“素材07-3”图层上方新建图层，并分别按快捷键Alt+Ctrl+G将其设置为下方图层的剪贴蒙版，然后使用黑色画笔涂抹建筑和岛屿，使其整体变暗，如图12-140所示。设置“图层1”和“图层2”图层的混合模式为“柔光”、“不透明度”为40%，效果如图12-141所示。

图12-140

图12-141

05 选择“素材07-3”图层，单击“图层”面板底部的按钮，添加“自然饱和度”“色彩平衡”“曲线”调整图层，并将其设置为“素材07-3”图层的剪贴蒙版，各选项的设置如图12-142所示。添加调整图层后的效果如图12-143所示。

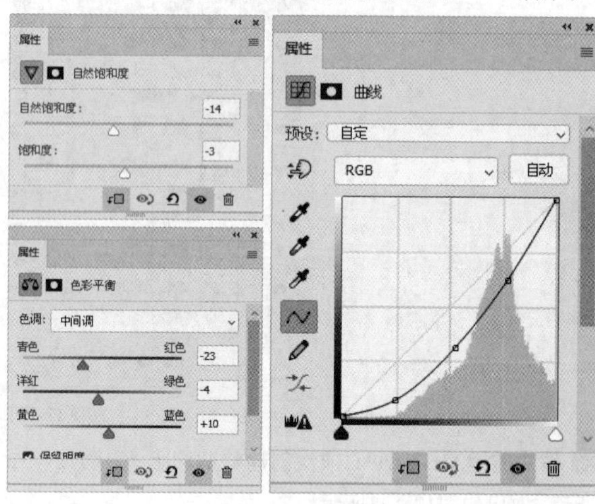


图12-142

图12-143

06 选择“曲线”调整图层的图层蒙版，并使用黑色画笔涂抹建筑，使其变亮一些，涂抹区域如图12-144所示，涂抹后的效果如图12-145所示。

图12-144

图12-145

07 选择“素材07-2”图层，单击“图层”面板底部的按钮，添加“自然饱和度”“色彩平衡”“曲线”调整图层，并将其设置为“素材07-2”图层的剪贴蒙版，各选项的设置如图12-146所示。添加调整图层后的效果如图12-147所示。

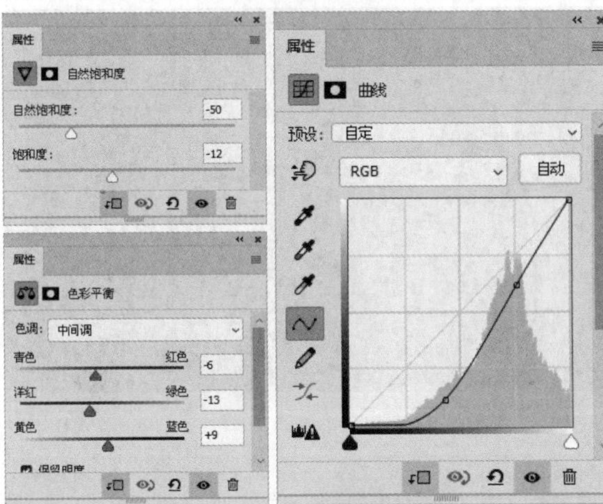


图12-146

图12-147

08 选择“曲线”调整图层的图层蒙版，并使用黑色画笔涂抹草地，使其变亮一些，涂抹区域如图12-148所示。涂抹后的效果如图12-149所示。

图12-148

图12-149

09 将“素材07-4.png”文件拖曳至画布中，将其等比缩小并置于画面右侧，如图12-150所示。为其所在图层添加图层蒙版，然后使用黑色画笔进行涂抹，使其在云层中若隐若现。涂抹的区域如图12-151所示，涂抹后的效果如图12-152所示。

图12-150

图12-151

图12-152

10 选择“素材07-4”图层，单击“图层”面板底部的按钮，添加两个“曲线”调整图层，并将其设置为“素材07-4”图层的剪贴蒙版，各选项的设置如图12-153所示。添加调整图层后的效果如图12-154所示。

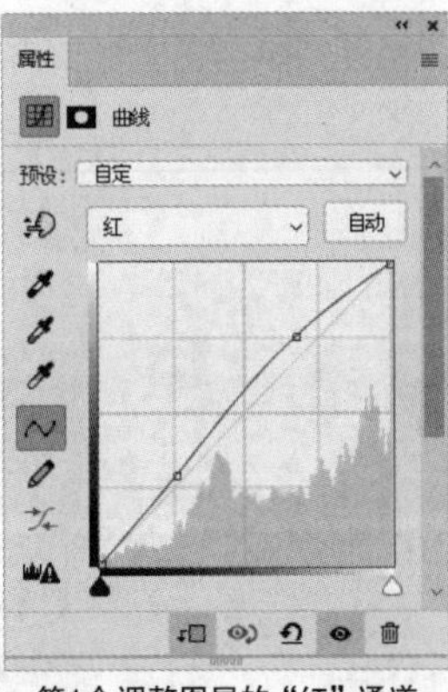


第1个调整图层的“红”通道

图12-153

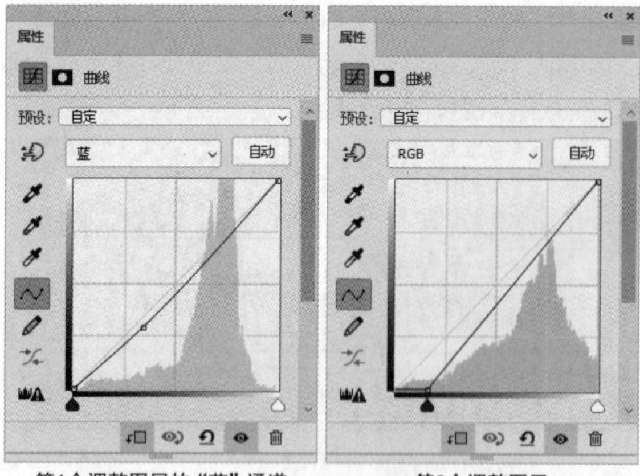


第1个调整图层的“蓝”通道　　第2个调整图层

图12-153（续）

图12-154

⑪ 选择第2个“曲线”调整图层的图层蒙版，并使用黑色画笔涂抹鲲的背部和头部，使其变亮一些，涂抹区域如图12-155所示，涂抹后的效果如图12-156所示。

图12-155　　图12-156

⑫ 将“素材07-5.png”文件拖曳至画布中，将其等比缩小并置于鲲的头部，如图12-157所示。在其下方新建图层，然后使用黑色画笔画出阴影，效果如图12-158所示。

图12-157　　图12-158

⑬ 单击“图层”面板底部的 按钮，添加“色彩平衡”调整图层，各选项的设置如图12-159所示。添加调整图层后的效果如图12-160所示。

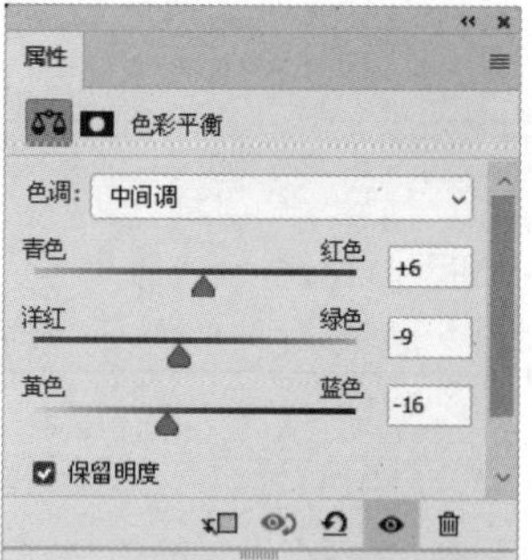


图12-159

图12-160

⑭ 将“素材07-6.jpg”文件拖曳至画布中，将其等比放大以覆盖画面，如图12-161所示。设置其混合模式为“滤色”、“不透明度”为65%，效果如图12-162所示。

图12-161

图12-162

# 附录

## Photoshop工具与快捷键索引

| 工具 | 快捷键 | 主要功能 |
| --- | --- | --- |
| 移动工具 | V | 选择/移动图层 |
| 画板工具 | V | 创建/修改画板 |
| 矩形选框工具 | M | 创建矩形（正方形）选区 |
| 椭圆选框工具 | M | 创建椭圆形（圆形）选区 |
| 单行选框工具 | / | 创建高度为1像素的选区 |
| 单列选框工具 | / | 创建宽度为1像素的选区 |
| 套索工具 | L | 创建形状不规则的选区 |
| 多边形套索工具 | L | 创建多个由线段连接的选区 |
| 磁性套索工具 | L | 自动识别对象的边缘并创建选区 |
| 对象选择工具 | W | 自动选择对象并生成选区 |
| 快速选择工具 | W | 通过向外扩展与查找边缘创建选区 |
| 魔棒工具 | W | 选取图像中和取样处颜色相似的区域 |
| 裁剪工具 | C | 裁剪图像 |
| 透视裁剪工具 | C | 裁切图像，并校正由透视导致的扭曲 |
| 图框工具 | K | 隐藏图框外的图像并将其转换为智能对象 |
| 吸管工具 | I | 拾取颜色 |
| 污点修复画笔工具 | J | 通过自动识别快速地去除图像中的瑕疵 |
| 修复画笔工具 | J | 通过取样修复图像中的瑕疵 |
| 修补工具 | J | 使用图像中的像素替换选区中的内容 |
| 内容感知移动工具 | J | 移动或复制图像中的内容 |
| 红眼工具 | J | 消除红眼 |
| 画笔工具 | B | 绘制各种线条、修改蒙版和通道等 |
| 铅笔工具 | B | 绘制硬边线条 |
| 颜色替换工具 | B | 替换图像中的颜色 |
| 混合器画笔工具 | B | 混合图像和画笔颜色 |
| 仿制图章工具 | S | 复制局部图像 |
| 图案图章工具 | S | 绘制预设图案或自定义图案 |
| 历史记录画笔工具 | Y | 将图像恢复到编辑过程的某个状态 |
| 历史记录艺术画笔工具 | Y | 将图像恢复到编辑过程的某个状态，并为其创建多种样式与风格 |
| 橡皮擦工具 | E | 擦除图像 |
| 背景橡皮擦工具 | E | 擦除与取样颜色相同的像素 |
| 魔术橡皮擦工具 | E | 单击即可擦除与单击点处颜色相似的像素 |
| 渐变工具 | G | 在画布或选区中填充渐变颜色 |
| 油漆桶工具 | G | 填充前景色或图案 |
| 模糊工具 | / | 使图像中的某个区域变模糊 |
| 锐化工具 | / | 使图像中的某个区域变清晰 |
| 涂抹工具 | / | 混合图像中的颜色 |
| 减淡工具 | O | 使图像中的某个区域变亮 |
| 加深工具 | O | 使图像中的某个区域变暗 |
| 海绵工具 | O | 改变图像中的某个区域的颜色饱和度 |
| 钢笔工具 | P | 绘制任意形状的线段或曲线 |

续表

| 工具 | 快捷键 | 主要功能 |
| --- | --- | --- |
| 自由钢笔工具 | P | 绘制任意形状并自动生成锚点 |
| 弯度钢笔工具 | P | 根据添加的锚点的位置自动生成平滑的曲线 |
| 添加锚点工具 | / | 在路径中添加锚点 |
| 删除锚点工具 | / | 删除路径中的锚点 |
| 转换点工具 | / | 转换锚点的类型 |
| 横排文字工具 | T | 创建横排点文字、段落文字、路径文字、变形文字 |
| 直排文字工具 | T | 创建直排点文字、段落文字、路径文字、变形文字 |
| 横排文字蒙版工具 | T | 创建横排文字选区 |
| 直排文字蒙版工具 | T | 创建直排文字选区 |
| 路径选择工具 | A | 选择一个或多个路径 |
| 直接选择工具 | A | 选择路径段和锚点 |
| 矩形工具 | U | 创建长方形、正方形和圆角矩形 |
| 椭圆工具 | U | 创建椭圆形和圆形 |
| 三角形工具 | U | 创建三角形 |
| 多边形工具 | U | 创建多边形 |
| 直线工具 | U | 创建线段或者带有箭头的线段 |
| 自定形状工具 | U | 创建多种形状 |
| 抓手工具 | H | 可以平移画面 |
| 旋转视图工具 | R | 旋转画布 |
| 缩放工具 | Z | 放大或缩小视图 |
| 切换前景色与背景色 | X | 互换前景色和背景色 |
| 默认前景色和背景色 | D | 将前景色和背景色恢复为默认设置 |
| 以快速蒙版模式编辑 | Q | 进入快速蒙版编辑模式 |
| 更改屏幕模式 | F | 切换屏幕的显示模式 |

# Photoshop命令与快捷键索引

## “文件”菜单

| 命令 | 快捷键 |
| --- | --- |
| 新建 | Ctrl+N |
| 打开 | Ctrl+O |
| 在Bridge中浏览 | Alt+Ctrl+O |
| 打开为 | Alt+Shift+Ctrl+O |
| 关闭 | Ctrl+W |
| 关闭全部 | Alt+Ctrl+W |
| 存储 | Ctrl+S |
| 存储为 | Shift+Ctrl+S |
| 存储副本 | Alt+Ctrl+S |
| 恢复 | F12 |
| 打印 | Ctrl+P |
| 打印一份 | Alt+Shift+Ctrl+P |
| 退出 | Ctrl+Q |

## “编辑”菜单

| 命令 | 快捷键 |
|---|---|
| 还原 | Ctrl+Z |
| 重做 | Shift+Ctrl+Z |
| 切换最终状态 | Alt+Ctrl+Z |
| 渐隐 | Shift+Ctrl+F |
| 剪切 | Ctrl+X |
| 拷贝 | Ctrl+C |
| 合并拷贝 | Shift+Ctrl+C |
| 粘贴 | Ctrl+V |
| 选择性粘贴>原位粘贴 | Shift+Ctrl+V |
| 内容识别缩放 | Alt+Shift+Ctrl+C |
| 自由变换 | Ctrl+T |
| 变换>再次 | Shift+Ctrl+T |
| 首选项 | Ctrl+K |

## “图像”菜单

| 命令 | 快捷键 |
|---|---|
| 调整>色阶 | Ctrl+L |
| 调整>曲线 | Ctrl+M |
| 调整>色相/饱和度 | Ctrl+U |
| 调整>色彩平衡 | Ctrl+B |
| 调整>黑白 | Alt+Shift+Ctrl+B |
| 调整>反相 | Ctrl+I |
| 调整>去色 | Shift+Ctrl+U |
| 自动色调 | Shift+Ctrl+L |
| 自动对比度 | Alt+Shift+Ctrl+L |
| 自动颜色 | Shift+Ctrl+B |
| 图像大小 | Alt+Ctrl+I |
| 画布大小 | Alt+Ctrl+C |

## “图层”菜单

| 命令 | 快捷键 |
|---|---|
| 新建>图层 | Shift+Ctrl+N |
| 新建>通过拷贝的图层 | Ctrl+J |
| 新建>通过剪切的图层 | Shift+Ctrl+J |
| 创建剪贴蒙版 | Alt+Ctrl+G |
| 图层编组 | Ctrl+G |
| 取消图层编组 | Shift+Ctrl+G |
| 向下合并 | Ctrl+E |
| 合并可见图层 | Shift+Ctrl+E |

## “选择”菜单

| 命令 | 快捷键 |
|---|---|
| 全部 | Ctrl+A |

续表

| 命令 | 快捷键 |
| --- | --- |
| 取消选择 | Ctrl+D |
| 重新选择 | Shift+Ctrl+D |
| 反选 | Shift+Ctrl+I |
| 所有图层 | Alt+Ctrl+A |
| 选择并遮住 | Alt+Ctrl+R |
| 修改>羽化 | Shift+F6 |

## “滤镜”菜单

| 命令 | 快捷键 |
| --- | --- |
| 上次滤镜操作 | Alt+Ctrl+F |
| 自适应广角 | Alt+Shift+Ctrl+A |
| Camera Raw滤镜 | Shift+Ctrl+A |
| 镜头校正 | Shift+Ctrl+R |
| 液化 | Shift+Ctrl+X |
| 消失点 | Alt+Ctrl+V |

## “视图”菜单

| 命令 | 快捷键 |
| --- | --- |
| 放大 | Ctrl++ |
| 缩小 | Ctrl+- |
| 按屏幕大小缩放 | Ctrl+0 |
| 100% | Ctrl+1 |
| 显示额外内容 | Ctrl+H |
| 显示>目标路径 | Shift+Ctrl+H |
| 显示>网格 | Ctrl+' |
| 显示>参考线 | Ctrl+; |
| 标尺 | Ctrl+R |
| 对齐 | Shift+Ctrl+; |
| 锁定参考线 | Alt+Ctrl+; |

## “窗口”菜单

| 命令 | 快捷键 |
| --- | --- |
| 动作 | Alt+F9 |
| 画笔设置 | F5 |
| 图层 | F7 |
| 信息 | F8 |
| 颜色 | F6 |